吉林省矿产资源潜力评价系列成果，

是所有在白山松水间

辛勤耕耘的几代地质工作者

集体智慧的结晶。

中国地质调查成果CGS2021-082
全国矿产资源潜力评价系列丛书

吉林省铅锌矿矿产资源潜力评价

JILIN SHENG QIANXINKUANG KUANGCHAN ZIYUAN QIANLI PINGJIA

王　信　松权衡　庄毓敏　于　城　等编著

中国地质大学出版社
ZHONGGUO DIZHI DAXUE CHUBANSHE

图书在版编目(CIP)数据

吉林省铅锌矿矿产资源潜力评价/王信等编著. —武汉:中国地质大学出版社,2021.12
ISBN 978-7-5625-4904-8

Ⅰ.①吉…
Ⅱ.①王…
Ⅲ.①铅锌矿床-资源潜力-资源评价-吉林
Ⅳ.①P618.400.623.4

中国版本图书馆 CIP 数据核字(2021)第 268493 号

吉林省铅锌矿矿产资源潜力评价	王 信 松权衡 庄毓敏 于 城 等编著
责任编辑:张旻玥　　　　选题策划:毕克成 段 勇 张 旭	责任校对:何澍语
出版发行:中国地质大学出版社(武汉市洪山区鲁磨路388号)	邮编:430074
电　话:(027)67883511　　　传　真:(027)67883580	E-mail:cbb @ cug.edu.cn
经　销:全国新华书店	http://cugp.cug.edu.cn
开本:880毫米×1230毫米　1/16	字数:523千字　印张:16.5
版次:2021年12月第1版	印次:2021年12月第1次印刷
印刷:武汉中远印务有限公司	
ISBN 978-7-5625-4904-8	定价:268.00元

如有印装质量问题请与印刷厂联系调换

吉林省矿产资源潜力评价系列丛书编委会

主　任：林绍宇
副主任：李国栋
主　编：松权衡
委　员：赵　志　赵　明　松权衡　邵建波　王永胜
　　　　于　城　周晓东　吴克平　刘颖鑫　闫喜海

《吉林省铅锌矿矿产资源潜力评价》

编著者：王　信　松权衡　庄毓敏　于　城　杨复顶
　　　　张廷秀　徐　曼　张　敏　苑德生　李任时
　　　　王立民　李春霞　张红红　李　楠　任　光
　　　　王晓志　曲洪晔　宋小磊　李世杰　陈焕忠
　　　　李　斌　王　浩　李　阳

前　言

为了贯彻落实《国务院关于加强地质工作的决定》中提出的"积极开展矿产远景调查和综合研究,科学评估区域矿产资源潜力,为科学部署矿产资源勘查提供依据"的要求和精神,国土资源部(现为自然资源部)部署了"全国矿产资源潜力评价"工作。"吉林省矿产资源潜力评价"为"全国矿产资源潜力评价"的省级工作项目,完成成果如下:

(1)总结了吉林省铅锌矿勘查研究历史及存在的问题、资源分布;划分了铅锌矿矿床类型;研究了铅锌矿成矿地质条件及控矿因素。

(2)从空间分布、成矿时代、大地构造位置、赋矿层位、岩浆岩特点、围岩蚀变特征、成矿作用及演化、矿体特征、控矿条件等方面总结了预测区及全省铅锌矿成矿规律。

(3)建立了不同成因类型铅锌矿典型矿床成矿模式和预测模型。

(4)确立了不同预测方法类型预测工作区的成矿要素和预测要素,建立了不同预测方法类型预测工作区的成矿模式和预测模型。

(5)用地质体积法预测吉林省铅锌矿产资源量。其中对铅锌矿预测资源量分别预测了334-1类、334-2类资源量,500m以浅、1000m以浅、2000m以浅资源量。

(6)提出了吉林省铅锌矿勘查工作部署建议,对未来矿产开发基地进行了预测。

(7)提交了《吉林省铅锌矿矿产资源潜力评价成果报告》及相应图件。

本书是吉林省地质工作者集体劳动智慧的结晶,参加编写本书的人员有王信、松权衡、庄毓敏、于城、杨复顶、张廷秀、徐曼、张敏、苑德生、李任时、王立民、李春霞、张红红、李楠、任光、王晓志、曲洪晔、宋小磊、李世杰、陈焕忠、李斌、王浩、李阳。在研究和本书编写过程中参考和引用了大量前人的科研工作成果,由于时间和通信等因素制约,没能与每一位原作者取得联系,在此项目组的全体工作人员对他们的辛勤劳动表示高度的敬意,对他们提供的科研工作成果给予深深的感谢!

吉林省地质矿产勘查开发局郭文秀局长、赵志副院长、刘建民副院长在整个项目的实施过程中给予技术上和人员上的大力支持;陈尔臻教授级高级工程师在项目的实施过程中给予悉心的技术指导,提出了宝贵的建议。吉林省国土资源厅刘保威厅长、滕纪奎副厅长、杨振华处长、郝长河处长,在项目的实施过程中积极组织领导、落实资金、协调人员组织,对各种问题给出了指导性意见与建议,确保了项目的顺利实施。项目组全体工作人员在此一并表示衷心的感谢!

编著者

2021年5月

目 录

第一章 概 述 ………………………………………………………………………………… (1)
 第一节 工作概况 …………………………………………………………………………… (1)
 第二节 完成的工作量 ……………………………………………………………………… (4)
 第三节 主要成果 …………………………………………………………………………… (5)

第二章 以往工作程度 ………………………………………………………………………… (6)
 第一节 区域地质调查及研究 ……………………………………………………………… (6)
 第二节 重力、磁测、化探、遥感、自然重砂调查及研究 ………………………………… (8)
 第三节 矿产勘查及成矿规律研究 ………………………………………………………… (13)
 第四节 矿产预测评价 ……………………………………………………………………… (13)

第三章 地质矿产概况 ………………………………………………………………………… (16)
 第一节 成矿地质背景 ……………………………………………………………………… (16)
 第二节 区域矿产特征 ……………………………………………………………………… (21)
 第三节 区域地球物理、地球化学、遥感、自然重砂特征 ………………………………… (30)

第四章 预测评价技术思路 …………………………………………………………………… (47)

第五章 成矿地质背景研究 …………………………………………………………………… (49)
 第一节 技术流程 …………………………………………………………………………… (49)
 第二节 建造构造特征 ……………………………………………………………………… (49)
 第三节 大地构造特征 ……………………………………………………………………… (59)

第六章 典型矿床与区域成矿规律研究 ……………………………………………………… (62)
 第一节 技术流程 …………………………………………………………………………… (62)
 第二节 典型矿床研究 ……………………………………………………………………… (62)
 第三节 预测工作区成矿规律研究 ………………………………………………………… (120)

第七章 物化遥自然重砂应用 ………………………………………………………………… (131)
 第一节 重 力 ……………………………………………………………………………… (131)
 第二节 磁 测 ……………………………………………………………………………… (133)

第三节　化　探 ………………………………………………………………………………………（135）
　　第四节　遥　感 ………………………………………………………………………………………（139）
　　第五节　自然重砂 ……………………………………………………………………………………（145）

第八章　矿产预测 …………………………………………………………………………………………（147）
　　第一节　矿产预测方法类型及预测模型区选择 ……………………………………………………（147）
　　第二节　矿产预测模型与预测要素图编制 …………………………………………………………（149）
　　第三节　预测区圈定 …………………………………………………………………………………（184）
　　第四节　预测要素变量的构置与选择 ………………………………………………………………（186）
　　第五节　预测区优选 …………………………………………………………………………………（187）
　　第六节　资源量定量估算 ……………………………………………………………………………（188）
　　第七节　预测区地质评价 ……………………………………………………………………………（205）
　　第八节　全省单矿种（组）资源总量潜力分析 ………………………………………………………（208）

第九章　吉林省铅锌矿成矿规律总结 ……………………………………………………………………（219）
　　第一节　铅锌矿成矿规律 ……………………………………………………………………………（219）
　　第二节　成矿区带划分 ………………………………………………………………………………（238）
　　第三节　矿床成矿系列和区域成矿谱系 ……………………………………………………………（240）
　　第四节　区域成矿规律图编制 ………………………………………………………………………（241）

第十章　勘查部署建议及开发预测 ………………………………………………………………………（243）
　　第一节　已有勘查程度 ………………………………………………………………………………（243）
　　第二节　矿业权设置情况 ……………………………………………………………………………（243）
　　第三节　勘查部署建议 ………………………………………………………………………………（243）
　　第四节　勘查机制建议 ………………………………………………………………………………（247）
　　第五节　未来勘查开发工作预测 ……………………………………………………………………（247）

第十一章　结　论 …………………………………………………………………………………………（252）

主要参考文献 ………………………………………………………………………………………………（254）

第一章 概 述

第一节 工作概况

一、项目来源

为了贯彻落实《国务院关于加强地质工作的决定》中提出的"积极开展矿产远景调查和综合研究,科学评估区域矿产资源潜力,为科学部署矿产资源勘查提供依据"的要求和精神,国土资源部部署了"全国矿产资源潜力评价"工作。"吉林省矿产资源潜力评价"为"全国矿产资源潜力评价"的省级工作项目,根据中国地质调查局地质调查项目任务书要求,"吉林省矿产资源潜力评价"项目由吉林省地质调查院承担。

项目编码为1212010813007。项目性质是资源评价。

项目参加单位有吉林省地质科学研究所、吉林省区域地质调查研究所和吉林省地质资料馆。

二、工作目标

(1)在现有地质工作程度的基础上,充分利用吉林省基础地质调查和矿产勘查工作成果与资料,充分应用现代矿产资源评价理论方法和GIS评价技术,开展全省铅锌矿资源潜力评价,基本摸清铅锌矿资源潜力及其空间分布。

(2)开展吉林省与铅锌矿有关的成矿地质背景、成矿规律、物探、化探、遥感、自然重砂、矿产预测等项工作的研究,编制各项工作的基础和成果图件,建立全省矿产资源潜力评价相关的地质、矿产、物探、化探、遥感、自然重砂空间数据库。

(3)培养一批综合型地质矿产人才。

三、工作任务

1. 成矿地质背景

对吉林省已有的区域地质调查和专题研究等资料(包括沉积岩、火山岩、侵入岩、变质岩、大型变形构造等各个方面),按照大陆动力地学理论和大地构造相工作方法,依据技术要求的内容、方法和程序进行系统整理归纳。以1:25万实际材料图为基础,编制吉林省沉积(盆地)建造构造图、火山岩相构造图、侵入岩浆构造图、变质建造构造图以及大型变形构造图,从而完成吉林省大地构造相图编制工作。在初步分析成矿大地构造环境的基础上,按铅锌矿产预测类型的控制因素以及分布,分析成矿地质构造条件,为铅锌矿产资源潜力评价提供成矿地质背景和地质构造预测要素信息;为吉林省铅锌矿产资源评价项目提供区域性和评价区基础地质资料,完成吉林省铅锌成矿地质背景课题研究工作。

2. 成矿规律与矿产预测

在现有地质工作程度的基础上,全面总结吉林省基础地质调查和矿产勘查工作成果与资料,充分应用现代矿产资源预测评价的理论方法和 GIS 评价技术,开展铅锌矿产资源潜力预测评价,基本摸清吉林省重要矿产资源潜力及其空间分布。

首先,开展铅锌典型矿床研究,提取典型矿床的成矿要素,建立典型矿床的成矿模式;研究典型矿床区域内地质、物探、化探、遥感和矿产勘查等综合成矿信息,提取典型矿床的预测要素,建立典型矿床的预测模型;在典型矿床研究的基础上,结合地质、物探、化探、遥感和矿产勘查等综合成矿信息确定铅锌矿的区域成矿要素和预测要素,建立区域成矿模式和预测模型。其次,深入开展全省范围的铅锌矿区域成矿规律研究,建立铅锌矿成矿谱系,编制铅锌矿成矿规律图;按照全国统一划分的成矿区(带),充分利用地质、物探、化探、遥感和矿产勘查等综合成矿信息,圈定成矿远景区和找矿靶区,逐个评价Ⅴ级成矿远景区资源潜力,并进行分类排序;编制铅锌矿成矿规律与预测图。以地表至 2000m 以浅为主要预测评价范围,进行铅锌矿资源量估算。最后,汇总全省铅锌矿预测总量,编制单矿种预测图、勘查工作部署建议图、未来开发基地预测图。

3. 综合信息

以成矿地质理论为指导,为吉林省区域成矿地质构造环境及成矿规律研究,建立矿床成矿模式、区域成矿模式及区域成矿谱系研究提供信息,为圈定成矿远景区和找矿靶区、评价成矿远景区资源潜力、编制成矿区(带)成矿规律与预测图提供物探、化探、遥感、自然重砂方面的依据。

建立并不断完善与铅锌矿产资源潜力评价相关的物探、化探、遥感、自然重砂数据库,实现省级资源潜力预测评价综合信息集成空间数据库,为今后开展矿产勘查的规划部署奠定扎实基础。

4. 信息集成

对 1∶50 万地质图数据库、1∶20 万数字地质图空间数据库、吉林省矿产地数据库、1∶20 万区域重力数据库、航磁数据库、1∶20 万化探数据库、自然重砂数据库、吉林省工作程度数据库、典型矿床数据库全面系统维护,为吉林省重要矿产资源潜力评价提供基础信息数据。

用 GIS 技术服务于矿产资源潜力评价工作的全过程(解释、预测、评价和最终成果的表达)。

资源潜力评价过程中针对各专题进行信息集成工作,建立吉林省重要矿产资源潜力评价信息数据库。

四、管理及组织

(一)项目管理

以吉林省领导小组办公室为管理核心,以项目总负责、技术负责、各专题项目负责为主要管理人员。具体开展如下管理工作。

(1)及时传达中国地质调查局资源评价部、全国矿产资源潜力评价项目办(以下简称全国项目办)、沈阳地质调查中心的技术要求与行政管理精神,组织好吉林省矿产资源潜力评价项目的工作开展,做到及时、准确地与中国地质调查局资源评价部、全国项目办、沈阳地质调查中心的业务沟通与联系。

(2)针对领导小组、领导小组办公室关于项目实施过程中存在的各种问题所做出的指示或指导性意见与建议,要及时地予以落实,贯彻项目组在工作中实施或修正。

(3)由于本次工作需要的资料种类齐全、涉及矿种多,尤其以往形成的原始资料,要协调所有地质资料馆和地勘行业部门或行业内部的单位,将已经取得的成果统一使用。

(4)组织项目组技术骨干参加全国项目办组织的各种业务培训。经常组织项目组全体人员开展业务讨论。使每一位项目组成员对项目的重要性、技术要求都有比较深入的了解,更好地理解统一组织、统一思路、统一方法、统一标准、统一进度的基本工作原则,发挥项目组成员主观能动性和各方面优势,实现项目有序、融合、协调、和谐地开展。

(5)为了项目更加顺利地开展,组织项目组的技术骨干到工作开展速度快、水平较高并且阶段性成果比较显著的省份进行学习和业务技术交流。

(6)由于吉林省矿产资源潜力评价在吉林省地质工作历史上尚属首次,所采用的全部是新理论、新技术、新方法,所以在项目开展的实际工作中,既会存在对新理论理解和认识上的偏差,也会存在对新技术理解、认识、应用存在难点,对新方法的实际应用难免会存在这样或那样的问题。管理组要针对项目实施中存在的技术问题及时解决,保障项目的顺利开展。解决办法包括项目组的技术负责或专业技术人员自行研究解决,另外与全国项目办或专题组进行沟通,共同研究解决办法,实现技术问题的及时解决。

(7)严格质量管理,建立健全三级质量管理体系,对质量严格考核。

(二)人员组织

1. 省领导小组

组　长:刘保威　吉林省国土资源厅厅长
副组长:孙众志　吉林省国土资源厅副厅长
　　　　郭文秀　吉林省地质矿产勘查开发局局长
　　　　皮世凤　吉林省煤田地质局局长

2. 省领导小组办公室

主　任:杨振华　赵　志
副主任:贾利杰　松权衡
总工程师:于　城
成　员:王　信　庄毓敏　张庭秀　杨复顶　王立民　李任时　徐　曼　张　敏
　　　　苑德生　李春霞　袁　平　张红红　李　楠　任　光　王晓志　宋小磊
　　　　曲洪晔　李世杰　陈焕忠　刘　爱

3. 省项目组

项目总负责人:松权衡　于　城
项目技术负责人:松权衡　于　城　张廷秀　于宏斌
项目总负责人松权衡、于城组织实施项目工作方案及本书编写。

第二节　完成的工作量

一、成矿规律、成矿预测完成工作量

成矿规律、成矿预测铅锌矿工作量如表1-2-1所示。

表1-2-1　成矿规律、成矿预测铅锌矿8个预测工作区及省级图件

图件类型	数量
铅锌矿典型矿床成矿要素图及其属性库和说明书	6
铅锌矿典型矿床预测要素图及其属性库和说明书	6
铅锌矿预测工作区成矿要素图及其属性库和说明书	8
铅锌矿预测工作区预测要素图及其属性库和说明书	8
铅锌矿预测工作区矿产预测类型预测成果图及其属性库和说明书	8
省级铅锌矿预测类型分布图及其属性库和说明书	1
省级铅锌矿区域成矿规律图及其属性库和说明书	1
铅锌矿种Ⅳ、Ⅴ级成矿区带图	1
省级铅锌矿种预测成果图及其属性库和说明书	1
省级铅锌矿种勘查工作部署图及其属性库和说明书	1
省级铅锌矿种未来矿产开发基地预测图及其属性库和说明书	1

二、物探工作量

(1)重力完成铅锌矿种1∶5万8个预测工作区布格重力异常图、剩余重力异常图、重力推断地质构造图共24张图及说明书24份，典型矿床完成了放牛沟、荒沟山、正岔、天宝山所在区域、所在地区、所在位置勘探剖面共11张图件和说明书11份。

(2)航磁完成铅锌矿种1∶5万8个预测工作区，航磁ΔT等值线平面图、航磁ΔT化极等值线平面图、航磁ΔT化极垂向一阶导数等值线平面图、磁法推断地质构造图共计32张和说明书32份，典型矿床完成了放牛沟、荒沟山、正岔、天宝山所在区域、所在地区、所在位置勘探剖面共11张图件和说明书11份。

三、化探工作量

化探预测铅锌矿工作量如表1-2-2所示。

表 1-2-2 化探预测铅锌矿 8 个预测工作区图件

矿种	图件类型	数量
铅锌矿	预测工作区单元素地球化学图和说明书	16
	预测工作区单元素地球化学异常图和说明书	64
	预测工作区地球化学组合异常图和说明书	23
	预测工作区地球化学综合异常图和说明书	8
	预测工作区地球化学推断地质构造图和说明书	6
	预测工作区地球化学找矿预测图和说明书	6

四、自然重砂工作量

自然重砂预测铅锌矿种有 8 个预测工作区，单矿种 3 张，组合矿种 2 张；省级图 1 张，过渡图 2 张。

五、遥感工作量

遥感预测铅锌矿工作量如表 1-2-3 所示。

表 1-2-3 遥感预测铅锌矿 8 个预测工作区图件

图件类型	数量
预测工作区遥感影像图和说明书	8
预测工作区遥感矿产地质特征与近矿找矿标志解译图和说明书	8
预测工作区遥感羟基异常分布图和说明书	8
预测工作区遥感铁染异常分布图和说明书	8
预测工作区典型矿床和说明书	4

第三节 主要成果

（1）系统总结了吉林省铅锌矿勘查研究历史及存在的问题、资源分布，划分了铅锌矿矿床类型，研究了铅锌矿成矿地质条件及控矿因素。

（2）从空间分布、成矿时代、大地构造位置、赋矿层位、围岩蚀变特征、成矿作用及演化、矿体特征、控矿条件等方面总结了预测区及铅锌矿成矿规律。

（3）建立了铅锌矿典型矿床成矿模式和预测模型。

（4）确立了预测工作区的成矿要素和预测要素，建立了预测工作区的成矿模式和预测模型。

（5）研究了吉林省铅锌矿勘查工作部署，对未来矿产开发基地进行了预测。

（6）本次划分 8 个预测区，采用地质体积法建立 7 个预测模型区，划分 23 个最小预测工作区。以吨（t）为单位，对吉林省铅锌矿资源量进行了预测，分别统计了铅锌预测资源量。铅锌矿预测资源量分别按 334-1 类、334-2 类进行了统计；按 500m 以浅、1000m 以浅、2000m 以浅进行了铅锌矿预测资源量统计。

第二章 以往工作程度

第一节 区域地质调查及研究

20世纪60年代完成吉林省1∶100万地质调查编图；自国土资源大调查以来，完成1∶25万区域地质调查13个图幅，面积13.5万平方千米；1∶20万区域地质调查完成32个图幅，面积约13万平方千米；1∶5万区域地质调查工作开始于20世纪60年代，大部分部署于重要成矿区（带）上，累计面积约6.5万平方千米。工作程度见图2-1-1~图2-1-3。

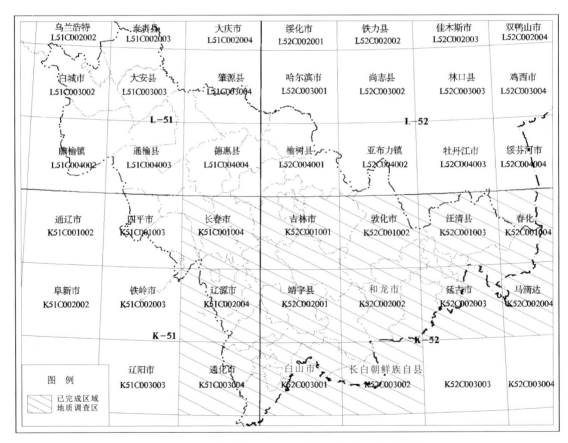

图2-1-1　吉林省1∶25万区域地质调查工作程度图

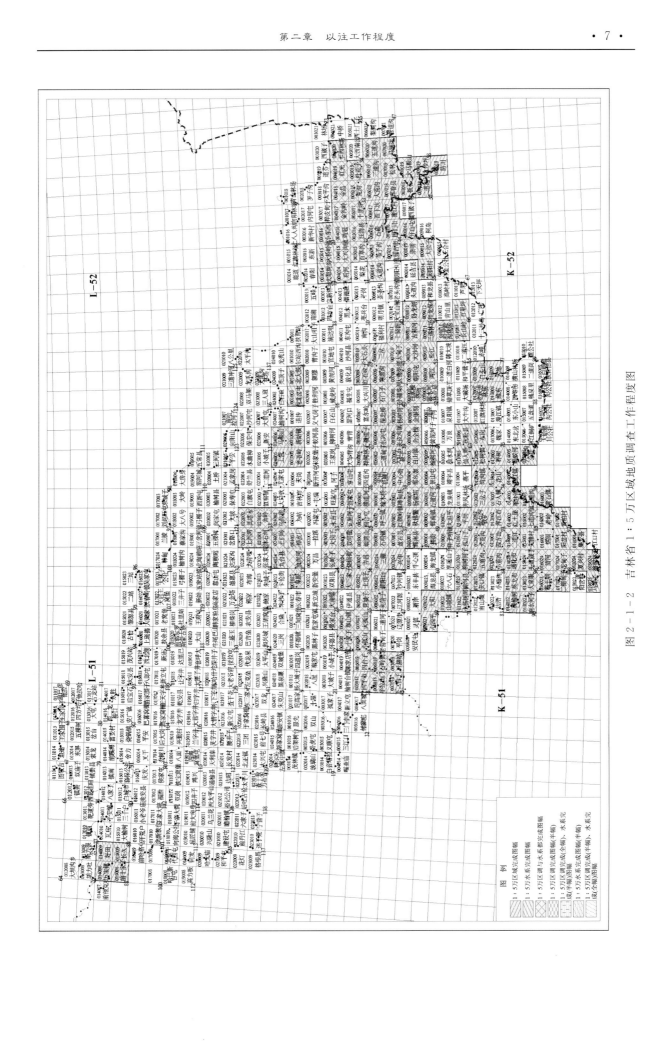

图 2-1-2 吉林省 1:5 万区域地质调查工作程度图

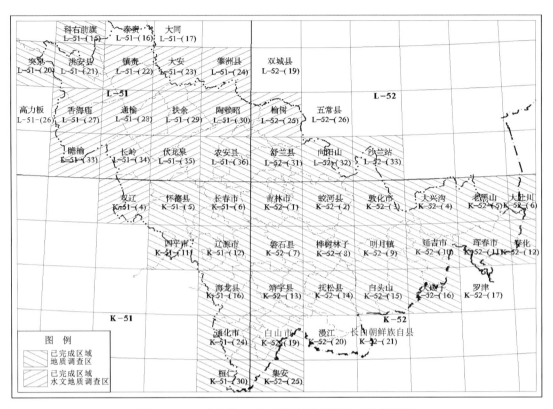

图 2-1-3 吉林省 1∶20 万区域地质调查工作程度图

吉林省基础地质研究于 20 世纪 60 年代开始至今在持续工作,可大致划分如下几个时期:第一时期为 20 世纪 60 年代,利用已有的 1∶20 万区域地质资料研究编制 1∶100 万区域地质图及说明书;第二时期为 20 世纪 80 年代,利用已有的 1∶20 万、1∶5 万区域地质资料和 1∶100 万区域地质研究成果编制 1∶50 万区域区域地质志,同时提交了 1∶50 万地质图、1∶100 万岩浆岩地质图、1∶100 万地质构造图;第三时期为 20 世纪 90 年代,针对吉林省岩石地层进行了清理。

第二节 重力、磁测、化探、遥感、自然重砂调查及研究

一、重力

吉林省 1∶100 万区域重力调查 1984—1985 年完成外业实测工作,采用 1∶5 万地形图求解 X、Y、Z,完成吉林省 1∶100 万区域重力调查成果报告。

1982 年吉林省首次按国际分幅开展 1∶20 万比例重力调查,至今在吉林省东部、中部地区共完成 33 幅区域重力调查,面积约 12 万平方千米。在 1996 年以前重力测点点位求取采用航空摄影测量中电算加密方法,1997 年后重力测点点位求取采用 GPS 求解。工作程度见图 2-2-1。

吉林省 1∶100 万区域重力调查解释推断出 66 条断裂,其中 34 条断裂与以往断裂吻合,新推断出了 32 条断裂。结合深部构造和地球物理场的特征,划分出 3 个 Ⅰ 级构造区和 6 个 Ⅱ 级构造分区。

吉林省东部 1∶20 万区域重力调查通过资料分析,圈定综合预测贵金属及多金属找矿区 38 处;通

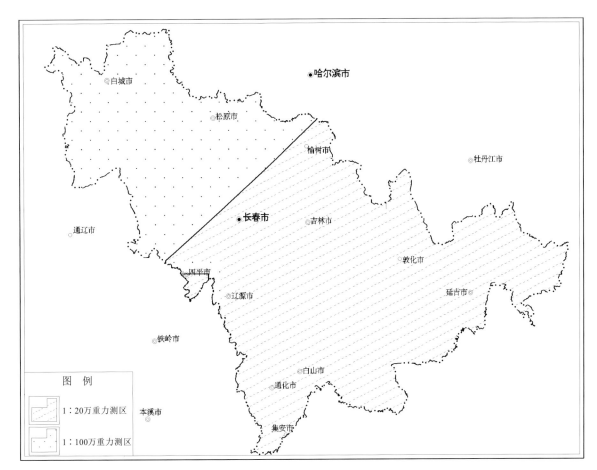

图 2-2-1　吉林省重力工作程度图

过居里等温面的计算，地温梯度，在长春—吉林以南、辽源—桦甸以北，均属于高地温梯度区，是寻找地热深的远景区；通过深部剖面的解释，伊-舒断裂带、四平-德惠断裂带、敦-密断裂带呈北东走向，属深大断裂。

在吉南推断 71 条断裂构造，圈定 33 个隐伏岩体和 4 个隐伏含煤盆地。

二、磁测

吉林省的航空磁测是由原地质矿产部航空物探总队实施的。从 1956—1987 年间，进行不同地质找矿目的、不同比例尺、不同精度的航空磁测工区（覆盖全省）计 13 个。完成 1∶100 万航磁 15 万平方千米，1∶20 万航磁 20.9 万平方千米，1∶5 万航磁 9.749 万平方千米，1∶5 万航电 9000km²。工作程度见图 2-2-2。

由原吉林省地质矿产局物探大队编制的 1∶20 万航磁图，是吉林省完整的统一图件，对吉林省有关的生产、科研和教学等单位具有较大的实用意义，为寻找黑色金属、有色金属和能源矿产等方面提供了丰富的基础地球物理资料。

吉中地区航磁测量结果发现航磁异常 250 个，为寻找与异常有关的铁、铜等金属矿提供了线索。经检查，见矿或与矿化有关的异常 6 个，与超基性岩或基性岩有关的异常 15 个，推断与矿有关的异常 57 个。

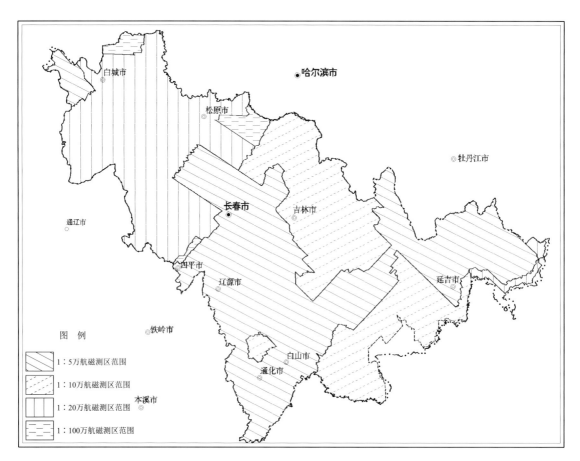

图 2-2-2 吉林省航磁工作程度图

通化西部地区航磁测量结果发现航磁异常 142 处，推断与寻找磁铁矿有关的异常 20 处；基性—超基性岩体引起的异常 14 处，接触蚀变带引起、有望寻找铁铜矿及多金属矿的异常 10 处。航磁图显示了本区构造特征。以异常为基础，结合地质条件，划出了 6 个找矿远景区。

延边北部地区航磁测量结果发现编号异常 217 处，逐个地进行了初步分析解释，其中有 24 处与矿（化）有关。航磁资料中明显地反映出本区地质构造特征，如官地-大山咀子深断裂、沙河沿-牛心顶子-王峰楼村大断裂、石门-蛤蟆塘-天桥岭大断裂、延吉断陷盆地等。并对本区矿产分布远景进行了分析，提出了 1 个沉积变质型铁磷矿成矿远景区和 4 个矽卡岩型铁、铜、多金属成矿远景区。

鸭绿江沿岸地区航磁测量结果，发现 288 处异常，其中 75 处异常为间接、直接找矿指示了信息。确定了全区地质构造的基本轮廓，共划分 5 个构造区，确定了 53 条断裂（带），其中有 10 条是对本区构造格架起主要作用的边界断裂。根据异常分布特点，结合地质构造的有利条件和已知矿床（点）分布及化探资料，划分 14 个成矿远景区，其中 8 个为 I 级远景区。

三、化探

完成 1∶20 万区域化探工作 12.3 万平方千米，在省重要成矿区（带）完成 1∶5 万化探约 3 万平方千米，1∶20 万与 1∶5 万水系沉积物测量为吉林省区域化探积累了大量的数据及信息。工作程度见图 2-2-3。

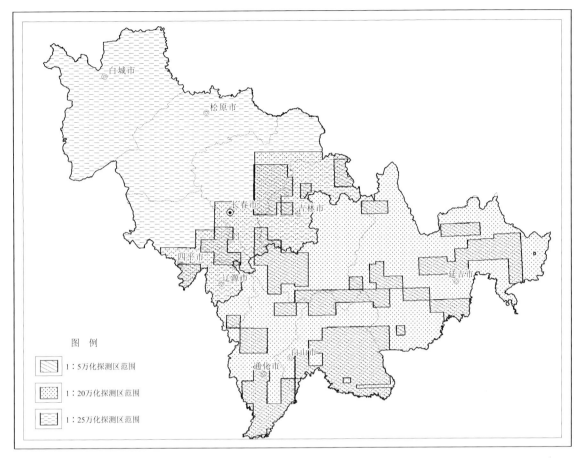

图 2-2-3 吉林省化探工作程度图

中比例尺成矿预测,较充分地利用 1:20 万区域化探资料,首次编制了吉林省地球化学综合异常图、吉林省地球化学图;根据元素分布分配的分区性,从成因上总结出两类区域地球化学场,一是反映成岩过程中的同生地球化学场,二是成岩后的改造和叠生作用形成的后生或叠生地球化学场。

四、遥感

目前,吉林省遥感调查工作主要有"应用遥感技术对吉林省南部金-多金属成矿规律的初步研究""吉林省东部山区贵金属及有色金属矿产预测"项目中的遥感图像地质解译,"吉林省 ETM 遥感图像制作"以及 2005 年由吉林省地质调查院完成的吉林省 1:25 万 ETM 遥感图像制作。工作程度见图 2-2-4。

1990 年,由吉林省地质遥感中心完成的"应用遥感技术对吉林省南部金-多金属成矿规律的初步研究"中,利用 1:4 万彩红外航片,以目视解译及立体镜下观察为主,对吉林省南部(42°以南)的线性构造、环状构造进行解译,并圈定一系列成矿预测区及找矿靶区。

1992 年由吉林省地质矿产局完成的"吉林省东部山区贵金属及有色金属矿产成矿预测"中,以美国 5 号陆地卫星 1979 年、1984 年及 1985 年接收的 TM 数据 B2、B3、B4 波段合成的 1:50 万假彩色图像为基础进行了目视解译。地质图上已划分出的断裂构造带均与遥感地质解译线性构造相吻合。而遥感解译地质图所划的线性构造比常规地质断裂构造要多,规模要大一些。因而绝大部分线性构造可以看成是各种断裂、破碎带、韧性剪切带的反映。区内已知矿床、矿点多位于规模在几千米至几十千米的线性构造上。而在规模为数百千米的大构造带上,往往矿床矿点分布较少。

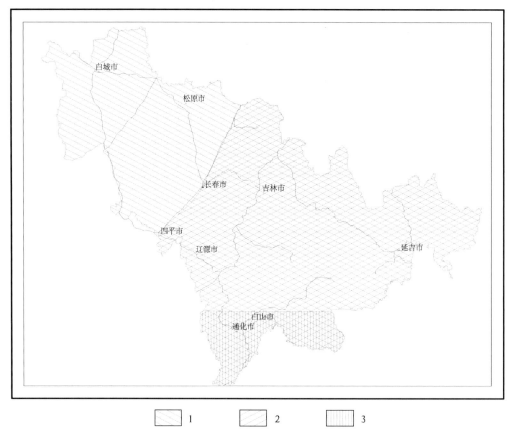

图 2-2-4 吉林省遥感地质工作程度图

1. 吉林省国土资源遥感综合调查 2006 年 ETM 遥感图像制作范围;2."吉林省东部山区贵金属及有色金属矿产预测"地质解译;3."应用遥感技术对吉林省南部金-多金属成矿规律的初步研究"项目范围

遥感解译出 621 个环形构造,这些环形构造的展布特征复杂,形态各异,规模不等,成因及地质意义也不尽相同。解译出岩浆侵入环形构造 94 个,隐岩浆侵入体环形构造 24 个,基底侵入岩环形构造 6 个,火山喷发环形构造 55 个及弧形构造围限环形构造 57 个,尚有成因及地质意义不明的环形构造 388 个。

用类比方法圈定出 I 级成矿预测区 10 个、II 级成矿预测区 18 个、III 级成矿预测区 14 个。

五、自然重砂

1:20 万自然重砂测量工作覆盖了吉林省东部山区。1:5 万重砂测量工作完成了近 20 幅,大比例尺重砂工作很少。2001—2003 年对 1:20 万数据进行了数据库建设;吉林省在开展金刚石找矿工作时,对全省重砂资料进行过分析的研究,仅限于针对金刚石找矿方面的研究。

1993 年完成的吉林省东部山区贵金属及有色金属矿产成预测报告中,对全省重砂资料进行了全面系统的研究工作。

第三节 矿产勘查及成矿规律研究

一、矿产勘查

吉林省铅锌矿勘查、研究及开发的历史悠久,辽金时代(公元921—1240年)开始采掘金、银、铅、铁矿等矿产。1949年前,我国地质学家翁文灏、丁文江、谢家荣、侯德丰等先后到吉林省进行地质调查。1949年后,经过70年的铅锌矿地质勘查,吉林省先后发现了龙井天宝山大型铅锌矿,伊通放牛沟、临江荒沟山等中型铅锌矿,共发现铅锌矿床(点)8处。

1. 成矿预测

从1980年以来相继开展镍、金、铁、铅锌等矿种成矿区划和资源总量预测;同时对吉林省重要成矿区(带)开展专题研究,如华北地台北缘、地槽区早古生代、中生代火山岩区等的成矿规律和找矿方向研究;1987—1992年完成吉林省东部山区金、银、铜、铅、锌、锑和锡7种矿产的1:20万成矿预测,该成果在收集、总结和研究大量地质、物探、化探、遥感资料的基础上,以"活动论"的观点和多学科相结合的方法,对吉林省成矿地质背景、控矿条件和成矿规律进行了较深入的研究与总结,较合理地划分成矿区(带)和找矿远景区,为科学部署找矿工作奠定了较扎实的基础。

2. 成矿规律研究

一轮成矿区划研究,总结了铜、铅、锌、钨、锡、铋、汞、锑8种矿产的多矿种组合、多来源、多种成矿作用叠加的特点。对吉林省有色金属矿产成矿地质背景、成矿条件等作了规律性总结。在铅锌的成因类型划分上,突出了成矿时代、成矿作用、成矿环境、成矿地质背景、成矿特点。划分了成矿期,阐明了成矿的不可逆性,探讨了铅锌随构造环境演化的成矿规律。

二轮成矿区划研究,通过地质、物探、化探综合分析,进一步认定和重新确认了与贵金属及有色金属矿产成矿有关的地质体或初始矿源层;"边缘成矿理论"也得到了验证。据统计吉林省东部山区大、中型贵金属及有色金属矿床90%以上都分布在大地构造单元和地质体的边缘部位;揭示了基底控矿及成矿物质来源的深源性特征;吉林省的贵金属及有色金属矿床的成因大都为后生成因和叠生成因;通过典型矿床(矿田)的研究建立了矿床成因模式和区域成矿演化模式,建立了综合找矿模型;对全省Ⅰ、Ⅱ、Ⅲ、Ⅳ、Ⅴ级成矿单元重新进行了划分。

第四节 矿产预测评价

一、1:50万数字地质图空间数据库

1:50万地质图库是吉林省地质调查院于1999年12月完成,该图是在原《吉林省1:50万地质图》《吉林省区域地质志》附图的基础上补充少量1:20万和1:5万地质图资料及相关研究成果,结合现代地质学、地层学、岩石学等新理论新方法,地层按岩石地层单位、侵入岩按时代加岩性和花岗岩类谱系单位编制。此图库属数字图范围,没有GIS的图层概念,适用于小比例尺的地质底图。目前没有对其进行更新维护。

二、1∶20万数字地质图空间数据库

1∶20万地质图空间数据库,有33个标准和非标准图幅,由吉林省地质调查院完成,经地调局发展中心整理汇总后返交吉林省。该库图层齐全,属性完整,建库规范,单幅质量较好。总体上因填图过程中认识不同,各图幅接边问题严重。按本次工作要求进行了更新维护。

三、吉林省矿产地数据库

吉林省矿产地数据库于2002年建成。该库采用DBF和ACCESS两种格式保存数据。矿产地数据库更新至2004年。按本次工作要求进行了更新维护。

四、物探数据库

1. 重力

吉林省完成东部山区1∶20万重力调查区26个图幅的建库工作,入库有效数据23 620个物理点。数据采用DBF格式且数据齐全。

重力数据库只更新到2005年,主要是对数据库管理软件进行更新,数据内容与原数据库内容保持一致。

2. 航磁

吉林省航磁数据共由21个测区组成,总物理点数据631万个,比例尺分为1∶5万、1∶20万、1∶50万,在省内主要成矿区(带)多数有1∶5万数据覆盖。

存在问题:测区间数据没有调平处理,且没有飞行高度信息,数据采集方式有早期模拟的和后期数字的。精度从几十纳特到几纳特。若要有效地使用航磁资料,必须解决不同测区间数据调平问题。本次工作采用中国自然资源航空物探遥感中心提供的航磁剖面和航磁网格数据。

五、遥感影像数据库

吉林省遥感解译工作始于20世纪90年代初期,由于当时工作条件和计算机技术发展的限制,缺少相关应用软件和技术标准,没能对解译成果进行相应的数据库建设。在此次资源总量预测期间,应用中国自然资源航空物探遥感中心提供的遥感数据,建设吉林省遥感数据库。

六、区域地球化学数据库

吉林省化探数据主要以1∶20万水系测量数据为主并建立数据库,共有入库元素39个,原始数据点以4km²内原始采集样点的样品做一个组合样。此库建成后,吉林省没有开展同比例尺的地球化学填图工作,因此没有做数据更新工作。由于入库数据是采用组合样分析结果,因此入库数据不包含原始点位信息。这给通过划分汇水盆地确定异常和更有效利用原始数据带来了一定困难。

七、1∶20万自然重砂数据库

自然重砂数据库的建设与1∶20万地质图库建设基本保持同步。入库数据35个图幅,采样47 312点,涉及矿物473个,入库数据内容齐全,并有相应空间数据采样点位图层。数据采用ACCESS格式。目前没有对其进行更新维护。

八、工作程度数据库

吉林省地质工作程度数据库由吉林省地质调查院2004年完成,内容全面,涉及地质、物探、化探、矿产、勘查、水文等内容。库中基本反映了自1949年后吉林省地质调查、矿产勘查工作程度,采集的资料截至2002年,按本次工作要求进行了更新维护。

第三章 地质矿产概况

第一节 成矿地质背景

一、地层

吉林省与铅锌矿有关的地层发育,主要有古元古界集安岩群、老岭岩群,寒武系—奥陶系、志留系—泥盆系、石炭系—二叠系、侏罗系—白垩系。现分述如下。

(一)元古宇

与铅锌矿有关的地层主要分布在吉林省南部,北部陆缘带分布零星,呈捕虏体产出。集安岩群($Pt_1J.$)、老岭岩群($Pt_1L.$)等地层与铅锌矿化关系密切。

(1)荒岔沟岩组($Pt_1h.$):本岩组为以含石墨为特点的岩石组合,下部为石墨变粒岩、含石墨透辉变粒岩、浅粒岩夹斜长角闪岩;中部为含石墨大理岩;上部为含石墨变粒岩和大理岩。总厚度为737m。

(2)珍珠门岩组($Pt_1z.$):位于旱沟板岩之下青白口系白房子组或钓鱼台组之下,由碳质白云质大理岩、白云质大理岩、透闪石化硅质白云质大理岩组成,厚度为952.2m。

(3)临江岩组($Pt_1l.$):由长石石英岩、石英岩、变粒岩、片麻岩、石英片岩和二云片岩组成,其中常见矽线石、石榴子石和十字石等变质矿物,厚度为773.4m。

(4)大栗子岩组($Pt_1dl.$):以二云片岩、千枚岩为主,夹大理岩、石英岩,其中赋存赤铁矿、菱铁矿,厚度为2586m。

(二)寒武系—奥陶系

该地层主要分布于吉林省南部辽东(吉)地层分区,在北部陆缘带则零星见于锡林浩特-磐石地层分区。与铅锌矿化密切相关的主要有寒武系崮山组(ϵ_3g)、徐庄组(ϵ_3x)、冶里组(ϵ_3O_1y)。

(1)崮山组(ϵ_3g):以碎屑岩为主,夹有薄层灰岩的一套地层。下部为紫色粉砂岩、页岩夹薄层灰岩、竹叶状灰岩,上部为黄绿色紫色页岩、粉砂岩夹数层条带状灰岩,产三叶虫、牙形刺化石,厚度为128.7m。

(2)徐庄组(ϵ_3x):石英黑云母角岩、绿帘阳起硅质角岩、变质粉砂岩与泥质板岩互层夹大理岩,厚度为204m。绿帘石、石榴子石化普遍,局部有矽卡岩,见铅锌矿体(下含矿层)。

(3)冶里组(ϵ_3O_1y):冶里组以中薄层灰岩为主,夹紫色、黄绿页岩及竹叶状灰岩,产三叶虫、笔石、牙形刺等,厚度为137.8m。

(三)志留系—泥盆系

志留系—泥盆系在辽东(吉)地层分区缺失,此时的火山沉积作用主要发生在南北古陆之间的陆缘带,是在古亚洲洋扩张阶段造山后伸展期形成的。与铅锌矿化密切相关的主要有桃山组(S_1t)、石缝组(Ss)、弯月组(Sw)等。

(1)桃山组(S_1t):笔石页岩相地层,灰色、深灰色细砂岩,薄层粉砂岩,深灰色厚层粉砂岩夹数层泥灰岩透镜体,上部有条带状结晶灰。产大量笔石,可划分7个笔石带,时代为早志留世鲁丹期、埃列奇期和特列奇期的大部,厚度为252.9m。

(2)石缝组(Ss):以变质砂岩、粉砂岩与结晶灰岩为旋回层的一套地层,结晶灰岩中产床板珊瑚,厚度为2 102.6m。

(3)弯月组(Sw):由片理化流纹岩、流纹凝灰熔岩、中酸性熔岩、中性熔岩为主夹结晶灰岩组成。结晶灰岩中有床板珊瑚,厚度为1 312.7m。

(四)石炭系—二叠系

(1)天宝山组(C_2t):下部为变质砂岩和结晶灰岩及硅质灰岩;中部有黑色板岩和灰岩;上部粉砂岩、石英砂岩和结晶灰岩。结晶灰岩中产少量珊瑚、海百合茎化石,厚度为1391m。

(2)山秀岭组(C_2sx):上部以含蜓灰岩、生物屑灰岩、粒屑灰岩、结晶灰岩为主,下部为夹火山灰凝灰岩,上部夹有薄层砂岩,厚度大于518m。

(3)柯岛群(P_3K):下部灰色、灰紫色砂砾岩,夹大理岩砾石,砾石中产蜓科化石。上部为一套灰绿色、灰紫色片理化凝灰质砂板岩。

(4)庙岭组(P_2m):下部灰色、绿灰色长石石英砂岩,杂砂岩、粉砂岩夹薄层灰岩透镜体;上部砂岩、粉砂岩,板岩夹厚层灰岩透镜体,在庙岭一带灰岩厚度较大。灰岩中产丰富的蜓、珊瑚化石,厚度为702.6m。

(五)侏罗系—白垩系

(1)南楼山组(J_1n):下部以安山岩、安山质凝灰质砾岩为主,上部以中酸性熔岩为主,厚度为1 876.0m。

(2)果松组($J_{2-3}g$):下部以砾岩、砂岩为主,产少量植物化石;上部为安山岩、安山质凝灰熔岩,局部有流纹岩、凝灰岩。产植物化石,厚度为1610m。

(3)鹰嘴砬子组(J_3y):含煤碎屑岩系。由砾岩、砂岩、粉砂岩、页岩及煤组成,产动植物化石,厚度为413.1m。

(4)林子头组(J_3l):以凝灰质砾岩、砂岩、粉砂岩及中酸性凝灰岩互层,组成酸性火岩山系。产双壳类,厚度为213.7m。

二、火山岩

吉林省火山活动频繁,按其喷发时代、喷发类型、喷发产物、构造环境等特征,自太古宙至新生代,共有6期火山喷发旋回。与铅锌矿成矿有关的火山建造主要为燕山期火山活动旋回。

中生代始,本区已上升为陆地,成为欧亚大陆板块的东缘部分。在太平洋板块的北西方向俯冲作用下,出现了一系列近北东走向的断裂与褶皱,形成一系列的隆坳带,伴随裂隙式、中心式为特点的火山活动,其产物为以钙碱性系列的安山岩、英安岩、流纹岩及其火山碎屑岩等过渡类型岩石为特征的玄武安山岩-安山岩-流纹岩组合。广泛分布在洮安、长春、舒兰、蛟河延边等地。本旋回火山岩可划分为4个火山幕。第Ⅰ幕，发生于晚三叠世到早侏罗世早期，分布于张广才岭-哈达岭火山盆地和太平岭-老岭火山盆地，长白中、酸性火岩，天桥岭酸性火山岩，托盘沟安山岩，四合屯、玉兴屯英安岩类属第Ⅰ幕的火山产物。第Ⅱ幕，中、晚侏罗世火山岩，发育于全省，包括付家洼子、火石岭德仁、屯田营和果松安山岩及其凝灰岩类等。第Ⅲ幕发生于晚侏罗世晚期到白垩纪早期，分布于全省晚中生代盆地，主要岩性为酸性及英安质火山岩及其凝灰岩。第Ⅳ幕发生在白垩纪晚期至古近纪早期，仅分布于松辽盆地、大黑山火山盆地和太平岭-老岭火山盆地。主要岩性为中、基性火山岩。

三、侵入岩

吉林省对铅锌成矿有一定作用的为燕山期侵入岩，按构造岩浆旋回叙述如下。

与全省内生含铅锌矿关系密切的矿床周围均有燕山期酸性侵入岩。其中，有燕山期闪长岩、斜长花岗斑岩、钠长斑岩；头道川附近有黑云母花岗岩；活龙附近有二长花岗岩；荒沟山铅锌矿有老秃顶子岩体、梨树沟岩体、草山岩体。吉林省铅锌矿床绝大部分是燕山期成矿，有些矿床如天宝山矿田，具有多期成矿之特征，但主要成矿期为燕山期。有些类型成矿物质以地层来源为主，而燕山期岩浆活动，主要提供热源（包括热液），加热古大气降水，两者汇合并在流经过程中摄取围岩中成矿物质，富集成矿。另外一些矿，如中生代火山-次火山岩矿其物质来源于中生代火山喷发作用，可见燕山期岩浆活动控制成矿。

四、变质岩

根据省内存在的几期重要的地壳运动及其所产生的变质作用特征，将吉林省划分为迁西期、阜平期、五台期、兴凯期、加里东期、海西期6个主要变质作用时期。但与铅锌矿成矿有关的变质岩主要为五台期及其之后。

1. 五台期变质岩

五台期变质作用发育在省内南部，这期变质作用使古元古界变质形成一套极其复杂的变质岩石，包括集安群蚂蚁河岩组、荒岔沟岩组，老岭群珍珠门岩组、临江岩组、大栗子岩组。

1）变质岩特征

集安群变质岩：区域变质岩石类型有片岩类、片麻岩类、变粒岩类、斜长角闪岩类、石英岩类、大理岩类。集安群下部原岩是以基性火山岩、中酸性火山岩、陆源碎屑岩为主，夹少量泥质、砂质及镁质碳酸盐岩组成，其硼元素含量较高，局部地段富集成硼矿床。为潟湖相含硼蒸发盐、双峰火山岩建造。上部由中基性火山岩类，中—酸性火山碎屑岩、正常沉积碎屑岩和碳酸盐类组成。为浅海相非稳定型含碎屑岩、碳酸盐岩、基性火山岩建造。综合上述特点集安群形成于活动陆缘的裂谷环境。蚂蚁河岩组透辉变粒岩中的锆石有两组U-Pb和谐年龄数据，一组是(2476±22)Ma是太古宙锆石结晶年龄；另一组是(2108±17)Ma，代表该组锆石结晶年龄，说明蚂蚁河岩组形成晚于2.1Ga。荒岔沟岩组斜长角闪岩锆石U-Pb年龄为(1850±10)Ma，代表锆石封闭体系年龄。采自黑云变粒岩残留锆石U-Pb年龄数据不集中，和谐年龄有两组，一组是(1838±25)Ma，代表岩石变质年龄；另一组是(2144±25)Ma，是锆石结晶年龄。该组形成于18.4亿~21.4亿年间，且18.4亿年左右有一次强烈的变质作用。

老岭群变质岩：区域变质岩石类型有板岩类、千枚岩类、片岩类、变粒岩类、大理岩、石英岩类。老岭群原岩底部为一套碎屑岩，中部为碳酸盐岩，上部为碎屑岩夹碳酸盐岩。构成了完整的沉积旋回。为裂谷晚期滨海—浅海相碎屑岩-碳酸盐岩沉积建造。采自大栗子岩组6个样品，得全岩等时代年龄约1727Ma。采自花山岩组5个样品，得全岩等时代年龄(1861±127)Ma。侵入临江组的电气白云母伟晶岩的白云母样得 K-Ar 年龄为 1800Ma、1813Ma、1823Ma。老岭群沉积时限为 1700~2000Ma 间。

2）岩石变质作用及变形构造特征

岩石变质作用：集安群普遍发生高角闪岩相变质作用，局部低角闪岩相变质作用，$P=(2\sim5)\times10^8$ Pa，$T=500\sim700℃$，应属低压变质作用。老岭群变质岩系主要经受了高绿片岩相变质作用。局部（花山组）可达低角闪岩相变质作用。

变形构造特征：根据集安群中发育的面理（片理、片麻理）、线理、褶皱以及韧性变形的交切和叠加关系，推断该时代至少存在 3 期变形：第一期变形作用表现为透入性片麻理和长英质条带形成，为塑性剪切机制；第二期变形作用表现为长英质条带与片麻理同时发生褶皱并伴有构造置换现象，形成新的片麻理、钩状褶皱、无根褶皱等；第三期变质变形作用表现为早期形成的长英质条带与片麻理同时发生褶皱，形成新的宽缓褶皱。老岭群变质岩发生两期变形改造：早期变形表现为透入性片理、片麻理；晚期变形使早期片理、片麻理发生褶皱及原始层理被置换。

2. 兴凯期变质岩

兴凯期变质作用主要发育在吉林省北部造山系中，变质作用使新元古代岩石变质形成一套区域变质岩石，包括青龙村岩群新东村岩组、长仁大理岩，张广才岭岩群红光岩组、新兴岩组，机房沟岩群达连沟岩组，塔东岩群拉拉沟岩组、朱敦店岩组，五道沟岩群马滴达组、杨金沟组、香房子组。

岩石类型：区域变质岩石类型有板岩类、千枚岩类、变质砂岩类、片岩类、片麻岩类、变粒岩类、斜长角闪岩类、大理岩类、石英岩类。兴凯期变质岩原岩可以构成一个较完整的火山喷发旋回，下部以基性火山喷发开始，上部则出现一套中酸性火山喷发而告终，晚期则出现一套沉积岩石组合。火山岩是从拉斑系列演化到钙碱系列。

变质作用：兴凯期变质作用特征是属低压条件下的低角闪岩相-绿片岩相变质作用。

变形构造特征：该期可能遭受 2 期以上变形改造。

年代地质学：青龙村岩群的黑云斜长片麻岩全岩 K-Ar 年龄为 669.5Ma。

3. 加里东期变质岩

加里东期变质作用发育在吉林省北部造山系中，该期变质作用使下古生界变质形成一套区域变质岩石。在吉林地区称呼兰岩群黄莺屯岩组、小三个顶子岩组、北岔屯岩组及头道沟岩组。四平地区为下二台岩群磐岭岩组、黄顶子岩组，下志留统石缝组、桃山组、弯月组。

岩石类型：主要变质岩石类型有变质砂岩类、板岩类、千枚岩、片岩类、变粒岩类、大理岩类。

变质作用：经历了绿片岩相变质作用。

4. 海西期变质岩

海西期变质作用发育在吉中—延边一带，变质作用使上古生界尤其是二叠系发生浅变质作用。

主要变质岩石类型：主要变质岩石类型有板岩类、片岩类。海西期变质岩原岩建造的类型为浅海相碎屑岩建造。

变质作用：本期变质作用最高达到高绿片岩相。

五、大型变形构造

吉林省自太古宙以来，经历了多次地壳运动。在各地质历史阶段都形成了一套相应的断裂系统，包括地体拼贴带、走滑断裂、大断裂、推覆-滑脱构造-韧性剪切带等。

1. 辉发河-古洞河地体拼贴带

该拼贴带横贯吉林省东南部东丰至和龙一带，两端分别进入辽宁省和朝鲜，规模巨大，它是海西晚期辽吉台块与吉林-延边古生代增生褶皱带的拼贴带。西向东可分3段，即和平—山城镇段、柳树河子—大蒲柴河段、古洞河—白金段。该拼贴带两侧的岩石强烈片理化带，形成剪切带，航磁异常、卫片影像反映都很明显，显示平行、密集的线性构造特征。两侧具有地质发展历史截然不同的两个大地构造单元，也反映出不同的地球物理场、不同的地球化学场。北侧是吉林-延边古生代增生褶皱带，为海相火山-碎屑岩及陆源碎屑岩、碳酸盐岩为主的火山沉积岩系。南侧前寒武系广泛分布，基底为太古宙、古元古代的中深变质岩系，盖层为新元古代—古生代的稳定浅海相沉岩系。反映出两侧具有完全不同的地壳演化历史。

2. 伊舒断裂带

该带是一条地体拼接带，即在早志留世末，华北板块与吉林古生代增生褶皱带相拼接。它位于吉林省二龙山水库—伊通—双阳—舒兰一线，呈北东方向延伸，过黑龙江省依兰—佳木斯—罗北进入俄罗斯境内。在吉林省内是由南东、北西两支相互平行的北东向断裂带组成。省内长达260km，具左行扭动性质。该断裂带两侧地质构造性质明显不同，这条断裂的东南侧重力高，航磁为北东向正负交替异常，西侧重力低，航磁为稀疏负异常。两侧的地层发育特征、岩性、含矿性等截然不同。从辽北到吉林该断裂两侧晚期断层方向明显不一致，东南侧以北东向断层为主，西北侧以北北东向断层为主。西北侧北北东向断裂是与华北板块和西伯利亚板块间的缝合线展布方向一致，反映是继承古生代基底构造线特征；东南侧的北东向断裂与库拉、太平洋板块向北俯冲有关。说明在吉林省境内，早古生代伊舒断裂带两侧属于性质不同的两个大地构造单元，西部属于华北板块，东部总体上为被动大陆边缘。它经历了早志留世末华北板块与吉黑古生代增生褶皱带发生对接的走滑拼贴阶段、新生代库拉-太平洋板块向亚洲大陆俯冲的活化阶段和第三纪（古近纪＋新近纪）至第四纪初亚洲大陆应力场转向，使伊舒断裂带接受了强烈的挤压作用，导致了两侧基底向槽地推覆并形成了外倾对冲式冲断层构造带的挤压阶段。

3. 敦化-密山走滑断裂带

该断裂带是我国东部一条重要的走滑构造带，它对大地构造单元划分及金、有色金属成矿具有重要的意义。经辉南、桦甸、敦化等地进入黑龙江省，省内长达360km，宽10～20km，习惯称之为辉发河断裂带。该断裂带活动时间较长，沿该断裂带岩浆活动强烈。自早侏罗世形成以来，其演化具明显的阶段性，可分为中生代早期左旋平移走滑阶段、侏罗纪造山阶段、晚白垩世—新生代裂谷阶段、新近纪—第四纪逆冲推覆阶段。

左旋平移走滑阶段：于海西晚期，在辽吉台块北移定位后，在早侏罗世水平剪切应力作用下，该断裂带发生大规模左行剪切滑动，造成了辽吉台块北缘的辉发河-古洞河地体拼贴带活化，早古生代地层发生左行平移错断，在断裂带两侧形成大量牵引构造。

侏罗纪造山阶段：侏罗纪晚期以后，吉林省处于欧亚板块边缘地带，亦属环太平洋构造岩浆活动带一部分。在太平洋板块向欧亚大陆板块的俯冲作用影响下，该断裂带复活，沿带出现大规模火山岩浆喷发，形成晚侏罗世到早白垩世的火山沉积作用。

裂谷阶段（或称盆、岭阶段）：早白垩世晚期—新生代早期在太平洋板块俯冲反弹作用影响下，该断裂带地壳处于伸展阶段，形成明显的盆岭式构造。新近纪末期，地壳收缩，裂谷回返。

逆冲推覆阶段：新近纪至第四纪阶段由于太平洋板块俯冲方向由北北西转向北西西，因板块俯冲方向的调整而使挤压作用增强，故这一时期断裂带出现了短暂的逆冲推覆作用，形成了两条平行的对冲逆断层,分别称为东支断裂和西支断裂,总体为外倾对冲,倾角30°~80°,沿断裂多处见有太古宙地层逆冲到中新生代地层之上,并发育有一定规模的剪切作用。

4. 鸭绿江走滑断裂带

该带是吉林省规模较大的北东向断裂之一,由辽宁省沿鸭绿江进入吉林省集安经安图两江至王清天桥岭进入黑龙江省,省内长达510km,断裂带宽30~50km,纵贯辽吉台块和吉黑古生代陆缘增生褶皱带两大构造单元,对吉林省地质构造格局及贵金属、有色金属矿床成矿均有重要意义。断裂带总体表现为压剪性,沿断面发生逆时针滑动,相对位移为10~20km。断裂切割中生代及早期侵入岩体,并控制侏罗纪、白垩纪地层的分布。

5. 韧性剪切带

吉林省的韧性剪切带广泛发育于前寒武纪古老构造带中及不同地体的拼贴带中。

与铅锌矿关系密切的为古元古代裂谷中韧性剪切带。多分布于不同岩石单元接触带上。沿珍珠门岩组与花山组接触带上出现一条规模巨大的韧性剪切带,这一剪切带是在上述两组地层间的同生断裂基础上发展起来的一条北东向"S"形构造带,长百余千米;松树-错草沟韧性剪切带,位于浑江市荒沟山铅锌矿区的珍珠门岩组和太古宙地层接触部位,走向北东,长60km,宽1~2km;银子沟-刘家趟子韧性剪切带,位于珍珠门岩组与太古宙岩层接触部位,长7~8km,宽300~400m,南北向展布。板庙-双岔韧性剪切带,位于珍珠门岩组大理岩中,长5km,宽50~100m,南北向展布。与铅锌矿关系密切。

第二节 区域矿产特征

一、成矿特征

吉林省铅锌矿按照成矿物质来源与成矿地质条件,成因类型划分为矽卡岩型、火山-沉积变质型、沉积变质-热液叠加型、沉积-岩浆热液叠加型、火山热液型、岩浆热液型以及变质-热液型矿床。总体看,都具有早期沉积形成初始矿源层或矿源岩,经后期叠加改造的特征,即基本具有层控内生特征。

1. 矽卡岩型铅锌矿床

该类矿床是吉林省铅锌矿床的主要成因类型。这类铅锌矿床主要分布于吉中-延边地区。容矿围岩为晚古生代浅海相碳酸盐岩,时空上与中酸性侵入杂岩的交代及热液作用所形成的矽卡岩带有关。矿化主要出现在石炭纪—二叠纪碳酸盐岩与燕山期中酸性岩类侵入接触带上,构造上往往受紧密褶皱的倒转倾伏背斜或向斜中的断裂或层间破碎带控制。在吉南华北陆缘拗陷区寒武系—奥陶系或集安群碳酸盐岩与燕山期花岗岩侵入接触地段,也有接触交代成矿作用,但它属于层控铅锌矿床中后期叠加成矿。代表矿物有天宝山矿床。

2. 沉积-岩浆热液叠加型铅锌矿床

该矿床是指原先沉积矿床或矿化地层,受后期岩浆热液作用而形成的层控矿床。矿床分布于吉南华北陆缘拗陷区或地堑盆地内,与显生宙盖层寒武纪—奥陶纪碳酸盐岩建造有成因联系。代表矿床有大营、矿洞子铅锌矿床。

3. 火山-沉积变质型铅锌矿床

该类矿床是与元古宙、古生代火山活动有成因联系的铅锌矿床,这类铅锌矿床在古陆与造山带均有出现。古陆中的这类铅锌矿形成于吉南裂谷内,与古元古代早期荒岔沟期基性—中酸性火山作用及碳酸盐岩沉积有关。它的构造环境处于大陆裂谷早期阶段,即先形成断裂,接踵发生岩浆活动时期,形成于裂谷扩张初期沉积非补偿阶段。代表矿床正岔,在造山带中主要形成于古生代拗陷,代表性矿床有放牛沟、红太平铅锌矿床。

4. 火山热液型铅锌矿床

该类矿床是与中生代火山活动有成因联系的铅锌矿床,矿床分布于古陆与造山带的火山侵入杂岩区,受滨太平洋断裂体系的北东向及北西向断裂控制,形成于火山隆起或火山盆地内,与基底断裂相重叠的环状断裂、辐射状瞬裂有密切联系。代表物矿地局子铅锌矿床。

5. 沉积变质岩浆热液改造型铅锌矿床

该矿床形成于大陆裂谷型海盆地内,沉积非补偿阶段转化为沉积补偿阶段,岩浆活动已停止,矿化与浅海—潮间带沉积物有密切的成因联系。这类矿床的矿石矿物与其围岩的沉积物是同时沉积,或在沉积、成岩、变质作用阶段成矿物质进入含矿岩层中富集成矿。已知含矿层位有老岭群珍珠门岩组和大栗子岩组,其中前者分布范围广,成矿远景较好。代表矿物荒沟山铅锌矿床。

6. 岩浆热液型铅锌矿床

该类矿床是与岩浆侵入活动有关的热液脉状矿床,吉林省铅锌矿成矿作用较为普遍受岩浆叠加改造。多数铅锌矿床与前中生代地层及燕山期岩浆热液活动有成因联系,而纯属岩浆热液型铅锌矿为数不多,关多为矿点。

7. 变质-热液型铅锌矿床

该类矿床与太古宙绿岩有关,多与金矿伴生,尚未发现独立矿床。

二、吉林省铅锌矿矿产地成矿特征

省域内涉及铅锌矿产地82处,其中有工业储量产地为3处,分别是伊通县放牛沟多金属(铅锌)矿、集安市西岔-金厂沟金(铅)、龙井市天宝山多金属(铅锌)矿。

吉林省涉铅锌矿产地成矿特征见表3-2-1。

三、铅锌矿预测类型划分及其分布范围

1. 铅锌矿预测类型及其分布范围

吉林省铅锌矿成因类型有火山热液型、火山-沉积变质型、沉积-岩浆热液叠加型、沉积变质岩浆热液改造型、矽卡岩型、岩浆热液型、变质热液型7种。

本次选择的矿产预测类型如下:

火山-沉积变质型分布在放牛沟、梨树沟-红太平地区;火山-热液型分布在地局子-倒木河地区;沉积-岩浆热液叠加型分布在矿洞子-青石镇、大营-万良地区;火山-沉积变质改造型分布在正岔-复兴屯

地区;沉积-岩浆热液改造型分布在荒沟山-南岔地区。叠加成因型分布在天宝山地区。

吉林省铅锌矿产预测类型分布见图3-2-1。

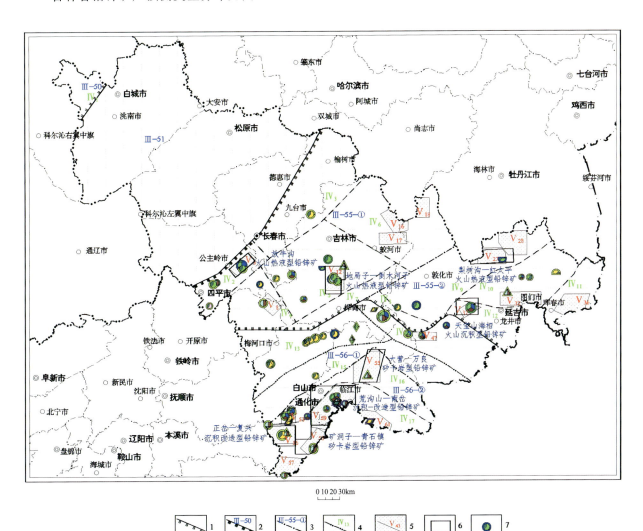

图3-2-1 吉林省铅锌矿预测类型分布图

1.Ⅱ级成矿带;2.Ⅲ级成矿带及编号;3.Ⅲ级成矿亚带及编号;4.Ⅳ级成矿区带及编号;5.Ⅴ级找矿区及编号;6.预测类型分布区界线;7.矿产及矿产时代

2. 预测区与典型矿床分布

以含矿建造和矿床成因系列理论为指导,以物探、化探、遥感、重砂等综合信息为依据,圈定铅锌成矿放牛沟、地局子-倒木河、梨树沟-红太平、矿洞子-青石镇、大营-万良、荒沟山-南岔、正岔-复兴屯、天宝山8个预测工作区。优选了吉林省铅锌矿较典型的矿产有放牛沟、郭家岭、大营、荒沟山、正岔、天宝山6个典型矿床。详细信息见表3-2-2。

表 3-2-1 吉林省涉及铅锌矿产地成矿特征一览表

编号	矿产地名	矿床规模	成矿时代	矿种	共生矿	伴生矿	矿床成因类型
1	永吉县两家子乡黑背村金(铅锌)矿	小型	K	金矿		银矿-汞矿-铅矿-锌矿	中温热液矿床
2	永吉县旺起乡胜利村锌矿	小型	J_2	锌矿		银矿	接触交代矿床
3	永吉县口前镇香头砬子铜(铅锌)矿	小型	P—J_3	铜矿	铅矿-锌矿		充填矿床
4	永吉县五里河三家子铜(锌)矿	矿点	Pz	铜矿	锌矿		火山-沉积矿床
5	老爷岭银(铅锌)矿点	矿点		金矿		铅矿-锌矿-铜矿-锑矿	热液矿床
6	磐石县烟筒山石棚北屯银铅(锌)矿点	矿点		银矿-铅矿			高温热液矿床
7	桦甸市老金厂镇金(锌)矿点	矿点	Ar	金矿		铜矿-锌矿	变质矿床
9	桦甸地局子铅锌矿	小型	P_2	铅矿			中温热液矿床
10	桦甸新立屯铅锌矿	小型	J	铅矿-锌矿	锌矿		中温热液矿床
11	桦甸地局子铅锌矿	小型	Mz	铅矿-锌矿			火山热液矿床
12	桦甸新立屯多金属(铅锌)矿	小型	Mz	铜-铅矿-锌矿			火山热液矿床
13	桦甸二道林子砷多金属(铅)矿	小型	Mz	砷-铜矿-铅矿-锌矿			岩浆期后矿床
14	桦甸二道夹皮沟二道沟金(铅)矿	中型	Pt—Mz	金矿	铜矿-铅矿		叠生矿床
15	桦甸市夹皮沟金(铅)矿床	大型	Pt—Mz	金矿		铜矿-铅矿	叠生矿床
16	桦甸市云峰铅锌矿	小型	P—J	铅矿-锌矿			热液矿床
17	桦甸市云峰铅锌矿	小型	P—J	铅矿-锌矿			热液矿床
18	四平市山门镇营盘村银(铅锌)矿点	矿点	K	银矿		金矿-锌矿-铅矿	低温热液矿床
19	梨树县大顶子多金属(铅锌)矿	小型	Mz	铜矿-铅矿-锌矿			次火山热液矿床
20	伊通县云峰铅锌矿	中型	P—J	铅矿-锌矿		银矿-铜矿	热液矿床
21	伊通县放牛沟多金属铁(铅)矿点	矿点	Pz_2	锌矿-硫铁矿-银矿-铅矿		铅矿-铜矿	热液矿床
22	伊通县景台乡新立村铁(铅)矿点	矿点	O	铁矿			热液矿床
	伊通县景台乡小桥子铅锌矿点	矿点	D—P	铅矿		铜矿-铅矿-锌矿	接触交代矿床

续表 3-2-1

编号	矿产地名	矿床规模	成矿时代	矿种	共生矿	伴生矿	矿床成因类型
23	伊通孟家沟多金属（铅锌）矿	小型	Pz_1	铜矿-铅矿-锌矿			热液矿床
24	东辽县弯月铅锌矿床	小型	J	铅矿-锌矿			热液矿床
25	通化市后刀尖背金（铅锌）矿点	矿点	Pt	金矿		铅矿-锌矿	中温热液矿床
26	通化市跃进金（铅）矿点	小型	Ar	金矿		铜矿-铅矿	中温热液矿床
27	通化市刀尖背金（铅）矿点	矿点	Pt	金矿		铅矿	变质矿床
28	通化市石家铺子金（铅锌）矿	小型	Pt	金矿		铅矿-锌矿-铜矿	变质矿床
29	通化市南二庙地金（铅）点	矿点	Pt	金矿		铅矿	变质矿床
30	辉南县西顺堡金（铅）矿	小型	D-K	金矿		铅矿	热液矿床
31	通化县先锋金矿	矿点	Pt	金矿		铜矿-铅矿	中温热液矿床
32	通化县大旺金（铅）矿点	矿点	Pt	金矿		铜矿-铅矿	中温热液矿床
33	通化县郭家金（铅）矿点	矿点	Ar	金矿		铅矿	中温热液矿床
34	通化县龙胜金（铅）矿	小型	Ar	金矿		银矿-铅矿-铜矿-锌矿	中温热液矿床
35	通化县爱国铅锌矿床	小型	J	铅矿-锌矿			热液矿床
36	辉南县石大院金矿	矿点	Ar	金矿		铅矿	中温热液矿床
37	辉南县老鹰沟金矿	矿点	Ar	金矿		铅矿	中温热液矿床
38	辉南县石棚沟金（铅）矿点	矿点	Ar	金矿		铅矿	中温热液矿床
39	辉南县石棚沟松金（铅）矿	矿点	Ar	金矿		铅矿	中温热液矿床
40	辉南县凤鸣屯金（铅）矿点	矿点	Ar	金矿		铅矿	中温热液矿床
41	辉南县芹菜沟金（铅）矿点	矿点	Ar	金矿		铅矿	中温热液矿床
42	柳河县回头沟金（铅）矿点	矿点	Ar	金矿		铅矿	中温热液矿床
43	梅河口市海龙区水道乡金（铅）矿	小型	T	金矿		铅矿	低温热液矿床

续表 3-2-1

编号	矿产地名	矿床规模	成矿时代	矿种	共生矿	伴生矿	矿床成因类型
44	海龙县香炉碗子金矿	矿点	K	金矿		铅矿	低温热液矿床
46	集安市天桥沟金及多金属（铅）矿	小型	Pt	金矿-铜矿-锌矿			火山-沉积矿床
47	集安市金厂沟金（铅）矿床	小型	Pt	金矿		铅矿	中温热液矿床
48	集安县金西岔金（铅）矿床	小型	Pt	金矿		铅矿	中温热液矿床
49	集安市西岔金-金厂沟金（铅）矿	中型	Mz	金矿-银矿-铅矿		银矿-铅矿	岩浆期后矿床
50	集安市洞子铅锌矿	小型	Mz	铅矿-锌矿			热液矿床
51	集安市郭家岭铅锌矿	小型	Mz	铅矿-锌矿			热液矿床
52	集安市石厰铅锌矿	矿点	Pt	铅矿-锌矿			火山热液矿床
53	集安市马家东沟金（铅）矿点	矿点	Pt	金矿		铅矿	变质矿床
54	集安市板房沟金（铅）矿点	矿点	Pt	金矿		铅矿	变质矿床
55	集安市委子沟金（铅）矿点	矿点	Pt	金矿			变质矿床
56	集安县正岔铅锌矿	小型	Mz	铅矿-锌矿			接触交代矿床
57	浑江市乱泥塘金矿	小型	Pt	金矿		银矿-汞矿-锌矿	再生层控矿床
58	白山市大横路铜钴矿床	大型	Pt-K	钴矿	铜矿-锌矿		叠生层控矿床
59	白山市五道阳岔 4 号金（铅锌）矿	小型	T	金矿		铜矿-铅矿-锌矿	热液矿床
60	浑江市大横路金（铅）矿	矿点		金矿		铜矿-铅矿-汞矿	接触交代矿床
61	集安县大营 2 号铅锌矿	小型	J-K	铅矿-锌矿			
62	抚松县西林河银（铅）矿	小型	J_2	银矿		金矿-铜矿-铅矿-锌矿-锑矿	热液矿床
63	抚松县那尔萎铜（铅锌）矿	小型	J-K	铜矿		铅矿-锌矿	蒸发沉积矿床
64	靖宇县天合兴铜（铅锌）矿	小型	J	铜矿		锌矿-银矿-钴矿	中温热液矿床

续表 3-2-1

编号	矿产地名	矿床规模	成矿时代	矿种	共生矿	伴生矿	矿床成因类型
65	临江市八里沟金(铅)矿点	小型	Pt	金矿		铜矿-铅矿	中温热液矿床
66	临江市三道沟门金(铅)矿	矿点	Pt	金矿		铜矿-铅矿	中温热液矿床
67	临江市干饭盆金(铅)矿床	矿点	Ar	金矿		铜矿-铅矿	中温热液矿床
68	临江市天湖沟铅锌矿	小型	Mz	铅矿-锌矿		银矿	中温热液矿床
69	临江市荒沟山铅锌矿	小型	Mz	铅矿-锌矿		硫铁矿-自然硫	中温热液矿床
70	临江市当石沟铅锌矿	矿点		铅矿-锌矿			热液矿床
71	临江市天后沟铅锌矿	小型	Mz	铅矿-锌矿			沉积变质矿床
72	敦化市官瞎沟铜钼(铅锌)矿	矿点	P	铜矿		铅矿-锌矿	中温热液矿床
73	敦化市杨树河金(铅)矿	矿化点		金矿		铅矿-汞矿	热液矿床
74	龙井市天宝山多金属(铅锌)矿	中型	P_{z_2}—Mz	锌矿-铅矿-铜矿			多成因复成矿床
75	和龙县卧龙矿砂矿西沟金(铅锌)矿	矿点	J	金矿		铜矿-锌矿	中温热液矿床
76	汪清县明星屯金(铅锌)矿点	矿化点	J	金矿		铜矿-锌矿	热液矿床
77	汪清县林子沟铅锌矿	矿化点		铅矿		铜矿-锌矿	低温热液矿床
78	汪清县红太平金属(铅锌)矿	小型	Pz_2	铜矿-铅矿-锌矿			火山-沉积矿床
79	汪清棉田铅锌矿	小型	J—K	铅矿-锌矿			接触交代矿床
80	汪清九三沟金-多金属(铅锌)矿点	小型	Mz	金矿	铜矿-铅矿-锌矿		火山次火山热液矿床
81	安图县两江湾勾金(铅锌)矿点	矿点	J	金矿		铜矿-锌矿	低温热液矿床
82	安图县湾沟金(铅锌)矿点	矿点	K	金矿		铜矿-铅矿-锌矿	中温热液矿床

表 3-2-2 吉林省铅锌矿预测区矿产预测类型一览表

预测方法类型	矿床成因类型	矿产预测类型	典型矿床	典型矿床成矿要素图	典型矿床预测要素图	成矿时代	预测区成矿要素图类	预测区预测要素图类	重要建造	研究区范围	预测底图类型
火山岩型	火山岩浆热液型	放牛沟式火山-沉积变质型	放牛沟	吉林省火山热浆岩沉积变质型放牛沟铅锌矿典型矿床成矿要素图	吉林省放牛沟式火山-沉积变质型放牛沟铅锌矿典型矿床预测要素图	加里东期 Pb模式 306.4~290Ma	吉林省放牛沟预测工作区放牛沟式火山-沉积变质型铅锌矿成矿要素图	吉林省放牛沟预测工作区放牛沟式火山岩型铅锌矿预测要素图	上奥陶统缝石组白色大理岩夹条带状大理岩为主要赋矿层位。海西早期后庙岭二长花岗岩控矿	放牛沟	
	火山岩浆热液型	放牛沟式火山热液型				燕山期	吉林省地局子-倒木河预测工作区放牛沟式火山热液型铅锌矿成矿要素图	吉林省地局子-倒木河预测工作区放牛沟式火山岩型铅锌矿预测要素图	主要成矿位于早古生代头道沟岩群,古生代地层南楼山组火山岩即为控矿。侏罗世二长花岗岩侵入岩早侏罗世二长花岗岩	地局子-倒木河	火山建造构造图
	火山-沉积型	红太平式火山-沉积变质型				燕山期 Pb模式 208.81Ma	吉林省梨树沟-红太平预测工作区红太平式火山-沉积变质型铅锌矿成矿要素图	吉林省梨树沟-红太平预测工作区红太平式火山岩型铅锌矿预测要素图	晚古生代二叠系庙岭组凝灰岩、蚀变凝灰岩、砂岩、粉砂岩、泥灰岩为主要含矿层位和控矿岩	梨树沟-红太平	
层控内生型	火山-沉积变质岩浆液改造型	青城子式沉积变质岩浆液改造型	荒沟山	吉林省火山-沉积变质荒沟山改造型铅锌矿典型矿床成矿要素图	吉林省青城子式沉积变质岩浆热液改造型荒沟山铅锌矿典型矿床预测要素图	燕山期 Pb模式 1 628.45~2 091.51Ma	吉林省荒沟山-南岔预测工作区青城子式沉积变质岩浆热液改造型铅锌矿成矿要素图	吉林省荒沟山-南岔预测工作区青城子式层控内生型铅锌矿预测要素图	元古宇老岭群珍珠门组大理岩含矿,燕山早期无顶子、梨树沟、草山似斑状黑云母花岗岩体控矿	荒沟山-南岔	综合建造构造图

第三章　地质矿产概况

续表 3-2-2

预测方法类型	矿床成因类型		矿产预测类型	典型矿床	典型矿床成矿要素图	典型矿床预测要素图	成矿时代	预测区成矿要素图类	预测区预测图类	重要建造	研究区范围	预测底图类型
层控内生型	沉积-岩浆热液改造型		正岔式火山-沉积改造质型	正岔	吉林省沉积-岩浆热液改造型正岔铅锌矿典型矿床成矿要素图	吉林省正岔式火山-沉积改造质型正岔铅锌矿典型矿床预测要素图	燕山期 197Ma	吉林省正岔-复兴屯工作区正岔式火山-沉积改造质型铅锌矿成矿要素图	吉林省正岔-复兴屯预测区正岔式火山-沉积改造质型铅锌矿预测要素图	集安群形成合胚胎型矿源层；燕山期花岗斑岩体侵位	正岔-复兴屯	
	期后岩浆叠加液改造中低温岩控型热液		万宝式沉积-岩浆热液叠加型	大营	吉林省期后岩浆叠加改造中低温型热液岩控型大营铅锌矿典型矿床成矿要素图	吉林省万宝式沉积-岩浆热液叠加型大营铅锌矿典型矿床预测要素图	燕山期 429.1Ma	吉林省大营-万良预测工作区万宝式沉积-岩浆热液叠加型铅锌矿成矿要素图	吉林省大营-万良工作区万宝式层控内生型铅锌矿预测要素图	寒武纪灰岩含矿岩系、燕山期花岗岩体及脉岩控矿	大营-万良	
	期后岩浆叠加液改造中低温岩控型热液		万宝式沉积-岩浆热液叠加型	郭家岭	吉林省期后岩浆叠加改造中低温型热液岩控型郭家岭铅锌矿典型矿床成矿要素图	吉林省万宝式沉积-岩浆热液叠加型郭家岭铅锌矿典型矿床预测要素图	燕山期 479.0~548.00Ma	吉林省矿洞子-青石镇预测工作区万宝式沉积-岩浆热液叠加型铅锌矿成矿要素图	吉林省矿洞子-青石镇预测工作区万宝式层控内生型铅锌矿预测要素图	奥陶系冶里组灰岩含矿、燕山期黑云母花岗岩岩体及脉岩控矿	矿洞子-青石镇	综合建造构造图
复合内生成因	东风火山热液充填矿床						Pb-Pb 法年龄为 229.5Ma			石炭纪(天宝山岩块)与二叠纪岩块(红叶桥组)砂板岩、灰岩，中酸性火山岩是含矿层位。印支期-海西期花岗闪长岩、石英闪长岩、石英斑岩及脉岩等控矿	天宝山	
	叠加成因	立山砂卡岩矿床	天宝山式叠加成因型	天宝山	吉林省天宝山叠加成因型铅锌矿典型矿床成矿要素图	吉林省天宝山式叠加成因型天宝山铅锌矿典型矿床预测要素图	Pb-Pb 法年龄为 238Ma~225Ma	吉林省天宝山工作区天宝山式叠加成因型铅锌矿成矿要素图 224~289Ma	吉林省天宝山预测工作区天宝山式复合内生型铅锌矿预测要素图			
		新兴角砾岩筒矿床					K-Ar 法年龄为 224Ma					

注：同位素年龄据金玉兴 1992。

第三节 区域地球物理、地球化学、遥感、自然重砂特征

一、区域地球物理特征

(一)重力

1. 岩(矿)石密度

(1)各大岩类的密度特征:沉积岩的密度值小于岩浆岩和变质岩。不同岩性间的密度值变化情况:沉积岩$(1.51\sim2.96)\times10^3 kg/m^3$;变质岩$(2.12\sim3.89)\times10^3 kg/m^3$;岩浆岩$(2.08\sim3.44)\times10^3 kg/m^3$;喷出岩的密度值小于侵入岩的密度值(图3-3-1)。

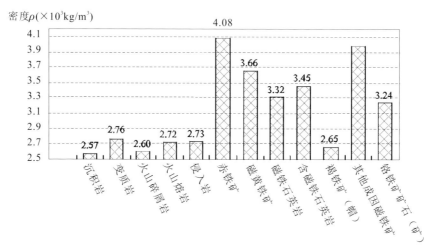

图3-3-1 吉林省各类岩(矿)石密度参数直方图

(2)不同时代各类地质单元岩石密度变化规律:不同时代地层单元岩系总平均密度存在有密度的差异,其值大小有时代由新到老增大的趋势,地层时代越老,密度值越大特点:新生界$(2.17\times10^3 kg/m^3)$,中生界$(2.57\times10^3 kg/m^3)$,古生界$(2.70\times10^3 kg/m^3)$,元古宇$(2.76\times10^3 kg/m^3)$,太古宇$(2.83\times10^3 kg/m^3)$,由此可见新生界的密度值均小于前各时代地层单元的密度值,各时代均存在着密度差(图3-3-2)。

2. 区域重力场基本特征及其地质意义

(1)区域重力场特征:在全省重力场中,宏观呈现二高一低重力区,位于西北及中部为重力高、东南部为重力低的基本分布特征。最低值区在白头山—长白一线;高值区出现在大黑山条垒区;瓦房镇-东屏镇为另一高值区;洮南、长岭一带异常较为平缓;中部及东南部布格重力异常等值线大多呈北东向展布,大黑山条垒,尤其是辉南—白山—桦甸—黄泥河镇一带,等值线展布方向及局部异常轴向均呈北东向。北部桦甸—夹皮沟—和龙一带,等值线则多以北西向为主,向南逐渐变为东西向,至漫江则转为南北向,围绕长白山天池呈弧形展布,延吉、珲春一带也呈近弧状展布。

(2)深部构造特征:重力场值的区域差异特征反映了莫霍面及康氏面的变化趋势,曲线的展布特征则反映了明显地质构造及岩性特征的规律性。从莫霍面图上可见,西北部及东南部两侧呈平缓椭圆或半椭圆状;西北部洮南-乾安为幔坳区;中部松辽为幔隆区,为北东走向的斜坡;东南部为张广才岭-长白山地幔拗陷区;而东部延吉珲春汪清为幔凸区。安图—延吉、柳河—桦甸一带所出现的北西向及北东向

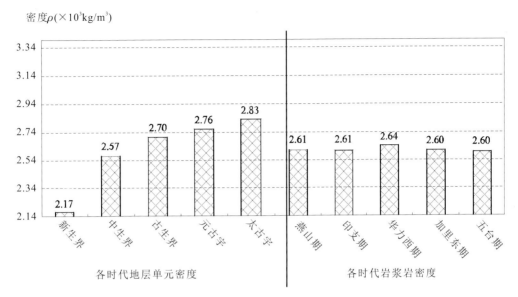

图 3-3-2 吉林省各时代地层、岩浆岩密度参数直方图

等深线梯度带表明,华北板块北缘边界断裂,反映了不同地壳的演化史及形成的不同地质体的体现(图 3-3-3、图 3-3-4)。

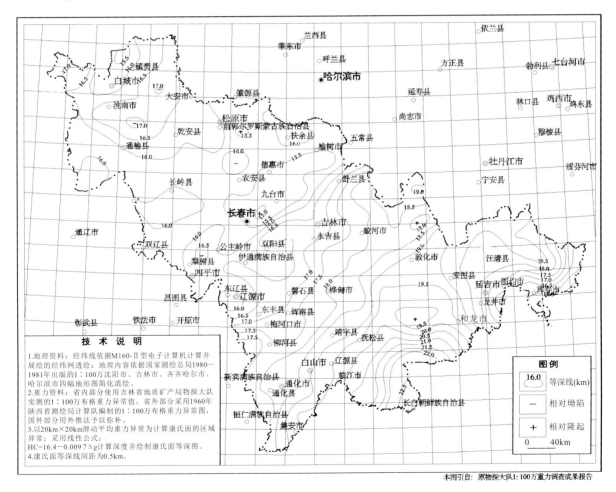

图 3-3-3 吉林省康氏面等深度图

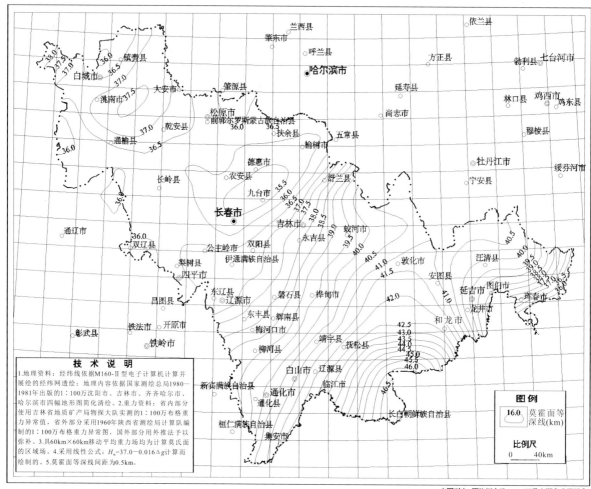

图 3-3-4 吉林省莫霍面等深图

3. 区域重力场分区

依据重力场分区的原则,划分为南北2个Ⅰ级重力异常区,见表3-3-1。

表 3-3-1 吉林省重力场分区一览表

Ⅰ	Ⅱ	Ⅲ	Ⅳ
Ⅰ1 白城-吉林-延吉复杂异常区	Ⅱ1 大兴安岭东麓异常区	Ⅲ1 乌兰浩特-哲斯异常分区	Ⅳ1 瓦房镇-东屏镇正负异常小区
	Ⅱ2 松辽平原低缓异常区	Ⅲ2 兴龙山-边昭正负异常分区	(1)重力低小区;(2)重力高小区
		Ⅲ3 白城-大岗子低缓负异常分区	(3)重力低小区;(4)重力高小区;(5)重力低小区;(6)重力高小区
		Ⅲ4 双辽-梨树负异常分区	(7)重力高小区;(11)重力低小区;(20)重力高小区;(21)重力低小区
		Ⅲ5 乾安-三盛玉负异常分区	(8)重力低小区;(9)重力高小区;(10)重力高小区;(12)重力低小区;(13)重力低小区;(14)重力高小区

续表 3-3-1

Ⅰ	Ⅱ	Ⅲ	Ⅳ
Ⅰ1 白城-吉林-延吉复杂异常区	Ⅱ2 松辽平原低缓异常区	Ⅲ6 农安-德惠正负异常分区	(17)重力高小区;(18)重力高小区;(19)重力高小区
		Ⅲ7 扶余-榆树负异常分区	(15)重力低小区;(16)重力低小区
	Ⅱ3 吉林中部复杂正负异常区	Ⅲ8 大黑山正负异常分区	
		Ⅲ9 伊-舒带状负异常分区	
		Ⅲ10 石岭负异常分区	Ⅳ2 辽源异常小区
			Ⅳ3 椅山-西堡安异常低值小区
		Ⅲ11 吉林弧形复杂负异常分区	Ⅳ4 双阳-官马弧形负异常小区
			Ⅳ5 大黑山-南楼山弧形负异常小区
			Ⅳ6 小城子负异常小区
			Ⅳ7 蛟河负异常小区
		Ⅲ12 敦化复杂异常分区	Ⅳ8 牡丹岭负异常小区
			Ⅳ9 太平岭-张广才岭负异常小区
	Ⅱ4 延边复杂负异常区	Ⅲ13 延边弧状正负异常区	
		Ⅲ14 五道沟弧线形异常分区	
Ⅰ2 龙岗-长白半环状低值异常区	Ⅱ5 龙岗复杂负异常区	Ⅲ15 靖宇异常分区	Ⅳ10 龙岗负异常小区
			Ⅳ11 白山负异常小区
			Ⅳ12 和龙环状负异常小区
		Ⅲ16 浑江负异常低值分区	Ⅳ13 清和复杂负异常小区
			Ⅳ14 老岭负异常小区
			Ⅳ15 浑江负异常小区
	Ⅱ6 八道沟-长白异常区	Ⅲ17 长白负异常分区	

4. 深大断裂

吉林省地质构造复杂,在漫长的地质历史演变中,经历过多次地壳运动,在各个地质发展阶段和各个时期的地壳运动中,均相应形成了一系列规模不等、性质不同的断裂。这些断裂,尤其是深大断裂一般都经历了长期的、多旋回的发展过程,它们对吉林省地质构造的发展、演化及成岩成矿作用有着密切的关系。根据《吉林省地质志》中的深大断裂一章将吉林省断裂按切割地壳深度的规模大小、控岩控矿作用以及展布形态等大致分为超岩石圈断裂、岩石圈断裂、壳断裂和一般断裂及其他断裂。

(1)超岩石圈断裂:吉林省超岩石圈断裂只有一条,称中朝准地台北缘超岩石圈断裂。它系指"赤峰-开源-辉南-和龙深断裂"。这条超岩石圈断裂横贯吉林省南部,由辽宁省西丰县进入吉林省海龙、桦甸、过老金厂、夹皮沟、和龙,向东延伸至朝鲜境内,是一条规模巨大、影响很深、发育历史长久的断裂构造带。实际上它是中朝准地台和天山-兴隆地槽的分界线。总体走向为东西向,省内长达 260km;宽 5~20km。由于受后期断裂的干扰、错动,使其早期断裂痕迹不易辨认,并且使走向在不同地段发生北东向和北西向偏转、断开、位移,从而形成了现今平面上具有折断状的断裂构造(图 3-3-5)。

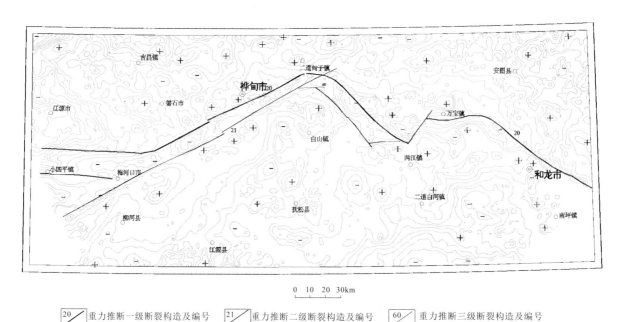

图 3-3-5 开源-桦甸-和龙超岩石圈断裂布格重力异常图

重力场基本特征:断裂线在布格重力异常平面图上呈北东向、东西向密集梯度带排列,南侧为环状、椭圆形,西部断裂以北东向的重力异常为主。这种不同性质重力场的分界线,无疑是断裂存在的标志。从东丰到辉南段为重力梯度带,梯度较陡;夹皮沟到和龙一段,也是重力梯度带,水平梯度走向有变化,应该是被多个断裂错断所致,但梯度较密集。在重力场上延 10km、20km,以及重力垂向一阶导、二阶导图上,该断裂更为显著,东丰经辉南到桦甸折向和龙。除东丰到辉南一带为线状的重力高值带外,其余均为线状重力低值带,它们的极大和极小便是该断裂线的位置。从莫霍面等深度图上可见:该断裂只在个别地段有某些显示,说明该断裂切割深度并非连续均匀。西丰至辉南段表现同向扭曲,辉南至桦甸段显示不出断裂特征,而桦甸至和龙段有同向扭曲,表明有断裂存在。莫霍面上表示深度为 37~42km,从而断定此断裂在部分地段已切入上地幔。

地质特征:小四平—海龙一带,断裂南侧为太古宇夹皮沟群、中元古界色洛河群,北侧为早古生代地槽型沉积。断裂明显,发育在海西期花岗岩中。柳树河子至大浦柴河一带有基性—超基性岩平等断裂展布,和龙至白金一带有大规模的花岗岩体展布。因此,此断裂为超岩石圈断裂。

(2)岩石圈断裂:该断裂带位于二龙山水库—伊通—双阳—舒兰呈北东方向延伸,过黑龙江依兰—佳木斯—箩北进入俄罗斯境内。该断裂于二龙山水库,被冀东向四平-德惠断裂带所截。在省内由两条相互平行的北东向断裂构成,宽 15~20km,走向 45°~50°。省内长达 260km。在其狭长的"槽地"中,沉积了厚达 2000 多米的中新生代陆相碎屑岩,其中第三纪沉积物应有 1000 多米,从而形成了狭长的依兰-伊通地堑盆地。

重力场特征:断裂带重力异常梯度带密集,呈线状,走向明显,在吉林省布格重力异常垂向一阶、二阶导平面图,及滑动平均(30km×30km、14km×14km)剩余异常平面图上可见,延伸狭长的重力低值带,在其两侧狭长延展的重力高值带的衬托下,其异常带显著,该重力低值带宽窄不断变化,并非均匀展布,而在伊通至乌拉街一带稍宽大些,这段分别被东西向重力异常隔开,这说明在形成过程中受东西向构造影响所致(图3-3-6)。

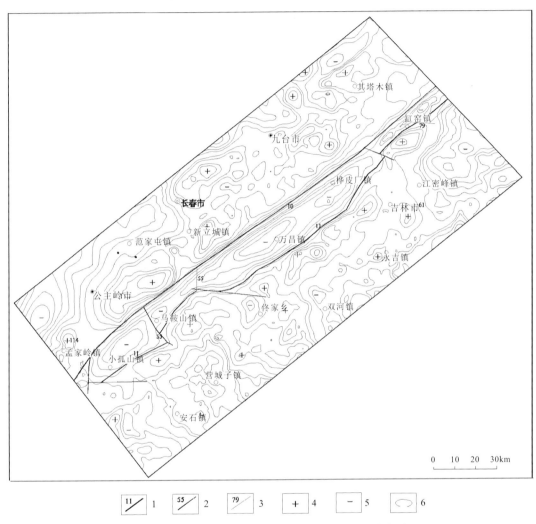

图3-3-6 依兰-伊通岩石圈断裂带布格重力异常图

1.重力推断一级断裂构造及编号;2.重力推断二级断裂构造及编号;3.重力推断三级断裂构造及编号;4.布格重力高符号;5.布格重力低符号;6.布格重力异常等值线

从重力场上延5km、10km、20km等值线平面图上看,该断裂显示得尤为清晰、醒目,线状重力低值带与重力高值带相依为伴,并行延展,它们的极小与极大,便是该断裂在重力场上的反映。重力二次导数的零值及剩余异常图的零值,为我们圈定断裂提供了更为准确、可靠的依据。再从莫霍面和康氏面等深图上及滑动平均60km×60km图可知,该断裂显示:此段等值线密集,存在重力梯度带十分明显;双阳至舒兰段,莫霍面及康氏面等厚线密集,形状规则,呈线状展布。沿断裂方向莫霍面深度为36～37.5km,断裂的个别地段已切入上地幔,由上述重力特征可见此断裂反映了岩石圈断裂定义的各个特征。

(二)航磁

1. 区域岩(矿)石磁性参数特征

根据收集的岩(矿)石磁性参数整理统计,吉林省岩(矿)石的磁性强弱可以分成 4 个级次。极弱磁性($\kappa < 300 \times 4\pi \times 10^{-6}$ SI),弱磁性[κ 为 $(300 \sim 2100) \times 4\pi \times 10^{-6}$ SI],中等磁性[κ 为 $(2100 \sim 5000) \times 4\pi \times 10^{-6}$ SI],强磁性($\kappa > 5000 \times 4\pi \times 10^{-6}$ SI)。

沉积岩基本上无磁性,但是四平、通化地区的砾岩和砂砾岩有弱磁性。

变质岩类,正常沉积的变质岩大都无磁性,角闪岩、斜长角闪岩普遍显中等磁性,而通化地区的斜长角闪岩,吉林地区的角闪岩只具有弱磁性。

片麻岩、混合岩在不同地区具不同的磁性。吉林地区该类岩石具较强磁性,延边及四平地区则为弱磁性,而在通化地区则无磁性。总的来看,变质岩的磁性变化较大,有的岩石在不同地区有明显差异。

火山岩类岩石普遍具有磁性,并且具有从酸性火山岩→中性火山岩→基性、超基性火山岩由弱到强的变化规律。

岩浆岩中酸性岩浆岩磁性变化范围较大,可由无磁性变化到有磁性。其中吉林地区的花岗岩具有中等程度的磁性,而其他地区花岗岩类多为弱磁性,延边地区的部分酸性岩表现为无磁性。

四平地区的碱性岩-正长岩表现为强磁性。吉林、通化地区的中性岩磁性为弱—中等强度,而在延边地区则为弱磁性。

基性—超基性岩类除在边和通化地区表现为弱磁性外,其他地区则为中等—强磁性。

磁铁矿及含铁石英岩均为强磁性,而有色金属矿矿石一般来说均不具有磁性。

以总的趋势来看,各类岩石的磁性基本上沉积岩、变质岩、火成岩的顺序逐渐增强(图 3-3-7)。

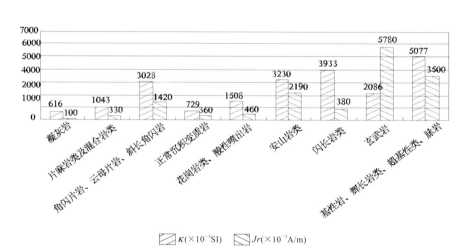

图 3-3-7 吉林省东部地区岩石、矿石磁参数直方图

2. 吉林省区域磁场特征

吉林省区域磁场可划分为南、北 2 个 Ⅰ 级磁异常区,5 个 Ⅱ 级磁异常区,15 个 Ⅲ 级磁异常区(表 3-3-2、图 3-3-8)。

表 3－3－2　吉林省磁场分区表

台槽	级别		
	Ⅰ级分区	Ⅱ级分区	Ⅲ级分区
地槽区	Ⅰ1 白城-吉林-延吉复杂异常区	Ⅱ1 大兴安岭东麓正负磁异常区	Ⅲ1 万宝-白城负磁异常分区
		Ⅱ2 松辽平原低缓磁异常区	Ⅲ2 月亮泡-瞻榆负磁异常分区
			Ⅲ3 长山-长岭正磁异常分区
			Ⅲ4 松原-梨树负磁异常分区
		Ⅱ3 吉林中部正负磁异常区	Ⅲ5 大黑山条垒正磁异常分区
			Ⅲ6 伊通-舒兰带断陷负异常分区
			Ⅲ7 石岭隆起正负异常分区
			Ⅲ8 双阳-蛟河正负异常分区
		Ⅱ4 延边正负磁异常区	Ⅲ9 敦化-春阳复杂异常分区
			Ⅲ10 延边环形正负异常分区
			Ⅲ11 五道沟低缓异常分区
地台区	Ⅰ2 龙岗-长白波动升高异常区	Ⅱ5 龙岗-长白正负磁异常区	Ⅲ12 靖宇正负异常分区
			Ⅲ13 和龙正磁异常分区
			Ⅲ14 浑江负磁异常分区
			Ⅲ15 长白低磁异常分区

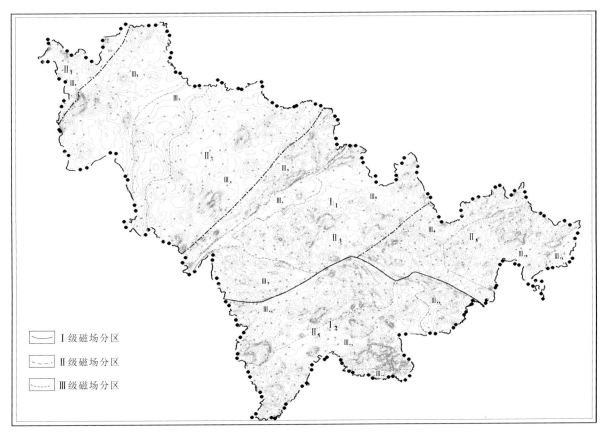

图 3－3－8　吉林省磁场分区平面图

Ⅰ1异常区,位于吉林省北部,划分为Ⅱ级4个区,区号为Ⅱ1～Ⅱ4;Ⅲ级11个分区,区号为Ⅲ1～Ⅲ14。

Ⅰ2异常区,位于吉林省东南部,区内划分Ⅱ级1个区(与Ⅰ级一致),区号为Ⅱ5,Ⅲ级5个分区,区号为Ⅲ12～Ⅲ15。

1) Ⅰ级磁场区的基本特征

以梅河口—桦甸—和龙一线的近东西走向的中朝准地台北缘超岩石圈断裂为界,南部为辽东台隆的东北段,北部为天山-兴安地槽褶皱区内大兴安岭褶皱系、松辽中断陷、吉林优地槽褶皱、延边优地槽褶皱带。不同大地构造单元相应反映出不同场区特征,沿梅河口—桦甸—和龙一线由西向东有一条极其明显的北东走向在红石北部转为南东走向磁异常线性梯度带、串珠状异常带、不同场区分界线,与槽区、台区分界线位置完全吻合,磁异常形态特征反映出该分界线为巨大的线性断裂构造带。西段北东向展布的负异常带与敦化-密山断裂带在吉林省内的南部位置一致,为中新生代沉积断陷盆地分布区,其中有少量印支晚期及燕山期中酸性岩出露,东段北西向分布的低(负)异常带与北西向带状分布的加里东期寒武纪花岗闪长岩分布位置基本吻合。

(1) Ⅰ1白城-吉林-延吉复杂异常区。梅河口—桦甸—和龙一线以北区域,即槽区。该区域磁场特征与台区比相对简单。相对比较复杂磁场区在延边地区,吉中地区次之,松辽平原最为简单,白城西部区域略为复杂,呈现由东向西磁场由复杂向简单过渡,总体走向以北东向为主,这主要是受古生代以来华夏运动、新华夏运动的影响所致。在延边和吉中两区内磁异常强、梯度大、形态较复杂、规模较小但异常数量却很多的磁异常分布,多数为中新生代火山岩分布;规模大,强度中等,梯度缓的磁异常,主要是晚古生代以来花岗岩、花岗闪长岩磁性的反映。松辽平原低缓磁异常区,东部以四平—长春—榆树一线为界,西部以白城—镇赉一线为界,该区由西到东呈现"两低夹一高"的场态特征,异常以宽大舒缓为特征。中部正磁异常呈带状,北北东走向,中间异常强度高,向南、北两端场值降低,推断异常由前震旦纪强磁性基底隆起所致。两侧负磁场区为无磁性的中新生代沉降区,也是基底断陷,负磁场区内分布的正局部异常,地表为第四纪覆盖区,推断为隐伏的海西期或印支期中酸性侵入体磁性的反映。白城—镇赉一线向西至省界,为吉林省西北部一个较小的角落。异常特征与相邻的东部负磁场区明显不同。该区以-50～100nT为背景,叠加数量较多的正、负局部异常,局部异常规模小,走向各异,等值线扰动、扭曲,正磁异常主要由规模较小的燕山期中酸性侵入岩引起。

(2) Ⅰ2龙岗-长白波动升高异常区。梅河口—桦甸—和龙一线以南区域,是东南部地台区,为波动变化升高异常区,整体上以区域负磁场为背景,其上叠加有局部正异常,其规模不等,强度大小不一,形态复杂多样,有条带状、串珠状、等轴状、长轴状、不规则状等,走向以北东为主,北西向次之,东西向数量少且不明显,大多数局部正异常边部梯度较陡。这种宏观磁场图反映出龙岗地块、和龙地体、吉南裂谷、长白山玄武岩覆盖区在磁性上端差异,负背景场是台区太古宙英云闪长质片麻岩及元古宙沉积变质岩无磁性或微弱磁性的反映。局部正异常为中新太古代变质表壳岩、燕山期中酸性侵入岩及新生代玄武岩所引起,除沉积型铁矿外,沉积变质型铁矿床均有局部正磁异常显示。

2) 白城-吉林-延吉复杂异常区的Ⅱ级、Ⅲ级磁场分区的基本特征

(1) **Ⅱ1大兴安岭东麓正负磁异常区**。白城—镇赉一线向西至省界,为吉林省西北部一个较小的角落。根据磁场特征结合区域地质构造,该区仅划分一个Ⅲ级磁场分区,与Ⅱ1分区范围一致。

该区异常特征与相邻的东部负磁场区明显不同。该区以-50～100nT为背景,叠加数量较多的正、负局部异常,局部异常规模小,走向各异,等值线扰动、扭曲,场态凌乱,磁异常主要由规模较小的燕山期中酸性侵入岩和中生代火山岩引起。

(2) **Ⅱ2松辽平原低缓磁异常区**。松辽平原低缓磁异常区,东部以四平—长春—榆树一线为界,西部以白城—镇赉一线为界,该区由西到东呈现"两低夹一高"的场态特征,异常以宽大舒缓为特征。可进一步划分为3个分区。

Ⅲ2 月亮泡-瞻榆负磁异常分区:位于白城—镇赉一线以东,大安—通榆—太平川以西区域。地表全部被第四纪覆盖,以-100nT左右的负磁场为背景。北部五棵树附近有一南北走向的正磁异常,最大值为250nT,两侧梯度略陡,异常中心在省内,异常向北延入黑龙江省内,推断由隐伏的燕山期中酸性侵入岩引起。南部分布有一向北弧形凸起的串珠状带,向南延入辽宁省内,推断为隐伏的海西期或印支期中酸性侵入体磁性的反映。

Ⅲ3 长山-长岭正磁异常分区:西界在大安—通榆—太平川一线,东界在长山—长岭—三江口一线,异常以宽大舒缓为特征。中部正磁异常呈带状,总体呈北北东走向。南部异常以南北走向为主,中部异常宽,强度大,向南、北两端变窄,场值也逐渐降低,推断异常由前震旦纪强磁性基底隆起所致。

Ⅲ4 松原-梨树负磁异常分区:西界在长山—长岭—三江口一线,东界在四平—长春—榆树一线。区内南部分布数量较多、大小不等的局部异常,以正负伴生异常为特征。中部为低缓的负磁异常区,东北部分布有两个北东、北北东走向的椭圆状正异常及一个规模较大的面状正异常,异常强度大。低缓的负磁异常区为巨厚的中新生代沉降区,也是基底断陷区。正异常推断由隐伏的海西期或印支期中酸性侵入体引起。

(3) Ⅱ3 吉林中部正负磁异常区。该磁场区西部靠松辽磁场区,东南部界线在敦化-密山深大断裂带一线。根据磁场特征结合区域地质构造,进一步划分为4个Ⅲ级磁场分区。

Ⅲ5 大黑山条垒正磁异常分区:该磁异常分区西部靠松辽磁场区,东南部以伊通-舒兰深大断裂带一线为界。在吉林省出露长度约300km,最宽处约20km,最窄处约5km,航磁异常呈楔形,南窄北宽,在北部分为两支,各局部异常走向以北东为主,梯度普遍较陡,以条垒中部为界,南部异常范围小,强度低,北部异常范围大,强度大。大黑山条垒两端的地层和侵入岩相对中段的地层和侵入岩要老些,说明两端以隆起为主,中段以凹陷为主。磁异常主要是海西期、印支期、燕山期中酸性侵入岩及火山岩的反映。

Ⅲ6 伊通-舒兰断陷带负异常分区:分布在南起石岭,经伊通、岔路河、舒兰至平安一线的线性负磁异常带,在吉林省长约300km,呈北东向展布,南、北两端窄,中间宽大,异常出现最低值,与伊通-舒兰地堑分布范围基本吻合。中部磁场宽大、强度低是因为该段以凹陷为主,接受的沉积宽度大、厚度大的缘故。

Ⅲ7 石岭隆起正负异常分区:南部石岭隆起区,异常多数呈条带状分布,走向以北西为主,南侧强度为100~200nT。南侧异常为东西走向,这与所处石岭隆起区域北西向断裂构造带有关,这些北西走向的各个构造单元控制了磁异常分布形态特征。异常主要与海西期、印支期中酸性侵入岩体有关。

石岭隆起区北侧为盘双接触带,接触带附近的负场区对应晚古生代地层。

Ⅲ8 双阳-蛟河正负异常分区:位于盘双接触带以北,伊通-舒兰断裂带以东,敦化-密山断裂带以西区域。该分区为吉林复向斜区,由南向北有3处宏观呈面状分布的正磁异常区,南、北两处正磁异常区上局部正磁异常以北东走向为主,梯度陡,强度大,出现在八道河子附近,中部正磁异常区异常强度低,梯度缓,走向特征不明显;南部永吉—五里河子—舒兰一带正磁异常由南楼山火山沉积盆地所引起,中部和北部正磁异常大部分磁异常主要是海西期、印支期中酸性侵入岩及新生代火山岩的反映。

(4) Ⅱ4 延边正负磁异常区。根据磁场特征,进一步划分为3个分区。

Ⅲ9 敦化-春阳复杂异常分区:西部以敦化-密山断裂带为界,南部以梅河口—桦甸—和龙一线为界,东部以罗子沟—天桥岭—安图—东城—智新向西凸起的弧线为界。该分区以规模较大、强度中等、梯度略陡的北东走向分布的椭圆状、长条状、等轴状正磁异常为主,是海西期、印支期及燕山期中酸性侵入岩体磁性的反映。局部地段分布的规模较小、形态复杂、强度大、梯度陡、走向不一的局部磁异常多为中新生代火山岩磁性的反映。

Ⅲ10 延边环形正负异常分区:西部以罗子沟—天桥岭—安图—东城—智新向西凸起的弧线为界,东部以春化西部至板石一线为界。该分区与西部敦化-春阳复杂异常分区相比场区明显不同,区内局部正磁异常以北东走向为主,数量多,规模小,强度大,梯度陡为特征,西南部异常较为杂乱,形态以椭圆状、长条状、等轴状为主,主要为中新生代火山岩及燕山期中酸性侵入岩体磁性的反映。

Ⅲ11 五道沟低缓异常分区:西部以春化西部至板石一线为界,东侧以中俄边界为界。该分区地质上为五道沟隆起区,地表断续分布有新元古界五道沟岩群。南部小范围分布有强度较低的负磁异常,北部为大面积低缓正磁异常分布区,由北西向南东磁异常强度逐渐降低。

(5)Ⅱ5 龙岗-长白正负磁异常区。Ⅰ2 龙岗-长白波动升高异常区仅划分了一个Ⅱ5 磁场区,两区范围一致。根据Ⅱ5 区磁场特征结合区域地质构造,进一步划分为 4 个磁场分区。

Ⅲ12 靖宇正负异常分区:Ⅲ12 为龙岗地块分布区,西部以敦化-密山断裂带为界,北部以富尔河为界,南部以通化—板石—泉阳—两江一线为界。以大面积北东向展布的负磁场为背景区,其上叠加局部正异常,其规模不等,强度大小不一,形态多样,以北东走向为主,北西向次之,正异常两侧边部梯度陡,负磁场背景区与具有弱磁性的龙岗地块太古宙花岗质、闪长质片麻岩分布区有关,局部正异常多由含磁铁石英岩的中、新太古代变质表壳岩及新生代玄武岩所引起,仅在南部通化—三棵榆树一带正磁异常区分布有元古宙辉长岩及二密中生代火山盆地。区内沉积变质型铁矿床均有局部正磁异常显示。该区北部靠近槽台边界北东走向的超岩石圈断裂带,南邻北东向展布的辽东元古宙裂谷区,区域磁异常走向与两个区域性深大断裂带平行,显示出磁异常分布形态特征受区域性深大断裂带及次一级断裂构造控制的特征。

Ⅲ13 和龙正磁异常分区:Ⅲ13 和龙地体分布区,西部与浑江负磁异常分区相邻,东北部以超岩石圈断裂带万宝—和龙一段为界,东南部至中朝边界。区内全部为正异常区,背景值为 150～250nT,其北侧、东侧边部形成一条呈东凸起的弧形异常带,顶部在和龙附近,北段呈北西向分布,南段呈北东向分布,弧形异常带上分布有 10 余个局部高磁异常,走向以近东西向为主,异常强度大。弧形异常带北段及弧顶段异常由新太古代变质表壳岩引起,南段由晚侏罗世花岗岩引起。

Ⅲ14 浑江负磁异常分区:为辽东元古宙裂谷区,该区中部分布有大面积负磁异常区,南西和北东两端部为面状正磁异常区。正、负磁异常区上叠加局部正、负磁异常,走向以北东为主,北西向、东西向次之,说明区域磁异常受古老的东西向、北西向构造运动的影响痕迹依然存在,异常北东走向居多则是由古生代以来华夏、新华夏构造活动所致。

区内出露地层古元古界集安群蚂蚁河岩组、荒岔沟岩组、大东岔岩组、中元古界老岭群珍珠门岩组、花山岩组、临江岩组、大栗子岩组,新元古界青白口系、震旦系,中生界寒武系、奥陶系。这些地层是产生大面积负磁异常的主要原因。而各分散分布的相对独立的、强度较大的磁异常多由燕山期中酸性侵入岩体及中新生代火山岩所引起,其中漫江-长白强磁场区为第四系军舰山组玄武岩分布区。两江—二道白河一带有蚂蚁河岩组、珍珠门岩组零星出露,结合低缓磁异常区的分布特征,划定了浑江负磁异常分区在东部的边界,也是辽东裂谷在东部的边界位置。

Ⅲ15 长白低磁异常分区:北临Ⅲ14 浑江负磁异常分区。区内磁场以低缓正磁异常为主,强度略高。主要分布有太古宙英云闪长质片麻岩,中生界寒武系、奥陶系,燕山期中酸性侵入岩体,第四系军舰山组玄武岩。

二、区域地球化学特征

太古宙英云闪长质片麻岩,中生界寒武系、奥陶系,燕山期中酸性侵入岩体,第四系军舰山组玄武岩。

(一)元素分布及浓集特征

1. 元素的分布特征

经过对全省 1∶20 万水系沉积物测量数据的系统研究以及依据地球化学块体的元素专属性,编制了中东部地区地球化学元素分区及解释推断地质构造图,并在此基础上编制了主要成矿元素分区及解释推断图(图3-3-9,图3-3-10)。

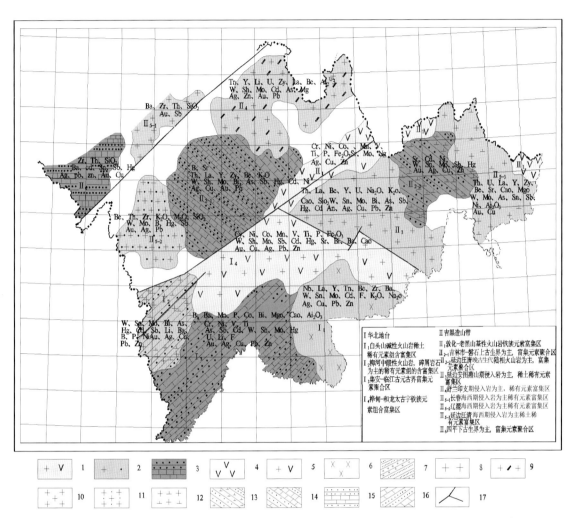

图 3-3-9　中东部地区地球化学元素分区及解释推断地质构造图

1.内生作用铁族元素组合特征富集区;2.内生作用稀土、稀有元素组合特征富集区;3.外生与内生作用元素集合特征富集区;4.新生代基性火山岩;5.太古宙花岗-绿岩;6.新生代碱性火山岩;7.中生代酸性火山岩、碎屑岩;8.燕山期花岗岩、碱长花岗岩为主,早古生代海相碎屑分布;9.印支期二长花岗岩为主,晚古生代陆相碎屑岩分布;10.海西期花岗岩为主,晚古生代陆相碎屑岩分布;11.海西期黑云母斜长花岗岩为主,中生代陆相碎屑岩分布;12.海西期花岗闪长岩为主,晚古生代海相碎屑岩分布;13.晚古生代陆相中酸性火山岩、碎屑岩为主,海西期花岗岩分布;14.晚古生代海相碎屑岩、碳酸盐岩为主,燕山期花岗岩分布;15.早古生代海相碎屑岩、碳酸盐岩为主,加里东期花岗岩分布;16.台内裂陷,古元古代海相碎屑岩、碳酸盐岩为主;17.地球化学特征线;解释为已知深大断裂带

图 3-3-9 以 3 种颜色分别代表内生作用铁族元素组合特征富集区;内生作用稀土、稀有元素组合特征富集区;外生与内生作用元素组合特征富集区。

铁族元素组合特征富集区的地质背景是吉林省新生代基性火山岩、太古宙花岗-绿岩地质体的主要分布区,主要表现的是 $Cr、Ni、Co、Mn、V、Ti、P、Fe_2O_3、W、Sn、Mo、Hg、Sr、Au、Ag、Cu、Pb、Zn$ 等元素(或氧化物)的高背景区(元素富集场),尤以太古宙花岗-绿岩地质体表现突出。是吉林省金、铜成矿的主要矿源层位。

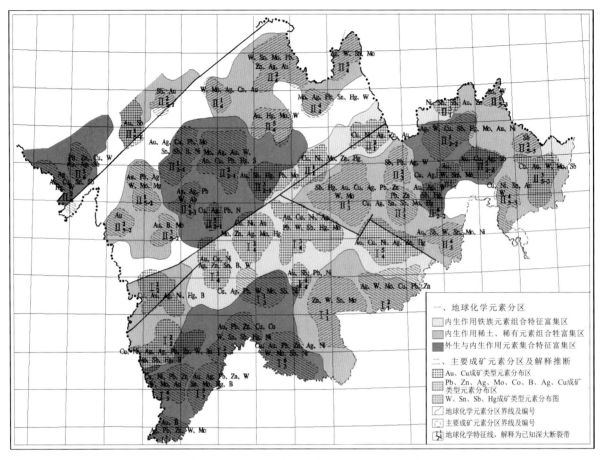

图 3-3-10　主要成矿元素分区及解释推断图

图 3-3-10 更细致地划分出主要成矿元素的分布特征。如太古宙花岗-绿岩地质体内，划分出 5 处 Au、Ag、Ni、Cu、Pb、Zn 成矿区域，构成吉林省重要的金、铜成矿带。

内生作用稀有、稀土元素组合特征富集区，主要表现的是 Th、U、La、Be、Li、Nb、Y、Zr、Sr、Na_2O、K_2O、MgO、CaO、Al_2O_3、Sb、F、B、As、Ba、W、Sn、Mo、Au、Ag、Cu、Pb、Zn 等元素（或氧化物）的高背景区。主要的成矿元素为 Au、Cu、Pb、Zn、W、Sn、Mo，尤以 Au、Cu、Pb、Zn、W 表现优势。地质背景为新生代碱性火山岩、中生代中酸性火山岩、火山碎屑岩，以及海西期、印支期、燕山期为主的花岗岩类侵入岩体。

外生与内生作用元素组合特征富集区，以槽区分布良好。主要表现的是 Sr、Cd、P、B、Th、U、La、Be、Zr、Hg、W、Sn、Mo、Au、Cu、Pb、Zn、Ag 等元素富集场，主要的成矿元素为 Au、Cu、Pb、Zn。地质背景为古元古代、古生代的海相碎屑岩、碳酸盐岩，以及晚古生代中酸性火山岩、火山碎屑岩，同时有海西期、燕山期的侵入岩体分布。

2. 元素的浓集特征

应用 1∶20 万化探数据，计算全省 8 个地质子区的元素算术平均值。通过与全省元素算术平均值和地壳克拉克值对比，可以进一步量化吉林省 39 种地球化学元素区域性的分布趋势和浓集特征。

全省 39 种元素（或氧化物）在中东部地区的总体分布态势及在 8 个地质子区当中的平均分布特征。按照元素平均含量从高到低排序为：$SiO_2 - Al_2O_3 - Fe_2O_3 - K_2O - MgO - CaO - NaO - Ti - P - Mn -$

Ba-F-Zr-Sr-V-Zn-Sn-U-W-Mo-Sb-Bi-Cd-Ag-Hg-Au,表现出造岩元素-微量元素-成矿系列元素的总体变化趋势,说明全省 39 种元素(或氧化物)在区域上的分布分配符合元素在空间上的变化规律,这对研究吉林省元素在各种地质体中的迁移富集贫化具有重要意义。

从整体上看,主要成矿元素 Au、Cu、Zn、Sb 在 8 个子区内的均值比地壳克拉克值要低。而 Pb、W、稀土元素均值高于地壳克拉克值,显示高背景值状态,对成矿有利。

特别需要说明的是,地质子区为白头山火山岩覆盖层,属特殊景观区,Nb、La、Y、Be、Th、Zr、Ba、W、Sn、Mo、F、Na_2O、K_2O、Au、Cu、Pb、Zn 等元素(或氧化物)均呈高背景值状态分布,是否具备矿化富集需进一步研究。

各地质子区均值与地壳克拉克值的比值大于 1 的元素有 As、B、Zr、Sn、Be、Pb、Th、W、Li、U、Ba、La、Y、Nb、F。如果按属性分类,Ba、Zr、Be、Th、W、Li、U、Ba、La、Nb、Y 均为亲石元素,与酸碱性的花岗岩浆侵入关系密切,在②地质子区、③地质子区、④地质子区广泛分布。As、Sn、Pb 为亲硫元素,是热液型硫化物成矿的反映,查看异常图,As、Sn、Pb 在②地质子区、③地质子区、④地质子区亦有较好的表现。尤其是 As(4.19)、B(4.01),显示出较强的富集态势,而 As 为重矿化剂元素,来自深源构造,对找矿具有直接指示作用。B、F 属气成元素,具有较强的挥发性,是酸性岩浆活动的产物,As、B 的强富集反映岩浆活动、构造活动的发育,也反映出吉林省东部山区后生地球化学改造作用的强烈,对吉林省成岩、成矿作用影响巨大。这一点与 Au 元素富集成矿所表现出来的地球化学意义相吻合。地质子区划分见图 3-3-11。

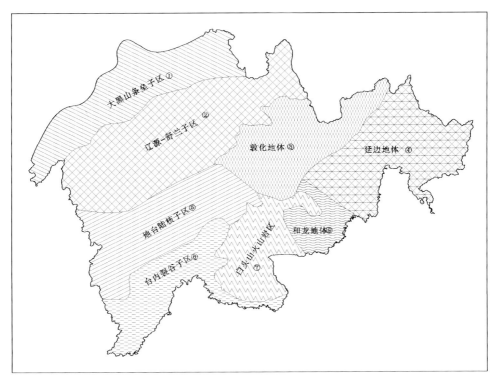

图 3-3-11 吉林省地质子区划分图

8 个地质子区元素平均值与全省元素平均值比值研究表明,主要成矿元素 Au、Ag、Cu、Pb、Zn、Ni 相对于省均值,在④地质子区、⑤地质子区、⑥地质子区、⑦地质子区、⑧地质子区的富集系数都大于 1 或接近 1,说明 Au、Ag、Cu、Pb、Zn、Ni 在这 5 个地质区域内处于较强的富集状态,即主要位于吉林省的台区为高背景值区,是重点找矿区域。区域成矿预测证明④地质子区、⑤地质子区、⑥地质子区、⑦地质子区、⑧地质子区是吉林省贵金属和有色金属的主要富集区域,有名的大型矿床、中型矿床都聚于此。

在②地质子区 Ag、Pb 富集系数都为 1.02,Au、Cu、Zn、Ni 的富集系数都接近 1,也显示出较好的富集趋势,值得重视。

W、Sb 的富集态势总体显示较弱,只在①地质子区、②地质子区和⑥地质子区、⑦地质子区表现出一定富集趋势。表明在表生介质中元素富集成矿的能力呈弱势。这与吉林省 W、Sb 矿产的分布特点相吻合。

稀土元素除 Nb 以外,Y、La、Zr、Th、Li 在①、②地质子区和⑦、⑧地质子区的富集系数都大于 1 或接近 1,显示一定的富集状态,是稀土矿预测的重要区域。

Hg 是典型的低温元素,一方面可作为前缘指示元素用于评价矿床剥蚀程度;另一方面作为远程指示元素,是预测深部盲矿的重要标志。富集系数大于 1 的子区有③、⑤、⑥地质子区,显示 Hg 元素在吉林省主要的成矿区,对 Au、Ag、Cu、Pb、Zn 可起到重要作用。

F 作为重要的矿化剂元素,在⑥、⑦、⑧地质子区中有较明显的富集态势,表明 F 元素在后期的热液成矿中,对 Au、Ag、Cu、Pb、Zn 等主要成矿元素的迁移、富集起到非常重要的作用。

(二)区域地球化学场特征

全省可以划分为以铁族元素为代表的同生地球化学场;以稀有、稀土元素为代表的同生地球化学场,以及以亲石、碱土金属元素为代表的同生地球化学场。本次根据元素的因子分析图示(图 3-3-12),对以往的构造地球化学分区进行适当修整。

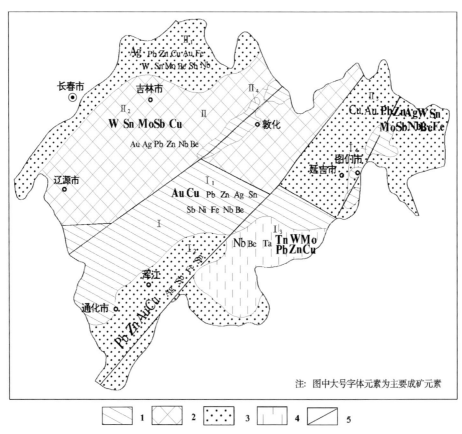

图 3-3-12　吉林省中东部地区同生地球化学场分布图

1.亲铁元素区;2.亲石、稀有、稀土分散元素区;3.亲石、碱土金属元素区;4.亲石、亲铁、稀有元素区;5.地球化学特征线

三、区域遥感特征

(一)区域遥感特征分区及地貌分区

吉林省遥感影像图是利用2000—2002年接收的吉林省内22景ETM数据经计算机录入、融合、校正并镶嵌后,选择B7、B4、B3三个波段分别赋予红、绿、蓝后形成的假彩色图像。

吉林省的遥感影像特征可按地貌类型分为长白山中低山区,包括张广才岭、龙岗山脉及其以东的广大区域,遥感图像上主要表现为绿色、深绿色,中山地貌。除山间盆地谷地及玄武岩台地外,其他地区地形切割较深,地形较陡,水系发育;长白低山丘陵区,西部以大黑山西麓为界,东至蛟河-辉发河谷地,多为海拔500m以下缓坡宽谷的丘陵组成,沿河一带发育成串的小盆地群或长条形地堑,其遥感影像特征主要表现为绿色—浅绿色,山脚及盆地多显示为粉色或藕荷色,低山丘陵地貌,地形坡度较缓,冲沟较浅,植被覆盖度为30%~70%;大黑山条垒以西至白城西岭下镇,为松辽平原部分,东部为台地平原区,又称大黑山山前台地平原区,地面高度在200~250m之间,地形呈波状或浅丘状;西部为低平原区,又称冲积湖积平原或低原区。该区地势最低,海拔为110~160m,为大面积冲湖积物,湖泡周边及古河道发生极强的土地盐渍化,遥感图像上显示为粉色、浅粉色及粉白色,西南部发育土地沙化,呈沙垄、沙丘等,遥感图像上为砖红色条带状或不规则块状;岭下镇以西,为大兴安岭南麓,属低山丘陵区,遥感图像上显示为红色及粉红色,丘陵地貌,多以浑圆状山包显示,冲沟极浅,水系不甚发育。

(二)区域地表覆盖类型及其遥感特点

长白山中低山区及低山丘陵区,植被覆盖度高达70%,并且多以乔、灌木林为主,遥感图像上主要表现为绿色、深绿色;盆地或谷地主要表现为粉或藕荷色,主要被农田覆盖;松辽平原区,东部为台地平原,此区为大面积新生代冲洪积物,为吉林省重要产粮基地,地表被大面积农田覆盖,遥感图像上为绿色或紫红色;西部为低平原区,又称冲积湖积平原或低原区,该区地势最低,海拔为110~160m,为大面积冲湖积物,湖泡周边及古河道发生极强的土地盐渍化,遥感图像上显示为粉色、浅粉色及粉白色,西南部发育土地沙化,呈沙垄、沙丘等,遥感图像上为砖红色条带状或不规则块状;岭下镇以西,为大兴安岭南麓,属低山丘陵区,植被较发育,多以低矮草地为主,遥感图像上显示为浅绿色或浅粉色。

(三)区域地质构造特点及其遥感特征

吉林省地跨两个构造单元,大致以开原—山城镇—桦甸—和龙连线为界,南部为中朝准地台,北部为天山-兴安地槽区,槽台之间为一规模巨大的超岩石圈断裂带(华北地台北缘断裂带),遥感图像上主要表现为近东西走向的冲沟、陡坎、两种地貌单元界线,并伴有与之平行的糜棱岩带形成的密集纹理。吉林省内的大型断裂全部表现为北东走向,它们多为不同地貌单元的分界线,或对区域地形地貌有重大影响,遥感图像上多表现为北东走向的大型河流、两种地貌单元界线、北东向排列陡坎等。吉林省的中型断裂表现在多方向上,主要有北东向、北西向、近东西向和近南北向,它们以成带分布为特点,单条断裂长度十几千米至几十千米,断裂带长度几十千米至百余千米,其遥感影像特征主要表现为冲沟、山鞍、洼地等,控制二、三级水系。小型断裂遍布吉林省的低山丘陵区,规模小,分布规律不明显,断裂长几千米至十几千米或数十千米,遥感图像上主要表现为小型冲沟、山鞍或洼地。

吉林省的环状构造比较发育,遥感图像上多表现为环形或弧形色线、环状冲沟、环状山脊,偶尔可见环形色块,其规模从几千米到几十千米,大者可达数百千米,其分布具有较强的规律性,主要分布于北东向线性构造带上,尤其是该方向线性构造带与其他方向线性构造带交会部位,环形构造成群分布;块状影像主要为北东向相邻线性构造形成的挤压透镜体以及北东向线性构造带与其他方向线性构造带交会，形成菱形块状或眼球状块体，其分布明显受北东向线性构造带控制。

四、区域自然重砂特征

有色金属矿物方铅矿区域自然重砂矿物特征及其分布规律。

方铅矿作为重砂矿物主要分布在矿洞子-青石镇地区、大营-万良地区和荒沟山-南岔地区，其次是山门地区、天宝山地区和闹枝-棉田地区，而夹皮沟-溜河地区、金厂镇地区有零星分布。方铅矿重砂矿物均分布在吉林省中东部地区，其分布特征与不同时代的岩性组合、侵入岩的不同岩石类型都具有一定的内在联系。以往的研究表明：重砂矿物在白垩系、侏罗系、二叠系、寒武系—石炭系都有不同程度的存在。古元古界集安群和老岭群地层作为吉林省重要的成矿建造层位，其重砂矿物分布众多，重砂异常发育，与成矿关系密切。燕山期和海西期侵入岩在吉林省中东部地区大面积出露，其重砂矿物如自然金、白钨矿、辰砂、方铅矿、重晶石、锡石、黄铜矿、毒砂、磷钇矿、独居石等都有较好展现，而且在人工重砂取样中也达到较高的含量。

第四章　预测评价技术思路

一、指导思想

以科学发展观为指导,以提高吉林省铅锌矿矿产资源对经济社会发展的保障能力为目标,以先进的成矿理论为指导,以全国矿产资源潜力评价项目总体设计书为总纲,以 GIS 技术为平台规范而有效的资源评价方法、技术为支撑,以地质矿产调查、勘查以及科研成果等多元资料为基础,在中国地调局及全国项目办的统一领导下,采取专家主导、产学研相结合的工作方式,全面、准确、客观地评价吉林省铅锌矿矿产资源潜力,提高对吉林省区域成矿规律的认识水平,为吉林省及国家编制中长期发展规划、部署矿产资源勘查工作提供科学依据及基础资料。同时通过工作完善资源评价理论与方法,并培养一批科技骨干及综合研究队伍。

二、工作原则

坚持尊重地质客观规律、实事求是的原则;坚持一切从国家整体利益和地区实际情况出发,立足当前,着眼长远,统筹全局,兼顾各方的原则;坚持全国矿产资源潜力评价"五统一"的原则;坚持由点及面,由典型矿床到预测区逐级研究的原则;坚持以基础地质成矿规律研究为主,以物探、化探、遥感、自然重砂多元信息并重的原则;坚持由表及里、由定性到定量的原则;以充分发挥各方面优势尤其是专家的积极性,产学研相结合的原则;坚持既要自主创新,符合地区地质情况,又可进行地区对比和交流的原则,坚持全面覆盖、突出重点的原则。

三、技术路线

充分搜集以往的地质矿产调查、勘查、物探、化探、自然重砂、遥感以及科研成果等多元资料;以成矿理论为指导,开展区域成矿地质背景、成矿规律、物探、化探、自然重砂、遥感多元信息研究,编制相应的基础图件,以Ⅳ级成矿区(带)为单位,深入全面总结主要矿产的成矿类型,研究以成矿系列为核心内容的区域成矿规律;全面利用物探、化探、遥感所显示的地质找矿信息;运用体现地质成矿规律内涵的预测技术,全面全过程应用 GIS 技术,在Ⅳ级、Ⅴ级成矿区内圈定预测区的基础上,实现全省铅锌矿资源潜力评价。

四、工作流程

工作流程见图 4-0-1。

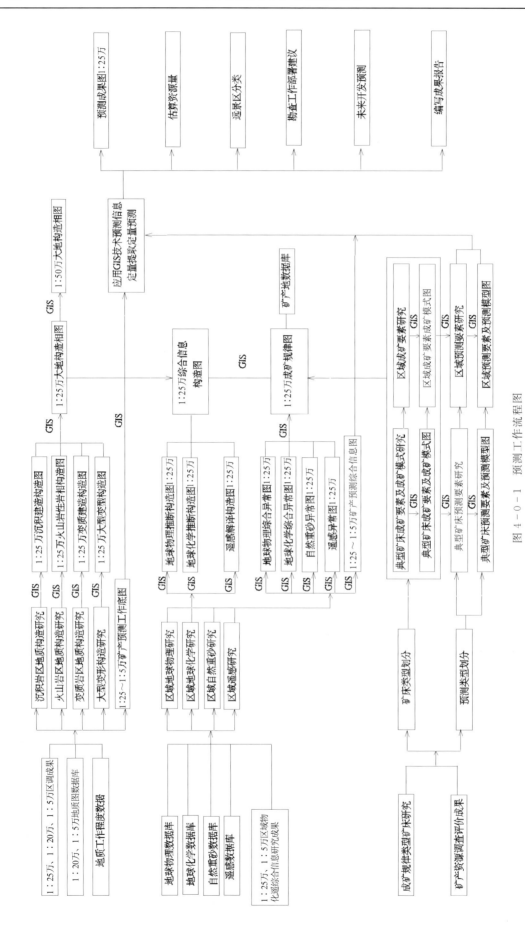

图 4-0-1 预测工作流程图

第五章　成矿地质背景研究

第一节　技术流程

(1)明确任务,学习全国矿产资源潜力评价项目地质构造研究工作技术要求等有关文件。

(2)收集有关的地质、矿产资料,特别注意收集最新的有关资料,编绘实际材料图。

(3)编绘过程中,以1∶25万综合建造构造图为底图,再以预测工作区1∶5万区域地质图的地质资料加以补充,将收集到的与火山岩型、岩浆热液型、沉积变质-改造型、侵入岩浆型铅锌矿有关的资料编绘于图中。

(4)明确目标地质单元,划分图层,以明确的目标地质单元为研究重点,同时研究控矿构造、矿化、蚀变等内容。借助物化遥推断地质构造及岩体信息完善测区内容。

(5)图面整饰,按统一要求,制作图示、图例。

(6)遵照沉积、变质、岩浆岩研究工作要求进行编图。要将与相应类型铅锌矿形成有关的地质矿产信息较全面地标绘在图中,形成预测底图。

(7)按照统一要求的格式编写说明书。

(8)按照规范要求建立数据库。

第二节　建造构造特征

建造构造特征按矿产预测工作区预测类型以预测工作区、全省两个层次分别叙述。

一、放牛沟式火山-沉积变质型铅锌矿放牛沟预测工作区

1. 区域建造构造特征

区域含矿为火山岩建造,即与区内古生界奥陶系放牛沟组火山岩(片理化流纹质凝灰岩、英安质凝灰熔岩夹大理岩)和中志留统弯月组火山岩(变质流纹岩、变质安山岩夹大理岩)的关系密切。含矿热液主要来源于上述火山岩之中。

区内发育的脆性断裂构造是成矿和控矿构造,主要有北西向、北东向、东西向,尤其是在断裂带附近和两组断裂交会部位是成矿的最佳部位。

2. 预测工作区建造构造特征

(1)侵入岩建造。区内侵入岩较发育,具有多期多阶段性。其特征如下。

晚志留世闪长岩($S_3\delta$)：灰色，柱粒状结构，块状构造。片麻状石英闪长岩($S_3\delta o$)：灰色，粒状结构，片麻状构造；片麻状花岗闪长岩($S_3\gamma\delta$)：灰色，粒状结构，片麻状构造。

晚三叠世辉长岩($T_3\nu$)：灰绿色辉长岩，辉长辉绿结构。石英闪长岩($T_3\delta o$)：灰色，以中细粒为主，粒状结构，块状构造。

早侏罗世花岗闪长岩($J_1\gamma\delta$)：灰—灰白色中粒花岗闪长岩。二长花岗岩($J_1\eta\gamma$)：浅肉红色，以中细粒为主，局部有似斑状结构，块状构造。正长花岗岩($J_1\xi\gamma$)：浅肉色，花岗结构，块状构造。

中侏罗世石英二长岩($J_2\delta o$)：灰色，粒状结构，以中细粒为主，局部有似斑状结构，块状构造；二长花岗岩($J_2\eta\gamma$)：浅肉红色，以中细粒为主，粒状结构，局部有似斑状结构，块状构造。

晚侏罗世闪长岩($J_3\delta$)：灰色，柱粒结构，块状构造。

早白垩世正长花岗岩($K_1\xi\gamma$)：浅肉色，花岗结构，块状构造。

(2)沉积岩建造。区内出露地层由老至新为：下白垩统泉头组，以紫色砂岩、泥岩为主，夹灰白色含砾砂岩、细砂岩；第四系中更新统东风组和荒山组为黄土层、亚砂土、砂砾石层；上更新统哈尔滨组、东岗组，黄土层、亚砂土；青山头组、顾乡屯组，亚黏土、粗砂砾；全新世松散堆积物；现代河流砂砾石冲积层。

(3)变质岩建造。区内变质岩仅发育于古生代，分布于预测区的东北部，总体呈北西向展布。上奥陶统放牛沟火山岩，为片理化流纹质凝灰岩、英安质凝灰熔岩夹大理岩；下志留统桃山组，为灰黑色板岩、砂质板岩与砂岩、粉砂岩互层；中志留统石缝组，其上部为千枚状板岩夹结晶灰岩，下部为变质砂岩与大理岩互层；弯月组为变质流纹岩、变质安山岩夹大理岩。

二、放牛沟式火山热液型铅锌矿地局子-倒木河预测工作区

1. 区域建造构造特征

该建造位于吉林省中部，二级构造岩浆带属于小兴安岭-张广才岭构造岩浆带的西缘，省内通常称为南楼山-悬羊砬子火山构造隆起（Ⅳ级）。区内印支晚期、燕山早期火山活动十分强烈，并有同期的中酸性侵入岩。

2. 预测工作区建造构造特征

(1)火山岩建造。预测区内火山岩较发育，主要为中生代陆相火山岩分布于预测区中南部。

下侏罗统玉兴屯组(J_1yx)，为一套中酸性火山碎屑岩及陆源碎屑岩建造，主要岩性有安山质火山角砾岩、流纹质凝灰岩、含角砾凝灰岩、火山角砾岩、砂岩等。

下侏罗统南楼山组(J_1n)，为中酸性火山熔岩及其碎屑岩建造，主要岩石类型有流纹岩、安山岩、英安质含角砾凝灰岩、安山质集块岩、安山质凝灰角砾岩、流纹质凝灰角砾岩等。

下白垩统安民组(K_1a)，为中性火山熔岩夹碎屑岩及含煤建造，主要岩类型有安山岩、砂岩、页岩，局部含煤。

(2)侵入岩建造。预测区内侵入岩发育，具有多期多阶段性。分别为中二叠世辉长岩($P_2\nu$)、晚二叠世二长花岗岩($P_3\eta\gamma$)、早侏罗世闪长岩($J_1\delta$)、早侏罗世花岗闪长岩($J_1\gamma\delta$)、早侏罗世二长花岗岩($J_1\eta\gamma$)、早侏罗世石英闪长岩($J_1\delta o$)、中侏罗世闪长岩($J_2\delta$)、中侏罗世花岗闪长岩($J_2\gamma\delta$)、中侏罗世二长花岗岩($J_2\eta\gamma$)、早白垩世花岗斑岩($K_1\gamma\pi$)。

各期次侵入岩沿北东向分布，其中早侏罗世花岗闪长岩与二长花岗岩呈岩基状产出，其他以小岩株状、岩瘤状产出，构成吉林东部火山-岩浆岩带的一部分。

(3)沉积岩建造。预测区内沉积岩地层分布较广泛，除第四纪全新世河漫滩相砂砾石松散堆积外，出露的地层有：上石炭统四道砾岩(C_2sd)，为一套砾岩夹砂岩、灰岩建造，主要岩石类型为灰色钙质砾

岩、中细粒钙质砂岩、含砾粉砂岩夹灰岩透镜体；中二叠统大河深组（P_2d），以一套海-陆交互相火山-沉积建造，主要岩石类型有流纹质凝灰岩，安山质凝灰岩夹流纹岩，凝灰质砾岩、砂岩夹流纹质凝灰岩；中二叠统范家屯组（P_2f），为一套浅海相陆源碎屑岩及火山碎屑岩建造，主要岩性为细砂岩、粉砂岩，凝灰质砂岩、细砾岩、砂砾岩、砾岩。

（4）变质岩建造。区内变质岩不发育，在预测区西南角有少量分布，为寒武系黄莺屯组（$\in hy$），岩性为变粒岩夹大理岩、斜长角闪岩及片岩变质建造。

含矿建造与构造特征。预测区内依据地质、矿产资料分析：与铅、锌矿有关的建造应为火山岩建造，其次为侵入岩建造和沉积岩建造，即区内古生代地层与早侏罗世火山岩中富集了有用成矿元素，受后期的中侏罗世岩浆侵入影响，沿着接触带形成矽卡岩型矿产，在岩浆期后的热液活动中，使有用元素进一步富集，在局部富集而形成热液型矿产。

区内已知矽卡岩型矿体，则多沿岩体与地层接触带展布，而热液型矿脉均受控于北西向、北北西向断层，受构造控制明显。

三、红太平式火山-沉积变质型铅锌矿梨树沟-红太平预测工作区

1. 区域建造构造特征

（1）含矿建造。依据资料进行综合分析后认为：区内与已知矿产有关的含矿建造为火山岩建造，已知矿点成矿类型均为火山型成矿。

（2）构造特征。根据区域上发育的断裂构造看，与成矿有关的构造为：①北东向断裂构造是主要的控矿和储矿构造；②北西向断裂构造是区内主要导矿和容矿构造，并且对矿体起到破坏作用。

2. 预测工作区建造构造特征

（1）火山岩建造。预测区内火山岩也较发育，共有3期5次火山活动。由老至新分别为：上三叠统托盘沟组安山岩、英安岩及中酸性火山碎屑岩；天桥岭组流纹质和英安质火山岩、火山碎屑岩；上二叠统庙岭组中所夹火山碎屑岩、凝灰岩；下白垩统刺猬沟组安山岩、英安岩及火山碎屑岩；金沟岭组玄武岩、玄武安山岩及火山碎屑岩和第三系老爷岭组橄榄玄武岩、气孔状玄武岩等。构成天桥岭火山洼地。

（2）侵入岩建造。预测区内侵入岩亦发育，并且在区域上显示出具有多期、多阶段性特点。分别为：二叠纪花岗石英闪长岩、二长花岗岩；三叠纪花岗闪长岩、二长花岗岩；早侏罗世花岗闪长岩、二长花岗岩等；脉岩仅见有早侏罗世花岗斑岩、呈脉体出露。上述侵入岩在区域上构成大致呈近北东向带状展布的花岗岩浆岩带。

（3）沉积岩建造。预测区内沉积岩地层较为发育，由老至新分别为：上二叠统庙岭组为灰色、绿灰色长石石英砂岩、杂砂岩、粉砂岩为主，夹有薄层灰岩透镜体，以及以砂岩、粉砂岩、板岩为主，夹有厚层的灰岩透镜体、火山碎屑岩、凝灰岩；上三叠统滩前组河流相长石岩屑粗砂岩、粉砂岩；马鹿沟组为灰色砂岩、含砾砂岩、粉砂岩；下白垩统大拉子组为砾岩、砂砾岩、砂岩、粉砂岩、泥岩；上白垩统龙井组紫红色砾岩、砂岩夹粉砂岩、泥灰岩地层和第四纪晚更新世阶地砂砾石、黏土堆积和河流-河漫滩相砂砾石松散堆积。

四、万宝式沉积-岩浆热液叠加型铅锌矿大营-万良预测工作区

1. 区域建造构造特征

区域位于辽吉古陆浑江盆地东北端，与长白山火山构造隆起带接壤部位。图区内新元古界、古生

界、中生界、新生界沉积建造均较发育。矿床的围岩为不同时期(震旦纪—奥陶纪)的碳酸盐岩建造、中生代钙碱性火山岩建造；侵入岩为燕山期中性和中酸性(钙碱性)侵入岩。侵入岩的形态，特别是岩体的岩枝、岩体的突出部位利于成矿；矿体受层间构造和不同方向的容矿构造控制；在区域上除地表同露的矿体外，还有较多的隐伏矿体；矿石类型多属铜、铅、锌硫化物、石榴子石、石英或方解石共生组合型。

2. 预测工作区建造构造特征

(1)火山岩建造。火山岩建造主要为中生代松江-抚松构造火山带形成的中酸性火山熔岩及其碎屑岩和新生代白头山火山构造隆起带形成的玄武岩。中生代火山岩包括上三叠统长白组、上侏罗统果松组和林子头组；第四纪火山岩为中新统老爷岭组和上新统军舰山组。大青山复合岩体(二长花岗岩、闪长岩)、大营林场二长花岗岩与晚侏罗世中酸性火山岩，同属于钙碱性系列，可能属于同源岩浆的侵出产物。并与铅矿床有着成因联系。

长白组安山质火山碎屑岩建造：分布于编图区东南，是松山村火山盆地的延伸部分，由安山质火山角砾岩、安山质岩屑晶屑凝灰岩等组成。

果松组砂砾岩建造、安山岩建造：前者为底部砾岩，仅在局部出现；后者分布面积极广，在空间上与热液型铅、锌矿床关系密切。安山岩建造分布于松树镇西富民村、南岭村一带；中东部松江乡、兴隆乡一带和西北部荒沟村，向阳村一带。由灰黑色玄武安山岩、安山岩、安山质角砾岩夹凝灰岩组成。本组的K-Ar同位素年龄为(215.6 ± 10.3)Ma，时代偏老，果松组暂置中、晚侏罗世。在东部和北部被军舰山玄武岩覆盖。

林子头组流纹质火山碎屑岩夹流纹岩建造：分布于万良镇和南部大营火山盆地的核部，大夹皮沟、黑松沟、海青沟一带。由流纹质岩屑晶屑凝灰岩、流纹质火山角砾岩夹流纹岩组成，属喷发和喷溢相。底部常有砂砾岩下伏在果松组和老地层之上。K-Ar同位素年龄为(105.8 ± 2.3)Ma，时代为晚侏罗世。在林子头组流纹岩建造中与二长岩接触带也有铅矿床分布。

此外图区东部有大面积新生代玄武岩、橄榄玄武岩建造。

(2)侵入岩建造。有中、晚侏罗世大青山复合岩体，晚侏罗世抚松东二长花岗岩体和大营林场岩体。大营林场二长花岗岩内外接触带有一系列的铅矿床。铅矿产与二长花岗岩关系十分密切。

大青山复合岩体：由二长花岗岩与闪长岩组成。闪长岩位于复合岩体的核部，岩体的南缘向内凹的椭圆形，长轴东西向，长约5km，宽2～4km，被二长花岗岩侵入，时代暂置中侏罗世。

大青山二长花岗岩：岩体呈东西向椭圆状，长12.5km，南北宽4～6km，岩体侵入上侏罗统林子头组、果松组及老地层。岩体内部和北部外接触带有数处铅矿点，在高丽卜一带碳酸盐岩中有矽卡化和大理岩化蚀变。

抚松东二长花岗岩、大营林场二长花岗岩：前者为小岩体，后者为太湖林场岩体延入图区部分，称大营林场二长花岗岩体。该岩体形态不规则，局部呈岩枝状侵入晚中生代火山岩和寒武纪碳酸盐岩中，并在内外接触带形成一系列的热液型铅矿床。岩石的结构和成分特点与大青山二长花岗岩基本相同。大营林场子二长花岗岩的K-Ar同位素年龄为(105.8 ± 2.3)Ma，年龄值偏低，时代置于晚侏罗世。大营林场岩体东端，近接触带的岩体内部和外接触带有15处铅矿床和矿点，应值得特别重视。

此外在松树镇北、大青山西、二道花园一带有闪长岩脉，局部还有细晶岩脉。

(3)沉积岩建造。有新元古界、古生界、中生界、新生界沉积地层，自下而上简述如下。

①南华系、震旦系：区内有钓鱼台组、南芬组、万隆组和八道江组呈断块残留于盆地边缘。

钓鱼台组沉积建造：分布于抚松县北鸡冠砬子村、大方村一带，与底部前南华系不整合接触。下部为石英质角砾夹赤铁矿岩建造(是重要的沉积型铁矿层位)，上部为石英砂岩建造，由灰白色石英砂岩、含海绿石石英砂岩、铁质石英砂岩组成。属后滨和前滨相沉积。

南芬组沉积建造：与钓鱼台组相伴出现，为页岩夹泥灰岩建造，亦称含铜、含膏岩杂色泥岩建造。主要岩性为紫色、灰绿色页岩,粉砂质页岩夹泥灰岩,局部有膏岩透镜体和铜矿化。

桥头组沉积建造:分布于抚松县以南、以北,形成石英砂岩与页岩互层建造。

万隆组沉积建造:万隆组分布于抚松县以南、以北和温泉镇之西,为灰岩夹页岩建造。岩性为灰黑色厚层灰岩、藻屑灰岩、页岩、粉砂岩。

八道江组沉积建造:分布于抚松以南冰郎沟、温泉镇以西。在空间上,冰郎沟铜矿点赋存于本组。八道江组为灰岩建造,由厚层灰岩、叠层石灰岩、藻屑灰岩、硅质灰岩组成。

②寒武系—奥陶系,下寒武统—中奥陶统连续沉积,但是由于脆性变形,沉积层呈断块状零星分布于抚松至松树镇一线。

馒头组沉积建造:分布于头道庙岭—高力卜一带和温泉镇之西。下部为东热段燧发岩建造;上部河口段粉砂岩-页岩夹灰岩建造,产丰富的三叶虫化石。水洞组磷质岩建造和碱厂组(昌平组)灰岩建造与馒头组并组。

张夏组沉积建造:分布于抚松县—头道庙岭一带和温泉镇之西。下部为灰岩夹粉砂岩、页岩建造;上部为生物屑灰岩建造。产 Damesella sp.、Lisania sp.、Amphoton sp. 等三叶虫化石,厚度95m。

崮山组沉积建造:与张夏组相伴出现,为粉砂岩、页岩夹灰岩建造,由紫色粉砂岩、页岩夹竹叶状灰岩、生物屑灰岩组成,其中有 Blackwelderia 等三叶虫化石,厚度85m,属潮间—潮上带的沉积。

炒米店组、冶里组沉积建造:分布于头道—庙岭、温泉镇以南地区。均属灰岩夹页岩建造,由黄绿色、紫色页岩,粉砂岩夹竹叶状灰岩,向上灰岩增多,其中有三叶虫,厚度分别为85m、27m,属于潮下带沉积。

亮甲山组、马家沟组沉积建造:分布于松树镇、温泉镇及四方顶子东地区,为石炭系—二叠系含煤岩系的基底岩石。前者为砾屑灰岩夹含燧石结核灰岩建造;后者为白云质灰岩夹含燧石结核灰岩建造。组成岩石十分相似,厚层状、角砾状,含头足类化石,厚度分别为312m和531m。

③石炭系—二叠系,主要分布于松树镇一带。自下而上为本溪组砾岩夹砂岩建造,由砾岩、砂岩,夹铁、铝质岩,产植物化石;太原组砂岩、页岩夹灰岩建造,灰岩层较少,产蜓类化石;山西组砂岩、页岩夹煤建造,由灰黑色砂岩、页岩为主,夹煤;石盒子组和孙家沟组为杂砂岩夹页岩、铝土质岩建造,由紫色、灰绿色杂砂岩,页岩夹铝土质岩组成。

④侏罗系—白垩系,为间火山期形成的沉积岩建造,有下侏罗统义和组、上侏罗统鹰嘴砬子组和上侏罗统—下白垩统石人组。

义和组沉积建造:分布于松江盆地的西南缘,松树镇之西;盆地西缘靖宇县新立等地,为砂岩、砾岩夹煤建造。主要岩性为凝灰质砾岩、砂岩、页岩夹煤,产植物化石,厚度大于460m。时代为早侏罗世。

鹰嘴砬子组沉积建造:分布于榆树川盆地南缘,四方顶子北及松效一带。系果松期,间火山活动时的堆积体。为砂岩、砾岩夹煤建造,由砾岩、凝灰质砂岩、砂岩、页岩夹煤组成,产双壳类化石,时代为晚侏罗世。

石人组沉积建造:分布于榆树川盆地三道花园、榆树川、双河屯一带。为砂岩、砾岩夹煤建造,由砾岩、凝灰质砂岩、碳质页岩夹煤组成,产锥叶蕨-拟金粉蕨植物群和双壳类化石,厚度大于725m,时代为晚侏罗世—早白垩世。

此外还有第四纪全新世河流及阶地砂、砾石松散层堆积。

(4)变质岩建造。变质岩建造位于预测工作区西北部,有中太古界四道砬子河岩组、英云闪长质片麻岩变质建造和新太古代变质钾长花岗岩变质建造。

四道砬子河岩组斜长角闪岩与黑云变粒岩互层夹磁铁石英岩变质建造:分布于万良西,在英云闪长质片麻岩中残余岩块,由灰—深灰色斜长角闪岩、黑云变粒岩、石榴二云片岩夹磁铁石英岩组成。原岩为中基性(部分超基性)火山岩、酸性火山岩-火山碎屑岩及硅铁质沉积岩建造。变质相属麻粒岩相。

英云闪长质片麻岩变质建造:庆开村(图外)一带大面积出露,在鸡寇砬子村呈断块残留。主要岩石类型为英云闪长质片麻岩、奥长花岗质片麻岩和石英闪长质片麻岩。原岩为英云闪长岩、花岗闪长岩、石英闪长岩建造。

变碱长花岗岩变质建造：在榆树川北西小面积分布，原岩为钾长花岗岩。

五、青城子式沉积-变质岩浆热液改造型铅锌矿荒沟山-南岔预测工作区

1. 区域建造构造特征

区域内铅锌矿中型矿床1处，小型矿床1处，矿点4处，矿化点2处，矿化密集于破碎带及裂隙中，含矿围岩主要为老岭群珍珠门岩组白云质大理岩、条带状、角粒状大理岩，大栗子岩组千枚岩、大理岩。铅锌矿体形态和分布受构造控制，其空间排列具雁行或斜列，形状为脉状及透镜状、不规则状等。与铅锌有关的建造类型以变质建造为主，次为沉积建造，即老岭群珍珠门组与集安群大东岔岩组、珍珠门岩组与大栗子岩组，寒武系碱厂组与张夏组等的接触部位或构造带附近。

2. 预测工作区建造构造特征

（1）火山岩建造。预测区内火山岩主要有三叠系长白组玄武安山岩、安山岩，安山质角砾岩，安山质岩屑晶屑凝灰岩夹英安岩、流纹岩、流纹质岩屑晶屑凝灰岩、流纹质火山角砾岩夹英安岩。侏罗系果松组玄武安山岩、安山岩、安山质角砾岩、安山质岩屑晶屑凝灰岩；林子头组流纹质岩屑晶屑凝灰岩、流纹质火山角砾岩夹流纹岩。新近系军舰山组橄榄玄武岩、玄武岩等。

（2）侵入岩建造。预测区内侵入岩不甚发育，并具有多期多阶段性。主要为中生代侏罗纪中粒二长花岗岩、中细粒闪长岩、中细粒石英闪长岩，白垩纪中细粒碱性花岗岩、花岗斑岩等。

（3）沉积岩建造。预测区内地层自下而上如下。

①南华系：马达岭组紫色砾岩、长石石英砂岩、含砾长石石英砂岩；白房子组灰色细粒长石石英砂岩、杂色含云母粉砂岩；粉砂质页岩夹长石石英砂岩；钓鱼台组灰白色石英质角砾岩夹赤铁矿、灰白色石英砂岩、含海缘石石英砂岩；南芬组紫色、灰绿色页岩粉砂质页岩夹泥灰岩；桥头组含海缘石石英砂岩、粉砂岩、页岩。

②震旦系：万隆组碎屑灰岩、藻屑灰岩、泥晶灰岩；八道江组浅灰色碎屑灰岩、叠层石灰岩、藻屑灰岩夹硅质岩；清沟子组黑色页岩夹灰岩、白云质厚层状沥青质灰岩及菱铁矿化白云岩透镜体等。

③寒武系：水洞组黄绿色、紫红色粉砂岩，含海缘石和胶磷矿砾石细砂岩；碱厂组灰色质纯页岩、泥质灰岩、结晶页岩、黑灰色厚层状豹皮状沥青质灰岩；馒头组东热段紫红色含铁泥质白云岩、含石膏泥质白云岩、暗紫色粉砂岩夹膏；河口段上部青灰色、黄绿色、粉砂质页岩夹薄层页岩；张夏组青灰色厚层鳞状生物碎屑页岩、薄层灰岩夹少量页岩；崮山组紫色、黄绿色页岩，粉砂岩，竹叶状灰岩；炒米店组薄板状泥晶灰岩、泥晶砾屑灰岩、泥晶—亮晶生物碎屑灰岩夹黄绿色页岩。

④奥陶系：冶里组中层、中薄层灰岩夹紫色、黄绿色页岩和竹叶状灰岩；亮甲山组豹皮状灰岩夹燧石结核白云质灰岩；马家沟组白云质灰岩、灰色豹皮状灰岩、燧石结核页岩。

⑤石炭系：本溪组黄灰色、灰白色砾岩夹黄绿色含铁质结核粉砂岩，青灰色、黄色石英砂岩、杂砂岩、粉砂岩，灰黑色碳质、黄绿色粉砂质页岩夹煤线；太原组灰色、灰绿色、粉砂质页岩、铝土质页岩夹灰岩、泥灰岩，局部夹透镜状薄层煤；山西组暗色粗砂岩粉砂岩、页岩夹煤。

⑥二叠系：石盒子组杂色中粗粒砂岩、细砂岩、页岩夹铝土质岩；孙家沟组红色、砖红色砂岩，粉砂岩夹铝土质页岩。

⑦侏罗系：小东沟组紫灰色粉砂岩夹页岩；鹰嘴砾子组铁质胶结砾岩，黄绿色页岩夹煤线，灰色、灰绿色灰岩，黄绿色厚层砂岩，长砂岩夹粗砂岩；石人组黄绿色厚层砾岩夹粗砾岩。

⑧白垩系：小南组杂色砂岩、粉砂岩、紫色砾岩。
⑨第四系：Ⅱ级阶地灰黄色黄土、亚粒土；Ⅰ级阶地及河漫滩松散砂、砾石堆积。

（4）变质岩建造。预测区内变质岩有中太古代英云闪长质片麻岩。新太古代变二长花岗岩。古元古代集安群荒岔沟岩组石墨变粒岩、含墨透辉变粒岩、含大理岩夹斜长角闪岩；大东岔岩组含矽线石榴变粒岩、片麻岩夹含榴黑云斜长片麻岩。老岭群珍珠门岩组白色厚层白云质大理岩、条带状角砾状大理岩。花山岩组云母片岩、大理岩。临江岩组二云片岩、黑云变粒岩夹灰白色中厚层石英岩。大栗子组千枚岩夹大理岩及石英岩。

从区内已知的铅锌矿床、矿点、矿化点等矿产地的实际情况分析，其矿均与断裂构造有关。区内北东—北北东向断裂和断裂破碎带是区内的主要控矿断裂和容矿断裂，北北东向断裂与北西向断裂及东西向断裂的交会部位是成矿的有利部位。

六、正岔式火山-沉积变质型铅锌矿正岔-复兴屯预测工作区

1. 区域建造构造特征

区内集安群荒岔沟岩组的变粒岩-斜长角闪岩类及含石墨大理岩变质建造与成矿关系较为密切。其中含石墨大理岩铅的丰度值为 65×10^{-6}，其中含碳质较高的岩石对铅锌等成矿有益元素有强烈的吸附作用，致使沿该岩层有金属元素的初步富集，形成初步的矿源层，在后期的构造活动和岩浆热液作用下进一步富集而成矿。此外，区内老岭群珍珠门岩组厚层大理岩变质建造亦为铅锌、多金属矿产的赋存部位。

2. 预测工作区建造构造特征

（1）火山岩建造。预测区内主要发育有中侏罗统果松组安山质火山角砾岩、安山质岩屑晶屑凝灰岩、玄武安山岩、安山岩等。K-Ar 同位素年龄值 140~150Ma，Rb-Sr 同位素年龄值 144±7149Ma。

（2）侵入岩建造。预测区内侵入岩较发育，具有多期多阶段性。分别为古元古代辉长岩、二辉橄榄岩、正长花岗岩、石英正长岩、花岗闪长岩、角闪正长岩、巨斑花岗岩；晚三叠世闪长岩、二长花岗岩；早白垩世花岗斑岩，还有较发育的钠长斑岩、闪长斑岩、闪长玢岩等脉岩。

（3）沉积岩建造。预测区内主要为侏罗系小东沟组紫灰色粉砂岩，局部夹劣质煤、杂色砂岩，粉砂岩，砾岩砂岩互层；第四系全新统，Ⅰ级阶地及河漫滩堆积。

（4）质岩建造。区内变质岩较发育，其中有古元古界集安群蚂蚁河财组、荒岔沟岩组、大东岔岩组，老岭群林家沟岩组、珍珠门岩组、花山岩组。

①蚂蚁河岩组（Pt_1m）：岩石组合为黑云变粒岩、钠长浅粒岩、斜长角闪岩夹白云质大理岩、含硼蛇纹石大理岩电气石变粒岩等。

变质建造：黑云变粒岩-浅粒岩夹大理岩、斜长角闪岩变质建造。

原岩建造：中酸性火山碎屑岩-基性火山岩建造、镁质碳酸盐岩-砂泥质岩建造。

变质矿物组合：Sc+Di+Ti+Ol+Mu+Phl。

变质相：角闪岩相。

②荒岔沟组（Pt_1h）：岩石组合为石墨变粒岩、含石墨透辉变粒岩，含石墨大理岩夹斜长角闪岩。

变质建造：变粒岩-斜长角闪岩夹含石墨大理岩变质建造。

原岩建造：基性火山岩-碳酸盐岩-类复理石建造。

变质矿物组合：Hb+Bit+Pl+Qz+Di+Ep+Ti+Cal+Tl。

变质相：角闪岩相。

③大东岔岩组(Pt_1d):岩石组合为含矽线石石榴子石变粒岩夹含榴黑云斜长片麻岩。

变质建造:黑云变粒岩夹含榴石黑云斜长片麻岩变质建造。

原岩建造:陆源碎屑岩-泥质粉砂岩建造。

变质矿物组合:$Bi+Pl+Gr+Mu+Qz$。

变质相:角闪岩相。

④林家沟岩组:依据岩石组合特征划分两个岩性段。

新农村岩段(Pt_1l^x):岩石组合为钠长变粒岩、黑云变粒岩夹白云质大理岩。

变质建造:钠长变粒岩夹白云质大理岩变质建造。

原岩建造:中酸性火山碎屑岩夹碳酸盐岩建造。

变质矿物组合:$Ab+Qz+Du+Cal$。

变质相:绿片岩相。

板房沟岩段(Pt_1l^b):岩石组合为透闪石变粒岩、黑云变粒岩夹大理岩、硅质条带大理岩。

变质建造:黑云变粒岩夹大理岩变质建造。

原岩建造:中酸性火山碎屑岩夹碳酸盐岩建造。

变质矿物合:$Bi+Pl+Cal+Qz+Hb$。

变质相:绿片岩相。

⑤珍珠门岩组($Pt_1\check{z}$):岩石组合为灰白色厚层大理岩、条带状大理岩、角砾状大理岩。

变质建造:厚层大理岩变质建造。

原岩建造:白云岩-碳酸盐岩建造。

变质矿物组合:$Ab+Qz+Do+Cal$。

变质相:绿片岩相。

⑥花山岩组(Pt_1hs):岩石组合为二云母片岩、大理岩。

变质建造:二云母片岩夹大理岩变质建造。

原岩建造:泥质粉砂岩-碳酸盐岩建造。

变质相:绿片岩相。

七、万宝式沉积-岩浆热液叠加型铅锌矿矿洞子-青石镇预测工作区

1. 区域建造构造特征

含矿建造:区内与已知铅锌矿产有关的含矿建造为沉积建造,已知矿点成矿类型均为火山型成矿。

构造特征:与成矿有关的构造为北东向鸭绿江断裂构造(成矿前构造);东西向、北西向和水平断裂(成矿期构造),是主要的控矿和赋矿构造;近南北向断裂构造(成矿后断裂),并且对矿体起到破坏作用。

2. 预测工作区建造构造特征

(1)火山岩建造:预测区内火山岩仅发育有3期火山活动。

中生界上侏罗统果松组,下部为砂岩、砾岩,上部为玄武安山岩、安山岩;新生界新近系军舰山组,橄榄玄武岩、玄武岩;第四系全新统金龙顶子组,灰黑色橄榄玄武岩、紫色气孔状玄武岩。

(2)侵入岩建造:预测区内侵入岩发育,并且具有多期、多阶段特点。

二叠纪花岗石英闪长岩、二长花岗岩;三叠纪花岗闪长岩、二长花岗岩;早侏罗世花岗闪长岩、二长花岗岩等;脉岩仅见有早侏罗世花岗斑岩,呈脉体出露。上述侵入岩在区域上构成大致呈近北东向带状展布的花岗岩浆岩带。

(3)沉积岩建造:预测区内沉积岩地层极为发育,由老至新分别为:南华系细河群南芬组,紫色、灰绿色页岩、粉砂质页岩夹泥灰岩。震旦系万隆组,碎屑灰岩、藻屑灰岩、泥晶灰岩;八道江组,浅色碎屑和灰岩、叠层石灰岩、藻屑灰岩夹硅质岩。

下寒武统碱厂组,紫色质纯灰岩、泥质灰岩、结晶灰岩、黑灰色豹皮状沥青质灰岩;馒头组,紫红色含铁泥质白云岩、含石膏白云岩、暗紫色粉砂岩夹石膏、暗紫色含云母片粉砂岩、粉砂质页岩夹薄层灰岩。中寒武统张夏组,青灰色、灰色、紫色厚层状生物碎屑灰岩、青灰色厚层状鲕状灰岩、薄层灰岩夹页岩。

上寒武统崮山组,紫色、黄绿色页岩、粉砂岩夹薄层灰岩、竹叶状灰岩;炒米店组,薄板状泥晶灰岩、泥晶粒屑灰岩、泥晶—亮晶生物碎屑灰岩夹黄绿色页岩。下奥陶统冶里组,中层、中薄层灰岩夹紫色、黄绿色页岩和竹叶状灰岩;亮甲山组,豹皮状灰岩夹燧石结核灰岩。中侏罗统小东沟组,杂色砂岩、砾岩、页岩。上侏罗统鹰咀砬子组,砾岩、砂岩、粉砂岩、页岩夹煤。下白垩统石人组,砾岩、砂岩、凝灰质砂岩、碳质页岩夹煤;小南沟组,紫色、黄色砾岩,杂色砂岩,粉砂岩。第四系全新统,阶地及河漫滩松散砂、砾石堆积。

(4)变质岩建造。预测区内的变质岩较为发育,是区内主要的岩石类型。主要为新太古代变质二长花岗岩($Ar_3\eta\gamma$),变质钾长花岗岩($Ar_3\xi\gamma$)和含紫苏辉石的石英闪长岩-二长花岗岩($Ar_3\nu\gamma$)以及古元古代变质辉长-辉绿岩($Pt_1\nu$)。分布于测区的中部—南部,构成区内变质岩带。

八、天宝山式叠加成因型铅锌矿天宝山预测工作区

1. 区域建造构造特征

从天宝山铅锌矿成矿与多种建造有关。矽卡岩型,与上石炭统天宝山组灰岩建造和晚三叠世石英闪长岩有关。爆破角砾岩筒型铅锌矿,与晚三叠世流纹岩、英安岩夹火山碎屑岩建造有关,爆破角砾岩筒本身就是一个火口,在该期火山岩找火口是找矿的重要途径。热液充填型,与晚三叠世至早白垩世石英闪长岩、二长花岗岩及早白垩世花岗闪长岩的关系密切,总的说来,区内侵入岩自晚三叠世至早白垩世具多期、多次活动的特征。

天宝山矿区重要的控矿断裂为两条北西向断裂和两条东西向断裂,北西向断裂与东西向断裂的交会部位是成矿的有利部位,天宝山铅锌矿立山坑就位于北西向与东西向的交会处。

2. 预测工作区建造构造特征

(1)火山岩建造。

①晚三叠世托盘沟期火山岩(T_3t):岩石组合为流纹岩、英安岩、流纹质-英安质含角砾岩屑晶屑凝灰岩。火山建造为流纹岩英安岩夹流纹质英安质火山碎屑岩建造。火山岩相为喷溢相—喷发相—喷溢相。火山构造为火山构造洼地。

②晚侏罗世屯田营期火山岩(J_3t):岩石组合为灰褐色蚀变安山岩、灰绿色气孔杏仁状安山岩。火山建造为安山岩建造。火山岩相为喷溢相。火山构造为金沟岭-五凤-罗子沟火山构造洼地。

③早白垩世金沟岭期火山岩(K_1j):岩石组合为灰绿色安山岩、角闪安山岩。火山建造为安山岩建造。火山岩相为喷溢相。火山构造为金沟岭-五凤火山构造洼地。

(2)侵入岩建造区内的侵入岩比较发育,其中有晚二叠世侵入岩、晚三叠世侵入岩、早侏罗世侵入岩和早白垩世侵入岩,现分述如下。

①晚二叠世二长花岗岩($P_3\eta\gamma$):分布于预测区的北西隅,面积大于$4km^2$,以岩基产出,被早侏罗世花岗闪长岩侵入,岩性为中细粒二长花岗岩,U-Pb同位素测年值$(255\pm1)Ma$(取样点在本区以外的北部)。

②晚三叠世闪长花岗岩（$T_3\delta$）：分布于天宝山之北东东的南沟屯一带，以岩株产出，出露面积 $10km^2$ 左右，被早侏罗世二长花岗岩和早侏罗世碱长花岗岩侵入，岩性为中细粒闪长岩，K-Ar 同位素年龄值约为 (20 ± 1)Ma，其形成时代为晚三叠世。

③晚三叠世石英闪长岩（$T_3\delta o$）：主要出露于天宝山一带，面积约 $12km^2$，以基岩产出，该期石英闪长岩是与多金属关系极为密切的侵入岩。侵入天宝山组和托盘沟组，被金沟组火山岩覆盖，被早侏罗世二长花岗岩侵入，岩性为中细粒石英闪长岩，其全岩 K-Ar 年龄值为 228Ma。

④晚三叠世石英二长花岗岩（$T_3\eta\delta o$）：分布于天宝山南西部，面积约 $13km^2$，侵入天宝山组和托盘沟组，岩性为中细粒石英二长闪长岩，该期侵入岩与多金属矿产的形成可能有一定的成生联系，U-Pb 同位素测年值 (222 ± 5)Ma。

⑤晚三叠世二长花岗岩（$T_3\eta\gamma$）：在天宝山西北部出露，面积仅为 $0.5km^2$，岩性为细粒二长花岗岩，全岩 K-Ar 年龄值 214Ma。

⑥早侏罗世花岗闪长岩（$J_1\gamma\delta$）：在天宝山以西大面积分布，面积达 $300km^2$，以岩基产出，岩性为中细粒花岗闪长岩，局部含角闪石较多，为中粒角闪花岗闪长岩，U-Pb 同位素年龄值分别为 189Ma、(171 ± 5)Ma。

⑦早侏罗世二长花岗岩（$J_1\eta\gamma$）：分布于预测区的中部和东部，面积约 $250km^2$，以岩基产出，岩性为中细二长花岗岩，同位素年龄值 (186 ± 1)Ma（测试方法没有标注）。

⑧早侏罗世花岗斑岩（$J_1\gamma\pi$）：出露于天宝山西北部，面积约 $3km^2$，以岩株产出，K-Ar 同位素测年值 175Ma。

⑨早侏罗世碱长花岗岩（$J_1\varepsilon\gamma$）：分布于天宝山东北部榆树川、太阳村一带，面积 $8km^2$，以岩株产出，岩性为中粗粒碱长花岗岩。

⑩早白垩世石英闪长玢岩（$K_1\delta\mu$）：分布于新兴洞之西，面积约为 $5km^2$，以岩株产出，岩性为石英闪长玢岩。

（3）沉积岩建造。区内共有 8 个岩石地层单位，现自老至新叙述如下。

①新元古界长仁大理岩（Pt_3c）：分布于天宝山镇东南一带，出露面积约 $20km^2$，为早侏罗世花岗闪长岩中的残留体。岩性为灰白色粒状大理岩、透辉石大理岩，厚度大于 442.25m。

②新元古界万宝岩组（Pt_3w）：出露于天宝山镇北东附近，面积较小，约 $20km^2$，为早侏罗世二长花岗岩中的残留体。岩性为灰色变质细砂岩与变质粉砂岩互层夹大理岩透镜体、青灰色红柱石二长片岩。

③上石炭统天宝山组（C_2t）：分布于天宝山镇的西南部，出露面积约 $7km^2$，岩性为灰色结晶灰岩、砂屑灰岩。其中产珊瑚 Caninia sp. 及海百合茎化石，厚度 1391m。沉积建造为灰岩建造；沉积相为碳酸盐岩台地相。

④上三叠统托盘沟组（T_3t）：出露于天宝山镇西北部，面积约 $8km^2$。岩性以酸性火山岩为主：流纹岩、英安岩、流纹质-英安质含角砾岩屑晶屑凝灰岩，K-Ar 同位素测年值 229.5Ma（金尚林）。

⑤上侏罗统屯田营组（J_3t）：仅在预测东部有小面积出露，小于 $2km^2$，岩性为灰黑色蚀变安山岩，灰绿色气孔状、杏仁状安山岩。

⑥下白垩统金沟岭组（K_1j）：主要分布在天宝山、九户洞一带，面积约 $12km^2$，岩性为灰绿色安山岩、角闪安山岩，局部夹紫色泥质粉砂岩薄层，厚度 784.13m。其中产植物化石：Claaophlebis sp.，Onychiopsis sp.，Piyophyllun sp.，Pityolepis sp.，该化石组合显示了下白垩统面貌，说明金沟岭组形成于早白垩世。K-Ar 同位素测年值 110Ma。

⑦下白垩统大碇子组（K_1dl）：分布于预测区的东南隅，面积约 $2km^2$，主要岩性为灰黄色砾岩、砂岩，其中的水平层理和斜层理发育，厚度 766m。沉积建造为砂砾岩建造；沉积相为火山洼地沉积相。

⑧Ⅰ级阶地河漫滩堆积（Qh^{al}）：分布于区内 3 级河流沟谷，主要为砂、砾石及淤泥质土堆积，厚度 1～2m。

(4)变质岩建造。

①长仁大理岩(Pt_3c):岩石组合为白色粒状大理岩、透辉石大理岩。变质建造为大理岩变质建造。原岩建造为碳酸盐岩建造。变质矿物组合为 $Cal+Pl+Qz+Mu$。变质相为绿片岩相。

②万宝岩组(Pt_3w):岩石组合为灰色变质细粒砂岩与变质粉砂岩互层夹大理岩透镜体、青灰色红柱石二云石英片岩。变质建造为变质砂岩夹大理岩变质建造。原岩建造为陆源碎屑岩-碳酸盐岩建造。变质矿物组合为 $Aa+Bit+Mu+Pl+Qz$。变质相为绿片岩相。

第三节 大地构造特征

建造构造特征以矿产预测类型按预测工作区、全省两个层次分别叙述。

一、放牛沟式火山-沉积变质型铅锌矿放牛沟预测工作区

1. 区域大地构造特征

放牛沟多金属矿床位于天山-兴蒙-吉黑造山带(Ⅰ)、大兴安岭弧形盆地(Ⅱ)、锡林浩特岩浆弧(Ⅲ)、白城上叠裂陷盆地(Ⅳ)。哈尔滨-长春断裂带和伊通-伊兰断裂带之间,大黑山隆起带的中心部位。

2. 预测工作区大地构造特征

区内构造主要为脆性断裂构造。主要有北东向、北西向、近东西向。在区域上北东向断裂错断了北西向断裂,说明前者形成晚于后者。且预测区内的断裂构造对矿产起到明显的控制作用,尤其两组断裂交会、复合部位是成矿的有利地段。

二、放牛沟式火山热液型铅锌矿地局子-倒木河预测工作区

1. 区域大地构造特征

矿区位于东北叠加造山-裂谷系(Ⅰ)、小兴安岭-张广才岭叠加岩浆弧(Ⅱ)、张广才岭-哈达岭火山-盆地区(Ⅲ)、南楼山-辽源火山-盆地群(Ⅳ)。

2. 预测工作区大地构造特征

区内构造主要以断裂构造为主,以北东向为主,北西向次之。其矿脉多沿岩体与地层接触带展布,而热液型矿产,矿脉受控于北西向、北北西向断层。

三、红太平式火山-沉积变质型铅锌矿梨树沟-红太平预测工作区

1. 区域大地构造特征

矿床位于天上-兴蒙-吉黑造山带(Ⅰ)、小兴安岭-张广才岭弧盆系(Ⅱ)、放牛沟-里水-五道沟陆缘岩浆弧(Ⅲ)、汪清-珲春上叠裂陷盆地(Ⅳ)北部。

2. 预测工作区大地构造特征

区内构造主要以断裂构造为主,褶皱构造次之。褶皱构造仅发育在二叠系庙岭组中,其受后期构造的影响,而形成背斜和紧密倒转背斜。背斜轴面产状为北东向。区内断裂构造,主要有北东向(3条)、北西向(6条),为区内主要控矿构造;其次为北北东向断裂构造和北北西向断裂构造各1条,为区内控矿、容矿构造。

四、万宝式沉积-岩浆热液叠加型铅锌矿大营-万良预测工作区

1. 区域大地构造特征

矿床位于华北叠加造山-裂谷系(Ⅰ)、胶辽吉叠加岩浆弧(Ⅱ)、吉南-辽东火山盆地区(Ⅲ)、抚松-集安火山-盆地群(Ⅳ)。

2. 预测工作区大地构造特征

矿区较大断裂有北东向、北西向两组。北西向有3条,被石英斑岩脉充填。多为高角度正断层,该组断裂成矿后仍有活动,切割矿体及北东向断裂。北东向断裂有3条,其中在侏罗纪火山岩与震旦系、寒武系接触带上的断裂规模较大,倾向南东,倾角45°为逆断层,使下寒武统缺失。沿断裂带常有岩脉侵入,并见有黄铁绢英岩化。其余两条分布于寒武系中,与地层走向一致,倾角50°~80°,为正断层,破坏矿体,具多期活动特点。北东向主断裂控制矿带展布,次级平行主断裂的层间断裂为容矿断裂。

五、青城子式沉积-变质岩浆热液改造型铅锌矿荒沟山-南岔预测工作区

1. 区域大地构造特征

矿床位于前南华纪华北东部陆块(Ⅱ)、胶辽吉元古代裂谷带(Ⅲ)、老岭拗陷盆地(Ⅳ)内。荒沟山"S"形断裂带中部。

2. 预测工作区大地构造特征

预测区内断裂构造发育,由一套北北东向及北东向的压性、压扭性断裂构成"四平街-荒沟山-横路岭"的"S"形构造,矿区内断裂系统主要有3组。第一组北东-南西向,又进一步分为走向北东5°~35°,倾向南东或北西,倾角50°~90°,属压扭性层间断裂,具有多期继承性活动特点,为矿区内主要含矿构造;走向北东30°~45°,倾向北西,倾角0°~30°,属扭性断裂,主要被岩脉充填。第二组北东东至东西向,主要被晚期岩脉充填,并对早期岩脉或矿体穿插及错动,但错距一般不大,多为1~2m,大者可达20m。第3组南北向,分布及规模均次于前两组,主要见于主矿带两侧,被矿体或岩脉充填。

六、正岔式火山-沉积变质型铅锌矿正岔-复兴屯预测工作区

1. 区域大地构造特征

矿区位于前南华纪华北东部陆块(Ⅱ)、胶辽吉古元古裂谷带(Ⅲ)、集安裂谷盆地(Ⅳ)内。

2. 预测工作区大地构造特征

区内的构造较为复杂，断裂构造很发育。其中以北东—北北东向断裂最为发育，是区内金、多金属矿产最重要的控矿构造和容矿构造。

(1) 近东西向断裂：有 8 条，其中在西北部金珠村一带的断裂走向为 75°～100°之间均为推覆断层，其他近东西向断层为倾向南的逆掩断层。

(2) 北东—北北东向断层：区内北东—北北东向断裂十分发育，多达 25 条以上，走向为 50°～25°，其中北北东向走向 30°左右者最多，该方向断裂代表了本成矿预测区区域构造线的主体方向，是区内控矿和容矿的主要断裂。

(3) 北西向断裂也很发育，大于 10 条，走向多在 290°～315°之间。

七、万宝式沉积-岩浆热液叠加型铅锌矿矿洞子-青石镇预测工作区

1. 区域大地构造特征

矿床位于华北叠加造山-裂谷系（Ⅰ）、胶辽吉叠加岩浆弧（Ⅱ）、吉南-辽东火山盆地区（Ⅲ）、抚松-集安火山-盆地群（Ⅳ）。

2. 预测工作区大地构造特征

区内构造主要以断裂构造为主，主要有北东向（3 条）、北西向（6 条），为区内主要控矿构造；其次为北北东向断裂构造和北北西向断裂构造各 1 条，为区内控矿、容矿构造。

八、天宝山式叠加成因型铅锌矿天宝山预测工作区

1. 区域大地构造特征

矿床位于晚三叠世—新生代东北叠加造山-裂谷系（Ⅰ）、小兴安岭-张广才岭叠加岩浆弧（Ⅱ）、太平岭-英额岭火山-盆地区（Ⅲ）、罗子沟-延吉火山-盆地群（Ⅳ）。处于北东向两江断裂与北西向明月镇断裂带交会部位东侧，天宝山中生代火山盆地南侧，天宝山倾伏背斜轴部。

2. 预测工作区大地构造特征

预测区大地构造位置处于龙岗地块北缘的陆缘活动带吉黑褶皱带南缘。断裂构造处于北西、北东、东西区域构造交会部位，其中有中—浅层次的韧性剪切带，也有表浅层次的脆性断裂。

(1) 韧性剪切带区内只发育 1 条北西走向的韧性剪切带，十里村-永胜村韧性剪切带，该剪切带总体走向 300°，长大于 21.5km，宽 1～3.5km。整个韧性剪切带发育于早侏罗世花岗闪长岩和长仁大理岩中，由片麻状花岗闪长岩（糜棱岩化，宽 200m）、糜棱岩（宽 2500m）、超糜棱岩（宽 100m）和初糜棱岩（宽 1000m）组成。在该带中可见石英拉长拔丝现象，长石具旋转碎斑，并具左旋特征，并见 S-C 组构，具有明显的韧性变形特征。通过长石碎斑的左旋特征，可推断该韧性剪切带的运动方式为左旋斜滑。

(2) 表浅层次的脆性断裂区内比较发育，其中有东西向断裂、南北向断裂、北东向断裂、北西向断裂。

第六章　典型矿床与区域成矿规律研究

第一节　技术流程

一、典型矿床研究技术流程

(1) 典型矿床的选取，选取具有一定规模、有代表性、未来资源潜力较大、在现有经济或选冶技术条件下能够开发利用或技术改进后能够开发利用的矿床。

(2) 从成矿地质条件、矿体矿体空间分布特征、矿石物质组分及结构构造、矿石类型、成矿期次、成矿时代、成矿物质来源、控矿因素及找矿标志、矿床的形成及就位演化机制9个方面系统地对典型矿床研究。

(3) 从岩石类型、成矿时代、成矿环境、构造背景、矿物组合、结构构造、蚀变特征、控矿条件8个方面总结典型矿床的成矿要素，建立典型矿床的成矿模式。

(4) 在典型矿床成矿要素研究的基础上叠加地球化学、地球物理、自然重砂、遥感及找矿标志，形成典型矿床预测要素，建立典型矿床预测模型。

(5) 以典型矿床大于或等于1∶1万综合地质图为底图，编制典型矿床成矿要素、预测要素图。

二、区域成矿规律研究

广泛搜集区域上与铅锌矿有关的矿床、矿点、矿化点的勘查、科研成果，按如下技术流程开展区域成矿规律研究，即①确定矿床的成因类型；②研究成矿构造背景；③研究控矿因素；④研究成矿物质来源；⑤研究成矿时代；⑥研究区域所属成矿区带及成矿系列；⑦编制成矿规律图件。

第二节　典型矿床研究

一、典型矿床选取及其特征

典型矿床选取见表6-2-1。

表 6-2-1 典型矿床选取一览表

典型矿床名称	矿产预测类型	比例尺	时代 成矿时代	时代 叠加时代	矿床成因类型
吉林省伊通县景家台镇放牛沟铅锌矿	放牛沟式火山-沉积变质型	1:2000	晚奥陶世—早志留世	加里东期	火山-岩浆热液型
吉林省汪清县犁树沟铅锌矿	红太平式火山-沉积变质型	1:10 000	早二叠世	燕山期	火山-沉积型
吉林省白山市荒沟山铅锌矿	青城子式沉积-变质岩浆热液改造型	1:1000	古元古代	燕山期	火山-沉积变质改造型
吉林省集安市花甸子镇正岔铅锌矿	正岔式火山-沉积变质型	1:1000	古元古代	燕山期	沉积-岩浆热液改造型
吉林省抚松县大营铅锌矿	万宝式沉积-岩浆热液叠加型	1:10 000	寒武系	燕山期	期后岩浆热液叠加改造中低温层控热液型
吉林省集安市青石镇郭家岭铅锌矿	万宝式沉积-变质岩浆热液改造型	1:1000	奥陶系	燕山期	期后岩浆热液叠加改造中低温层控热液型
吉林省龙井天宝山镇铅锌矿	叠加成因型	1:10 000	二叠纪—侏罗纪	燕山期	火山热液充填型(东风)矽卡岩型(立山)角砾岩筒型(新兴)

(一)放牛沟典型矿床特征

1. 地质构造环境及成矿条件

放牛沟多金属矿床位于天山-兴蒙-吉黑造山带(Ⅰ)大兴安岭弧形盆地(Ⅱ)锡林浩特岩浆弧(Ⅲ)白城上叠裂陷盆地(Ⅳ)。哈尔滨-长春断裂带和伊通-伊兰断裂带之间,大黑山隆起带的中心部位。

(1)地层。区域出露的地层主要为一套浅变质中、酸性火山岩及沉积岩。时代主要为晚奥陶世和早志留世。此外白垩纪、古近纪和新近纪亦有零星地层出露(图 6-2-1)。

上奥陶统石缝组:主要为浅变质中酸性火山岩-碳酸盐岩-碎屑岩建造。岩性主要为片理化安山岩、片理化流纹岩,绢云母石英片岩夹大理岩透镜体,大理岩、条带状大理岩。厚 1 238.78~1 587.13m。其中白色大理岩夹条带状大理岩为主要赋矿层位。

下志留统桃山组:主要为浅变质中酸性火山岩-泥岩建造。下段主要为浅变质中酸性火山岩,岩性为片理化含砾安山质凝灰岩及安山质角砾岩、片理化安山岩夹大理岩透镜体、片理化凝灰岩。上段为正常沉积-酸性火山岩,岩性为泥质板岩、碳质板岩夹大理岩透镜体,逐渐过渡到片理化流纹岩。

(2)侵入岩。区域内岩浆活动频繁,形成的侵入体均呈大小不等的岩株状产出。

区域上海西早期第一阶段超基性岩侵入体仅见于施家油坊北山,呈东西向脉状展布,侵入于桃山组上段的碳质板岩中,后被闪长岩和石英二长岩侵入。岩性为橄榄辉石岩(角闪岩)。岩体中见有较强的黄铁矿化,Cu、Co、Ni 含量远远高于克拉克值。海西早期第二阶段酸性岩浆活动强烈,形成的岩体规模亦较大,矿区内主要有以后庙岭为中心的花岗岩体。该岩体的内部相为白岗质花岗岩,其边缘相岩性复杂,以中细粒白岗质花岗岩为主,并见有花岗斑岩、花岗闪长岩及斜长花岗岩等。该岩体受后期断裂作用影响,在构造部位常形成片麻状花岗岩、花岗质碎裂岩、糜棱岩及千糜岩。该岩体与成矿关系密切。

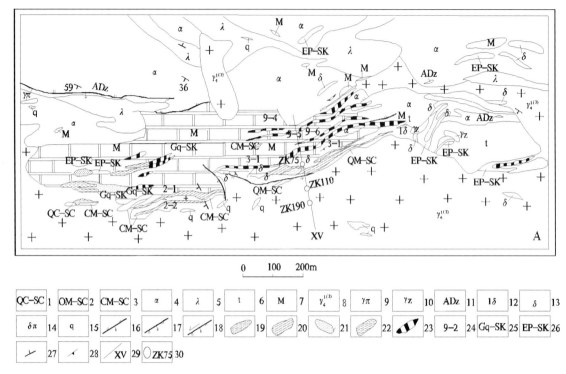

图 6-2-1 伊通县放牛沟多金属硫铁矿床地质图

1.石英绢云母片岩；2.石英绿泥片岩；3.绢云绿泥片岩；4.变质安山岩；5.变质流纹岩；6.凝灰岩；7.大理岩；8.花岗岩；9.花岗斑岩；10.花岗细晶岩；11.斜长细晶岩；12.蚀变闪长岩；13.细粒闪长岩；14.闪长斑岩；15.石英脉；16.压性断层；17.张性断层；18.张扭性断层；19.磁铁矿体；20.褐铁矿体；21.硫铁矿体；22.硫铁锌矿体；23.锌矿体；24.矿体编号；25.石榴子石矽卡岩；26.绿帘石矽卡岩；27.地层产状；28.片理产状；29.勘探线编号；30.钻孔及编号

Rb-Sr 等时线法确定后庙岭花岗岩的同位素年龄为 (352.65 ± 21.45) Ma，K-Ar 法（钾长石）年龄为 357～371Ma（冯守忠，2001）。

海西早期第三阶段主要为中性岩类，形成以桃山为中心的闪长岩及闪长玢岩岩体群，侵入于第一、第二阶段岩体及早古生代地层中，在其与围岩接触部位局部见有矽卡岩化及铜矿化。

海西晚期侵入岩受纬向构造带控制，呈东西向展布。岩性为黑云母花岗岩、花岗闪长岩及石英二长岩等。

燕山早期侵入岩，受北东东向断裂控制，岩体规模较大，主要为花岗岩、黑云母花岗岩，代表性岩体为莫里青岩体、许家小店岩体、韩家沟岩体。许家小店花岗岩中的白云母同位素年龄为 171Ma，韩家沟黑云母花岗岩中钾长石同位素年龄为 155Ma。

区域上及矿区脉岩主要有闪长岩、闪长玢岩、霏细岩、斜长细晶岩、花岗细晶岩、闪斜及云斜煌斑岩。

(3) 构造。区域内存在一系列走向近东西的复式褶皱和挤压破碎带，致使石缝组和桃山组强烈褶皱、逆冲，侵入其中的海西期花岗岩体在部分地段生成同向挤压带。其次，与东西向构造相伴生的有北东及北西两组共轭扭裂。

① 褶皱。区域上由石缝组和桃山组组成了 3 条主要褶皱。腰屯-发展公社倾伏向斜，轴向近东西，向东倾伏，两翼基本对称。五台子-孙家糖坊倾伏背斜，位于腰屯-发展公社倾伏向斜南侧，轴向近东西，向东倾伏，为北翼陡、南翼缓不对称背斜。洪喜堂-新立屯倾伏向斜，轴向近东西，向西倾伏，向东翘起的不对称向斜。

② 断裂。东西向压性断裂：景家台-孙家台压性断裂带，长 24km，宽 500m，为成矿后断裂，倾向

130°～165°,倾角 50°～70°,局部产生压性兼具有扭性构造特征;放牛沟-后铁炉压性断裂带,长 10km,宽大于 500m,倾向 16°～200°,倾角 35°～70°,为成矿断裂,成矿后继续活动,海西早期花岗岩沿该断裂侵入,形成放牛沟以硫为主的磁铁、多金属矿床;天德合断裂,长 6km,宽大于 500m,倾向 350°,倾角 40°,为成矿断裂。洪喜堂-韩家沟断裂,长 6km,宽 100～1000m,倾向 180°,倾角 45°～85°,该断裂具有多期活动的特点,施家油坊超基性岩侵入体沿该断裂侵入。

北西向压扭性断裂:丘家窑-天德合断裂,长 10km,宽 2000m;马蜂岭扭裂带,长 2km;石灰窑-发展公社扭裂带,长 11km。

北东向扭性断裂:区域内不发育,仅发现半道子-孟家沟扭断裂,长 4km,宽 50m,倾向南东°,倾角 45°～50°,为成矿后断裂。

2. 矿体三度空间分布特征

1) 矿体的空间分布

从区域上看,庙岭花岗岩体呈镰刀状岩枝超覆于奥陶纪地层之上,含矿带正位于花岗岩枝向南突出的凹部;向两端延伸到花岗岩内,含矿带随即消失。从矿区看,含矿带位于花岗岩外触带 400m 范围内。其中较大矿体则位于 200m 范围内,在内接触带亦有少量矿体分布,但规模较小,延深不大。

矿体严格受构造控制,主要赋存于近东西向压性破碎带中,其产状为走向 70°～100°,倾向南,倾角 35°～70°。矿体在含矿破碎带中成群分布,在平面和剖面上呈密集平行排列,尖灭再现,舒缓波状。在北北西向张性兼扭性断裂中,一般不存在矿体,只是在与近东西向构造交切部位的接触带局部富集成矿。

在位于花岗岩接触带与大理岩之间的片理化矽卡岩化安山岩中形成以充填交代为主的透镜状、似层状矿体规模较大,形态复杂,矿体薄厚变化较大。在花岗岩、片理化流纹岩中的矿体,沿断裂分布,以充填为主,矿体形态简单,厚度较小,延长延深不大。

2) 矿体特征

矿区内已控制含矿带长 1700m,宽 150～400m,发现 9 个矿组,41 条矿体。规模较大,矿石类型较全的有③号矿组的③-1 号、③-2 号矿体,9 号矿组的⑨-4 号、⑨-6 号、⑨-7 号矿体,⑦号矿组的⑦-4 号、⑦-5 号矿体,②号矿组的②-1 号矿体。以上 8 个矿体占矿区矿石总量的 73%,其中以③-1 号、③-2 号矿体规模最大,占矿区矿石总量的 39%。

(1) ②-1 号矿体:矿体呈脉状、透镜状尖灭再现赋存于矽卡岩及片岩中。控制矿体长 409m,斜深 134m,最大厚度 20.07m,平均厚 9.1m。走向近东西,倾向南,倾角 40°～60°。其矿石类型主要为闪锌硫铁矿和硫铁矿石,占 90%。闪锌硫铁矿石平均 S 含量为 15.9%,Zn 含量为 1.33%。硫铁矿石平均 S 含量为 14.32%;其次是闪锌矿、磁铁矿和褐铁矿矿石,闪锌矿石平均 Zn 含量为 2.21%,磁铁矿石平均 TFe 含量为 26.36%。

(2) ③-1 号矿体:位于矿区中部,赋存于大理岩及其顶部的片理化矽卡岩安山岩中。矿体在地表呈似层状、舒缓波状断续出露。控制矿体长 794.5m,垂深 327m,斜深 351.5m,最大厚度 35.41m,平均厚 7.76m,见图 6-2-2。矿体走向 80°,倾向南,倾角 40°～80°。其矿石类型主要为闪锌硫铁矿、硫铁矿和闪锌矿石,占 82%。闪锌硫铁矿石平均 S 含量为 13.56%,Zn 含量为 1.83%。硫铁矿石平均 S 含量为 17.53%。闪锌矿石平均 Zn 含量为 2.43%;其次为磁铁矿、铅锌矿、褐铁矿和氧化锌矿石。磁铁矿石平均 TFe 含量为 34.85%。铅锌矿石平均 Pb 含量为 0.75%,Zn 含量为 1.59%。

(3) ③-2 号矿体:位于③-1 号矿体上部,有时两个矿体叠加,其形态产状与③-1 号矿体相同。矿体赋存于片理化矽卡岩安山岩中。控制矿体长 504m,垂深 316m,斜深 342m,最大厚度 37.41m,平均厚 8.27m,见图 6-2-2。其矿石类型主要为硫铁矿、闪锌硫铁矿及磁铁矿,占 92.4%。硫铁矿石平均 S 含量为 19.45%。闪锌硫铁矿石平均 S 含量为 13.57%,Zn 含量为 1.84%。磁铁矿石平均 TFe 含量为

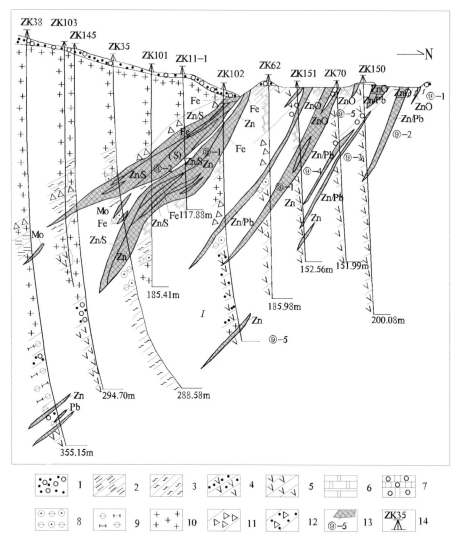

图6-2-2 放牛沟多金属硫铁矿典型矿床XⅢ号勘探线剖面图

1.堆积物；2.绢云片岩；3.绿泥片岩；4.硅化片理化安山岩 5.片理化安山岩；6.大理岩；7.石榴子石化大理岩；8.绿帘石石榴子石化矽卡岩；9.透辉石绿帘石矽卡岩 10.花岗岩；11.构造角砾岩；12.硅化角砾岩；13.矿体及编号；14.钻孔位置及编号

33.69%，其次为闪锌矿、铅锌矿、褐铁矿和氧化锌矿石。闪锌矿石平均Zn含量为2.21%。铅锌矿石平均Pb含量为0.27%，Zn含量为3.00%。

(4)⑦-4号矿体：赋存于大理岩及其顶部的片理化矽卡岩、安山岩中。矿体呈不规则透镜状产出。控制矿体长376m，垂深292m，斜深334m，最大厚度19.58m，平均厚5.79m，见图6-2-2。矿体走向80°，倾向南，倾角45°～65°。其矿石类型主要为铅锌矿、闪锌矿及闪锌硫铁矿石占89%。铅锌矿石平均Pb含量为0.40%，Zn含量为3.45%。闪锌矿石平均Zn含量为3.64%。闪锌硫铁矿石平均S含量为15.29%，Zn含量为5.89%；其次为铅锌硫铁矿和硫铁矿石。铅锌硫铁矿石平均S含量为21.69%，Pb含量为2.79%，Zn含量为5.20%。硫铁矿石平均S含量为18.43%。

(5)⑦-5号矿体：位于⑦-4号矿体上部，其形态产状与⑦-4号矿体相同。赋存于矽卡岩化大理岩中，局部由于构造破坏简化较大。控制矿体长431m，垂深233m，斜深268m，最大厚度19.68m，平均厚4.37m，见图6-2-3。其矿石类型主要为闪锌硫铁矿、闪锌矿及铅锌矿石，占82.5%。闪锌硫铁矿石平均 S 含量为 10.60%，Zn 含量为 4.77%。闪锌矿石平均 Zn 含量为 3.58%。铅锌矿石平均 Pb 含量为 0.62%，Zn 含量为 2.60%；其次为铅锌硫铁矿石平均 S 含量为 18.27%，Pb 含量为 0.47%，Zn 含量为 3.80%。

(6)⑨-4 号矿体：位于矿区中段北部，赋存于大理岩及其顶部的片理化矽卡岩安山岩中。矿体呈不规则的脉状，延深较大，断续延至③-1 号矿体下部。局部被断裂构造破坏，但影响不大。控制矿体长 659m，垂深 203.5m，最大厚度 9.12m，平均厚 3.80m，见图 6-2-3。矿体走向北东东，倾向南，倾角 40°～70°。其矿石类型主要为铅锌矿石，占 61%，平均 Pb 含量为 1.01%，Zn 含量为 2.34%；其次为闪锌矿石，占 35%，平均 Zn 含量为 1.87%；再次为闪锌硫铁矿石及氧化锌矿，闪锌硫铁矿石平均 S 含量为 6.79%，Zn 含量为 8.00%。

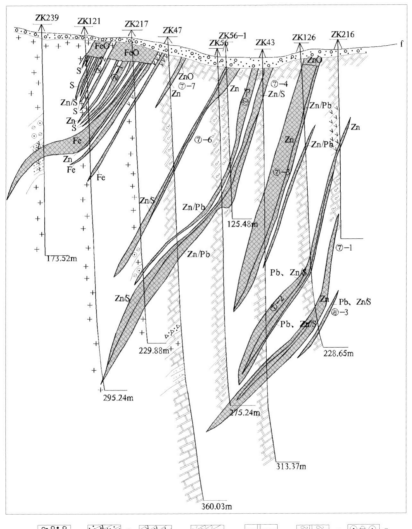

图 6-2-3　伊通县放牛沟多金属硫铁矿床第 31 号勘探线剖面图

1.堆积物；2.硅化绿帘石化安山岩；3.片理化安山岩；4.片理化流纹岩；5.大理岩；6.条带状大理岩；7.绿帘石石榴子石化大理岩；8.花岗岩；9.矿体及编号；10.硅化破碎带；11.钻孔位置及编号

(7) ⑨-6号矿体:位于⑨-5号矿体上盘,形态产状与⑨-4号矿体相同。主要呈似层状赋存于矽卡岩化大理岩中,局部被断裂构造破坏,但影响不大。控制矿体长447.5m,垂深269m,斜深342m,最大厚度24.32m,平均厚4.99m,见图6-2-3。其矿石类型主要为闪锌矿和铅锌矿石,占96%。闪锌矿石平均Zn含量为2.42%。铅锌矿石平均Pb含量为0.52%,Zn含量为2.43%;其次为闪锌硫铁矿、铅锌硫铁矿和氧化锌矿石,闪锌硫铁矿石平均S含量为18.41%,Zn含量为10.82%。铅锌硫铁矿石平均S含量为18.93%,Pb含量为0.48%,Zn含量为8.30%。

(8) ⑨-7号矿体:位于⑨-6号矿体上盘,平行分布,其形态产状与⑨-6号矿体相同。局部被断裂构造破坏,但影响不大。深部有盲矿体呈尖灭再现。控制矿体长480.5m,垂深358m,斜深356m,最大厚度30.17m,平均厚5.43m,见图6-2-3。其矿石类型主要为闪锌矿石,占70%,闪锌矿石平均Zn含量为3.12%。其次为铅锌矿石,占22.5%,平均Pb含量为1.00%,Zn含量为2.84%;再次为闪锌硫铁矿、铅锌硫铁矿和氧化锌矿石,闪锌硫铁矿石平均S含量为12.00%,Zn含量为5.87%。铅锌硫铁矿石平均S含量为13.28%,Pb含量为4.07%,Zn含量为7.21%。

3) 矿剥蚀程度

从矿床典型剖面研究,矿体的剥蚀深度在100m左右,见图6-2-3。矿床异常PbZnAgBa/CuBi>$n \times 10^{-6}$、矿组异常PbZnAgBa/CuBi>$n \times 10^{-6}$,剥蚀程度较浅。

3. 矿床物质成分

(1) 物质成分:矿床主要有用成分是S、Fe、PbZn。其主要以闪锌硫铁矿、铅锌硫铁矿、闪锌矿、方铅矿、铅锌矿、磁铁矿、褐铁矿和氧化锌矿物形式存在。

矿床伴生有重要的组分为Cu、Bi以及Mo、Co、Mn、W等;伴生的稀有元素主要有Ge、In,以及Ga、Ge、Se、Te、Tl等;另外还伴生有Ag、Au。

(2) 矿石类型:矿石类型以闪锌矿石、方铅矿-闪锌矿、闪锌矿-硫铁矿石为主。

(3) 矿物组合:矿石矿物以黄铁矿、磁铁矿、闪锌矿、方铅矿为主,磁黄铁矿、黄铜矿、辉铋矿、辉钼矿、白钨矿、毒砂、硬锰矿、软锰矿等少量出现。脉石矿物有石榴子石、透辉石、透闪石、绿帘石、方解石、石英、绿泥石等。

(4) 矿石结构构造:矿石结构主要有自形—半自形粒状、他形粒状、交代包含结构等,其次有乳滴状、斑状结构等。矿石构造以致密块状、条带状和浸染状构造为主,局部见有网络状、脉状、角砾状构造。

4. 蚀变类型及分带性

主要有青磐岩化、绿泥石化、绿帘石化、黝帘石化、硅化、绢云母化、萤石化、闪石化、黄铁矿化等,在岩体接触带附近石榴子石-透辉石或透闪石矽卡岩及碳酸盐岩化发育,并伴有黄铁矿化,大理岩中的纹层状黄铁矿大多形成以绿泥石为主的蚀变。

5. 成矿阶段

矿床可以划分为3个成矿期,4个成矿阶段。

(1) 矽卡岩化成矿期,早期矽卡岩化阶段,晚期矽卡岩化阶段。

早期矽卡岩化阶段:形成的矿物主要有石榴子石、透辉石、硅灰石、钠长石,稍晚形成磁铁矿、白钨矿。主要形成钙铁-钙铝石榴子石矽卡岩,局部形成透辉石石榴子石矽卡岩及硅灰石、钠长石化等。该阶段是铁矿的主要成矿阶段。

晚期矽卡岩化阶段:黄铁矿亚阶段,形成的矿物主要有黑柱石、蔷薇辉石、绿帘石、黝帘石、斜方砷铁矿黄铁矿,以及少量的绿泥石、石英、方解石。主要形成绿帘石(绿帘石)绿泥石矽卡岩,蔷薇辉石黑柱石矽卡岩,稍晚形成矿铁矿,是黄铁矿的主要成矿阶段。硫化物亚阶段,形成的矿物主要有绿泥石、阳起石、透闪石、萤石、石英、方解石、黄铁矿、磁黄铁矿、闪锌矿、黄铜矿、辉铋矿、辉钼矿,以及少量的方铅矿、绿帘石、黝帘石。主要形成绿泥石、透闪石(阳起石)矽卡岩以及多金属硫化物。伴随该阶段的热液蚀变有萤石化及含绿帘石的石英方解石脉等。该阶段为本区的主要成矿阶段。重叠矽卡岩化阶段,石英、方解石、黄铁矿、方铅矿,以及少量的绿帘石、绿泥石、黄铜矿。主要形成脉状绿帘石、石榴子石、绿泥石及含矿石英方解石脉。该阶段为典型热液蚀变阶段,形成第二期闪锌矿、方铅矿、黄铜矿,以及第三期黄铁矿脉,但规模均很小。

(2)低温热液期,形成无矿方解石及沸石脉。

(3)表生成矿期,氧化淋滤阶段,主要形成褐铁矿和氧化锌矿。

6. 成矿时代

Rb-Sr 等时线法确定后庙岭花岗岩的同位素年龄为(352.65±21.45)Ma。K-Ar 法(钾长石)年龄为 357~371Ma。Rb-Sr 等时线法确定的绢云母安山岩矿化蚀变年龄为(313.6±4.47)Ma。晚于花岗岩体的形成。放牛沟矿床矿石铅的模式年龄为 306.4~290Ma。根据花岗岩和安山岩均有矿化并有工业矿体形成,这一模式年龄小于花岗岩的成岩年龄和蚀变年龄,与地质观察结果一致。成岩、蚀变、成矿在时间上相近,反映它们可能是在一个统一的岩浆-热液系统中形成的,见图 6-2-4。

7. 地球化学特征

(1)岩石微量元素及岩石化学。在矿区石缝组、桃山组地层中 Zn、Pb 等主要成矿元素的丰度个别地段接近地壳克拉克值以外,其他层中的丰度值均小于地壳克拉克值,在区域地层中处于分散状态。在安山岩、流纹岩、大理岩等主要岩石类型海

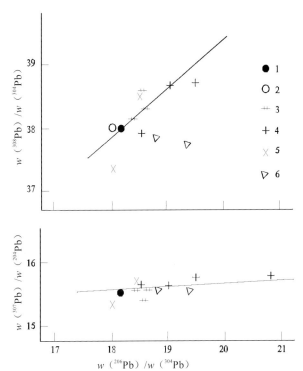

图 6-2-4 伊通县放牛沟多金属硫铁矿床矿石铅与围岩铅的同位素组成图

1. 矿床矿石铅(平均值);2. 闪长玢岩斜长石铅;3. 黑云母花岗岩;
4. 花岗岩;5. 安山岩全岩铅;6. 大理岩全岩铅

西期中,Zn、Pb 等元素的丰度均小于世界同类型岩石的平均含量,也均处于分散状态。可见,从地层岩石中元素丰度角度分析,本地区不存在富含主要成矿元素的矿源层或岩石类型。

据 107 个花岗岩的原生晕分析结果统计,Zn 含量为 $86×10^{-6}$,Pb 含量为 $91×10^{-6}$,Cu 含量为 $50×10^{-6}$,高于标准花岗岩克拉克值的 1~4 倍,其他元素亦具有类似关系。据Ⅶ线原生晕剖面对比,在矿体顶底板及尖灭处的花岗岩中,成矿元素 Cu、Pb、Zn、Mo 等呈现明显的高含量,达 $(1000~2000)×10^{-6}$。

海西期花岗岩属钙碱性系列或正常系列,对成矿有利。据Ⅺ、Ⅹ、Ⅴ线岩石化学剖面可以看出,矿体与围岩明显地从花岗岩中带入 Si、Fe、S,带出 Ca。

(2)稀土元素。各种矿石及花岗岩都具有向右倾斜、负斜率、富轻稀土的配分型式,见图 6-2-5。

值得说明的是,蚀变矿物萤石和绿帘石稀土元素的配分、特征参数值和分布模式,也与花岗岩的相似。无论从 Sm 与 Eu,或是从(Nd+Gd+Er)与(Ce+Sm+Dy+Yb)的关系,都可说明它们具有相似的组成特征。以上这些组分的相似性反映了物质来源的一致性。

(3)铅同位素。放牛沟矿床的矿石铅、花岗岩的全岩铅及花岗岩中钾长石铅,在铅同位素组成坐标图上呈线性分布,见图 6-2-6。这种特征进一步证实,上述矿床及形成原生晕的物质来源于花岗岩深部岩浆源的论断。放牛沟矿床铅同位素组成 $w(^{206}Pb)/w(^{204}Pb)$ 为 17.38~18.32、$^{207}Pb/^{204}Pb$ 为

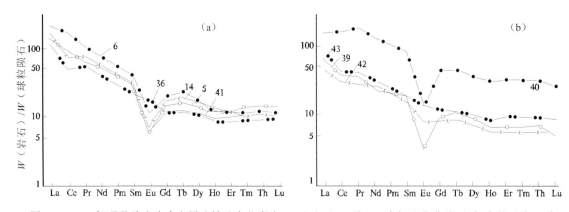

图 6-2-5 伊通县放牛沟多金属硫铁矿床花岗岩(a)及矿石(b)稀土元素标准化曲线图(据吉林矿产地质研究所,1992)

5、6. 花岗岩;14. 片理化花岗岩;36、41. 花岗斑岩;39. 硫铁矿矿石;40. 磁铁矿矿石;42. 黄铁矿矿石;43. 方铅矿矿石

15.38～15.64、$^{207}Pb/^{204}Pb$ 比较低(15.38～15.60),反映物质来源比较深,接近上地幔。矿石铅的源区特征值(0.066～0.070)部分超出了正常铅的范围(0.063～0.067),反映矿石铅可能并非单一的深部来源。其他特征值 μ、ω、κ 等进一步说明矿石铅既有来自上地幔或下地壳的,也有来自上地壳的,见图 6-2-6。

(4)矿床硫同位素。放牛沟矿床硫化物的 $\delta^{34}S$(‰)平均为 +5.08(+0.3～+6.7),分布范围窄,极差小,无负值,塔式效应明显。这些特征与花岗岩及矽卡岩内黄铁矿基本相同,而与矿体上、下盘大理岩中沉积成因黄铁矿明显不同。矿体上、下盘大理岩中沉积黄铁矿,$\delta^{34}S$(‰)均为大负值(9.0～29.60),极差大,分布范围广。矿床共生硫化物的 $\delta^{34}S$ 值,黄铁矿>磁黄铁矿和闪锌矿>方铅矿,矿石硫化物硫同位素的分馏是在成矿溶液硫同位素处于平衡的条件下进行的。在此基础上得出成矿溶液总硫的硫同位素组成,平均为 +6.5‰(+6.1‰～+7.1‰)。对比拉伊与大本所提出的热液多金属矿床成矿溶液总硫同位素组成特征的3种类型,本矿床应属第3种类型($\delta^{34}S$ = +5‰～+15‰)。成矿溶液中的硫应为深源硫与海相地层硫的混合硫源。根据其 $\delta^{34}S$ 值在第3种类型中偏小,接近第1种类型($\delta^{34}S$ 值近于零),可以认为本矿床成矿成晕的硫,主要来自深部岩浆,部分来自地层。

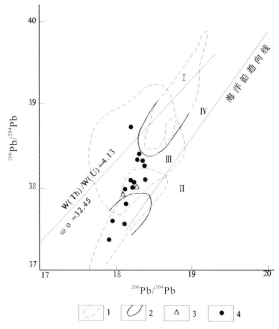

图 6-2-6 伊通县放牛沟多金属硫铁矿床矿石铅来源(据冯守忠,1984)

1.现代3种海洋铅分布域;2.300Ma 时代校正后的海洋铅分布;3.外围矿床矿点的矿石铅;4.放牛沟矿床的矿石铅;Ⅰ.海洋化学沉积锰结核铅;Ⅱ.太平洋西岸岛弧铅;Ⅲ.中央海岭拉斑玄武岩铅;Ⅳ.现代

(5)氧同位素。根据花岗岩副矿物磁铁矿测试结果计算,$\delta^{18}O_{H_2O}$ 为 +6.47‰(+5.14‰～+8.14‰)。岩浆阶段的水基本属于岩浆水(+5.5‰～+8.5‰)。磁铁矿测试结果计算的 $\delta^{18}O_{H_2O}$ 为 6.27‰,但变化幅度较大(+2.1‰～+11.4‰),氧化物阶段的水可能以岩浆水为主,但也有大气降水的加入。$\delta^{18}O_{H_2O}$ 为 3.51‰(+1.28‰～+5.4‰);晚期硫化物阶段至碳酸盐阶段,含矿溶液中参加的大气

降水逐渐增多,随大气降水环流带入的壳源物质也逐渐增多。

放牛沟矿床成矿成晕物质,主要来自上地幔或下地壳,但也有部分物质来自上地壳。

8. 物质来源

放牛沟多金属矿床的形成与该地区早古生代末期火山作用无明显关系,矿床的形成与海西早期后庙岭花岗岩体具有共同的物质来源;后庙岭花岗岩体的深部岩浆源,可能由下地壳物质为主并有少量地壳物质参与的深部地壳同熔岩浆及部分火山-沉积岩系同化物质所形成;放牛沟矿床成岩(后庙岭花岗岩)成矿物质,主要来自下地壳,部分来自上地壳;矿床属岩浆热液成因类型。

9. 成矿的物理化学条件

(1)成矿温度。早期矽卡岩阶段>400℃(爆裂法石榴子石);晚期矽卡岩阶段400～330℃(爆裂法磁铁矿);早期硫化物阶段330～280℃(爆裂法闪锌矿、磁黄铁矿);晚期硫化物阶段280～200℃(爆裂法方铅矿、萤石)。

(2)成矿压力。$P=1\,171.5$MPa,属中深—深成条件(相当4.68km)。

(3)成矿介质酸碱度。花岗岩(3个样品)pH=8.47～9.7,属碱性;矿石(5个样品)pH=6.82～7.12(平均7.0),弱酸性—弱碱性。

(4)成矿溶液组分。早期硫化物阶段:富Na、Ca的F^--Cl^--SO_4^{2-}水溶液;晚期硫化物阶段:富Ca的Cl^--SO_4^{2-}水溶液与花岗岩具有相似组分特征和共同物质来源。

10. 控矿因素及找矿标志

(1)控矿因素。岩浆活动控矿作用,区内岩浆活动对成矿的控制作用具体表现为海西早期同熔型后庙岭花岗岩与上奥陶统石缝组火山-沉积岩系接触带及其外侧200m范围内,以花岗岩为中心,矿床及其原生晕在空间上、时间上、物质组分上分带性十分明显,具有共同的物质来源;断裂构造对成矿的控制作用,近东西向放牛沟-前庙岭斜冲断裂带既是控矿构造,亦是控岩构造,矿体及原生晕异常分布于该断裂两侧次级层间构造破碎带、裂隙带。断裂系统的多次活动使深部上升的不同阶段、不同组分的含矿溶液形成矿床分带和矿石类型的叠加。从早到晚,具有由中高温向中低温演变的特点;岩性的控矿作用,在易交代的含钙质、杂质较多的大理岩,特别是条带大理岩、片理化安山岩及安山质凝灰岩中,在热液的作用下易产生矽卡岩化,形成以充填交代作用为主的矿体,矿体规模较大。在化学性质较惰性的流纹岩及花岗岩等岩石中的矿体以充填作用为主,矿体规模较小;地层控矿,矿区已知矿体的主矿体均赋存与大理岩及其顶底部的安山岩中,因此矿体除受构造及花岗岩接触带及岩性控制外,层位亦起一定控矿作用。

(2)找矿标志。海西早期花岗岩体与早古生代火山-沉积岩系的接触带是成矿的有利空间;区域上的青磐岩化、绿泥石化、绿帘石化、黝帘石化、硅化、绢云母化、萤石化、闪石化、黄铁矿化等,是区域上的找矿标志;在岩体接触带附近石榴子石-透辉石或透闪石矽卡岩及碳酸盐化发育,并伴有黄铁矿化,大理岩中的纹层状黄铁矿大多形成以绿泥石为主的蚀变,是矿体的直接找矿标志;Pb、Zn、Cu、Ag等元素的正异常与Cr、Sr等元素的负异常的套合产出区域是矿床的重要找矿地球化学标志。

(二)红太平铅锌矿典型矿床特征

1. 地质构造环境及成矿条件

矿床位于天上-兴蒙-吉黑造山带(Ⅰ)、小兴安岭-张广才岭弧盆系(Ⅱ)、放牛沟-里水-五道沟陆缘岩浆弧(Ⅲ)、汪清-珲春上叠裂陷盆地(Ⅳ)北部。

(1) 地层：区内出露有二叠系庙岭组、柯岛组。

二叠系庙岭组：为红太平银多金属矿的矿源层，是本区银多金属矿的主要含矿地层，为一套火山碎屑岩-碳酸盐岩建造，地层韵律明显，富含碳质，相变频繁。下部碎屑岩段厚度大于350m，岩石组合为碎屑岩（砂岩、粉砂岩夹泥质灰岩）、长石砂岩、粉砂质泥岩，泥质粉砂岩，含碳泥质粉砂岩夹微晶泥灰岩。产早二叠世化石；上部火山熔岩、碎屑岩段：东部厚度20m向西逐渐增厚至84m，岩石组合以安山质凝灰岩为主夹少量安山岩、安山质凝灰熔岩。

二叠系柯岛组：上段为构造片岩、千枚岩，覆盖于庙岭组上段凝灰岩、蚀变凝灰岩之上，厚571.4m；下段为一套中酸性晶屑凝灰岩、粉砂质凝灰岩、凝灰质砾岩等，厚30～70m。

(2) 侵入岩：主要有闪长玢岩、细晶岩、霏细岩、煌斑岩脉等，岩浆多期次、多阶段的活动为成矿提供了热源，带来了丰富的成矿物质。

(3) 构造：红太平矿区总体为轴向近东西展布的开阔向斜构造，核部地层为庙岭组上段，向两翼为庙岭组下段，两翼产状均较缓，倾角在10°～30°之间变化。

矿区断裂构造比较发育、复杂，近东西向断裂和层间断裂与成矿关系密切，近东西垂直或斜交层面的断裂对矿体有破坏作用，多为向北倾斜的正断层，断距较小，南北向 F_{202}、F_{203} 构造为成矿后构造，对矿体有明显的破坏作用，即矿层在30线和1线被其所截，两断层的两侧地层均抬升，矿层及矿体均被剥蚀掉。

2. 矿体三度空间分布特征

红太平缓倾斜短轴向斜是银多金属矿的主要控矿构造，庙岭组上段凝灰岩、蚀变凝灰岩为主要含矿层位，含矿岩石主要为凝灰岩、蚀变凝灰岩，编号为Ⅰ矿层，庙岭组下段碎屑中赋存有Ⅱ、Ⅲ、Ⅳ矿层，矿层较严格受向斜构造控制，层控特征较为明显，分布于短轴向斜四周的翼部。Ⅰ矿层中已发现Ⅰ-1、Ⅰ-2、Ⅰ-4、Ⅰ-6等4条矿体，其中Ⅰ-1、Ⅰ-2矿体分布于向斜的北翼，为已评价了的铜矿体，向斜的南翼和东翼分部有新发现的Ⅰ-4和Ⅰ-6矿体。这些矿体的控制程度很低，以上矿体向向斜核部延伸部位均分布有物探（激电）异常，即北部中（低）阻、高充电异常区（简称北部异常区），中部中（高）阻、高充电异常区（简称中部异常区），南部高阻、高充电异常区（简称南部异常区）。Ⅱ、Ⅲ、Ⅳ矿层分布于庙岭组下段砂岩、粉砂岩、泥灰岩中，位于Ⅰ矿层下部，矿体编号为Ⅱ-1和Ⅲ-1，由于以往工程控制程度较低，矿体的连续性较差。

Ⅰ-1矿体：矿体呈层状、似层状，矿体厚2.16～15.3m，平均5.89m。近东西走向，延伸至26线以西矿体向南西方向侧伏，恰与激电异常走向吻合，矿体倾向165°～185°，局部反倾，倾角15°～25°。品位 Ag 45.18×10^{-6}～$1\,142.24\times10^{-6}$，平均 Ag 69.76×10^{-6}（组合分析），Cu 0.20%～23.12%，平均 Cu 1.68%；Zn 0.50%～30.89%，平均 Zn 2.76%，Pb 平均 0.62%。

Ⅰ-4矿体：长120m，厚2.13m。平均品位 Ag 104.25×10^{-6}，Cu 1.63%，Zn 0.17%。

Ⅰ-6矿体：矿体形态复杂，呈囊状、不规则状沿断裂构造分布，矿化与构造关系密切，矿化不连续，构造交会部位矿化较好。矿体厚3.05m，平均品位 Ag 184.25×10^{-6}，Cu 3.63%，Zn 0.05%。组合样品分析，稀有分散元素品位 Cd 0.000 5%、Ga 0.001 7%、In 0.000 02%、Co 0.012%、Ge 0.000 28%、Au 3.00×10^{-6}。

Ⅱ-1矿体：长600m，真厚度0.36～3.57m，平均1.40m。平均品位 Cu 0.36%，Pb 0.07%，Zn 0.36%。

Ⅲ-1矿体：长600m，矿体呈层状、似层状分布，产状平缓，厚度0.58～3.40m。品位 Cu 0.12%～0.72%，Zn 0.79%～2.33%，Pb 0.02%～0.246%。

Ⅳ-1矿体：为盲矿体，呈透镜状、似层状产出，产状平缓，厚度0.37m。品位 Cu 0.02%，Zn 1.02%，Pb 0.41%。

3. 矿床物质成分

(1) 物质成分：成矿主元素为 Cu、Pb、Zn、Ag，平均品位分别为 Cu 1.16%，Pb 1.42%，Zn 2.73%，Ag 201.20%~288.50%；有益元素为 Cd、Ge、Ga、In、Au、Bi、W、Mo、Se、Sb 等，平均品位 Cd 0.047 2%，Ga 12.858×10^{-6}，In 5.722×10^{-6}，Ge 4.138×10^{-6}，Mo 1.338×10^{-6}，Sb 66.36×10^{-6}，Wo 31.036×10^{-6}，Au 0.2×10^{-6}，Bi 91.5×10^{-6}，Se 0.61×10^{-6}，Re $0.007\ 4\times10^{-6}$；有害元属有 Se 和 S，As 0.07%，S 0.946%。伴生有益元素概算远景资源量：Cd 678.70t，As 1 006.55t，S 13 602.80t，Co 0.015t，Bi 131.57t，Au 0.287 6t，Ag 100.31t，Sb 95.42t，Ge 5.95t，WO_3 1.49t，Mo 1.92t，Ga 18.49t，In 8.23t，Se 0.88t，Re 0.011t。

(2) 矿石类型：按矿物组合划分矿石自然类型为方铅矿-闪锌矿-黄铜矿类型、黄铜矿-闪锌矿类型、黄铜矿-斑铜矿类型、黄铜矿和闪锌矿单一类型。

按矿石结构、构造划分矿石类型为：块状构造类型（黄铜矿-斑铜矿、黄铜矿-闪锌矿、黄铜矿、闪锌矿）；条纹、条带状构造类型（黄铜矿-闪锌矿、方铅矿-闪锌矿-黄铜矿）；浸染-斑点状构造类型（黄铜矿-闪锌矿、毒砂-黄铁矿-闪锌矿）。

矿石工业类型：主要达到工业要求的元素为 Cu、Pb、Zn、Ag，矿石类型有铜铅锌银矿石、铜锌银矿石及铜银、锌银等工业类型矿石。

(3) 矿物组合：金属矿物有闪锌矿、黄铜矿、斑铜矿、方黄铜矿（磁黄铁矿）、方铅矿、银黝铜矿、毒砂、黄铁矿、辉锑矿；脉石矿物有绿泥石、绢云母、白云母、石英、石榴子石、绿帘石、方解石、长石、透闪石、电气石。次生矿物有孔雀石、蓝辉铜矿、辉铜矿、铜蓝、铅矾、锌华、褐铁矿等。

(4) 矿石结构构造：矿石结构有他形粒状结构、包含结构、固溶体分解结构、侵蚀结构、交代残余结构、交代假像结构和交代蚕食结构等。矿石构造有块状构造；条纹、条带状构造；浸染-斑点状构造；稠密浸染状构造；角砾状（胶结）构造和蜂窝状构造等。

4. 蚀变类型及分带性

矿体围岩及近矿围岩均具有不同程度的蚀变，主要有硅化、硅卡岩化、碳酸盐化、绿帘石化、绿泥石化等，尤其是绿帘石化和绿泥石化特普遍，应该是与火山活动有关的区域性变质产物。

5. 成矿阶段

根据矿体的赋存空间环境、矿体特征、矿物的共生组合、同位素特征将矿床划分为 2 个成矿期。

(1) 火山沉积期：矿体呈似层状，整合产于固定层位且与围岩同步弯曲，说明成矿与火山活动有一定关系，与英安岩流纹岩、凝灰岩等海相火山岩相伴生；矿区火山-次火山岩类成矿元素丰度高，说明在早期海底火山喷发阶段沉积了原始矿体或矿源层。

(2) 区域变质成矿期：在火山岩中常具有黄铁矿、黄铜矿、磁黄铁矿、毒砂等矿化。而矿床附近围岩蚀变具有不同的矽卡岩化、碳酸盐化，而绿泥石化、绿帘石化，则甚广泛，尤其是在火山碎屑岩中更是常见，因而可以认为除火山热液活动这外，还有区域变质作用叠加而产生大范围的蚀变。在后期区域变质作用下成矿物质进一步富集，形成矿体。

6. 成矿时代

红太平矿床的矿石矿物的铅同位素特征 $^{206}Pb/^{204}Pb=18.255\ 7$，$^{207}Pb/^{204}Pb=15.546\ 2$，$^{208}Pb/^{204}Pb=38.118\ 6$，在 $^{207}Pb/^{204}Pb-^{206}Pb/^{204}Pb$ 图解中投入 V 区，即为年轻异常铅，但靠近古老异常一侧，模式年龄值为 250~290Ma（刘劲鸿，1997）与矿源层——下二叠统庙岭组一致。另据金顿镐等（1991）认为红太平矿区方铅矿铅模式年龄 208.8Ma。

7. 地球化学特征

(1)硫同位素组成:矿石矿物的 $\delta^{34}S$‰,变化范围 $-7.6 \sim +1.6$,平均值 $X=-2.8$,极差 $R=9.2$。$^{32}S/^{34}S$ 为 $22.386 \sim 22.183$,平均值为 22.279(表 $6-2-2$)。上述硫同位素显然具有近陨石硫的特点,表明 Cu、Pb、Zn、Ag、Fe、S、As 等来自下地壳或地幔,与早二叠世中酸性火山活动有成因联系。

表 6-2-2 红太平矿床硫同位素组成特征

矿物	测试结果	
	$\delta^{34}S$	$^{32}S/^{34}S$
方铅矿	-3.786	
闪锌矿	-0.8	22.239
黄铜矿	-7.6	22.388
黄铁矿	$+1.6$	22.183 3
毒砂	-3.6	22.306

(2)微量元素:矿区内地层(庙岭组)成矿元素平均含量,Cu 为 88×10^{-6},Pb 为 49×10^{-6},Zn 为 111×10^{-6}。而世界主要类型沉积岩 Cu、Pb、Zn 平均含量 Cu 为 23×10^{-6},Pb 为 12×10^{-6},Zn 为 47×10^{-6}。红太平矿区内地层 Cu、Pb、Zn 平均含量分别是世界沉积岩平均含量的 3.8 倍、4.0 倍、2.4 倍。若用众数法计算矿区地层的背景值为 Cu 50×10^{-6},Pb 8×10^{-6},Zn 50×10^{-6}。可见该区地层为含 Cu、Pb、Zn 高值层位。

红太平矿区内不同层位 Cu、Pb、Zn 含量的平均值见表 $6-2-3$,也同样说明该区地层为含 Cu、Pb、Zn 高的异常区。

表 6-2-3 红太平矿区内不同层位 Cu、Pb、Zn 含量的平均值

层位	样品数	平均值($\times10^{-6}$)			浓集系数			备注
		Cu	Pb	Zn	Cu	Pb	Zn	
上交互层(含矿层)	259	167.8	29.8	311.3	7.3	7.5	6.6	用世界沉积岩平均值除之得到浓集系数
上砂板岩层	125	65.2	55.2	135.8	2.8	4.6	2.9	
下交互层(含矿层)	24	541.7	781.8	1 065.8	23.6	65.2	22.7	
下岩段杂色层	69	121.8	22.6	117.5	5.3	1.9	2.5	

(3)成矿温度:据矿石结构构造及矿物组合特征认为主要成矿作用发生于低温条件下,这与闪锌矿中含镉,标志成矿温度较低的特征相吻合。

8. 物质来源

该矿床与含钙质岩石和火山活动产物密切相关,钙质岩增多,火山活动产物增多,易形成分布稳定、规模大、连续性好的矿体,这标志着成矿作用发生于海水具有一定深度和火山活动间歇期。矿床成矿物质来源与海底火山喷发中性熔岩有关,表现在矿体往往与海底火山岩及碎屑岩相伴生,含矿层中富含英安岩、玢岩、流纹岩凝灰岩夹层。通过各层火山物质含量统计可知上下交互层火山岩占 $20\% \sim 30\%$,而

其他层位仅占 5%～10%。同时对各层铜铅锌含量亦做了统计,上、下交互层较板岩层铜铅锌含量皆高 6 倍。这充分说明矿体与火山物质成正消长关系。上、下交互层不仅火山岩相当发育,而在火山岩中常具有黄铁矿、黄铜矿、磁黄铁矿、毒砂等矿化。而矿床附近围岩蚀变具有不同的矽卡岩化、碳酸盐化,而绿泥石化、绿帘石化,则甚广泛,尤其是在火山碎屑岩中更是常见,因而可以认为除火山热液活动外,还有区域变质作用叠加而产生大范围的蚀变。

总之,海底古火山活动为本类矿床提供了物质来源。该矿床应属经强烈变质改造后的海底火山-沉积矿床。

(三)大营-万良铅锌矿典型矿床特征

1. 地质构造环境及成矿条件

(1)地层。寒武系徐庄组:石英黑云母角岩、绿帘阳起硅质角岩、变质粉砂岩与泥质板岩互层夹大理岩。厚 204m。绿帘石、石榴子石化普遍,局部有矽卡岩,见铅锌矿体(下含矿层)。

寒武系张夏组:灰白色厚层大理岩,厚 42.7m,底部和顶部与角页岩过渡时见透辉石、绿帘石、石榴子石矽卡岩。见铅锌矿体(中部含矿层)。

寒武系崮山组:角页岩夹透镜状薄层大理岩及条带状灰岩局部有绿帘石榴子石矽卡岩,具铅锌矿化(上含矿层)。

寒武系长山组:硅质条带状灰岩夹薄层角页岩,厚 57～163m。

寒武系凤山组:硅质条带状灰岩,厚 38.7m。

奥陶系冶里组:深灰色厚层灰岩为主夹中薄层灰岩,厚大于 200m。

侏罗系长白组:火山岩,流纹质岩屑,晶屑凝灰质熔岩,流纹质-安山质角砾岩。分布于矿区西北部。

(2)侵入岩。钾长花岗岩,属黑松沟岩体组成部分。边部为二长花岗岩,花岗斑岩侵入于中侏罗世火山岩中呈岩基状,距矿区 600m;脉岩:闪长玢岩、霏细岩石英斑岩、石英正长斑岩。霏细岩脉受黄铁绢英岩化较普遍,见微粒金,具金矿化。

(3)构造。地层呈单斜层产出,倾向南东,倾角 30°～60°,矿区较大断裂有北东向、北西向两组。北西向有 3 条,被石英斑岩脉充填。多为高角度正断层,该组断裂成矿后仍有活动,切割矿体及北东向断裂。北东向断裂有 3 条,其中在侏罗纪火山岩与震旦系、寒武系接触带上的断裂规模较大,倾向南东,倾角 45°为逆断层,使下寒武统缺失。沿断裂带常有霏细岩侵入,并见有黄铁绢英岩化。其余两条分布于寒武纪地层中,与地层走向一致,倾角 50°～80°,为正断层,破坏矿体,具多期活动特点。北东向主断裂控制矿带展布次级平行主断裂的层间断裂为容矿断裂(图 6-2-7)。

2. 矿体三度空间分布特征

矿体产出围岩主要为徐庄组页岩、灰岩,张夏组厚层灰岩,崮山组页岩灰岩。矿体受北东向层间断裂控制长 1120m,倾向南东,倾角 20°～50°。矿区共发现 26 条矿体,矿体产状与地层产状一致,矿体在其中断续分布。矿体形态呈似层状、透镜状、扁豆状。矿体长 25～97m,厚 0.3～8m,延深 130m,规模小(图 6-2-8)。

3. 矿床物质成分

(1)物质成分:以 Pb、Zn 为主,少量 Cu。

(2)矿石类型:方铅矿-闪锌矿型;磁铁矿-黄铜矿型。

(3)矿物组合:以闪锌矿,方铅矿、黄铁矿石为主,次为黄铜矿、磁铁矿、穆磁铁矿、赤铁矿。石英、方解石、绿帘石、石榴子石、透辉石、透闪石、绿泥石。

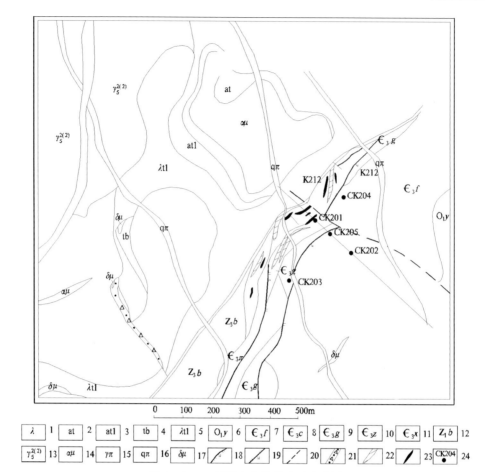

图 6-2-7 抚松大营铅锌矿区地质图

1.流纹岩及熔结凝灰岩;2.酸性凝灰岩;3.安山质凝灰熔岩;4.安山角砾岩;5.流纹质岩屑、晶屑凝灰熔岩;6.冶里组中厚层灰岩;7.凤山组条带状灰岩夹角页岩;8.长白组条带状灰岩;9.崮山组条带状角页岩;10.张夏组大理岩;11.角页岩夹透镜状大理岩;12.八道江组大理岩;13.燕山期钾长花岗岩;14.安山玢岩;15.霏细岩;16.石英斑岩;17.闪长玢岩;18.正断层;19.逆断层;20.推断断层;21.断层破碎带;22.绿帘石榴岩;23.矿体;24.钻孔及编号

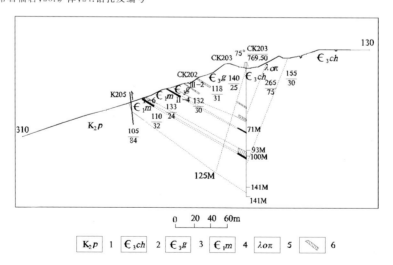

图 6-2-8 大营铅锌矿Ⅱ号地段 2 号勘探线综合剖面图

1.浅色霏细岩及斑状流纹岩;2.肉红色及灰白色石英斑岩脉;3.崮山组紫红色粉砂质页岩、夹紫色竹叶状灰岩;4.馒头组上部砖红色块状页岩,下部黑绿色及杂色块状页岩夹灰岩或鲕状石灰岩透镜体;5.肉红色及灰白色石英斑岩脉;6.矿体

(4)矿石结构构造:自形—他形粒状结构、交代结构、固溶体分解结构。块状、浸染状、脉状构造(表6-2-4)。

表6-2-4 大营铅锌矿矿床矿体特征

特征			大营铅锌矿
矿石类型			闪锌矿型
成矿阶段及矿物生成顺序	同生沉积	氧化物阶段	方角石→闪锌矿→方铅矿→黄铁矿
		硫化物阶段	
	穆磁铁矿-磁铁矿阶段		赤铁矿→穆磁铁矿→磁铁矿→闪锌矿→方铅矿→黄铜矿
	石英-硫化物阶段		黄铁矿→穆磁铁矿→磁铁矿→闪锌矿→方铅矿→黄铜矿
	碳酸盐-赤铁矿阶段		赤铁矿→黄铁矿→黄铜矿
围岩蚀变			角砾岩化、矽卡岩化、硅化、碳酸盐化
矿床规模			小型

4. 蚀变类型

角砾岩化、矽卡岩化、硅化、碳酸盐化。

5. 成矿阶段

(1)成矿早期:寒武纪地层中含有层状同生沉积形成的浸染状方铅矿、闪锌矿,构成Pb、Zn丰度高的矿源层。

(2)主成矿期:燕山期岩浆侵入为成矿提供充足的热源,活化矿源层中Pb、Zn等成矿物质,使其迁移于北东向层间断裂容矿有利构造空间,富集成矿。

(3)表生期:主要对矿床的风化淋滤,形成次生氧化矿物。

6. 成矿时代及成因

推测矿床就位时间与燕山期花岗岩侵入关系密切。属岩浆期后热液叠加改造中低温层控热液矿床。

7. 地球化学特征

(1)硫同位素特征:由表6-2-5可知,大营矿床矿石δ^{34}S值均为正值,变化于+0.9‰～+6.6‰之间,平均值为3.6‰,以富重硫为特征,与花岗岩中黄铁矿δ^{34}S值(+3.5‰)一致,表明矿床硫以岩浆硫为特征。不排除有少量海相硫酸盐的混入。

表6-2-5 大营铅锌矿床硫同位素测试结果表

样号	测定对象	δ^{34}S(‰)
D1	矽卡岩中黄铁矿	+3.3
K212-4	矽卡岩中黄铁矿	+4.8
DK10-3	矽卡岩中黄铁矿	+4
DK10-7	矽卡岩中黄铁矿	+2.8

续表6-2-5

样号	测定对象	$\delta^{34}S‰$
D山T-2	石英斑岩中黄铁矿	+4.0
D山T-7	流纹岩中黄铁矿	+3.6
DK11-1	花岗岩中黄铁矿	+3.5
火-12	花岗岩中黄铁矿	+3.6
DK6-5	闪锌矿	+5.2
DK6-5	方铅矿	+3.7
DK6-5	黄铁矿	+6.6
L-1	矽卡岩中闪锌矿	+1.6
L-1	矽卡岩中方铅矿	+0.9
L-1	矽卡岩中黄铜矿	+3.4

(2)氧、碳同位素组成特征。矿床各类型矿石中石英、方解石、重晶石等,O、C、H同位素组成特征列入表6-2-6。

氧同位素组成特征:由表6-2-6可知,大营矿床矿化矽卡岩矿石中石英,计算所得平衡水$\delta^{18}O_{H_2O}$值为8.101‰~14.03‰,表明成矿热液水由岩浆水(5‰~10‰)与相当变质水的地下水二者的混合。

碳同位素组成特征:由表6-2-6看到,两矿床碳同位素组成基本相似,都以较大的负值为特征,显示了生物有机碳特点,反映成矿作用碳来源于地层生物碳。

氢同位素组成特征:δD值为-87.99‰~-116.002‰,与大气降水矿床(如辽宁青城子、广西四顶)有很大差别,也不同于岩浆水矿床(如秘鲁卡银-铅-锌细脉状矿床)。所以,本区矿床矿液水可能具多源性。

表6-2-6 大营铅锌矿床C、H、O同位素组成一览表

编号	测定对象	$\delta^{18}O$(‰)(PDB)	$\delta^{13}C$(‰)(PDB)	$\delta^{18}O$(‰)(SMOW)	δD(‰)(SMOW)	温度(℃)	$\delta^{18}O_{H_2O}$(‰)(SMOW)
K202-6	碳酸盐化矽卡岩	-16.324	-17.853	13.678		300	8.101
K202-10	矽卡岩化大理岩	-15.945	-19.327	14.069			
K269-12	灰绿色大理岩	-14.229	-20.354	15.887			
K269-8	矿化矽卡岩中石英			18.541	-99.374	363.6	13.48
K269-8	矿化矽卡岩中磁铁矿			6.307			
Pb6-4	矿石中石英			19.724	-107.939	340	14.03

(3)铅同位素特征。比值稳定,变化小,为单阶段稳定增长的正常铅,主要来自寒武纪地层。计算得到的μ值:大营矿床为8.45~8.63,平均8.58,表明寒武纪地层中铅来自周围古陆上的内生矿床低μ值系统源区铅。

表6-2-7为大营铅锌矿区K-Ar年龄表。由此表所列年龄资料到大营矿区矽卡岩化、角岩化与火山岩时限一致,为接触交代成因。

表 6-2-7 大营铅锌矿区 K-Ar 年龄表

岩石名称	测定对象	年龄(Ma)
绿帘石榴矽卡岩	地层中层状矽卡岩	100.65
紫色角页岩	矽卡岩顶底板	108.80
玄武安山岩	覆盖矽卡岩上的火山岩	101.67
正长斑岩	穿切矽卡岩及矿体	85.85
正长花岗岩	蚀变带北侧 500m 侵入岩	65.92

8. 成矿物理化学条件

(1)成矿流体性质：根据矿石矿物包体成分测定，大营矿床属 $Ca^{2+}-F^--HCO_3^-$ 型水，属弱还原环境下形成的。

成矿流体成分主要为 Ca^{2+}、Cl^-、HCO_3^-、SO_4^{2-}，具地下热卤水特征。由于流体中存在大量 HCO_3^-、SO_4^{2-}、Cl^-，表明 Pb、Zn 可能与这些酸根离子呈络合物形式搬运的。当进入孔隙大的构造空间时，由于压力降低，使 CO_2 逸出，造成碳酸盐络合物分解或当环境变为还原条件，硫酸盐也同时被还原，络合物被破坏，Pb、Zn 转为硫化物在构造裂隙中沉淀，聚集形成工业矿体。

(2)矿床形成温度：大营矿床所测矿物爆裂温度(校正后)：矽卡岩矿物为 250~300℃，矿石硫化物为 150~200℃。

9. 控矿因素及找矿标志

(1)控矿因素：寒武纪灰岩，燕山期花岗岩类岩体及脉岩，北东向主断裂控制矿带展布次级平行主断裂的层间断裂为容矿断裂。

(2)找矿标志：寒武纪灰岩，燕山期花岗岩类岩体及脉岩出露区，北东向主断裂带次级平行主断裂的层间断裂。角砾岩化、矽卡岩化、硅化、碳酸盐化区域。

(四)荒沟山铅锌矿典型矿床特征

1. 地质构造环境及成矿条件

矿床位于前南华纪华北东部陆块(Ⅱ)、胶辽吉元古宙裂谷带(Ⅲ)老岭拗陷盆地内。荒沟山"S"形断裂带中部。

(1)地层：区域内出露的地层自老至新有太古宙地体、古元古界老岭群、中元古界震旦系以及不整合在上述地层之上的中生界，见图 6-2-9。矿体主要赋存于薄—微层硅质及碳质条带状或含燧石结核的白云石大理岩中。在矿体的上、下盘或矿体中常见有厚度不大的绿泥片岩。经原岩恢复研究，其原岩属于泥质碎屑沉积岩类。矿体受大理岩中压扭性层间破碎带控制，具舒缓波状的特点，与围岩界线清楚，系以充填作用为主形成的。

(2)侵入岩：区域内燕山早期侵入岩体有老秃顶子、梨树沟和草山3个岩体。3个岩体的岩性均为似斑状黑云母花岗岩。脉岩有闪长玢岩、辉绿岩、闪斜煌斑岩等，多呈岩墙或岩脉状侵入，多形成于成矿后，并切穿矿体。

(3)构造：矿区内构造较复杂，珍珠门组地层构成一复式的向斜构造，期间又包括一系列形态多样的次级褶皱，且控制了矿体的分布，尤以次级同斜倒转褶皱控矿更为明显。矿区内断裂构造发育，主要有

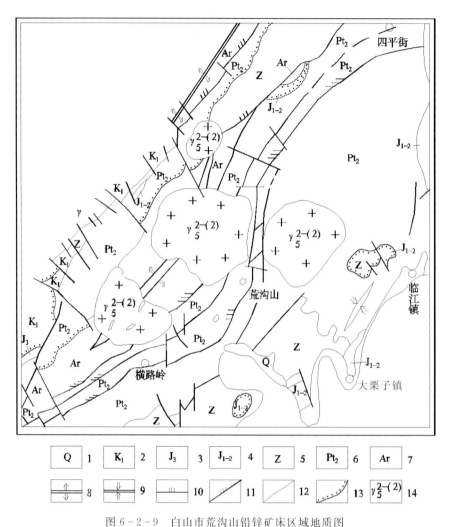

图 6-2-9 白山市荒沟山铅锌矿床区域地质图

1.第四系;2.下白垩统;3.上侏罗统;4.下侏罗统;5.震旦系;6.古元古界老岭群;7.太古宇;8.背形;9.向形;10.逆断层;11.韧性剪切断层;12.性质不明断层;13.不整合;14.燕山期花岗岩

3组:第一组为走向北北东,属压扭性层间断裂,具有多期继承性活动特点,为矿区内主要含矿构造;第二组走向北东,压扭性断裂,主要被晚期岩脉充填,并对早期岩脉或矿体穿插及错动,错距一般1～2m,大者可达20m;第三组为南北向,分布及规模次于前两组,主要见于主矿带两侧,被矿体或岩脉充填。

2. 矿体三度空间分布特征

荒沟山铅锌矿已发现矿体76个,其中铅锌矿体14个,铅矿体5个,黄铁矿体54个,含锌黄铁矿体3个。矿体产状普遍较陡,倾向南东,个别向北西倾斜。矿体呈似层状顺层产出,但在走向或倾向上与围岩都有5°左右的交角。矿体总体呈北东向展布,走向5°～30°,倾角50°～90°。矿体规模大小不等,一般长120～360m,最长达400m,厚0.5～5m,最厚达8.6m,平均厚0.5～1m,见图6-2-10。每一矿体系由1条或数条矿脉构成。各矿体或矿脉之间在平面上和剖面上均呈雁行式排列,具有尖灭侧现或尖灭再现特点。

矿体形态不规则,沿走向或倾向厚度变化较大,有膨大缩小、分支复合、分支尖灭及羽状和刺状分支等现象。局部形态常为透镜状、串珠状、细脉状及束状、不规则状。在围岩发生挠曲或揉皱造成的层间剥离构造中见有整合的透镜状或肠状矿脉。

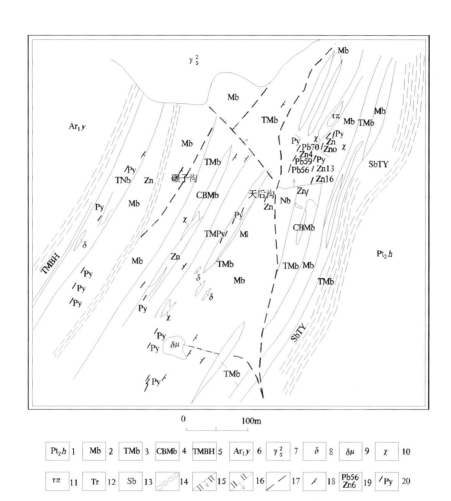

图 6-2-10 白山市荒沟山铅锌矿床矿区地质图

1.花山组片岩;2.珍珠门组厚层状白云石大理岩;3.薄层状白云石大理岩;4.燧石条带白云石大理岩;5.薄层状透闪白云石大理岩;6.太古宙片麻岩;7.燕山期似斑状黑云母花岗岩;8.闪长岩;9.闪长玢岩;10.煌斑岩;11.粗面斑岩;12.破碎带;13.构造角砾岩;14.糜棱岩;15.正断层;16.逆断层;17.性质不明推测断层;18.地层产状;19.铅锌矿体及其编号;20.硫铁矿体

黄铁矿体多呈脉状、细脉带状沿大理岩或片岩的层间裂隙产出,局部地段呈斜交脉或团块产出。黄铁矿体含硫量高,含锌一般在1%以下。局部受构造破碎有闪锌矿细脉充填。

锌矿体锌品位一般在10%以上,含硫一般在20%以上,含铅一般1%～3%。

铅矿化主要有两种类型:微—细粒方铅矿化主要出现在Ⅰ期闪锌矿的综合矿石中,其次见于花斑状、条带状的含碳质大理岩中,多呈浸染状,少数呈块状方铅矿细脉出现;粗—巨粒的方铅矿化,往往在闪锌矿脉的局部地段富集,呈团块状、脉状出现,构成单独的铅矿体,最高品位在40%以上。

矿床内大多数铅锌矿体是叠加在黄铁矿脉之上的,是黄铁矿脉被破碎后由铅锌等矿化物质充填胶结黄铁矿角砾而形成的。因此,铅锌矿体与黄铁矿体有密切的成生联系和共生关系。

矿床具金属分带特征,水平分带:东部为硫带,中部为锌带,西部为铅带;垂直分带:上部为硫,中部为锌,下部为铅。

3. 矿床物质成分

(1)主要物质成分:矿石化学成分以Pb、Zn为主,伴有少量Cu、Ni、Co,微量Ag、Au。其中有益组分

Pb 平均品位 1.22%，最高 40.14%；Zn 平均品位 9.08%，最高 42.62%；S 平均品位 12.09%，最高 47%。伴生元素 Ag 平均品位 27×10^{-6}，最高 253.7×10^{-6}，Au 可达 3.28×10^{-6}，Cd 0.0538×10^{-6}，平均品位 0.069×10^{-6}，Sb 在方铅矿中含 300×10^{-6}，Hg 在闪锌矿中含 416×10^{-6}。

(2)矿石类型：有黄铁矿石、综合矿石、方铅矿石及氧化矿石。

(3)矿物组合：主要有黄铁矿、闪锌矿和方铅矿，此外尚有极少量的磁铁矿、磁黄铁矿、黄铜矿和黝铜矿。脉石矿物数量很少，有石英、白云石和方解石。

地表氧化带次生矿物种类较多，包括白铅矿、铅矾、菱锌矿、异极矿、褐铁矿、赤铁矿及黄钾铁矾等。

(4)矿石结构构造：结构有自形、半自形粒状结构；溶蚀交代结构、骸晶结构；压碎结构、溶蚀结构；固溶体分解结构。矿石构造有块状构造、条带状构造、角砾状构造、浸染状及细脉浸染状构造、流动构造。

4. 成矿阶段

矿化具多期世代特点。根据矿石的结构构造及矿物共生组合，确定出如下的矿化阶段，石英-碳酸盐-黄铁矿阶段；多金属硫化物阶段；浸染状方铅矿阶段；闪锌矿阶段；方铅矿阶段；成矿后期碳酸盐阶段；次生氧化物阶段。

5. 蚀变类型及分带性

围岩蚀变主要有碳酸盐化、硅化、黄铁矿化、滑石化、透闪石化、蛇纹石化等，其中以黄铁矿化、硅化及围岩的褪色化与矿化的关系比较密切，一般出现在近矿体几米以内的大理岩中。此外区域性的蚀变主要为滑石化和透闪石化。

6. 成矿时代

珍珠门组地层中 Pb 同位素资料表明，矿石铅属于古老的正常铅，具有较高的 μ 值，显然矿石铅属于壳源。铅的模式年龄为 1800Ma 左右，它刚好与老岭群珍珠门组地层的放射年龄（1700~1800.5Ma）相吻合。

7. 地球化学特征

(1)硫同位素：对矿床中产于不同类型岩石和矿石中的各种硫化物进行了硫同位素测定，显示 $\delta^{34}S$ 值为 2.6‰~18.9‰，多大于 10‰，均为较大的正值，表明富集重硫。

(2)碳、氧同位素：对矿床中矿物和岩石样品的氧碳同位素分析（陈尔臻等，2001），其同位素 $\delta^{18}O$ 值为 +20.2‰~+21.2‰，矿脉中的热液白云石的 $\delta^{18}O$ 值为 +16.4‰。白云石大理岩 $\delta^{13}C$ 值有两个样品为 +1.3‰ 左右，另两个样品为 -9.1‰ 左右，而热液白云石为 +1.2‰。据 J Veizer 和 J Hoefs 统计，前寒武纪沉积碳酸盐 $\delta^{18}O$（SNOW）在 +14‰~+24‰ 之间，海相沉积碳酸盐 $\delta^{13}C$ 值为 0 左右，平均 $\delta^{13}C$ 为 +0.56‰±1.55‰，深源火成岩体中含氧矿物的 $\delta^{18}O$ 值变化范围大部分介于 +6‰~+10‰ 之间，深源的碳酸盐岩 $\delta^{13}C$ 在 -8.0‰~-2.0‰ 之间。据金丕兴等（1992）的研究结果，亦与此结果相近。由此看来本矿床的围岩白云石大理岩和矿脉中的白云石的 $\delta^{18}O$ 值与正常海相沉积的一般值相吻合，其 $\delta^{13}C$ 值也与海相沉积的相吻合，而完全不同于火成岩体，两个大理岩的 $\delta^{13}C$ 为较大的负值，明显富集轻碳。

(3)铅同位素：铅锌矿体内方铅矿样品的铅同位素测定表明（陈尔臻，2001），方铅矿的铅同位素组成非常均一，$^{206}Pb/^{204}Pb$ 为 15.390~15.608，$^{207}Pb/^{204}Pb$ 为 15.203~15.321，$^{208}Pb/^{204}Pb$ 为 34.721~34.961，$^{208}Pb/^{207}Pb$ 为 0.012~1.022，ϕ 值为 0.7833~0.8070。其模式年龄为 1800~1890Ma。根据

1800Ma 的模式年龄,求得矿物形成体系的 $^{238}U/^{204}Pb$(μ 值)为 9.38,$^{232}Th/^{204}Pb$(μk 值)为 35.03,进而求得 Th/U 值为 3.71。与金丕兴等(1992)研究结果基本一致,表明矿石铅是沉积期加入的。

(4)微量元素地球化学特征。

矿床围岩大理岩中 Pb 的平均含量为 88×10^{-6},Zn 的平均含量为 730×10^{-6},与涂里干和魏德波尔(1961)的世界碳酸盐平均含量比分别是世界碳酸盐平均含量的 9.7 倍、36.5 倍,表明大理岩中 Pb、Zn 的丰度比较高。矿石中除主要成矿元素 Zn、Pb 外,有意义的伴生元素有 Ag、Sb、As、Ag、Cd 等。

铅锌是本矿床的主要成矿元素,其品位变化较大,最高品位 Pb 40.14%,Zn 42.62%;最低品位 Pb 0.37%,Zn 0.6%;平均品位 Pb 1.22%,Zn 9.08%;比值对矿床成因的研究,能够提供较重要的信息,通过对我国主要铅锌矿床统计分析可以看出,不同成因热液型矿床的 Zn/Pb 比值不同。岩浆期后热液型矿床,其 Zn/Pb 比值往往小于 2;而沉积改造型层控矿床,其 Zn/Pb 比值往往大于 2。本矿床 Zn/Pb 比值为 7.8,与沉积改造型层控矿床 Zn/Pb 比值相一致。

本矿床闪锌矿 Ga 含量 $2.6\times10^{-6}\sim80\times10^{-6}$,平均值为 15.7×10^{-6};Ge 含量 $0.3\times10^{-6}\sim135.6\times10^{-6}$,平均值为 12.0×10^{-6};In 含量 $0.1\times10^{-6}\sim4.1\times10^{-6}$,平均值为 0.8×10^{-6};Ga/In 比值为 19.6,Ge/In 比值为 15.0。统计分析结果表明,岩浆期后热液型铅锌矿床闪锌矿具有贫 Ga、Ge,富 In 以及 Ga/In 和 Ge/In 均小于 1 的特点;而沉积改造型层控矿床闪锌矿具有富 Ga、Ge,贫 In 以及 Ga/In 和 Ge/In 均大于 1 的特点。本矿床闪锌矿具有富 Ga、Ge,贫 In 以及 Ga/In 和 Ge/In 均大于 1 的特点,与沉积改造型层控矿床闪锌矿的特征相一致。

8. 成矿物理化学条件

(1)成矿温度:根据 35 件矿体中闪锌矿和黄铁矿的爆裂温度,见表 6-2-8,在 147~291℃之间,多数在 200~300℃,早期细粒闪锌矿平均 291℃,晚期粗粒闪锌矿成矿温度平均 199℃。

根据细粒闪锌矿与六方磁黄铁矿平衡共生探针分析资料,根据斯克特(1966)公式计算的成矿温度,细粒闪锌矿为 306~325℃。方铅矿与闪锌矿矿物对的硫同位素达平衡时计算的成矿温度平均 280℃。

从上述成矿温度来看早期(细粒闪锌矿)成矿温度上限在 300℃左右,晚期(粗粒闪锌矿)成矿温度上限 230℃。

(2)成矿压力:根据平衡早六方磁黄铁矿与闪锌矿探针分析,见表 6-2-9,计算的压力为 2.5~3.5kbar(1bar=10^5Pa)。

(3)包裹体特征:由表 6-2-10 看出成矿溶液以水为主,占 80%以上,说明成矿介质是热水溶液。从表 6-2-10 得出阳离子比值 K^+/Na^+ 为 0.11~0.58,Ca^{2+}/Na^+ 为 0.16~2.60,Mg^{2+}/Ca^{2+} 为 0.09~1.21;阴离子 F^-/Cl^- 为 0.02~0.27,根据液相成分可划分为 3 种流体类型:低盐度富 Mg^{2+} 流体(容矿围岩);低盐度富 Ca^{2+} 流体(闪锌矿);低盐度富 K^+ 流体(矿体中石英)。从 $Cl^->F^-$、$Na^+>K^+$、$Ca^{2+}>Mg^{2+}$,阴离子>阳离子等说明成矿物质可能成络离子的形式迁移的。不同期矿物包裹体成分基本相似,无急剧变化,说明成矿溶液是一次进入储矿构造中而分期沉积的。

成矿流体的 pH 值为 6.5~7.0,$\lg f_{S_2}=-9.6$,$\lg f_{D_2}=-24.1$,f_{CO_2} 上限为 1.2(偏高)(荒沟山铅锌矿带隐伏矿床预测,1988)。

根据矿床主要受层间断裂控制以及矿物包裹体爆裂温度、硫同位素地质温度、矿物包裹体气热成分、矿体内含氧矿物的氧同位素组成和热晕-蒸发晕资料等确定成矿溶液为变质热液。

成矿溶液的成分主要为 H_2O 和 CO_2,并含少量有机质 CH_4(甲烷)。其成分与成岩过程中形成的燧石的包裹体中的成分基本相同,而且 CO_2/H_2O、K^+/Na^+ 比值和 pH 值也基本相同,说明成矿的热液是来自围岩。溶液的 pH 值接近中性或稍偏酸性。根据氧同位素组成与温度的分馏关系,计算出成矿水的 $\delta^{18}O$ 值为+1.0‰~+4.3‰(200℃时),+2.1‰~+6.6‰(250℃时)。表明成矿水不属于岩浆水

表 6-2-8 荒沟山铅锌矿矿体矿物包裹体爆裂温度结果表

样品名称	分析样数	产状及部位	爆裂温度（℃）	资料来源	备注
黄铁矿	5	浸染状、细脉状产于薄层条带大理岩	241	吉林省冶金地质勘探公司研究所	1983
黄铁矿	5	块状黄铁矿矿体产于大理岩破碎带	245		
黄铁矿	6	黄铁矿、方铅矿呈星散状分布于细粒闪锌矿体中	253		
闪锌矿	7		291		
闪锌矿	3	纯闪锌矿矿体产于矿体破碎带中	227		
闪锌矿	1	角砾状、斑杂状综合矿石中的中粗粒块状闪锌矿矿石（12号）	230	冶金部天津研究所 9183	0 中段
闪锌矿	2		196		1 中段
闪锌矿	1		147		2 中段
闪锌矿	2		187		3 中段
闪锌矿	3		17		4 中段

表 6-2-9 六方磁黄铁矿-闪锌矿探分析表

编号	矿物	Ni	Cu	Au	S	Fe	Ag	Pb	Cd	As	Co	Zn	Ln	Ge
86G₃-1	磁黄铁矿	0	0	0	39.11	59.84	0	0	0	0.01	0.05	0.04	0	0
86G₃-2	磁黄铁矿	0.01	0.01	0	40.10	59.28	0	0	0.02	0	0.03	0.13	0	0
86G₃-1	细闪锌矿	0	0.01	0	32.22	8.59	0	0	0.14	0	0.01	57.50	100	50
86G₃-2	细粒闪锌矿	0.02	0.05	0.01	31.62	8.43	0	0	0.08	0	0.04	59.09	105	40

表 6-2-10 荒沟山铅锌矿包体成分表

编号	样品名称	K^+	Na^+	Ca^{2+}	Mg^{2+}	F^-	Cl^-	SO_4^{2-}	H_2O	CO_2	pH值	盐度 NaCl+KCl	备注
307-3-1	石英	8301	14 203	2372	1186	1739	24 902	9.27	869 599	77 078	6.5	4.24	μg/10g
86 197	细粒闪锌矿	1.20	9.90	6.30	1.80	1.23	33.12	5.88					$\times 10^{-6}$
86217	粗粒闪锌矿	1.33	4.00	76.00	28.00	3.67	13.27	32.55					$\times 10^{-6}$
880200	细粒方铅矿	1.20	7.50	20.40	1.98	0.75	7.17	237.60					$\times 10^{-6}$
880199	粗粒方铅矿	3.50	31.00	86.00	8.50	10.60	48.60						$\times 10^{-6}$

注：307-3-1吉林冶金地研所；86197-880199-荒沟山铅锌矿带隐伏矿床预测。

(岩浆水的 $\delta^{18}O$ 值为 $+7.0‰\sim+9.5‰$)。

本矿床是属于"矿源层"经变质热液再造而成的后生层控铅锌矿床。

9. 物质来源

珍珠门组薄层白云石大理岩在上部(过渡带)和大栗子组的 H4 和 H5 是区内铅锌矿床产出的主要层位,层控性明显。虽具有后期改造的特点,其原始富集层位是半封闭还原环境,能直接看到大量的黄铁矿(层位、条带状以及韵律特征等)和互层产出的闪锌矿等,证明矿床产于一个原始沉积的富集层内。铅锌含量普遍较高,铅高出地壳平均含量 1 倍以上,锌含量高出 4.69 倍,局部地段含量更高,可见某些地区中赋存着丰富的成矿物质。

矿石铅同位素组成属于均一的单阶段古老正常铅,平均 μ 值为 9.09,非常接近地壳的 μ 值($\mu=9.0$),地层的沉积变质年龄与矿床中铅的模式年龄相当,都是 1.8Ga 左右,证明矿石中铅与地层是同埋藏形成的。富含以分散状态存在着的 Zn、Pb 等亲 Cu 元素的珍珠门组地层乃是直接提供后生成矿作用中的成矿物质的"矿源层"。它们的最初来源大部分可能是来自当时海洋周围的剥蚀古陆,少部分可能由海底火山喷发活动提供的。

黄铁矿是一种不含铀的矿物,其同位素组成可以代表成岩阶段形成环境的普通铅,也就是代表了成岩时初始铅的同位素组成。地层中属于沉积成因的黄铁矿的铅同位素比值与矿石中方铅矿和闪锌矿的比值很相似这一事实,这就暗示了地层中的铅和矿石中的铅之间可能有着亲缘关系。铅锌矿床中伴生的黄铁矿大部分也具有相似的铅同位素组成,但有一部分黄铁矿和 1 件闪锌矿属异常铅,显然是铅锌成矿后另一期成矿作用的产物,这晚期成矿可能就是区内金的成矿时期。

矿体中硫化物 $\delta^{34}S$ 与地层中的黄铁矿和闪锌矿的 $\delta^{34}S$ 值相似,在 $7.5‰\sim18.9‰$ 之间,表明初始硫来源于同时代地层硫。这些初始硫被海水中的生物和有机质所吸附,地层中生物(细菌)不断还原硫酸盐,是产生富集重硫的主要原因。在后生成矿过程中这种硫被活化出来,迁移至断裂破碎带中再次与 Fe、Zn、Pb 等结合并沉淀形成矿体。故矿体中的硫直接来源于地层,最初硫源是海水中的硫酸盐。

10. 控矿因素及找矿标志

1)控矿因素

(1)地层和岩性的控制作用:区域内的铅锌矿、铜矿、黄铁矿等硫化物型矿床(点)以及原生矿化类型不明的硫化物铁帽,绝大多数赋存在元古宇老岭群珍珠门组大理岩中,矿化具有明显的层位性。

荒沟山铅锌矿及其外围的其他铅锌矿床(点)主要赋存在薄层—微层硅质及碳质条带状或含燧石结核的白云岩或白云岩化的碳酸盐岩中。

岩相古地理环境和生物的控制作用,根据荒沟山铅锌矿和外围的天湖沟铅锌矿床的硫同位素 $\delta^{34}S$ 均为较大的正值,表明硫化物中的硫属于生物成因硫,且反映是在一个封闭或半封闭的浅海湾或潟湖相中硫酸盐补给不足的条件下形成的。薄层—微层条带状白云石大理岩与中—厚层白云石大理岩成互层状并夹有泥质碎屑岩变质而成的片岩,反映矿床所处部位位于后礁相的古地理环境。

部分大理岩的碳同位素组成 $\delta^{13}C$ 负值较高,大理岩和燧石中普遍含有机碳以及燧石的包裹体气液成分中含有甲烷,都说明当时的海水中有大量的生物存在。Pb、Zn 丰度是地壳克拉克值的数倍甚至十几倍,生物起到了重要的作用。此外,在后生成矿过程中,特别是薄层—微层硅质或碳质条带状白云石大理岩中,含有丰富的有机碳,能促进含矿溶液中的成矿物质再次沉淀形成矿体。

(2)构造控制作用:本矿床是典型受压扭性层间破碎带控制的后生矿床。黄铁矿脉是在岩层发生褶皱时沿大理岩或片岩的理层或挠曲部位发生的张性层间剥离构造充填而成。之后又发生层间的挤压运动,黄铁矿脉被破碎,铅锌矿化叠加在黄铁矿脉之上。总体看来,无论是在矿区范围内还是在区域上,凡是产在薄层—微层硅质或碳质条带状白云石大理岩层中的黄铁矿脉或其某一地段发生继承性的层间挤压破碎活动时,就有可能形成铅锌矿体;反之,可能性会很小。例如在荒沟山的 18 号矿体,其北段黄铁矿脉被强烈破碎而构成有工业价值的铅锌矿体,而南段由于破碎程度低则仍为黄铁矿体,铅锌无工业品位,无工业意义。

构造的控矿作用还表现在,由压扭性作用造成的围岩次级张性层间剥离和挠曲的地段,矿体厚度大,往往成为铅锌富矿体所在部位。

2)找矿标志

(1)珍珠门组大理岩富含 Zn、Pb、Cu、Fe,以及 Ag、Sb、Hg、Cd 等亲 S 元素,区域上应注意寻找与变质热液成因有关的各种金属硫化物矿床。

(2)珍珠门组地层中的薄层—微层硅质或碳质条带状或含燧石结核的白云石大理岩是形成和寻找 Pb、Zn 等硫化物矿床的最有利岩层。

(3)受到继承性构造破碎的黄铁矿层或其邻近地段是 Pb、Zn 矿化的有利场所;利用氧化带铁帽中的 Zn、Pb、As、Cd、Sb、Hg 等元素含量判断原生硫化物矿体类型。

(4)根据矿脉组成出现和具有雁行式侧列的特点,应注意已知矿体(床)的延长部位和平行系统的找矿工作。

(5)化探 Pb、Zn、As、Sb、Cd、Hg 异常的存在。

(6)物探高阻高激化异常。

(五)正岔铅锌矿典型矿床特征

1. 地质构造环境及成矿条件

矿区位于前南华纪华北东部陆块(Ⅱ)胶辽吉古元古代裂谷带(Ⅲ),集安裂谷盆地(Ⅳ)内。正岔复式平卧褶皱转折端。矿区西侧沿褶皱轴有燕山期岩株式闪长岩、斑状花岗岩侵入体。矿区东南部有燕山晚期花岗斑岩小侵入体(矿区内呈现隐伏岩体),见图 6-2-11。

1)地层

集安群荒岔沟组是含矿围岩,矿区可分 3 段:上段石墨黑云变粒岩、斜长角闪岩夹石墨大理岩,中部夹断续的层状铅锌矿,厚大于 27m;中段厚层粗粒石墨大理岩夹斜长角闪岩,含层状铅锌矿,厚 200m;下段石墨变粒岩、透辉石透闪变粒岩、斜长角闪岩,赋铅锌矿,厚 245m。

2)构造

(1)褶皱构造集安群组成的虾蟆沟-四道阳岔背斜,是矿区主要褶皱,轴向北西,向南东倾没,近倾没端北侧出现一系列同轴向倾向相反的小褶皱或倒转背斜,后者为控矿构造。

(2)北东向冲断层,破坏了上述褶皱构造完整性,有些小褶皱很可能是这组断裂的次级构造,是矿区主要控矿构造,为燕山期产物。

3)侵入岩

矿区最强烈的侵入作用发生在中生代,先后有复兴屯闪长岩株、南岔斑状花岗岩和正岔花岗斑岩等中酸性小岩体侵入。它们主要沿背斜轴部分布,构成地表孤立、地下相连的北西向岩浆岩侵入带。岩体形成深度 6~12km,温度 650~800℃,压力 2~4kPa 或更大。根据各岩体 Sr 同位素初始值判断,闪长岩(0.706 04)属 Ⅰ 型,其余两岩体(0.710 8,和 0.712 1)具 S 型特点。正岔花岗岩出露面积 0.51km^2,物探资料推断深部变大,并向北西倾没,与西北部南岔岩体相连,构成北西向岩带。岩石包体气相成分多,压力 9×10^7Pa,形成温度 650℃。岩石 δ^{18}O 为 6.8‰。岩石 SiO_2 为 74.14%,$Na_2O + K_2O = 8.7\%$,属偏碱性高钾质花岗岩。微量元素 Pb、Zn、丰度高于克拉克值 2~7 倍。

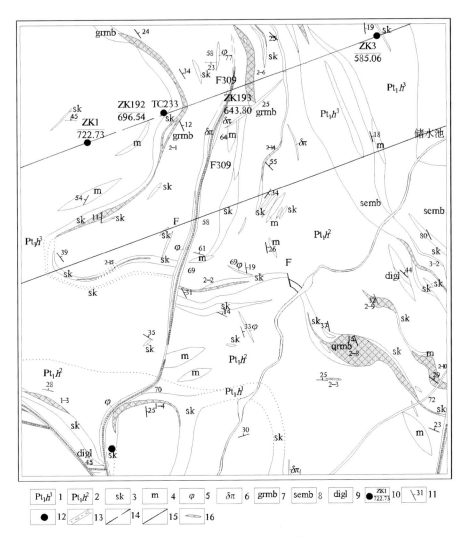

图 6-2-11 正岔矿区地质图

1.上透辉变粒岩段；2.蛇纹石化橄榄大理岩、石墨大理岩、透辉岩夹斜长角闪岩(主要含矿层)；3.矽卡岩；4.大理岩透镜体；5.钠长斑岩；6.闪长玢岩；7.石墨大理岩；8.蛇纹石化大理岩；9.透辉变粒岩；10.见矿钻孔号标高(m)；11.产状及编号；12.矿点；13.破碎带；14.勘探线；15.剖面线；16.矿体

2. 矿体三度空间分布特征

正岔铅锌矿已知矿体48个，分别集中赋存于荒岔沟组上段和中段，形成上、下两个含矿段。上含矿层赋矿体35个，下含矿层赋矿体13个。矿体呈似层状、扁豆状，受一定层位控制，与地层同步褶曲。有时形成与褶皱形态一致的鞍状矿体，见图6-2-12。从局部看，矿体形态与大理岩、斜长角闪岩层一致，反映某些同生特点。宏观上矿体产在正岔花岗斑岩北侧外接触带800m范围内，由近至远有Fe、Cu、Mo、Sn-Cu、Pb、Zn-Pb、Zn等不甚发育的水平分带，空间上显示了矿床是花岗斑岩体热作用产物，这是再生矿床的成矿特点。

矿体长数十米至500m不等，厚0.3～9.02m，最大延深720m。矿石品位Pb 0.43%～3.09%，最高达6.38%；Zn 0.51%～4.35%，最高达13.85%。伴生Cu 0.35%～4.66%，Ag $4×10^{-6}$～$155×10^{-6}$，Au $0.05×10^{-6}$～$0.21×10^{-6}$，Mo 0.04%～0.055%。

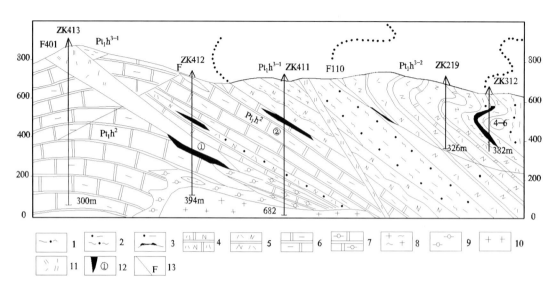

图 6-2-12 集安市正岔铅锌矿床剖面图

1.石墨黑云变粒岩;2.石墨透辉变粒岩;3.黑云斜长片麻岩;4.斜长角闪岩夹大理岩;5.斜长角闪岩;6.石墨大理岩;7.矽卡岩化大理岩;8.混合岩;9.矽卡岩;10.花岗斑岩;11.钠长斑岩;12.矿体及编号;13.断裂带

(1)3-1 矿体。位于西山矿段中部,矿体呈似层状、不对称的倒鞍状。矿体长114m,深部沿走向矿体长260m,延深720m,倾向70°,倾角20°～40°。厚0.51～6.66m,平均1.86m。品位 Pb 0.33%～4.61%,平均1.42%;Zn 0.91%～4.66%,平均1.88%;Cu 0.01%～0.07%,平均0.02%。矿体地表较厚向深部逐渐变薄。矿体上部品位高,下部品位低。

(2)4-6 矿体。位于西山矿段北部,矿体呈似层状,矿体长317m,延深50～210m,倾向70°,倾角20°～30°。厚0.64～3.84m,平均1.87m。品位 Pb 1.54%～2.91%,平均2.43%;Zn 1.65%～4.27%,平均3.39%;Cu 0～0.03%,平均0.02%。矿体上部品位高,下部品位低。

(3)2-3 矿体。位于西山矿段南部,矿体呈似层状,矿体长192m,延深325m,倾向25°,倾角30°～60°。厚0.40～6.54m,平均1.84m。品位 Pb 0.49%～5.29%,平均1.78%;Zn 0.66%～13.85%,平均2.39%;Cu 0.05%～0.90%,平均0.19%。矿体地表较厚向深部逐渐变薄。

(4)矿床剥蚀程度。矿床有益元素从地表到隐伏岩体具有下列分带性:Ag-Co-As 头晕、Ag-Ni-Pb-Zn-Cu 矿体晕、Bi-Ba-Mo-W 尾晕。结合矿区钻孔剖面分析,矿床剥蚀深度较浅。经计算剥蚀深度为 0.6km。

3. 矿床物质成分

(1)物质成分:根据矿石的化学和光谱分析,矿石中共伴生元素38种。主要有用组分 Pb、Zn;有益组分 Cu、Ag、Bi、Se、Te、Tl、Co、Cd、S、Mo、Sn;有害组分 Sb、Te。

(2)矿石类型:浸染状铅锌硫化物矿石。

(3)矿物组合:主要矿石矿物为方铅矿和闪锌矿。次要矿物为黄铜矿、墨铜矿、斑铜矿、方黄铜矿、蓝辉铜矿、黝铜矿、硫钴矿、辉银矿、脆硫锑银矿、辉锑银矿、碲铅矿、辉钼矿,少量的铅矾、白铅矿、菱锌矿、铜蓝、孔雀石、辉铜矿等氧化物;脉石矿物主要为透辉石、石榴子石、石英、硅灰石、绿泥石、绿帘石、金云母、黑云母、角闪石、霓辉石、透闪石次之,还有少量黄铁矿、磁黄铁矿、磁铁矿、赤铁矿、钾长石、褐铁矿等。

(4)矿石结构构造:矿石结构以结晶粒状和包含结构为主,固溶体分解结构和交代结构次之,连生结构少量;矿石构造以浸染状构造为主,条带状和斑杂状构造次之,块状构造少见。

4. 成矿阶段

根据矿体的空间分布特点、矿物的结构构造、矿物的共生组合、交代穿插关系,矿床划分为热液成矿期矽卡岩阶段、石英硫化物阶段和石英碳酸盐阶段,表生期氧化阶段。

(1)热液成矿期。分为矽卡岩阶段、石英硫化物阶段、石英碳酸盐阶段。

矽卡岩阶段:矽卡岩早期无矿阶段热液温度较高,420～640℃,流体压力较高,以交代形成矽卡岩类矿物为主,生成的矿物主要有硅灰石、透辉石-霓辉石、黑柱石、透闪石、绿帘石;矽卡岩晚期氧化物阶段热液温度仍然较高,280°～440°,流体压力较高,主要生成磁铁矿、赤铁矿、磁赤铁矿、钾长石、榍石,以及少量的绿泥石、葡萄石、石英等。

石英硫化物阶段:是主要的成矿阶段。由于温度、压力持续下降,密度、盐度的降低,开始大量生成硫化物矿物。生成的主要矿石矿物有辉钼矿、硫钴矿、红锌矿、磁黄铁矿、黄铁矿、黑铜矿、方黄铜矿、斑铜矿、黄铜矿、蓝辉铜矿、闪锌矿、方铅矿、黝铜矿、胶黄铁矿、白铁矿等,还有石英和碳酸盐等脉石矿物。

石英碳酸盐阶段:这一阶段热液温度下降到180°以下,压力也几乎降到最低,金属离子浓度变小,同时由于大气循环水的加入,进入成矿尾声,生成的矿物有石英和碳酸盐矿物、磁黄铁矿、黄铁矿、黄铜矿等,同时形成围岩的低温蚀变。

(2)表生期氧化阶段。已形成的矿床经风化剥蚀,形成次生氧化矿物。生成的主要矿物有辉铜矿、铅矾、白铅矿、铜蓝、菱锌矿、孔雀石、褐铁矿等氧化物。

5. 蚀变类型及分带性

成矿前早期矽卡岩化有透辉石化、石榴子石化、黑柱石化、硅灰石化;晚期矽卡岩化有钾长石化、绿帘石化、霓辉石化、透闪石化。

成矿期蚀变主要有萤石化、绿泥石化、硅化;成矿后蚀变主要有绿泥石化、碳酸盐化。

(1)矽卡岩化:是比较强烈并且普遍的蚀变,生成各种简单矽卡岩,以透辉石化、石榴子石化为主,以普遍存在的交代的霓辉石化为特征。自斜长角闪岩、变粒岩至大理岩、透辉岩有不甚发育的(石榴)绿帘透辉矽卡岩—石榴透辉矽卡岩—透辉矽卡岩的蚀变分带;当钾长伟晶岩出现时蚀变分带为钾长伟晶岩—石榴矽卡岩—石榴透辉矽卡岩—透辉矽卡岩。

矿化叠加在晚期矽卡岩化之上,与霓辉石化、透闪石化和绿帘石化关系密切,尤与霓辉石化最密切。矿体主要赋存在暗色透辉矽卡岩或石榴透辉矽卡岩中,铜矿化发育在(石榴)绿帘透辉矽卡岩带上。霓辉石化、透闪石化、绿帘石化等晚期矽卡岩化可以作为找矿标志。

(2)钾长石化:与矿化的空间关系密切,常见于矿体或近矿围岩中。

(3)萤石化:常与富矿伴生,萤石化强,矿化也强。

(4)绿泥石化:发育在矿体内或其附近,常与铜矿化相伴。

(5)硅化:蚀变范围较矿化范围大,呈游离粒状或脉状。

(6)碳酸盐化:蚀变普遍,远远超出矿化范围,呈交代残余或脉状产出。

6. 成矿时代

矿石铅同位素研究表明,经历了两个阶段演化,一为1971Ma前铅在封闭地幔中($\mu=8.8$环境),二为129Ma因花岗斑岩热液作用从地层内活化、迁移、富集成矿。因此该矿床的主成矿期为燕山早期。

7. 地球化学特征

(1) 硫同位素：矿石硫同位素值具有和围岩相似的特点，见图6-2-13。表明成矿物质与围岩有内在的联系。

(2) 碳、氧同位素：矿石矿物 $\delta^{18}O‰$ 值（石英等）-0.1~11.2 介于岩浆水和大气之间，尤以岩浆水为主，在 300~$370℃$ 阶段，大气降水参与，对铅锌的富集起重要作用。

(3) 铅同位素组成：铅同位素组成见表6-2-11。铅同位素组成近似正常铅，但放射性成因铅较高，分析值变化率 3.536%~4.17%（$>1\%$），可见属异常铅范围。计算结果表明铅经历了两个阶段演化，在1971Ma前这些铅处在封闭的地幔系统中（$\mu=8.8$ 环境），1971Ma时铅从封闭系统上地幔分离出来进入集安群地层，开始以不同比例的例射成因铅相混合；直到129Ma左右，在岩浆热作用下，使这些铅从地层中活化，迁移富集重就位成矿床。

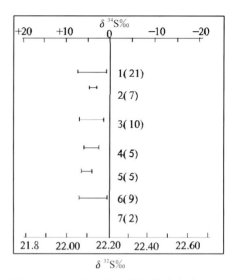

图6-2-13 集安市正岔铅锌矿床矿田内主要金属矿床

1.正岔铅锌矿；2.金厂沟金矿；3.正岔金银矿；4.西岔铅银矿；5.南岔四号脉铜金矿；6.变质岩；7.岩浆岩(注：括号内为样品数)

表6-2-11 正岔铅锌矿铅同位素计算统计表

样号	$^{206}Pb/^{204}Pb$	$^{207}Pb/^{204}Pb$	$^{208}Pb/^{204}Pb$	t(亿年)	μ	Th^{232}/Pb^{204}	Th^{232}/U^{238}	Th/U	备注
Z-1-4	18.01	15.51	37.87	1.709	8.63	34.40	3.985	3.85	
Z-1-9	17.99	15.58	37.81	2.78	8.76	34.92	3.98	3.856	
Z-1-5	18.27	15.66	38.63	1.61	8.88	37.44	4.21	4.079	
Z-6	18.37	15.73	38.52	1.736	9.00	37.08	4.07	3.987	
Z-1-10-1	17.86	15.33	37.59	0.47	8.317	32.43	3.87	3.77	
Z-5	18.39	15.68	38.38	0.73	8.908	35.92	4.03	3.90	
Z-6	18.32	15.63	38.24	0.827	8.87	35.28	3.99	3.87	吉林省地矿局第四地质调查王志新计算
Z-7-2	18.32	15.66	38.27	1.22	8.878	35.68	4.019	3.89	
Z-8-1	18.30	15.62	38.25	2.35	8.806	35.34	4.01	3.88	
Z-9-10	18.30	15.63	38.33	0.985	8.82	35.75	4.03	3.92	
Z-9-15	18.46	15.81	38.69	2.056	9.14	38.03	4.16	4.027	
Z-9-16	17.79	15.27	37.14	0.2079	8.21	30.47	3.71	3.59	
Z-11-2	17.88	15.32	37.29	0.16	8.29	31.04	3.74	3.62	
Z-12	17.97	15.54	37.84	2.42	8.67	34.78	4.00	3.87	
3JD-13	18.203	15.599	38.097	1.34	8.77	35.07	3.90	3.867	

(4) 碳同位素组成：由表6-2-12可以看到，大理岩 $\delta^{13}C$ 值（$-3.1‰$~$-1.9‰$）与矿体中方解石 $\delta^{13}C$ 值（$0.5‰$~$1.9‰$）二者比较接近，表明碳来源与地层有关；较早期矽卡岩矿脉中方解石 $\delta^{13}C$ 值为 $5.3‰$，呈现岩浆碳特征，据 $\delta^{18}O$ 值计算的矿液 $\delta^{18}O_{H_2O}$ 值为 $-3.6‰$~$4.8‰$，显大气降水特征。见图6-2-14。

表 6-2-12　正岔铅锌矿床碳酸盐岩矿物 $\delta^{13}C$ 和 $\delta^{18}O$ 测定值表

序号	编号	采样位置	矿物（岩石）	$\delta^{13}C$(‰)(PDB)	$\delta^{18}O$(‰)(SMOW)	熔岩温度（℃）	矿液 $\delta^{18}O$(SMOW)计算值(‰)
1	Z-1-2	正岔岩体外接触矿化带斜长角闪岩夹大理岩	大理岩	-3.1	1.1	330	-3.2
2	Z-1-4	正岔岩体外接触矿化带闪锌矿、方铅矿、石英、方解石脉	方解石	0.5	3.4	345	-0.2
3	Z-1-11	同上，大理岩晶洞内	方解石	1.9	1.2	310	-3.6
4	Z-6-1	TC515 蚀变大理岩	大理岩	-2.7	7.7	295	2.5
5	Z-12-1	2-3 号矿体，矽卡岩化大理岩	大理岩	-1.9	6.3	290	-2.9
6	Z-14-4	11 孔，矽卡岩中的闪锌矿、方铅矿、石英、磁铁矿、方解石脉	方解石	5.3	9.4	290	4.8
7	3-1	金厂沟金矿，磁黄铁矿、石英、方解石脉	方解石	-6.1	9.8	320	5.3

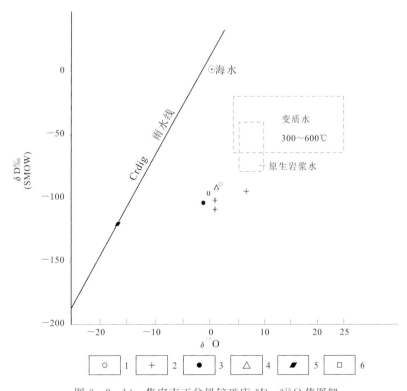

图 6-2-14　集安市正岔铅锌矿床 $\delta D - \delta^{18}O$ 值图解

1.方解石；2.石英；3.白云母；4.黑云母；5.成矿时的大气降水（$\delta^{18}O$ 为计算）；6.正岔铅锌矿床 δD 和 $\delta^{18}O$ 值的交会点

(5) 微量元素地球化学特征：成矿元素，Cu 近岩体高，远离岩体逐渐变为 Cu、Pb、Zn→Pb、Zn。

(6) 流体包裹体地球化学特征：由表 6-2-13 中看到，分布规律为花岗斑岩→接触带→矽卡岩→矿体→弱蚀变大理岩，包体类型由复杂→简单，气液比由大→小，包体数量由多→少。说明包体的形成与花岗斑岩侵入密切相关。

均一温度从平面上看,由矿区北西-南东温度由高—低,400~380℃,340~260℃;垂深方向由下—上温度由高—低400(380℃为主)~340℃。表明近岩体温度高,远岩体温度低。

表 6-2-13 正岔矿床流体包裹体主要特征和参数

岩石或矿体	包裹体 丰度	包裹体 大小(μm)	气液比(%)	子晶(主要)	均一温度(℃)(最佳范围)	盐度(Wt%NaCl等量物)(最佳范围)	密度(g/cm³)(最佳范围)	压力(×10⁷Pa)
花岗斑岩	多	15~25	>90 20~40	NaCl,KCl非均质小晶体	630~1012	平均51.5(36~62)	>1	9
早期矽卡岩	较多	10~30	10~20步数>50	NaCl,KCl等三种以上	420~640	平均44.52(30~63、个别>70)	>1	
晚期矽卡岩	较多	15~35	15~45	NaCl	280~440	15~24.7	0.5~1	
石英-硫化物矿体	很多	15~40	15~45		260~400 Zn 320~400 Pb 260~340	7~12	0.5~0.8	上部含矿层为1.5~4 下部含矿层为2.5~4
石英-方解石脉	多	<10	5~10		140~220(180最佳)	3~5	0.8~1	
无矿方解石脉	少	<5	0~5		120(82~140)			
弱蚀变大理岩	很少	2~3	<10		150(65~258)		0.9	

8. 成矿温度压力

矽卡岩阶段—闪锌矿阶段—方铅矿阶段—石英方解石各阶段温度范围分别为(300~640℃)→(275~400℃)→(260~340℃)→(65~180℃)。

本区成矿最低压力为$(1.5~4)×10^7$Pa。上含矿层压力表为$(1.5~3)×10^7$Pa,下含矿层压力表为$(2.5~4)×10^7$Pa。

9. 物质来源

正岔铅锌矿床严格受集安群控制。它不仅在形成时间上与矿区花岗斑岩相一致,成矿过程热力场特点亦与花岗斑岩体热力场相一致(表6-2-12)。即由花岗斑岩(1012~630℃)、矽卡岩(640~280℃)、矿体(400~260℃)蚀变围岩(258~65℃)热力场由高到低,依次降低的特点。显然矿床是花岗斑岩热力场作用之产物。

地层的碳、硫同位素研究表明,沉积物为陆源淡化海相中基性火山-碎屑岩、碳酸盐岩富含Pb、Zn等多金属含矿建造。其Pb、Zn丰度分别高出相邻地层1.76~2.51倍、1.3~2倍。这套地层经历了绿片岩—高角闪岩相(温度≥570℃,压力≥6kPa)变质作用,致使其元素迁移再富集成矿。

上述稳定同位素研究表明,成矿物质来自集安群围岩和花岗斑岩侵入体,与矿区地质特征和矿床—花岗斑岩热力场吻合。

10. 控矿因素及找矿标志

(1)控矿因素。集安群荒岔沟组即是矿源层,也是富矿层;燕山期花岗斑岩体的侵位,在带来部分成矿物质的同时,更重要的是提供了热液流体,在上升的过程中不断地萃取矿源层中的成矿元素,形成富矿流体;断裂构造主要起到导岩作用,大型褶皱构造中的小褶皱或倒转背斜,为控矿构造,为成矿提供了构造空间。

(2)找矿标志。区域上集安群荒岔沟组地层和燕山期花岗斑岩体侵位关系的存在;区域上大型褶皱构核部或次级小褶皱;霓辉石化、透闪石化、绿帘石化等晚期矽卡岩化可以作为找矿标志;以 Pb、Zn 元素为主的化探异常的存在。

(六)郭家岭铅锌矿典型矿床特征

1. 地质构造环境及成矿条件

矿床位于华北叠加造山-裂谷系(Ⅰ)胶辽吉叠加岩浆弧(Ⅱ),吉南-辽东火山盆地区(Ⅲ),抚松-集安火山-盆地群(Ⅳ)。矿区外围燕山期花岗岩发育。区内下古生界组成的褶皱断层带上覆有侏罗纪火山岩(图 6-2-15)。

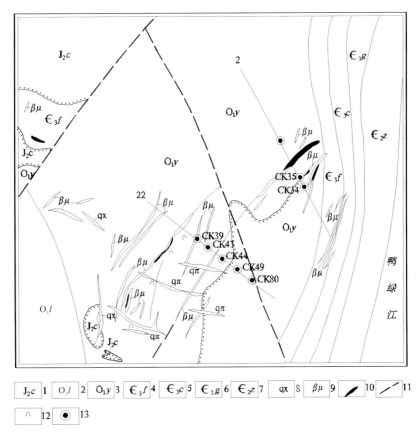

图 6-2-15 集安市郭家岭-矿洞子铅锌矿矿区地质图

1.包大桥组安山角砾岩、安山岩;2.亮甲山组薄层灰岩、豹皮灰岩;3.冶里组中薄层灰岩;4.凤山组薄层灰岩、泥质条带灰岩夹黄绿色页岩;5.长山组灰绿色—灰紫色粉砂岩、页岩夹薄层状灰岩、竹叶状灰岩;6.崮山组紫色粉砂页岩夹竹叶状灰岩、薄层状灰岩;7.张夏组中厚层灰岩、鲕状灰岩;8.石英斑岩;9.辉绿玢岩;10.矿体及编号;11.推断断层;12.水平坑道;13.钻孔

(1) 地层：矿区分布有寒武纪—奥陶纪地层，由砂岩、页岩和灰岩组成，地表见有张夏组、崮山组、长山组、凤山组及冶里组出露厚458m。矿床主要产于寒武纪地层中，郭家岭矿床部分产于冶里组地层中。

寒武系张夏组：主要为大理岩、结晶灰岩、鲕状灰岩、生物碎屑灰岩，厚大于150m。

寒武系崮山组：主要为紫色、黄绿色砂质页岩夹紫色条带状灰岩，竹叶状灰岩，厚约20m。

寒武系长山组：主要为黄绿色页岩、紫色条带状灰岩，灰色薄层状灰岩夹竹叶状灰岩，厚18.6m。

寒武系徐庄组：主要为黄绿色含云母砂岩、鲕状灰岩生物碎屑灰岩。仅在矿洞子矿区地表出露。郭家岭矿区钻孔见到。该组地层厚100m。

寒武系凤山组：主要为条带状灰岩夹黄绿色页岩，灰岩中含生物碎屑、竹叶状灰岩，厚20m。

奥陶系冶里组：主要为灰色薄层状灰岩、硅化灰岩夹黄绿色页岩、竹叶状灰岩，厚126m。

奥陶系亮甲山组：主要为豹皮灰岩、含燧石结核灰岩，夹竹叶状灰岩，厚150m以上。

上述地层呈单斜产出，被北东向断裂切割。沿断裂广泛发育辉绿玢岩、闪长玢岩及部分矿化作用。北西向断裂切割北东向成矿断裂，本身有石英斑岩脉充填。

(2) 侵入岩：高台子黑云母花岗岩体，分布于矿区西部4km处，侵入在侏罗系果松组及林子头组中。呈岩基状。岩体东侧边部有花岗斑岩体（$\gamma\pi_5^{3a}$）岩体外接触带及岩体内见多处Pb、Zn矿化。

脉岩：矿区内有辉绿玢岩、闪长玢岩、石英斑岩等。前两种脉岩形成早，沿北东向断裂成群出现空间上常与矿体伴随。有时切矿体，石英斑岩晚，切前二者。上述脉岩产于寒武纪—奥陶纪地层中。

(3) 构造：郭家岭矿区位于上解放村复向斜东侧，郭家岭-矿洞子向斜东翼。翼部有张夏组—冶里组地层。呈条带状分布，走向近南北，向斜西倾，倾角30°～40°。轴部由亮甲山组和马家沟组组成。分布矿区西南部。

矿洞子矿区位于上解放村复向斜东北部，由矿洞子向斜组成。两翼地层为徐庄组、张夏组、崮山组轴部为长山组。寒武纪地层向内倾，倾角10°～30°。

本区处于鸭绿江断裂带上，多期断裂活动强烈，有北东向、北西向两组。北东向发育，多分布郭家岭矿区。倾向南东，倾角60°～80°，具压剪性，有脉岩贯入，为成矿前断裂。

北西向断裂在矿洞子矿区发叉腰，走向330°，倾向不定，倾角40°～75°。

2. 矿体三度空间分布特征

矿体赋于北东向断裂带内，呈脉状产出。矿体围岩由徐庄组—冶里组灰岩等组成，与矿体界线分明。矿体受北东向断裂控制，倾向南东，倾角60°～80°。矿体呈脉状、透镜状。矿带总长700m，其中以断层为界分成301,302两个矿带。301矿带长270m，见2条矿体，长度分别为110m、80m，深部合并一体，向南西侧伏，斜深控制600m未尖灭。厚度1～3m。302矿带长320m，有3条矿体，长分别为120m、30m、20m，厚1～4m，延深100m尖灭。矿体倾向南东，倾角40°。

矿石品位Pb 1%～7%，最高达62.63%，平均4.44%；Zn 0.5%～2%，平均1.15%；伴生组分Cu 0.05%～0.3%，深部变富，达1.18%；Ag 3.3×10^{-6}～45.7×10^{-6}，最高达120×10^{-6}；Au 0.04×10^{-6}～0.84×10^{-6}，高达202×10^{-6}。见图6-2-16。

3. 矿床物质成分

(1) 物质成分：以Pb、Zn为主，少量Cu、Ba等。

(2) 矿石类型：方铅矿-闪锌矿型；方铅矿型。

(3) 矿物组合：方铅矿、闪锌矿、黄铜矿、黄铁矿、方解石、石英、白云石、重晶石、萤石。

(4) 矿石结构构造：半自形—他形晶结构，固溶体分解结构。浸染状、角砾状、脉状—网脉状构造。

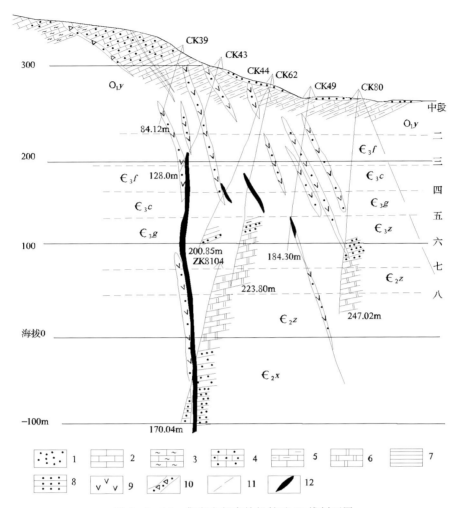

图 6-2-16　集安市郭家岭铅锌矿 22 线剖面图

1.砂岩;2.灰岩;3.灰质黏土;4.砂岩页岩互层;5.泥灰岩;6.大理岩;7.页岩;8.砂页岩;9.火山岩;10.砂质角砾岩;11.底层界线;12.矿体

4. 蚀变类型及分带性

围岩蚀变不明显,唯含矿破碎带硅化较强,并见黄铁矿化、高岭土化、绢云母化、硅化、白云石化、重晶石化、萤石化。

5. 成矿阶段

(1)成矿早期:奥陶纪地层中含有层状同生沉积形成的浸染状方铅矿、闪锌矿,构成 Pb、Zn 丰度高的矿源层。

(2)主成矿期:燕山期岩浆侵入为成矿提供充足热源,活化矿源层中 Pb、Zn 等成矿物质,使其迁移于北东向层间断裂容矿有利构造空间,富集成矿。

(3)表生期:主要对矿床的风化淋滤,形成次生氧化矿物。

6. 成矿时代及成因

推测两矿床就位时间与燕山期花岗岩侵入关系密切(图 6-2-17)。属岩浆期后热液叠加改造中低温层控热液矿床。

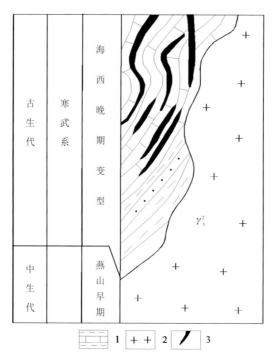

图 6-2-17 集安市郭家岭铅锌矿床成矿时间推断图

1.寒武纪地层;2.燕山期花岗岩;3.矿体

7. 地球化学特征

(1)硫同位素特征。郭家岭矿床矿石 $\delta^{34}S$ 值为 $+0.6‰ \sim +9.9‰$,均为正值,平均 $3.8‰$,以富重硫为特征,与花岗岩中黄铁矿 $\delta^{34}S$ 值($+3.5‰$)一致,表明矿床硫以岩浆硫为特征。有沉积硫显示,不排除有少量海相硫酸盐的混入。见表 6-2-14。

表 6-2-14 郭家岭矿床硫同位素测试结果表

样号	测定对象	$\delta^{34}S(‰)$
G2	矿石中方铅矿	+2.9
G3	矿石中方铅矿	+2.6
JG7-14	矿石中方铅矿	+3.0
郭家岭西山	矿石中方铅矿	+2.2
G1	矿石中黄铜矿	+4.9
JG87-8	矿石中闪锌矿	+0.6
JG7-4	灰岩中黄铁矿	+5.3
JG87-4	灰绿玢岩中黄铁矿	+2.6
JG8-1	变质砂岩中黄铁矿	+9.9
石橛-1	安山岩中方铅矿	+4.7
石橛-1	安山岩中黄铜矿	+5.6
通沟-1	混合岩中方铅矿	+1.4
K1	角砾状矿石方铅矿	-6.3

续表 6-2-14

样号	测定对象	$\delta^{34}S‰$
K5	脉状矿石方铅矿	-6.1
K10	条带状矿石方铅矿	-6.0

(2)碳、氢、氧同位素。

氧同位素组成特征：郭家岭矿床各类型矿石中石英、方解石的氧、碳、氢同位素组成特征列入表 6-2-15。可知，郭家岭矿床方解石、石英、平衡水 $\delta^{18}O_{H_2O}$ 值 3.84‰～11.01‰，均反映以岩浆水为主的特征。

碳同位素组成特征：矿床碳同位素组成以较大的负值为特征，显示了生物有机碳特点，反映成矿作用碳来源于地层生物碳。

矿床氢同位素组成特征：δD 值为 -87.99‰～101.539‰，与大气降水矿床有很大差别，也不同于岩浆水矿床。所以，本区矿床矿液水可能具多源性。

(3)铅同位素比值稳定，变化小，为单阶段稳定增长的正常铅，主要来自寒武纪地层。计算得到的 μ 值郭家岭-矿洞子为 8.44～8.85。平均 8.6。表明寒武纪地层中铅来自周围古陆上的内生矿床低 μ 值系统源区铅。铅同位素模式年龄：矿石为 479.0～548.0Ma，与地层 500.0Ma 年龄相一致。

表 6-2-15 郭家岭-矿洞子矿床碳、氢、氧同位素组成一览表

编号	测定对象	$\delta^{18}O$ (‰)(PDB)	$\delta^{13}C$ (‰)(PDB)	$\delta^{18}O$ (‰)(SMOW)	δD (‰)(SMOW)	温度(℃)	$\delta^{18}O_{H_2O}$ (‰)(SMOW)
JG7C-4	方解石脉中方解石	-17.637	-17.321	12.325	-87.996	290	6.44
JG76-7	大理岩中方解石	-19.368	-16.774	10.541	-92.357	265.3	3.84
JG82-1	硅化灰岩中方解石	-18.263	-17.393	11.680	-102.303	290	5.80
JG82-1	硅化灰岩中石英			16.542	-110.202	332	10.62
JG7C-3	矿石中石英			17.315	-101.539	319.5	11.01

8. 成矿物理化学条件

(1)成矿流体性质。根据矿石矿物包体成分测定，郭家岭-矿洞子矿床含矿流体为 $Ca^{2+}-Cl^--HCO_3^-、SO_4^{2-}$ 型水。属弱还原环境下形成的。

成矿流体成分主要为 $Ca^{2+}、Cl^-、HCO_3^-、SO_4^{2-}$，具地下热卤水特征。由于流体中存在大量 HCO_3^-、SO_4^{2-}、Cl^-，表明 Pb、Zn 可能与这些酸根离子呈络合物形式搬运的。当进入孔隙大的构造空间时，由于压力降低，使 CO_2 逸出，造成碳酸盐络合物分解或当环境变为还原条件，硫酸盐也同时被还原络合物破坏，Pb、Zn 转为硫化物在构造裂隙中沉淀，聚集形成工业矿体。

(2)矿床形成温度。郭家岭爆裂温度(校正后)：矿石硫化物为 150～200℃。

9. 控矿因素及找矿标志

(1)控矿因素：奥陶系冶里组灰岩，燕山期黑云母花岗岩体及脉岩，郭家岭-矿洞子向斜东翼。

(2)找矿标志：郭家岭-矿洞子向斜东翼，奥陶系冶里组灰岩和燕山期黑云母花岗岩体及脉岩出露区，破碎带硅化较强，并见黄铁矿化、高岭土化和绢云母化、硅化、白云石化、重晶石化、萤石化。

(七)天宝山铅锌矿典型矿床特征

1. 地质构造环境及成矿条件

矿床位于晚三叠世—新生代东北叠加造山-裂谷系（Ⅰ），小兴安岭-张广才岭叠加岩浆弧（Ⅱ），太平岭-英额岭火山-盆地区（Ⅲ），罗子沟-延吉火山-盆地群（Ⅳ）。处于北东向两江断裂与北西向明月镇断裂带交会部位东侧，天宝山中生代火山盆地南侧，天宝山倾伏背斜轴部。

(1) 地层。区内出露地层主要有下古生界青龙村群黑云斜长片麻岩、斜长角闪岩；石炭纪（天宝山群）亮晶灰岩、板岩；二叠纪中酸性火山岩及碎屑岩夹板岩、灰岩等。见图 6-2-18。

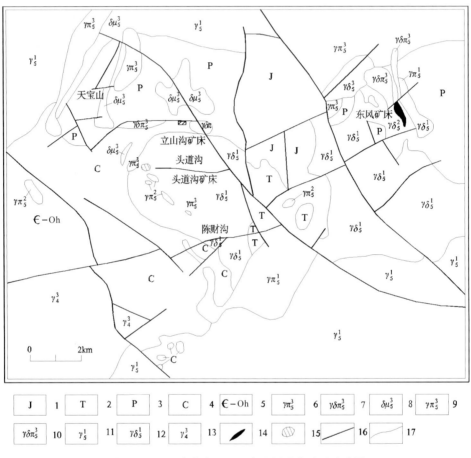

图 6-2-18　龙井市天宝山多金属矿床矿区地质图

1.侏罗系中性火山岩夹砂砾岩；2.三叠系酸性火山岩；3.二叠系变质火山岩；4.石炭系大理岩；5.寒武系—奥陶系黄莺屯组；6.燕山晚期花岗岩；7.燕山晚期花岗闪长斑岩；8.燕山晚期闪长玢岩；9.燕山早期花岗岩；10.燕山早期花岗闪长斑岩；11.印支期花岗岩；12.印支期花岗闪长玢岩；13.海西晚期花岗岩；14.矿体；15.隐爆角砾岩；16.断裂；17.地质界线

(2) 岩浆岩。

①侵入岩：在天宝山矿区岩浆活动较频繁，有加里东期片麻状花岗岩、海西期花岗闪长岩类，印支期斑状二长花岗岩、燕山期斑岩类。采取花岗岩类岩石谱系单位的准则，把天宝山矿区内花岗岩类划分为 2 个超单元、3 个单元、19 个侵入体。具体特征列于表 6-2-16 中。

表 6-2-16 天宝山矿区侵入岩序列

时代	超单元	单元	岩体名称	分布	岩石类型	组构	矿物组成	成岩后变化	年龄(Ma)	接触关系
白垩纪		二道沟单元	二道沟岩体	二道沟天宝山顶	闪长岩岩墙花岗斑岩	少斑结构、霏细结构	Pl、Hb 等		130	脉动侵入石炭系和头道沟岩体
白垩纪		二道沟单元	卫星岩体	沿卫星南北向分布	辉长闪长岩岩墙	半自形柱粒状结构	Pl、Hb、Mp	Mp发生、斜闪石化等蚀变	135	脉动侵入石炭系头道沟岩体中
白垩纪		二道沟单元	立山岩体、东风岩体	立山坑、新兴坑西南,东风坑西南	英安斑岩(流纹斑岩、安山斑岩)	斑状结构、块状构造矿物粒度(基质)自上至下变粗	Pl、Qz、Bi、Kf	绿帘石化、绿泥石化、钾长石化、黑云母化	205	侵入二叠纪地层和东山岩体
白垩纪		东山单元	东山西坡岩体	东山西坡	闪长岩	块状构造中细粒半自形结构	Pl、Hb、Bi、Qz,副矿物 Mt、Tn、Zi、Pl	破碎、强钠长石化		呈团块状残留在西南沟岩体中
三叠纪	天宝山超单元	顶西单元	鸡冠山岩体	天宝山镇南	砖红色二长花岗斑岩	斑状结构、显微花岗结构、交代结构	Pl、Kf、Qz、Org、Qz、Bi、Hb	强钾长石化、析出赤铁矿	175(偏小)	侵入头道沟岩体
三叠纪	天宝山超单元	顶西单元	顶西岩体	天宝山顶西部	二长花岗斑岩	斑状结构、中细粒结构,具有震裂构造	Pl、Kf、Qz、Hb、Bi 等	方解石化、沸石化		侵入天宝山岩块和头道沟岩体
三叠纪	天宝山超单元	顶西单元	西南沟岩体	西南沟一带	斑状二长花岗岩	似斑状结构	Pl、Kf、Qz、Bi,副矿物 Mt、Cp			
三叠纪	天宝山超单元	顶西单元	南阳洞岩体	南阳洞一带	细粒二长花岗岩	块状构造、细粒花岗结构	Pl,环状构造,Kf、Bi,副矿物 Mt、Zi		187.8	
三叠纪	天宝山超单元		头道沟岩体	头道沟一带山坑-陈财沟	花岗闪长岩斜长花岗岩	块状构造、半自形粒状结构、交代结构	Pl、Mi、Qz、Bi、Hb,副矿物 Mt、Tn、Cp、Zi、Al		238、227	侵入石炭系中
二叠纪		东山单元	东山岩体	东风坑	石英闪长岩	块状结构、半自形粒状结构、交代结构	Pl,具环状构造。Kf、Qz、Hb,副矿物 Mt、Tn、Cp、Zn	变形变质具片麻状	238、280、254	侵入二叠系中
二叠纪		东山单元	白石岭岩体	东风矿床东南	石英闪长斑岩	斑状结构	Pl、An、Qz、Bi、Cp。Pl、Org、Hb+Bi	热力变质,变形		侵入石炭系和片麻状花岗岩中
早古生代—晚元古代	南阳洞超单元			天宝山、新成屯、银洞财、九户洞一带	天宝山顶、新成屯、银洞财长生屯、九户洞一带	片麻状花岗岩、变质花岗岩斑岩、细粒花岗岩等	片麻状结构、角砾状构造、花岗变晶结构	Mi、Org、Qz、Bi,副矿物 Mt、Zi、Ap、All、Gr、Pl	动力变质、热变质,Qz、Fp变形拉长、Bi发生Chl化、钾化	326 516.6(片麻状花岗闪长岩)	侵入青龙头村群中

②火山岩：天宝山矿区火山岩亦较发育，分布于天宝山顶和九户洞一带。主要岩性有流纹岩、安山岩、英安岩、玄武安山岩及其相应的凝灰岩类。根据产出特征和年代学资料，将其按岩石地层单位，划分为古早古生代变质基性火山岩、三叠纪（安山岩、流纹岩）火山岩、侏罗纪火山岩和早白垩世火山岩。

③岩浆岩特征：岩浆岩属Ⅰ型，形成深度较大，达上地幔或下地壳；在 $\lg\tau-\lg\sigma$ 图解中，均落入 B 区且在日本火山岩 J 线附近，说明产生于造山带和岛弧环境；为钙碱系列；含矿岩体中成矿元素含量高，一般 Cu、Mo、Au、Ag、Pb、Zn 等是同类岩体的 1～100 倍。天宝山矿区的岩体或火山岩含 Cu 的 0.5～2.35 倍，平均 1.07 倍；Pb 的 0.67～146.0 倍（除去最高 146.0 倍），平均 1.88 倍；Zn 的 1.35～3.00 倍，平均 2.3 倍。

④构造：断裂构造分为北西向、东西向、南北向 3 组。北西向断层从西至东有南阳洞断裂，在二道沟、天宝山、九户洞等地青龙村片麻岩和片麻状花岗岩中的规模较大的推覆构造及新兴坑-陈财沟断裂、天宝山沟断裂、九户洞断裂和东风北山-东风南山次级北西向断裂（控制东风矿床）等。东西向断裂有陈财沟-东风坑断裂、头道沟断裂、二道沟断裂（控制二道沟岩体）。南北向断裂有水泵地断裂（控制卫星岩体）、新兴坑断裂等。根据其相互切割关系判断，形成时序为东西向断裂较早，北西向断裂次之，南北向断裂最晚。就其性质而言，东西向与南北向断裂为张性或张扭性，而北西向断裂则为压扭性或压性。这几组断裂构造控制了岩浆岩、角砾岩筒、爆破角砾岩群及矿化体的分布，特别在两组或两组以上断裂的交会处往往形成矿床。

2. 矿体三度空间分布特征

天宝山矿田的矿床成因组合具有多位一体的特点，形成完整的成矿系列，主要矿床有立山矿床、东风矿床和新兴矿床等。

(1)山矿床：矿床主要赋存于头道沟花岗闪长岩、英安斑岩与"天宝山岩块"的接触带中。矿体小而多，但断续延深较大，其形态复杂，有透镜状、板状、脉状、巢状等。总体规律是上部以脉状为主，中部以透镜状、板状为主，下部以似层状为主。其中最大的是 17 号矿体，其次为兴隆 3 号、立山 13 号等，整个矿带长 700m，宽 500m，控制深度大于 800m。矿带上部向北西倾伏，向下转向西倾伏，倾伏角 30°～50°。矿体延深大于延长。单个矿体产状多变紊乱，大多沿不纯灰岩岩块和角岩岩块接触部位分布，少量沿层理分布。兴盛体直接产于英安斑岩断裂带内，见图 6-2-19。

矿床在中上部厚度大、品位富，往下有变贫趋势，但锌的平均品位却从 1～8 中段上升，由 8～12 中段下降，可是到 16 中段又有显著提高，往下出现富锌贫铜、铅的矿石类型。

矿床围岩蚀变主要为层状矽卡岩，主要蚀变矿物为：石榴子石、透辉石、方柱石或葡萄石等。其构造为块状构造、条带状构造、似层状构造、细粒变晶结构、自形—半自形结构，显示热变质或区域变质的结构，但后期确有矽卡岩化叠加，呈斑杂构造、不等粒他形交代结构等。

矿石组构因产出特征不同而有别，产于岩体中的矿石多具脉状、块状构造，角砾状构造，结构则以中粗粒半自形结构为主。矿石矿物组合为闪锌矿＋黄铜矿＋方铅矿等；产于透辉石、石榴子石矽卡岩中矿石，常具浸染状构造、斑点状构造、他形粒状结构，矿石矿物组合为黄铜矿＋方铅矿＋闪锌矿或单矿物矿石。产于灰岩和板岩的多为层状矿体、似层状矿体，具条带状构造，结构以微细粒他形粒状结构为特征。矿石矿物组合：闪锌矿＋磁黄铁矿等。上述 3 种矿石组构，分别代表了热液的浅部、改造（变质）重结晶的中部和反映同沉积的组构特征。

(2)东风矿床：东风矿区出露的地层是二叠系的相当红叶桥组的一套变质的中酸性火山-沉积岩系。其下部为中酸性火山岩及其火山碎屑岩；中部为偏酸性火山岩与不纯灰岩互层；上部为一套以中性熔岩为主的火山岩。地层产状：走向 290°～345°，倾向南西，倾角 30°～55°。矿体产于中下部层位中。东风矿床由东风南山矿体、中部东风矿体及北西部北山矿体构成。

东风南山矿体：产于下部层-中性火山碎屑岩中，为细脉浸染型铅锌矿体群。其特点是矿化普遍，但

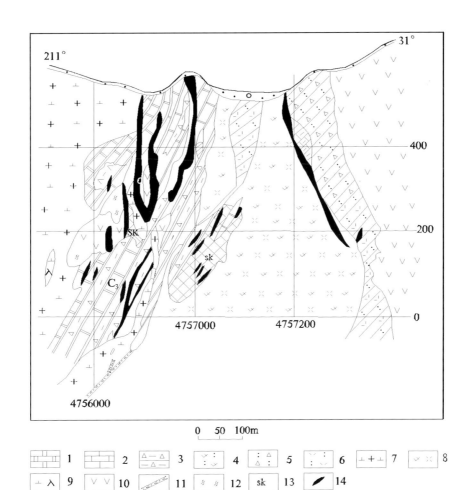

图 6-2-19 龙井市天宝山多金属矿床立山坑 A2 线地质剖面图

1.大理岩；2.板岩；3.角岩；4.英安质凝灰岩；5.凝灰角砾岩；6.流纹质凝灰岩；7.花岗闪长岩；
8.英安斑岩；9.闪长玢岩；10.次安山岩；11.破碎带；12.蚀变带；13.矽卡岩化；14.矿体

Cu、Pb、Zn 品位低，Cu 0.01%～0.55%，Pb 0.01%～1.51%，Zn 0.65%～2.78%。矿化主要发生在一种特殊的似脉状的火山喷气沉积变质岩(前人称角岩或糜棱岩)中，它的矿物成分为隐晶状的长石、石英、黑云母。其中常含特征的隐晶石榴子石和锌尖晶石(标型矿物)。此岩石是在海底火山喷发时，在较高温度和压力下形成的。矿石矿物主要为闪锌矿、方铅矿，次之为黄铜矿和黄铁矿。

东风矿体：赋存于中部层中。矿带走向 340°，长 1300m，宽 200～300m，延深 550 多米，产矿石量占东风矿区的 97%。矿体产于中酸性熔岩与不纯灰岩互层的不纯灰岩中或接触处，见图 6-2-20。矿体产状多与地层产状一致。矿体形态为层状、似层状。矿石平均品位 Cu 0.27%，Pb 0.14%，Zn 2.45%。矿石矿物主要为磁黄铁矿、闪锌矿、黄铁矿、磁铁矿、方铅矿、白铁矿和毒砂。含少量斑铜矿、辉铜矿、黝铜矿、辉钼矿等。主要矿石类型：闪锌矿-磁黄铁矿矿石、黄铜矿-闪锌矿-磁黄铁矿矿石、闪锌矿-磁铁矿-磁黄铁矿矿石等。矿石构造以条带状构造、致密块状构造和浸染状构造为主，脉状构造次之，还见到球粒状或鲕状构造、胶状构造的变余构造。

值得重视的是在矿带中有层状萤石和萤石绿泥石岩存在，前者位于东风 6-7 号矿体，夹在条带状闪锌矿-磁黄铁矿层中，下部靠近英安岩，层状萤石厚约 1.0m，呈灰白色，具层状构造。后者出露于 14 号矿体的下盘，厚 5.0m。岩石呈暗绿色，具片状构造，主要矿物为隐晶状绿泥石和微粒自形萤石，常含较多闪锌矿、磁黄铁矿和黄铜矿等金属硫化物。具有条带状构造，其产状与地层一致。是海底火山喷气

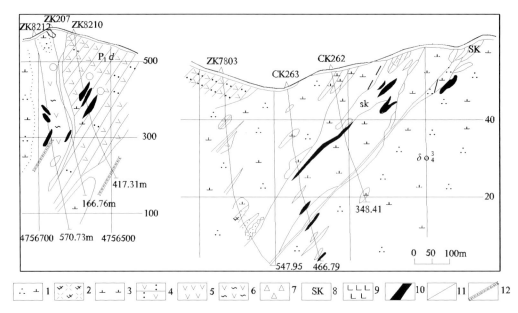

图 6-2-20　龙井市天宝山多金属矿床东风坑矿床勘探线剖面图

1.石英闪长岩；2.英安斑岩；3.中性脉岩；4.安山质凝灰岩；5.安山岩；6.混杂安山岩；7.角砾；8.矽卡岩；9.煌斑岩；
10.矿体；11.断层；12.破碎带

沉积形成的特殊的喷气岩(相当于黑烟囱的喷发产物)。上述事实为确认东风矿床的火山喷气沉积成因提供了有力证据。

(3)新兴矿床:该矿床产于头道沟花岗闪长岩体内,并受头道沟东西向断裂、新兴-陈财沟北西向断裂和卫星南北向断裂交会处的角砾岩筒所控制。角砾岩筒在平面上呈近南北向椭圆形,南北长轴54~68m,东西短轴28~36m,剖面上呈上大下小的漏斗形。上部全筒式矿化,中下部为中心式矿化。矿体延深至320m。该岩筒向290°方向倾伏,倾伏角53°。见图6-2-21。

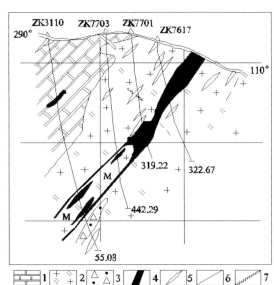

图 6-2-21　龙井市天宝山多金属矿床新兴坑
隐爆角砾岩筒剖面图

1.大理岩；2.二长花岗岩；3.角砾岩；4.矿体；5.中酸性脉岩；
6.断裂；7.破碎带

角砾成分较复杂,大小不等,分选性差,滚圆度相差也大。角砾成分主要以花岗闪长岩角砾为主,其次为角岩角砾、英安斑岩角砾、霏细岩和流纹岩角砾、脉石英角砾、花岗斑岩角砾等。角砾多呈次棱角状、棱角状,少量为浑圆状。胶结物为粒径在0.2cm以下的呈灰白色或粉红色碎屑、岩粉。胶结物发生强烈的水云母化-伊利石化、次生石英岩化、斜黝帘石化、绿帘石化等。由于多次爆破使先成角砾,甚至胶结物都又遭受破碎。这些角砾后来又被石英或硫化物所胶结,并构成工业矿石。闪锌矿和方铅矿等常围绕角砾产出,构成环状构造、粒间充填构造、脉状构造、浸染状构造、粗晶粒状结构等。金属矿物：闪锌矿、方铅矿为主,次为黄铜矿、黄铁矿、砷黝铜矿、自然铋和银矿物复硫化物、自然金等。

蚀变具有分带现象：筒内蚀变强,筒边蚀变弱,围岩蚀变更弱,筒内以次生石英岩化为主、边部为青磐岩化,围岩常有较明显的黄铁矿化。在震碎裂隙中充填粉红色含锰方解石脉。

角砾岩筒化学成分的明显特征是 CaO、MnO 增加，其可能是围岩灰岩、板岩提供。

绢英岩化中白云母的钾-氩法年龄 224Ma，说明爆破角砾岩筒形成于（印支期）三叠纪。

3. 矿床物质成分

（1）物质成分：以 Pz、Zn 为主。

（2）矿石类型：闪锌矿-磁黄铁矿矿石、黄铜矿-闪锌矿-磁黄铁矿矿石、闪锌矿-磁铁矿-磁黄铁矿矿石，闪锌矿＋黄铜矿＋方铅矿、黄铜矿＋方铅矿＋闪锌矿、闪锌矿＋磁黄铁矿等。

（3）矿物组合：立山矿床矿石矿物为闪锌矿、黄铜矿、方铅矿、磁黄铁、黄铁矿等。东风矿床矿石矿物主要为磁黄铁矿、闪锌矿、黄铁矿、磁铁矿、方铅矿、白铁矿和毒砂。新兴矿床以闪锌矿、方铅矿为主，次为黄铜矿、黄铁矿、砷黝铜矿、自然铋和银矿物复硫化物、自然金等。

（4）矿石结构构造：立山矿床产于岩体中的矿石以中粗粒半自形结构为主，多具脉状、块状构造，角砾状构造。产于透辉石、石榴子石矽卡岩中矿石为他形粒状结构，常具浸染状构造、斑点状构造。产于灰岩和板岩的多为层状矿体结构以微细粒他形粒状结构为特征，具条带状构造；东风矿床矿石构造以条带状构造、致密块状构造和浸染状构造为主，脉状构造次之，还见到球粒状或鲕状构造、胶状构造的变余构造；新兴矿床有粗晶粒状结构，环状构造、粒间充填构造、脉状构造、浸染状构造等。

4. 蚀变类型及分带性

头道沟花岗闪长岩和立山英安斑岩与碳酸盐岩接触带广泛形成矽卡岩带，控制矽卡岩型矿床，主要类型为石榴子石-单斜辉石矽卡岩，单斜辉石矽卡岩，石英-绿帘石矽卡岩等。

角砾岩筒型矿床受面状蚀变控制，其主要围岩蚀变，早期钾化，中期硅化、水云母化、绿泥石化，晚期方解石化、沸石化。

热液脉状矿体近矿蚀变，其内带以硅化、水云母化为主，外带为绿泥石化、碳酸盐化。

立山矿床围岩蚀变主要为层状矽卡岩，主要蚀变矿物为：石榴子石、透辉石、方柱石或葡萄石等；新兴矿床筒内蚀变强，筒边蚀变弱，围岩蚀变更弱，筒内以次生石英岩化为主、边部为青磐岩化，围岩常有较明显的黄铁矿化。在震碎裂隙中充填粉红色含锰方解石脉。

5. 成矿阶段

成矿早期：海西晚期花岗岩侵入到石炭系（天宝山岩块）与二叠系（红叶桥组）砂板岩、灰岩、中酸性火山岩层位，形成早期矽卡岩型矿体。

成矿中期：印支期次火山岩-英安斑岩与碳酸盐地层接触形成矽卡岩型多金属矿床，同时也形成热液脉或角砾岩筒型多金属矿床。

成矿晚期：燕山期花岗斑岩（多为脉状）与碳酸盐地层形成矽卡岩型热液脉状多金属矿化。

6. 成矿时代

立山、新兴矿床成矿与岩体有关，岩体年龄为（Pb－Pb）法 238～225Ma，新兴矿绢云岩化白云母 K－Ar 法年龄为 224Ma。

东风坑层状矿体形成时代与二叠纪火山岩一致，地层 Pb－Pb 年龄为 229.5Ma，属海西期—印支期，以印支期为主。

综上特征该矿床东风坑属浅成—超浅成次火山热液充填交代矿床，立山矿体属矽卡岩型矿床，新兴矿床属爆破角砾岩型。

7. 地球化学特征

1）硫同位素特征

天宝山矿床硫同位素资料丰富，至今已积累146件测试数据。其中方铅矿49件、闪锌矿51件、黄铜矿17件、黄铁矿9件、磁黄铁矿7件、辉钼矿7件和毒砂6件。测试的样品中最集中的是东风矿床（43件）、新兴矿床（32件）和立山矿床（27件），其他矿区矿点36件。天宝山矿区主要矿床硫同位素组成特征见表6-2-17，主要硫化物的硫同位素组成见表6-2-18。

表6-2-17 天宝山矿区各矿床硫同位素组成特征表

矿床	样数 n	$\delta^{34}S(‰)$ 变化范围	$\delta^{34}S(‰)$ 平均值(X)	极差 $(R)(‰)$	标准离差(S)
新兴矿床	32	−4.8~2.2	−3.01	7.0	1.35
	31*	−4.8~1.2	−3.18	3.6	0.97
立山矿床	27	−7.1~+0.2	−2.41	7.3	1.31
	26*	−3.8~0.2	−2.23	4.0	0.93
立山选厂后出	15	−2.45~0.34	−0.86		0.91
东风矿床	43	−5.9~3.5	0.20	9.4	1.79
	41*	−2.9~3.5	0.47	6.4	1.34
南阳洞	7	−2.2~0.6	−0.70	2.8	1.02

注：*表示重点测试的标样。

表6-2-18 天宝山矿区各矿床主要硫化物硫同位素组成表

矿床名称	测试矿物	样品数	平均值(X)(‰)	极差(R)(‰)	标准离差(S)(‰)
新兴矿床	方铅矿	12	−4.15	1.1	0.30
	闪锌矿	18	−2.70	1.2	0.33
	黄铜矿	3	−1.37	0.6	0.15
立山矿床	方铅矿	15	−2.71	2.5	0.70
	闪锌矿	7	−1.61	0.9	0.34
	黄铜矿	3	−2.10	1.9	0.98
立山选厂后山矿床	方铅矿	5	−1.93	0.88	0.32
	闪锌矿	5	−0.53	1.44	0.65
	黄铜矿	5	−0.12	0.85	0.32
东风矿床	方铅矿	8	−0.46	1.6	0.52
	闪锌矿	15	+0.31	6.4	1.78
	黄铜矿	6	+0.28	3.0	1.04
	磁黄铁矿	6	+1.33	1.3	0.45
	毒砂	6	+1.45	1.3	0.42
板岩、角岩、蚀变火山岩	黄铁矿		$\frac{-7.1~-4.6}{-5.8}$	2.5	
			$\frac{1.7~-1.2}{-0.02}$	3.9	

全矿区 $\delta^{34}S$ 变化于 $-7.1‰ \sim +3.5‰$ 之间,平均值为 $-1.24‰$,极差为 $R=10.6‰$,标准离差 $S=2.03$,全矿区 $\delta^{34}S$ 平均值接近于零,但硫同位素组成变化较大,说明硫化物成因较为复杂。

矿区几个主要铜铅锌矿床硫同位素组成有一定变化规律,计算方铅矿、闪锌矿、黄铜矿、磁黄铁矿和毒砂的 $\delta^{34}S$ 值,东风矿床 $\delta^{34}S$ 平均值最高($+0.47‰$),新兴矿床平均值最低($-3.18‰$),立山矿床和立山选厂后山矿床介于其间。极差和标准离差东风矿床较大(1.34),其他矿床都很相近。

从金属硫化物的 $\delta^{34}S(‰)$ 值来看,方铅矿、黄铜矿的 $\delta^{34}S(‰)$,都由东风矿床→立山选厂后山→立山矿床→新兴矿床逐渐变小。矿物的 $\delta^{34}S$ 极差和标准离差,方铅矿相差不大,而东风矿床中闪锌矿明显偏大,其他矿床差别不大。

由上述资料可以看出天宝山矿区矿石矿物的 $\delta^{34}S(‰)$ 具有近陨石硫的特征,与外围蚀变火山岩中的 $\delta^{34}S(‰)$ 相差很小,特别是东风矿床几乎完全一样,新兴矿床和立山矿床与其相差大些,介于板岩或角岩的 $\delta^{34}S(‰)$ 和蚀变火山岩之间,在立山矿床和新兴矿床中硫还来自天宝山岩块。

2)铅同位素特征

24 个铅同位素测试数据列于表 6-2-19。可见铅同位素具有如下特征:

天宝山矿区矿石铅、火成岩铅和灰岩铅属于现代铅。

矿区火成岩和天宝山岩块中岩石铅同位素值均很稳定,极差 $R<0.5$,变化率 $V<1.2$,标准偏差 $S<0.25$,μ 值 $9.05 \sim 9.11$,均属正常铅。计算的模式年龄,有的负值,有的为正值,但多数比 K-Ar 法年龄偏小,而二道沟区火山角砾岩和天宝山岩块中灰岩的 2 个模式年龄吻合较好。

新兴矿床、立山矿床和二道沟矿床矿石铅同位素组成变化较大,极差 R $1.27 \sim 1.96$,V $3.30\% \sim 5.12\%$,S 达 $0.51 \sim 0.80$,μ 为 $8.1 \sim 9.6$。显然属于异常铅,至少有两阶段铅的演化历史。更有意义的是它们的矿石铅投影区相互重叠,而且天宝山岩块岩石铅同位素投影区位于这一重叠区的中心部位,说明它们间存在着成因联系。

东风矿床矿石铅同位素值均投影于其他矿床矿石铅样品分布区的最上端,且变化小,极差 $R<0.3$,变化率 $V<1.5$,标准偏差 $S<0.2$,μ 值 $9.27 \sim 9.66$,属正常铅。

侵入岩岩石铅同位素,分布于新兴、立山和二道沟矿床铅分布范围内,但局限在左下方,说明上述矿床的铅是典型混合成因铅,是矿源层(天宝山岩块、红叶桥组)铅与岩浆中铅相混合的结果。

表 6-2-19 天宝山铜矿锌矿床铅同位素组成表

样号	矿物	产出部位	$^{206}Pb/^{204}Pb$	$^{207}Pb/^{204}Pb$	$^{208}Pb/^{204}Pb$	模式年龄(Nd)	备注
天 284	方铅矿	新兴矿床,680坑	18.500	15.435	37.536	负值	宜昌地质矿产研究所测定
天 12	方铅矿	新兴矿床,新兴坑	17.935	15.087	38.435	负值	
天 14	方铅矿	新兴矿床,新兴坑	18.066	15.190	38.737	负值	
天 34	方铅矿	新兴矿床,新兴坑	18.272	15.463	38.802	00	
天 66-2	方铅矿	新兴矿床,创业坑	18.161	15.372	38.453	53	
天 418	方铅矿	立山矿床,一中段	17.978	15.177	39.368	负值	
天 405	方铅矿	立山矿床,六中段	17.892	15.201	37.849	30	
天 414-1	方铅矿	立山矿床,七中段	18.385	15.526	39.170	87	长春地质学院测定
天 414-2	方铅矿	立山矿床,七中段	17.907	15.058	37.971	负值	
天 415	方铅矿	立山矿床,七中段	18.228	15.485	38.816	149	
天 388	方铅矿	立山矿床十一中段	17.907	15.107	37.407	负值	
天 7601	方铅矿	立山矿床十一中段	17.993	15.413	38.058	235	

续表 6-2-19

样号	矿物	产出部位	$^{206}Pb/^{204}Pb$	$^{207}Pb/^{204}Pb$	$^{208}Pb/^{204}Pb$	模式年龄(Nd)	备注
天 426	方铅矿	东风矿床 2 号矿体	18.400	15.504	39.170	48	宜昌地质矿产研究所测定
天 1149	方铅矿	东风南山 ZK8014	18.672	15.716	39.269	118	
天 343	方铅矿	二道沟地表 1 号矿体	17.993	15.232	38.239	负值	
天 376	方铅矿	二道沟地表 CK166 附近	18.353	15.669	38.515	289	
天 1131-1	方铅矿	卫二坑地表含矿角砾岩	17.578	14.831	37.014	负值	
天 749	方铅矿	银洞财含矿矽卡岩	17.850	15.136	37.443	负值	
天 1148	方铅矿	南阳洞含矿矽卡岩	17.759	14.922	37.234	负值	
天 558	长石+石英	头道沟花岗闪长岩体	18.127	15.407	37.612	126	桂林矿产地质研究所测定
天 758	长石+石英	海西期片麻状花岗岩体	18.120	15.390	37.703	110	
天 768	钾长石	榆树川钾长花岗岩体	18.136	15.377	37.271	80	
天 2105	灰岩	石炭系地层	17.885	15.389	37.707	287	
天 2125	方解石	石炭系地层	18.049	15.396	37.749	171	

3）碳、氧、氢同位素特征

矿区共测 16 件，见表 6-2-20。矿区碳、氧同位素共 4 组，Ⅰ区 $\delta^{13}C=-6.92‰\sim8.53‰$，$\delta^{18}O=-21.54‰\sim26.97‰$，具岩浆碳特点。Ⅱ区 $\delta^{13}C=-6.11‰\sim8.63‰$，$\delta^{18}O=-12.24‰\sim13.31‰$，为无矿方解石脉。Ⅲ区 $\delta^{13}C=-0.31‰\sim4.44‰$，$\delta^{18}O=-7.72‰\sim14.04‰$，代表海相石灰岩区。Ⅳ区 $\delta^{13}C=2.64‰\sim3.85‰$，$\delta^{18}O=-18.52‰\sim18.81‰$，为矿床附近灰岩。

表 6-2-20 天宝山矿区碳酸盐岩 C、O 同位素测试结果表

序号	样号	采样位置	样品性质	$\delta^{13}C(PDB)$	$\delta^{18}O$
1	天 2109	创业坑	含矿角砾岩与 PbZn 矿化密切的方解石	-7.52	-26.97
2	天 11	新兴坑	切穿含矿角砾岩的方解石脉	-6.11	-24.60
3	天	立山十五中段	含毒砂的切穿矽卡岩的方解石	8.53	-21.54
4	21020	南天门	灰岩中无矿方解石脉	-6.41	-12.17
5	天 2126	南天门	灰岩中无矿方解石脉	-8.63	-13.31
6	天 2313	立山十五中段	结晶砂屑灰岩	3.85	-18.81
7	天 2125	立山十五中段	结晶砂屑灰岩	1.74	-13.01
8	天 2365	东风二中段	下二叠统结晶灰岩	3.05	-7.72
9	天 1989	东风三中段	下二叠统大理岩	2.64	-18.52
10	天 2155	白石岭剖面	结晶碎屑灰岩	2.90	-10.32
11	天 2171	白石岭剖面	结晶灰岩	1.75	-12.24
12	天 2189	白石岭剖面	结晶碎屑灰岩	0.72	-12.97
13	天 2194	白石岭剖面	结晶碎屑灰岩	4.44	-10.75
14	天 2200	白石岭剖面	结晶灰岩	0.92	-11.4

续表 6-2-20

序号	样号	采样位置	样品性质	$\delta^{13}CPDB$	$\delta^{18}O$
15	天 2230	红专路剖面	结晶砾屑灰岩	0.31	-9.93
16	天 6	银铜才矿点	灰岩	2.24	-14.04

氢、氧同位素：矿区仅在新兴含矿角砾岩筒中与铅、锌矿化有关的石英脉中做一件包裹体测定，δD 和 $\delta^{18}O$ 分别为 85‰ 和 -5.1‰，应属混合岩浆水。

4) 微量元素特征

天宝山东风矿体形态均呈层状、似层状或长透镜状，矿体或矿化体的赋矿层位或部位是多样的，东风南山矿体呈层状分布于红叶桥组(原定庙岭组)下部火山喷气沉积变质岩中，东风矿体产于中酸性熔岩与不纯灰岩的接触处或在不纯灰岩中，在其中或下盘分布有层状喷气岩-萤石岩和萤石绿泥石岩。喷气岩中含有较多的闪锌矿、黄铜矿和磁黄铁矿等金属硫化物。金尚林等在研究天宝山矿床岩石含矿性时，全面系统的采取了矿床的地层及火山岩样品 87 个。天宝山矿区内地层铜、铅、锌含量，见表 6-2-21。可见天宝山矿区内上石炭系山秀岭组(天宝山岩块)和红叶桥组(庙岭组)，富含 Cu、Pb、Zn 成矿元素，是含矿层，它在火山喷气作用、变质热液作用及海西期—燕山期岩浆-火山作用的热动力驱动下，已转变为矿源层。

表 6-2-21 天宝山矿区石炭系二叠系地层金属元素含量表

地层	岩性	样品数	元素含量($\times 10^{-6}$)			浓集度(含量/地区平均值)			资料来源于延边花岗联合科研队，1989
			Cu	Pb	Zn	Cu	Pb	Zn	
石炭系(天宝山岩块)	灰岩	49	9.4	57.4	22.0	0.45	2.90	0.28	
	板岩	5	36.0	21.0	63.8	1.74	1.06	0.80	
二叠系(红叶桥组)	灰岩	16	26.9	57.5	55.0	1.29	2.91	0.69	
	火山岩	17	24.0	21.0	165.0	1.18	1.06	2.08	

天宝山矿区侵入岩与成矿关系十分密切，特别在立山坑、兴隆、太盛及新兴、顶西等矿床表现得更为明显，有的就产在岩体及接触带中。主要侵入岩金属元素含量见表 6-2-22。

表 6-2-22 主要侵入岩金属元素含量表

期次	岩石类型	年龄值(Ma)	Cu($\times 10^{-6}$)	Pb($\times 10^{-6}$)	Zn($\times 10^{-6}$)	备注
燕山期	花岗斑岩	130	47	126	114	成矿
	闪长玢岩	135	43	70	80	
	安山玢岩	140	25	10	140	
印支期	英安斑岩	205	23	47	138	主成矿母岩
	二长花岗岩	214	20	25	53	
海西期	花岗闪长岩	245	47	90	88	成矿
	片麻状花岗岩		20	30	150	

8. 成矿物理化学条件

(1)包裹体特征:全矿区包裹体测试仅4件,其中新兴矿床石英包裹体3件,立山矿床透辉石包裹体1件。

新兴矿床含矿与非含矿角砾岩石英包裹体成分均以H_2O为主,其含量分别为86.32%和79.5%,含矿角砾岩流体总浓度小于非含矿角砾岩,两者阳离子Ca^{2+}含量较高,次之为Na^+,阴离子中SO_4^{2-}较高,次之为Cl^-,属$Ca^{2+}-Na^+-SO_4^{2-}-Cl^-$型。石英斜黝帘石阶段为$Ca^{2+}-K^+-SO_4^{2-}-HCO_3^-$型,两者均不含氧而含微量的$CO$、$H_2$、$CH_4$等,说明两者均形成于还原环境。石英包裹体(石英-硫化物阶段)pH值为5.4,非含矿角砾岩pH值为5.2,均属偏酸性,石英-斜黝帘石阶段包裹体pH值为7.67,具偏碱性,说明成矿流体从弱碱性向偏酸性演化,含矿角砾岩$K^+=3.35$比非含矿角砾岩大,而$Na^+/(Ca^{2+}+Mg^{2+})=0.17$,比值小于后者,$Na^+/Cl^-=1.26$,$F/Cl^-=0.078$,介于岩浆热液与密西西比型热液水之间。成矿热液中$Cl^-$含量较高,可能金属迁移以氯络合物为主。

气相成分中CO_2、N_2含量较高,表明成矿在浅成条件下由大气降水参与下完成。立山矿床包裹体Eh值32.01,新兴矿床为0.65,pH值新兴矿床为5.4~7.67,立山矿床为7.15。

(2)成矿温度:立山矿床矽卡岩型成矿温度大于490℃,硫化物形成温度为426~270℃。新兴矿床第Ⅰ阶段成矿温度为481~338℃,第二阶段成矿温度为410~296℃,东风坑400~270℃。

(3)成矿深度:推测为0.5~4km。

9. 物质来源

(1)水的来源。天宝山矿区水的来源(热液)是比较丰富的。主要表现在:含水矿物的存在,东风矿床中的绿泥石、胶状黄铁矿、反映有热卤水存在的萤石、方柱石等矿物。水/岩反应产物的存在,天宝山东风矿区内均有呈层状或透镜状产出的、由于火山喷发富钙、铅、锌、铁、铜、氟的物质,遇到海水发生物化条件的改变而淀积的火山-沉积化学沉积物喷气岩,如含石榴子石、绿帘石、铁透辉石、绿泥石、萤石、石英、闪锌矿、黄铜矿、磁黄铁矿等单矿物岩条带或复矿物条带,也有同期产生的上述矿物的细脉。含矿层-下二叠统和天宝山岩块的沉积方式具有火山喷发-沉积、浊积和滑塌的特征,因此属高密度流、自然富水,在成岩过程中,水被挤出并变成含成矿元素的水(热液)参与成矿。新兴矿床中石英的氢氧同位素组成,在$\delta D-\delta^{18}O$图解中,投点偏离了岩浆水区和变质水区,而向雨水线靠近,说明该矿床的热液具有以大气水为主的混合水的特征。

(2)热源。根据野外调查和室内研究认为:①热源主要有火山喷发或喷气产生的热,产生水/岩反应,生成化学沉淀物;②侵入岩提供的热,如形成各类角岩,有时不仅提供热,而且伴随热液活动,在与围岩接触处引起各种热液蚀变作用;③浅变质作用提供的热量;④有断裂构造产生的热量。

10. 控矿因素及找矿标志

(1)控矿因素。石炭系(天宝山岩块)与二叠系(红叶桥组)砂板岩、灰岩、中酸性火山岩是矿床控矿层位。印支期—海西期花岗闪长岩、英安斑岩、石英闪长岩等为矿床提供了物质、热液、热能。东西向、北西向、近南北向3组断裂交会处控制部分矿床的形成。燕山期花岗斑岩(多为脉状)与碳酸盐地层形成矽卡岩型热液脉状多金属矿化。

(2)找矿标志。蚀变标志,立山矿床主要为矽卡岩化,新兴矿区,筒内主要具石英岩化,其次绿帘石化、绿泥石化、黄铁矿化等。矿床位于大面积起伏的航磁ΔT正磁场中低缓异常区边缘,矿体反映明显低阻高极化异常。矿田具明显1:20万水系沉积物异常,主要异常元素有Cu、Pb、Zn、Cd、Bi、Ag、Mo等。异常规模大,分带明显。

二、典型矿床成矿要素与成矿模式

收集资料编绘矿区综合建造构造图,突出表达与成矿作用时空关系密切的建造构造、地层和矿床(矿点和矿化点)等地质体三维分布规律。主要反映矿床成矿地质作用、矿区构造、成矿特征等内容,特别是矿床典型剖面图能够直观地反映矿体空间分布特征和成矿信息。典型矿床成图信息见表6-2-23。

表6-2-23 吉林省铅锌矿典型矿床成图信息一览表

预测方法类型	矿床成因类型	矿产预测类型	典型矿床	典型矿床成矿要素图	典型矿床预测要素图	时代	预测底图类型
火山岩型	火山-岩浆热液型	放牛沟式火山-沉积变质型	伊通县景家台镇放牛沟	吉林省火山-岩浆热液型放牛沟铅锌矿成矿要素图	吉林省放牛沟式火山-沉积变质型放牛沟铅锌矿预测要素图	加里东期	火山建造构造图
火山岩型	火山-岩浆热液型	放牛沟式火山热液型	吉林市地局子			燕山期	火山建造构造图
火山岩型		红太平式火山-沉积变质型	汪清县犁树沟铅锌矿	吉林省火山-沉积型红太平铅锌矿典型矿床成矿要素图	吉林省红太平式火山-沉积变质型铅锌矿典型矿床预测要素图	燕山期	火山建造构造图
层控内生型	火山-沉积变质改造型	青城子式沉积-变质岩浆热液改造型	白山市荒沟山铅锌矿	吉林省火山-沉积变质改造型荒沟山铅锌矿成矿要素图	吉林省青城子式沉积-变质岩浆热液改造型荒沟山铅锌矿预测要素图	燕山期	综合建造构造图
层控内生型	沉积-岩浆热液改造型	正岔式火山-沉积变质型	集安市花甸子镇正岔铅锌矿	吉林省沉积-岩浆热液改造型正岔铅锌矿成矿要素图	吉林省正岔式火山-沉积变质型正岔铅锌矿预测要素图	燕山期	综合建造构造图
层控内生型	期后岩浆热液叠加改造中低温层控热液型	万宝式沉积-岩浆热液叠加型	抚松县大营铅锌矿	吉林省期后岩浆热液叠加改造中低温层控热液型大营铅锌矿成矿要素图	吉林省万宝式沉积-岩浆热液叠加型大营铅锌矿预测要素图	燕山期	综合建造构造图
层控内生型	期后岩浆热液叠加改造中低温层控热液型	万宝式沉积-岩浆热液叠加型	集安市郭家岭铅锌矿	吉林省期后岩浆热液叠加改造中低温层控热液型郭家岭铅锌矿成矿要素图	吉林省万宝式沉积-岩浆热液叠加型郭家岭铅锌矿预测要素图	燕山期	综合建造构造图
复合内生型	叠加成因 东风火山热液充填矿床 立山矽卡岩矿床 新兴角砾岩筒矿床	天宝山式叠加成因型	龙井天宝山镇铅锌矿	吉林省叠加成因型天宝山铅锌矿成矿要素图	吉林省天宝山式叠加成因型天宝山铅锌矿预测要素图	印支期	综合建造构造图

1. 放牛沟典型矿床成矿要素图及成矿模式

放牛沟成矿要素详见表6-2-24,成矿模式见图6-2-22。

表6-2-24 吉林省放牛沟铅锌矿典型矿床成矿要素

成矿要素		内容描述	类别
特征描述		矿床属火山-岩浆热液成因类型	
地质环境	岩石类型	晚奥陶世石缝组白色大理岩夹条带状大理岩、片理化安山岩、片理化流纹岩,绢云母石英片岩夹大理岩透镜体。海西早期庙岭二长花岗岩	必要
	成矿时代	矿床矿石铅的模式年龄为306.4~290Ma	必要
	成矿环境	晚奥陶世石缝组与海西早期庙岭花岗岩体接触带,石缝组白色大理岩夹条带状大理岩为主要赋矿层位	必要
	构造背景	天山-兴蒙-吉黑造山带(Ⅰ)、大兴安岭弧形盆地(Ⅱ)、锡林浩特岩浆弧(Ⅲ)、白城上叠裂陷盆地(Ⅳ)	重要
矿床特征	矿物组合	以黄铁矿、磁铁矿、闪锌矿、方铅矿为主	重要
	结构构造	自形—半自形粒状、他形粒状、交代包含结构;致密块状、条带状和浸染状构造	次要
	蚀变特征	青磐岩化、绿泥石化、绿帘石化、黝帘石化、硅化、绢云母化、萤石化、闪石化、黄铁矿化等;在岩体接触带附近石榴子石-透辉石或透闪石矽卡岩及碳酸盐化发育,并伴有黄铁矿化	重要
	控矿条件	大地构造背景控矿:天山-兴蒙-吉黑造山带(Ⅰ)大兴安岭弧形盆地(Ⅱ)锡林浩特岩浆弧(Ⅲ)白城上叠裂陷盆地(Ⅳ)。 地层控矿:矿体均赋存与大理岩及其顶底部的安山岩中。 岩浆活动控矿:海西早期同熔型花岗岩。 构造控矿:放牛沟-前庙岭斜冲断裂带及其两侧次级层间构造破碎带、裂隙带	必要

2. 红太平典型矿床成矿要素图及成矿模式

红太平成矿要素详见表6-2-25,成矿模式见图6-2-23。

表6-2-25 吉林省红太平铅锌矿典型矿床成矿要素

成矿要素		内容描述	类别
特征描述		属经强烈变质改造后的海底火山沉积矿床	
地质环境	岩石类型	凝灰岩、蚀变凝灰岩,砂岩、粉砂岩、泥灰岩	必要
	成矿时代	模式年龄值为250~290Ma(刘劲鸿,1997)与矿源层-早二叠世庙岭组一致。另据金顿镐等(1991)红太平矿区方铅矿铅模式年龄208.8Ma	必要

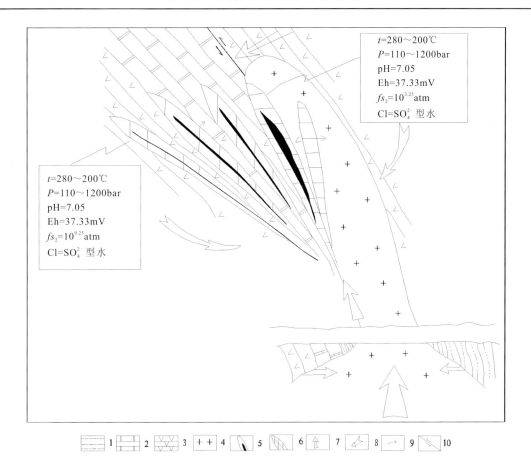

图 6-2-22 放牛沟铅锌矿典型矿床成矿模式图

1.变质砂岩、板岩及千枚岩;2.大理岩;3.安山岩类;4.花岗岩;5.早期硫化阶段形成的硫铁矿矿体及其原生异常;6.晚期硫化阶段形成的铅锌矿体及原生异常;7.矿体及其正原生异常物质来源;8.天水的环境和加入;9.围岩物质的带出与负异常的形成;10.主要控岩控矿断裂

续表 6-2-25

成矿要素		内容描述	类别
特征描述		属经强烈变质改造后的海底火山沉积矿床	
地质环境	成矿环境	二叠纪庙岭-开山屯裂陷槽控是控矿的区域构造标志;轴向近东西展布的开阔向斜构造控制红太平矿区	必要
	构造背景	矿床位于天山-兴蒙-吉黑造山带(Ⅰ)小兴安岭-张广才岭弧盆系(Ⅱ)放牛沟-黑水-五道沟陆缘岩浆弧(Ⅲ)汪清-珲春上叠裂陷盆地(Ⅳ)北部	重要
矿床特征	矿物组合	金属矿物有闪锌矿、黄铜矿、斑铜矿、方黄铜矿(磁黄铁矿)、方铅矿、银黝铜矿、毒砂、黄铁矿、辉锑矿;脉石矿物有绿泥石、绢云母、白云母、石英、石榴子石、绿帘石、方解石、长石、透闪石、电气石。次生矿物有孔雀石、蓝辉铜矿、辉铜矿、铜蓝、铅矾、锌华、褐铁矿等	重要
	结构构造	矿石结构有他形粒状结构、包含结构、固溶体分解结构、侵蚀结构、交代残余结构、交代假象结构和交代蚕食结构等。矿石构造有块状构造;条纹、条带状构造;浸染-斑点状构造;稠密浸染状构造;角砾状(胶结)构造和蜂窝状构造等	次要

续表 6-2-25

成矿要素		内容描述	类别
特征描述		属经强烈变质改造后的海底火山沉积矿床	
矿床特征	蚀变特征	主要有硅化、硅卡岩化、碳酸盐化、绿帘石化、绿泥石化等	重要
	控矿条件	大地构造背景控矿：矿床位于天山-兴蒙-吉黑造山带（Ⅰ）小兴安岭-张广才岭弧盆系（Ⅱ）放牛沟-里水-五道沟陆缘岩浆弧（Ⅲ）汪清-珲春上叠裂陷盆地（Ⅳ）北部。 地层控矿：二叠系庙岭组凝灰岩、蚀变凝灰岩、砂岩、粉砂岩、泥灰岩为主要含矿层位和控矿层位。 构造控矿：二叠纪庙岭-开山屯裂陷槽控制了早期的海底火山喷发，是控矿的区域构造；轴向近东西展布的开阔向斜构造控制红太平矿区	必要

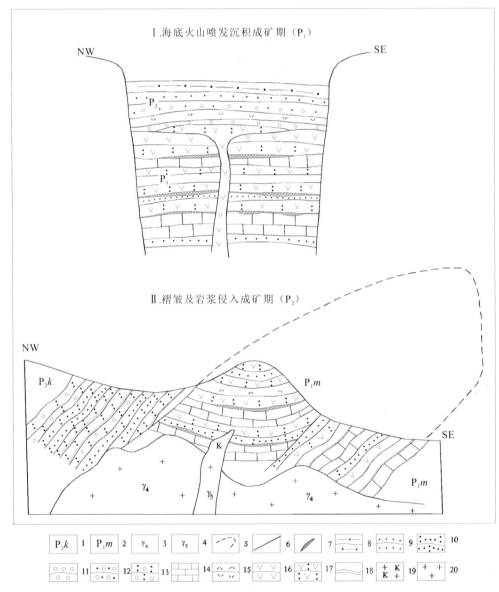

图 6-2-23 红太平铅锌矿典型矿床成矿模式图

1.柯岛组凝灰质砂板岩；2.庙岭组凝灰岩、砂岩、泥灰岩；3.燕山期钾长花岗岩；4.海西期花岗岩；5.推断倒转背斜；6.断层；7.矿体；8.粉砂岩；9.砂岩；10.凝灰质砂岩；11.砾岩；12.砂砾岩；13.凝灰质砾岩；14.泥灰；15.流纹岩；16.安山岩；17.安山质凝灰岩；18.板岩；19.钾长花岗岩；20.花岗岩

3. 大营典型矿床成矿要素图及成矿模式

大营成矿要素详见表6-2-26,成矿模式见图6-2-24。

表6-2-26 吉林省大营铅锌矿典型矿床成矿要素

成矿要素		内容描述	类别
特征描述		岩浆期后热液叠加改造中低温层控热液矿床	
地质环境	岩石类型	灰岩、花岗岩类岩体及脉岩	必要
	成矿时代	燕山期	必要
	成矿环境	北东向主断裂控制矿带展布次级平行主断裂的层间断裂为容矿断裂	必要
	构造背景	矿床位于华北叠加造山-裂谷系（Ⅰ）、胶辽吉叠加岩浆弧（Ⅱ）、吉南-辽东火山盆地区（Ⅲ）、抚松-集安火山-盆地群（Ⅳ）	重要
矿床特征	矿物组合	以闪锌矿、方铅矿、黄铁矿石为主,次为黄铜矿、磁铁矿、穆磁铁矿、赤铁矿。石英、方解石、绿帘石、石榴子石、透辉石、透闪石、绿泥石	重要
	结构构造	自形—他形粒状结构、交代结构、固溶体分解结构。块状、浸染状、脉状构造	次要
	蚀变特征	角砾岩化、矽卡岩化、硅化、碳酸盐化	重要
	控矿条件	大地构造背景控矿：矿床位于华北叠加造山-裂谷系（Ⅰ）、胶辽吉叠加岩浆弧（Ⅱ）、吉南-辽东火山盆地区（Ⅲ）、抚松-集安火山-盆地群（Ⅳ）。地层控矿：寒武系灰岩,燕山期花岗岩类岩体及脉岩,北东向主断裂控制矿带展布次级平行主断裂的层间断裂为容矿断裂。构造控矿：北东向主断裂控制矿带展布次级平行主断裂的层间断裂为容矿断裂	必要
矿床特征	构造背景	矿床位于华北叠加造山-裂谷系（Ⅰ）、胶辽吉叠加岩浆弧（Ⅱ）、吉南-辽东火山盆地区（Ⅲ）、抚松-集安火山-盆地群（Ⅳ）	重要
	矿物组合	以闪锌矿、方铅矿、黄铁矿石为主,次为黄铜矿、磁铁矿、穆磁铁矿、赤铁矿。石英、方解石、绿帘石、石榴子石、透辉石、透闪石、绿泥石	重要
	结构构造	自形—他形粒状结构、交代结构、固溶体分解结构。块状、浸染状、脉状构造	次要
	蚀变特征	角砾岩化、矽卡岩化、硅化、碳酸盐化	重要
	控矿条件	大地构造背景控矿：矿床位于华北叠加造山-裂谷系（Ⅰ）、胶辽吉叠加岩浆弧（Ⅱ）、吉南-辽东火山盆地区（Ⅲ）、抚松-集安火山-盆地群（Ⅳ）。地层控矿：寒武系灰岩,燕山期花岗岩类岩体及脉岩,北东向主断裂控制矿带展布次级平行主断裂的层间断裂为容矿断裂。构造控矿：北东向主断裂控制矿带展布次级平行主断裂的层间断裂为容矿断裂	必要

4. 荒沟山典型矿床成矿要素图及成矿模式

荒沟山成矿要素详见表6-2-27,成矿模式见图6-2-25。

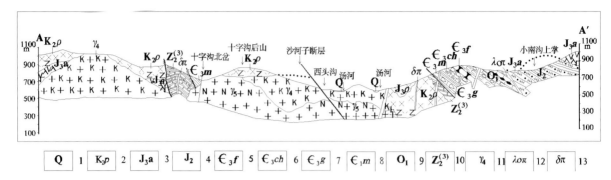

图 6-2-24 大营铅锌矿典型矿床成矿模式图

1.冲积砂砾及亚黏土；2.浅色霏细岩及斑状流纹岩；3.安山岩、安山斑岩、玄武安山岩夹粗面岩；4.杂砂岩夹少量页岩；5.深灰色厚层状豹皮灰岩夹结晶灰岩及燧石灰岩；6.凤山组灰黑色薄层瘤状灰岩灰薄层灰岩，上部为中层状泥质斑点灰岩；7.长山组，黄绿色及青灰色灰岩、浅灰色条带状灰岩青灰色竹叶状灰岩；8.崮山组，紫红色粉砂质页岩，夹紫色竹叶状灰岩；9.馒头组，上部砖红色块状页岩，下部黑绿色及杂色块状页岩夹灰岩或鲕状石灰岩透镜体；10.上部白色块状大理岩夹条纹状大理岩、下部浅灰绿色中层状细粒大理层局部层面有薄层页岩；11.海西期肉红色粗粒钾长花岗岩；12.肉红色及灰白色石英斑岩脉；13.闪长岩及闪长斑岩脉

表 6-2-27　吉林省荒沟山铅锌矿典型矿床成矿要素

成矿要素		内容描述	类别
特征描述		属火山-沉积变质改造型	
地质环境	岩石类型	薄—微层硅质及碳质条带状或含燧石结核的白云石大理岩	必要
	成矿时代	燕山期	必要
	成矿环境	珍珠门组地层构成一复式的向斜构造，期间又包括一系列形态多样的次级褶皱，且控制了矿体的分布，尤以次级同斜倒转褶皱控矿更为明显。走向北北东压扭性层间断裂为矿区内主要含矿构造。南北向主要见于主矿带两侧，被矿体或岩脉充填	必要
	构造背景	矿床位于前南华纪华北东部陆块（Ⅱ）、胶辽吉元古宙裂谷带（Ⅲ）老岭拗陷盆地内	重要

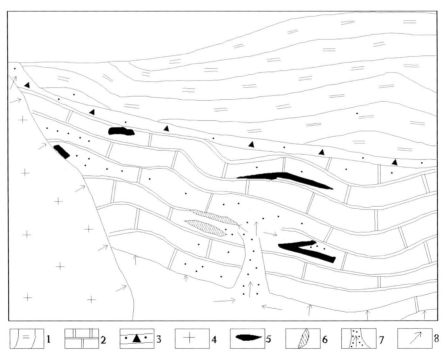

图 6-2-25 荒沟山铅锌矿典型矿床成矿模式图

1.花山组片岩；2.珍珠门组白云质大理岩；3.层间破碎带；4.老秃顶子岩体；5.矿体；6.矿化体；7.海底火山喷气；8.地下热流动方向

5. 正岔典型矿床成矿要素图及成矿模式

正岔成矿要素详见表6-2-28,成矿模式见图6-2-26。

表6-2-28 吉林省正岔铅锌矿典型矿床成矿要素

成矿要素		内容描述	类别
特征描述		沉积-岩浆热液改造型	
地质环境	岩石类型	粗粒石墨大理岩夹斜长角闪岩;石墨变粒岩、透辉石透闪变粒岩,斜长角闪岩。燕山期花岗斑岩	必要
	成矿时代	主成矿期为燕山早期	必要
	成矿环境	正岔复式平卧褶皱转折端。虾蟆沟-四道阳岔背斜近倾没端北侧出现一系列同轴向倾向相反的小褶皱或倒转背斜	必要
	构造背景	矿区位于前南华纪华北东部陆块(Ⅱ)、胶辽吉古元古裂谷带(Ⅲ)、集安裂谷盆地(Ⅳ)内	重要
矿床特征	矿物组合	主要矿石矿物为方铅矿和闪锌矿。次要矿物有黄铜矿、墨铜矿、斑铜矿、方黄铜矿、蓝辉铜矿、黝铜矿、硫钴矿、辉银矿、脆硫锑银矿、辉锑银矿、硫铅矿、辉钼矿。少量的铅矾、白铅矿、菱锌矿、铜蓝、孔雀石、辉铜矿等氧化物;脉石矿物主要为透辉石、石榴子石、石英、硅灰石、绿泥石、绿帘石、金云母、黑云母、角闪石、霓辉石、透闪石次之,还有少量黄铁矿、磁黄铁矿、磁铁矿、赤铁矿、钾长石、褐铁矿等	重要
	结构构造	矿石结构以结晶粒状和包含结构为主,固溶体分解结构和交代结构次之,连生结构少量;矿石构造以浸染状构造为主,条带状和斑杂状构造次之	次要
	蚀变特征	成矿前早期矽卡岩化有透辉石化、石榴子石化、黑柱石化、硅灰石化;晚期矽卡岩化有钾长石化、绿帘石化、霓辉石化、透闪石化。成矿期蚀变主要有萤石化、绿泥石化、硅化。成矿后蚀变主要有绿泥石化、碳酸盐化	重要
	控矿条件	大地构造控矿:矿区位于前南华纪华北东部陆块(Ⅱ)胶辽吉古元古裂谷带(Ⅲ),集安裂谷盆地(Ⅳ)内。 地层控矿:集安群形成含胚胎型矿体的矿源层;燕山期花岗斑岩体的侵位,在带来部分成矿物质的同时,更重要的是提供了热液流体,在上升的过程中不断萃取矿源层中的成矿元素,形成富矿流体。 构造控制:断裂构造主要起到导岩作用,大型褶皱构造中的小褶皱或倒转背斜,为控矿构造,为成矿提供了构造空间	必要

6. 郭家岭典型矿床成矿要素图及成矿模式

郭家岭成矿要素详见表6-2-29,成矿模式见图6-2-27。

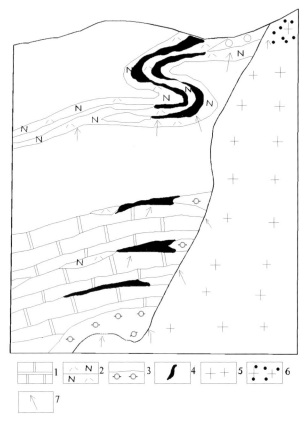

图 6-2-26 正岔铅锌矿典型矿床成矿模式图
1.花山组片岩;2.珍珠门组白云质大理岩;3.层间破碎带;4.老秃顶子岩体;5.矿体;6.矿化体;7.海底火山喷气及地下热流动方向

表 6-2-29 吉林省郭家岭铅锌矿成矿要素

成矿要素		内容描述	类别
特征描述		岩浆期后热液叠加改造中低温层控热液矿床	
地质环境	岩石类型	灰岩、黑云母花岗岩体及脉岩	必要
	成矿时代	燕山期	必要
	成矿环境	郭家岭-矿洞子向斜东翼	必要
	构造背景	矿床位于华北叠加造山-裂谷系(Ⅰ)胶辽吉叠加岩浆弧(Ⅱ),吉南-辽东火山盆地区(Ⅲ),抚松-集安火山-盆地群(Ⅳ)	重要
矿床特征	矿物组合	方铅矿、闪锌矿、黄铜矿、黄铁矿、方解石、石英、白云石、重晶石、萤石	重要
	结构构造	半自形—他形晶结构,固溶体分解结构。浸染状、角砾状、脉状—网脉状构造	次要
	蚀变特征	围岩蚀变不明显,唯含矿破碎带硅化较强,并见黄铁矿化、高岭土化和绢云母化、硅化、白云石化、重晶石化、萤石化	重要
	控矿条件	大地构造控矿:矿床位于华北叠加造山-裂谷系(Ⅰ)胶辽吉叠加岩浆弧(Ⅱ),吉南-辽东火山盆地区(Ⅲ),抚松-集安火山-盆地群(Ⅳ)。 地层控矿:奥陶系冶里组灰岩,燕山期黑云母花岗岩体及脉岩。 构造控制:郭家岭-矿洞子向斜东翼	必要

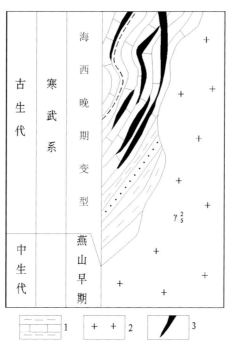

图 6-2-27 郭家岭铅锌矿典型矿床成矿模式图
1.寒武纪地层;2.燕山期花岗岩;3.矿体

7. 天宝山典型矿床成矿要素图及成矿模式

天宝山成矿要素详见表 6-2-30,成矿模式见图 6-2-28、图 6-2-29。

表 6-2-30 吉林省天宝山铅锌矿成矿要素表

成矿要素		内容描述	
特征描述		多成因叠加。东风坑属浅成—超浅成次火山热液充填交代矿床,立山矿体属矽卡岩型矿床,新兴矿床属爆破角砾岩型	类别
地质环境	岩石类型	砂板岩、灰岩、中酸性火山岩,花岗岩、石英闪长岩类	必要
	成矿时代	海西期—印支期—燕山期,以印支期为主	必要
	成矿环境	东西向、北西向、近南北向 3 组断裂交会处	必要
	构造背景	矿床位于晚三叠世—新生代东北叠加造山-裂谷系(Ⅰ)小兴安岭-张广才岭叠加岩浆弧(Ⅱ)太平岭-英额岭火山-盆地区(Ⅲ)罗子沟-延吉火山-盆地群(Ⅳ)	重要
矿床特征	矿物组合	立山矿床矿石矿物为闪锌矿、黄铜矿、方铅矿、磁黄铁、黄铁矿等。东风矿床矿石矿物主要为磁黄铁矿、闪锌矿、黄铁矿、磁铁矿、方铅矿、白铁矿和毒砂。新兴矿床以闪锌矿、方铅矿为主,次为黄铜矿、黄铁矿、砷黝铜矿、自然铋和银矿物复硫化物、自然金等	重要
	结构构造	立山矿床产于岩体中的矿石以中粗粒半自形结构为主,多具脉状、块状构造,角砾状构造。产于透辉石、石榴子石矽卡岩中矿石为他形粒状结构,常具浸染状构造、斑点状构造。产于灰岩和板岩的多为层状矿体结构以微细粒他形粒状结构为特征,具条带状构造;东风矿床矿石构造以条带状构造、致密块状构造和浸染状构造为主,脉状构造次之,还见到球粒状或鲕状构造、胶状构造的变余构造;新兴矿床有粗晶粒状结构、环状构造、粒间充填构造、脉状构造、浸染状构造等	次要

续表 6-2-30

成矿要素		内容描述	类别
特征描述		多成因叠加。东风坑属浅成—超浅成次火山热液充填交代矿床,立山矿体属矽卡岩型矿床,新兴矿床属爆破角砾岩型	
矿床特征	蚀变特征	头道沟花岗闪长岩和立山英安斑岩与碳酸盐岩接触带广泛形成矽卡岩带,控制矽卡岩型矿床,主要类型为石榴子石-单斜辉石矽卡岩,单斜辉石矽卡岩,石英-绿帘石矽卡岩等。 角砾岩筒型矿床受面状蚀变控制,其主要围岩蚀变,早期钾化、中期硅化、水云母化、绿泥石化、晚期方解石化、沸石化。 热液脉状矿体近矿蚀变,其内带以硅化、水云母化为主,外带为绿泥石化、碳酸盐化。 立山矿床围岩蚀变主要为层状矽卡岩,主要蚀变矿物为:石榴子石、透辉石、方柱石或葡萄石等;新兴矿床筒内蚀变强,筒边蚀变弱,围岩蚀变更弱,筒内以次生石英岩化为主,边部为青磐岩化,围岩常有较明显的黄铁矿化。在震碎裂隙中充填粉红色含锰方解石脉	重要
	控矿条件	大地构造控矿:矿床位于晚三叠世—新生代东北叠加造山-裂谷系(Ⅰ),小兴安岭-张广才岭叠加岩浆弧(Ⅱ),太平岭-英额岭火山-盆地区(Ⅲ),罗子沟-延吉火山-盆地群(Ⅳ)。 地层控矿:石炭系(天宝山岩块)与二叠系(红叶桥组)砂板岩、灰岩、中酸性火山岩是矿床控矿层位。印支期—海西期花岗闪长岩、英安斑岩、石英闪长岩等为矿床提供了物质、热液、热能。 构造控:东西向、北西向、近南北向 3 组断裂交会处控制部分矿床的形成。燕山期花岗斑岩(多为脉状)与碳酸盐地层形成矽卡岩型热液脉状多金属矿化	必要

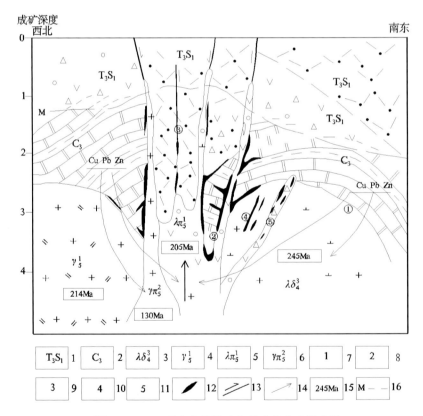

图 6-2-28 天宝山铅锌矿典型矿床成矿模式图

1.英安质凝灰岩、英安质熔角砾岩;2.结晶灰岩、板岩;3.海西期头道沟组花岗闪长岩;4.印支期二长花岗岩;5.印支期英安斑岩;6.燕山期花岗斑岩;7.海西期矽卡岩型矿床;8.立山矽卡岩型矿床;9.火山热液脉状矿床;10.立山选矿厂火山热液脉状矿床;11.新兴角砾岩筒型矿床;12.多金属矿体;13.断层;14.成矿物资迁移方向;15.同位素年龄值;16.现代地形线

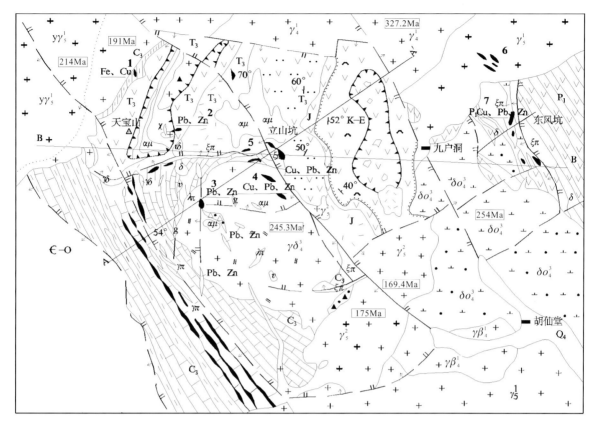
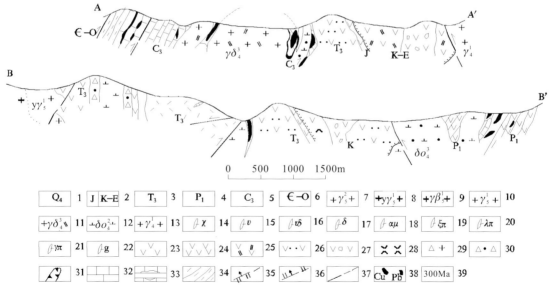

图 6-2-29 天宝山铅锌矿所在区域成矿模式图

1.第四系;2.侏罗系、白垩系—第三系;3.上三叠统;4.下二叠统;5.上石炭统;6.寒武系—奥陶系;7.燕山早期钾长花岗岩;8.印支晚期二长花岗岩;9.印支晚期黑云母花岗岩;10.印支晚期斑状花岗岩;11.海西晚期花岗闪长岩;12.海西晚期石英闪长岩;13.海西早期二长花岗岩;14.煌斑岩;15.辉长岩;16.辉长闪长岩;17.闪长岩;18.安山玢岩;19.英安斑岩;20.流纹斑岩;21.花岗斑岩;22.石英脉;23.安山岩、流纹岩类平灰岩、泥板岩硫化物矿层;24.安山岩类;25.玄武安山岩;26.凝灰质英安熔岩;27.安山质角砾岩;28.流纹岩;29.花岗角砾岩;30.火山爆发角砾岩;31.火山通道;32.灰岩;33.燧石条带状灰岩;34.板岩、千枚岩;35.逆断层;36.正断层;37.断层;38.矿体矿种及编号;39.同位素年龄值

第三节 预测工作区成矿规律研究

一、预测工作区地质构造专题底图确定

(一)放牛沟火山-沉积变质型铅锌矿预测工作区

1. 预测工作区的范围和编图比例尺

编图区位于长春市西南的乐山镇—太平村一带,其拐点坐标分别为:N 124°50′27″,E 43°27′28″;N 125°10′12″,E 43°39′55″;N 125°17′29″,E 43°34′04″;N 124°57′39″,E 43°21′29″。总面积约518.92km^2。编图比例尺1∶5万。

2. 地质构造专题底图特征

通过资料的收集和整理后,确定了区内含矿目的层,预测区内的古生代变质火山岩为主要含矿目的层,其为研究重点,其次为古生代变质砂岩、板岩、千枚岩、大理岩等。其研究内容包括火山岩岩石建造、变质岩岩石建造;研究主要的与成矿有关的构造即成矿构造、控矿构造等,以及矿化特点、蚀变类型等。编图将与侵入岩型多金属矿形成有关的地质、矿产信息较全面地标绘在图中,最终形成放牛沟地区Pb、Zn成矿预测区火山建造构造图。

(二)地局子-倒木河火山热液型铅锌矿预测工作区

1. 预测工作区的范围和编图比例尺

N 126°59′50″,E 43°08′04″;N 127°30′10″,E 43°08′04″;N 127°30′10″,E 43°20′10″;N 126°59′50″,E 43°20′10″。总面积约3529km^2。编图比例尺1∶5万。

2. 地质构造专题底图特征

通过资料的收集和整理后,明确了区内含矿目的层,划分图层,以预测区内的火山岩为研究重点,其次为侵入岩和沉积岩。其研究内容包括火山岩岩石类型、火山岩建造,以及主要的与Pb、Zn成矿有关的构造:即成矿构造、控矿构造等,同时包括矿化特点、蚀变类型等。编图将与火山岩(热液)型,其次为侵入岩型Pb、Zn矿所形成的有关地质、矿产信息较全面地标绘在图中,最终形成Pb、Zn矿预测区底图。

(三)梨树沟-红太平火山-沉积变质型预测工作区

1. 预测工作区的范围和编图比例尺

编图区位于吉林省汪清县天桥岭镇以西的红太平村一带,铅拐点坐标分别为:N 128°59′47″,E 43°31′25″;N 129°12′00″,E 43°34′51″;N 129°12′14″,E 43°39′55″;N 129°44′53″,E 43°40′07″;N 129°45′04″,E 43°29′57″;N 128°59′50″,E 43°29′31″;总面积约940.27km^2。编图比例尺1∶5万。

2. 地质构造专题底图特征

通过资料的收集和整理后,明确了区内含矿目的层,划分图层,以预测区内的火山岩为研究重点。

其内容包括火山岩岩石建造、沉积岩岩石建造,主要的成矿、控矿构造,矿化、蚀变等。编图将与火山岩型多金属矿形成有关的地质、矿产信息,较全面地标绘在图中,最终形成铅锌矿预测区底图。

(四)大营-万良沉积-岩浆热液叠加型铅锌矿预测工作区

1. 预测工作区的范围和编图比例尺

编图区位于白山市境内,抚松、靖宇、江源,三县交会部。拐点坐标分别为:N 127°12′30″,E 42°27′17″;N 127°29′53″,E 42°26′56″;N 127°03′31″,E 42°02′41″;N 127°20′47″,E 42°02′41″。总面积 1 093.3km²。编图比例尺 1:5 万。

2. 地质构造专题底图特征

区内沉积岩、火山岩沉、变质岩建造十分发育,在中西部还有少量侵入岩建造。空间上矿床与寒武系碳酸盐建造十分密切,因此对这一部分进行了较详细的划分,同时考虑侵入岩和重要的构造边界、主干断裂及其分布特点和控矿构造。

火山岩建造十分发育,侵入岩建造出现于图区中西部。岩浆期后热液活动与多金属矿产十分密切,因此详细划分了侵入岩建造,包括成分特征、形态及空间分布特征、与围岩的接触关系等。

图面上各种地质体(包括侵入岩建造、火山岩建造、变质建造、沉积岩建造和构造)均按有关编制地质图件的规范和技术要求执行。某些有意义的地质体采用相对夸大的方法表示。尽可能多地反映与矿产有关的地质因素,如矿化、围岩蚀变、与成矿有关的构造、侵入岩等。

(五)荒沟山-南岔沉积变质岩浆热液改造型铅锌矿预测工作区

编制综合建造构图的目的是为层控型铅或铅锌矿床与构造岩浆热液型铅或铅锌矿床的资源潜力评价提供基础图件。

1. 预测工作区的范围和编图比例尺

编图区主要位于白山市境内,拐点坐标为 N 126°15′00″~127°00′00″,E 41°30′00″~42°00′06″,总面积为 3410km²。编图比例尺 1:5 万。

2. 地质构造专题底图特征

图区内铅锌矿床,一是与沉积(变质)岩建造有关的层控型,二是与构造岩浆热液型。据此就要全面反映地质体和构造,包括沉积岩建造、火山岩建造、侵入岩建造、变质岩建造和大型变形构造。

(六)正岔-复兴屯火山-沉积变质型铅锌矿预测工作区

1. 预测工作区的范围和编图比例尺

编图区位于吉林省的南部山区之集安—复兴一带,拐点坐标为:N 125°30′33″,E 41°29′18″;N 126°00′04″,E 41°14′56″;N 125°59′57″,E 41°30′12″;N 125°41′19″,E 41°14′33″。总面积约 964.13km²。编图比例尺 1:5 万。

2. 地质构造专题底图特征

区内铅锌矿主要赋存于复兴屯闪长岩体及荒岔沟岩组接触的构造破碎带及裂隙中,含矿围岩主要为大理岩;区内出露荒岔沟岩组石墨变粒岩、透辉透闪变粒岩、斜长角闪岩等;含矿围岩为荒岔沟岩组石墨透辉变粒岩、黑云变粒岩。闪长岩侵入体为成矿的母岩,所以图面主要表达与铅、锌成矿有密切关系的古元古代集安群,以及铅锌矿关系密切的集安群的岩石组合、火山岩相、火山建造、火山构造。

在图面上将与铅、锌矿有关的矿化、各种蚀变准确地标绘出来。

(七)矿洞子-青石镇沉积-岩浆热液叠加型铅锌矿预测工作区

1. 预测工作区的范围和编图比例尺

编图区的范围集安县矿洞子—青石镇一带,拐点坐标为:N 126°00′11″,E 41°20′00″;N 126°15′42″,E 41°20′03″;N 126°15′36″,E 41°30′36″;N 126°33′03″,E 41°30′37″;N 126°14′20″,E 41°08′52″;N 126°00′00″,E 41°08′49″;预测区总面积约为985.63km²。编图比例尺1∶5万。

2. 地质构造专题底图特征

区内与铅锌矿成矿有关的主要建造为寒武纪碳酸盐沉积建造,其次为中生代火山建造,中生代侵入岩。在图面上将与铅、锌矿有关的建造矿化、各种蚀变准确地标绘出来。

(八)天宝山多成因叠加型铅锌矿预测工作区

1. 预测工作区的范围和编图比例尺

编图区位于龙井市天宝山一带,拐点坐标为:N 128°43′21″,E 43°03′48″;N 129°06′33″,E 43°04′00″;N 129°06′00″,E 42°51′29″;N 128°43′51″,E 42°51′45″;编图面积701.11km²。编图比例尺1∶5万。

2. 地质构造专题底图特征

以收集到的铅锌矿产资料为编图依据,把已知铅锌矿产的成矿因素、矿化蚀变、控制构造等资料作为编图依据。表达区域构造内容,特别是控矿构造和容矿构造,亦为成矿的重要因素。

二、预测工作区成矿要素与区域成矿模式

用1∶5万建造构造图作为底图。突出表达与铅锌矿所在矿田的成矿作用时空关系密切的成矿时代、岩性、岩相以及火山机构、火山构造等、地层和矿床(矿点和矿化点)等地质体三维分布规律。能够直观地反映矿床空间分布特征和成矿信息。主图外附加剖面图。

1. 放牛沟铅锌矿预测工作区

详见成矿要素表6-3-1,成矿模式见图6-3-1。

表6-3-1 吉林省放牛沟预测工作区铅锌矿成矿要素

成矿要素	内容描述	类别
特征描述	矿床属火山-沉积变质型	必要
岩石类型	晚奥陶世石缝组白色大理岩夹条带状大理岩、片理化安山岩、片理化流纹岩,绢云母石英片岩夹大理岩透镜体。海西早期庙岭花岗岩	必要
成矿时代	306.4~290Ma	必要

续表 6-3-1

成矿要素	内容描述	类别
成矿环境	晚奥陶世石缝组与海西早期庙岭花岗岩体接触带,石缝组白色大理岩夹条带状大理岩为主要赋矿层位	必要
构造背景	天山-兴蒙-吉黑造山带(Ⅰ)大兴安岭弧形盆地(Ⅱ)锡林浩特岩浆弧(Ⅲ)白城上叠裂陷盆地(Ⅳ)	重要
控矿条件	大地构造背景控矿:天山-兴蒙-吉黑造山带(Ⅰ)大兴安岭弧形盆地(Ⅱ)锡林浩特岩浆弧(Ⅲ)白城上叠裂陷盆地(Ⅳ)。 地层控矿:矿床赋存在加里东期花岗岩与上奥陶统石缝组接触带及奥陶系石缝组大理岩与中酸性火山岩接触带上,大理岩为主要赋矿层位。 构造控矿:矿床主要受与依通-依兰、德惠-四平两条深大断裂平行的次级断裂及近东西向断裂控制。海底火山活动中心附近、火山活动间歇期控制同生矿化、东西向断裂及岩体接触带控制后生叠加矿化	必要

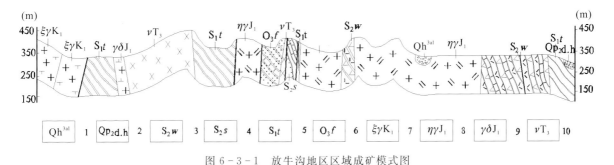

图 6-3-1 放牛沟地区区域成矿模式图

1.现代河流砂砾石冲积层;2.黄土层、亚砂土、砂砾石层;3.变质流纹岩、变质安山岩夹大理岩;4.上部千枚状板岩夹结晶灰岩、下部变质砂岩与大理岩互层;5.灰黑色板岩、砂质板岩与砂岩、粉砂岩工层;6.灰黑色板岩、砂质板岩与砂岩、粉砂岩互层;7.正长花岗岩;8.二长花岗岩;9.花岗闪长岩;10.辉长岩

(二)地局子-倒木河子锌矿预测工作区

详见成矿要素表 6-3-2,成矿模式见图 6-3-2。

表 6-3-2 吉林省地局子-倒木河子预测工作区铅锌矿成矿要素

成矿要素	内容描述	类别
特征描述	属火山-岩浆热液型矿床	
岩石类型	早侏罗世南楼山组流纹岩、安山岩、英安质含角砾凝灰岩、早侏罗世玉兴屯组安山质火山角砾岩、流纹质凝灰岩;侵入岩即为早侏罗世二长花岗岩;相关的变质岩为寒武纪黄莺屯组,相关的沉积岩为二叠世范家屯组等,中二叠统大河深组(P_2d),以一套海-陆交互相火山-沉积建造	必要
成矿时代	成矿时代为燕山期	必要
成矿环境	位于吉林省中部,二级构造岩浆带属于小兴安岭-张广才岭构造岩浆带的西缘,省内通常称为南楼山-悬羊砬子火山构造隆起(Ⅳ级)。区内印支晚期、燕山早期火山活动十分强烈,并有同期的中酸性侵入岩	必要

续表 6-3-2

成矿要素	内容描述	类别
特征描述	属火山-岩浆热液型矿床	
构造背景	矿区位于东北叠加造山-裂谷系（Ⅰ）、小兴安岭-张广才岭叠加岩浆弧（Ⅱ）、张广才岭-哈达岭火山-盆地区（Ⅲ）、南楼山-辽源火山-盆地群（Ⅳ）	重要
控矿条件	大地构造背景控矿：矿区位于东北叠加造山-裂谷系（Ⅰ）、小兴安岭-张广才岭叠加岩浆弧（Ⅱ）、张广才岭-哈达岭火山-盆地区（Ⅲ）、南楼山-辽源火山-盆地群（Ⅳ）。 地层控矿：即区内古生代地层中早侏罗纪早侏罗世南楼山组火山岩中富集了有用成矿元素，受后期的中侏罗世岩浆侵入影响，沿着接触带形成矽卡岩型矿产，在岩浆期后的热液活动中，使有用元素进一步富集，在局部富集，而形成热液型矿床。 构造控矿：区域内已知矽卡岩型矿体，则多沿岩体与地层接触带展布，而热液型矿脉均受控于北西向、北北西向断层，受构造控制明显	必要

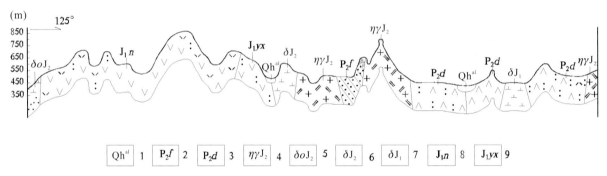

图 6-3-2　地局子-倒木河子地区区域成矿模式图

1.松散砂砾石堆积；2.深灰色粉砂岩、细砂岩、灰绿色凝灰质砂岩；3.凝灰质砾岩、砂岩夹流纹质凝灰岩；4.二长花岗岩；5.石英闪长岩；6.闪长岩；7.闪长岩；8.深灰色、暗红色流纹岩、灰黑色、灰绿色安山岩、英安质含角砾凝灰岩安山质集块岩安山质凝灰砂岩、流纹质凝灰角砾岩；9.灰黄色流纹质凝灰岩、含角砾凝灰岩、火山角砾岩、灰色安山质火山角砾岩黄绿色砂岩

（三）梨树沟-红太平铅锌矿预测工作区

详见成矿要素表 6-3-3，成矿模式见图 6-3-3。

表 6-3-3　吉林省梨树沟-红太平预测工作区铅锌矿成矿要素

成矿要素	内容描述	类别
特征描述	属经强烈变质改造后的海底火山-沉积变质型矿床	必要
岩石类型	该成矿带内出露主要地层为上古生界石炭系结晶灰岩、板岩及早二叠世中酸性火山岩、碎屑岩夹板岩、灰岩等，中生代侏罗纪火山岩发育。Cu、Pb 元素在结晶灰岩中含量高，而 Zn 元素在火山岩中富集	必要
成矿时代	模式年龄值为 250～290Ma（刘劲鸿，1997）与矿源层-早二叠世庙岭组一致。另据金顿镐等（1991）红太平矿区方铅矿铅模式年龄 208.8Ma	必要
成矿环境	二叠纪庙岭-开山屯裂陷槽控是控矿的区域构造标志；轴向近东西展布的开阔向斜构造控制红太平矿区。天宝山-红太平-三道多金属成矿带（Ⅳ₁）	必要

续表6-3-3

成矿要素	内容描述	类别
构造背景	矿床位于天山-兴蒙-吉黑造山带(Ⅰ)小兴安岭-张广才岭弧盆系(Ⅱ)放牛沟-里水-五道沟陆缘岩浆弧(Ⅲ)汪清-珲春上叠裂陷盆地(Ⅳ)北部	重要
控矿条件	大地构造背景控矿矿床位于天山-兴蒙-吉黑造山带(Ⅰ)小兴安岭-张广才岭弧盆系(Ⅱ)放牛沟-里水-五道沟陆缘岩浆弧(Ⅲ)汪清-珲春上叠裂陷盆地(Ⅳ)北部。 地层控矿:中性火山岩或火山沉积序列岩系,夹薄层砂岩、板岩、泥灰岩和矿体组成的互层带。反映微微震荡的海盆基底产生构造破碎带。沟通深部岩浆房(未喷出地表火山岩浆的断裂导致含矿汽水流体形成并喷出海底,在还原状态下沉积形成矿床。 构造控矿:构造背景矿床位于延边晚古生代被动陆缘褶皱区改造的下古生界基底之上,上古生代优地槽内,受北东向鸭绿江断裂控制	必要

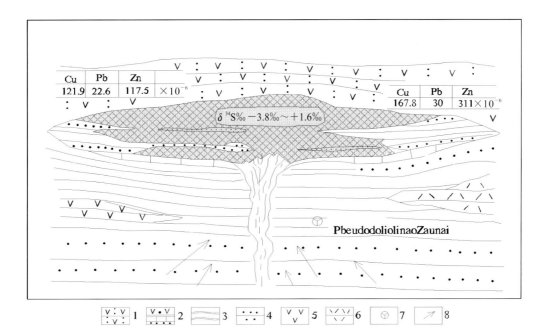

图6-3-3 梨树沟-红太平地区区域成矿模式图(王振中,1992)

1.安山质凝灰岩;2.含矿互层带(砂岩、泥灰岩、钙质砂岩、凝灰岩矿层);3.板岩;4.砂岩;5.安山岩;6.流纹岩;7.蜓化石;8.富含矿质的循环天然水流体

4. 大营-万良铅锌矿预测工作区

详见成矿要素表6-3-4,成矿模式见图6-3-4。

表6-3-4 吉林省大营-万良预测工作区铅锌矿成矿要素

成矿要素	内容描述	类别
特征描述	沉积-岩浆热液叠加型矿床	
岩石类型	灰岩、花岗岩类岩体及脉岩	必要
成矿时代	燕山期	必要
成矿环境	寒武系灰岩,燕山期花岗岩类岩体及脉岩,北东向主断裂控制矿带展布次级平行主断裂的层间断裂为容矿断裂	必要

续表 6-3-4

成矿要素	内容描述	类别
特征描述	沉积-岩浆热液叠加型矿床	
构造背景	矿床位于华北叠加造山-裂谷系(Ⅰ)胶辽吉叠加岩浆弧(Ⅱ),吉南-辽东火山盆地区(Ⅲ),抚松-集安火山-盆地群(Ⅳ)	重要
控矿条件	大地构造背景控矿:矿床位于华北叠加造山-裂谷系(Ⅰ)胶辽吉叠加岩浆弧(Ⅱ),吉南-辽东火山盆地区(Ⅲ),抚松-集安火山-盆地群(Ⅳ)。地层控矿:寒武系灰岩、燕山期花岗岩类岩体及脉岩。 构造控矿:北东向主断裂控制矿带展布次级平行主断裂的层间断裂为容矿断裂	必要

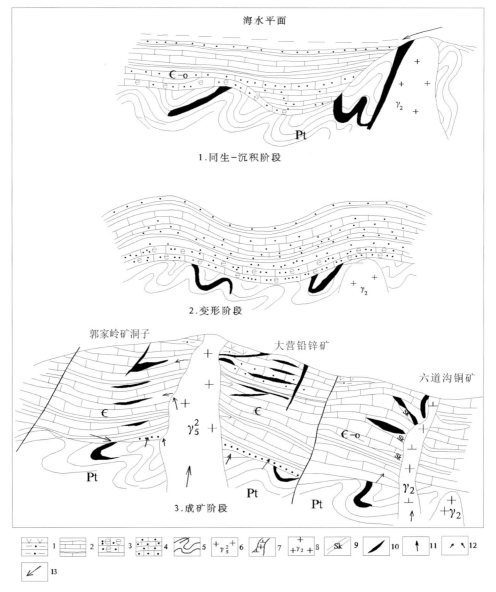

图 6-3-4 大营-万良地区区域成矿模式图

1.侏罗系流纹质灰岩、安山岩;2.中上寒武统灰岩、页岩;3.寒武系—奥陶系矿化灰岩;4.寒武系—奥陶系砂质灰岩;5.元古宙基底;6.燕山期花岗岩;7.燕山期石英闪长斑岩;8.元古宙花岗岩;9.矽卡岩;10.矿体;11.岩浆侵入方向;12.热液及热液运动方向;13.沉积物补给方向

(五) 荒沟山铅锌矿预测工作区

详见成矿要素表6-3-5,成矿模式见图6-3-5。

表6-3-5 吉林省荒沟山-南岔预测工作区铅锌矿成矿要素

成矿要素	内容描述	类别
特征描述	沉积-变质岩浆热液改造型	必要
岩石类型	薄—微层硅质及碳质条带状或含燧石结核的白云石大理岩	必要
成矿时代	古元古代	必要
成矿环境	珍珠门组地层构成一复式的向斜构造,期间又包括一系列形态多样的次级褶皱,且控制了矿体的分布,尤以次级同斜倒转褶皱控矿更为明显。走向北北东压扭性层间断裂为矿区内主要含矿构造。南北向主要见于主矿带两侧,被矿体或岩脉充填	必要
构造背景	矿床位于前南华纪华北东部陆块(Ⅱ)、胶辽吉元古宙裂谷带(Ⅲ)老岭拗陷盆地内。古元古代拗拉槽、"S"形断裂	重要
控矿条件	大地构造背景控矿:矿床位于前南华纪华北东部陆块(Ⅱ)、胶辽吉元古宙裂谷带(Ⅲ)老岭拗陷盆地内。 地层控矿:区域内的铅锌矿、铜矿、黄铁矿等硫化物型矿床(点)以及原生矿化类型不明的硫化物铁帽,绝大多数赋存在元古宇老岭群珍珠门组薄层—微层硅质及碳质条带状或含燧石结核的白云岩或白云岩化的碳酸盐岩中,矿化具有明显的层位性。 构造控矿:受压扭性层间破碎带控制的后生矿床。构造的控矿作用还表现在,由压扭性作用造成的围岩次级张性层间剥离和挠曲的地段,矿体厚度大,往往成为铅锌富矿体所在部位。古元古代拗拉槽、"S"型断裂	必要

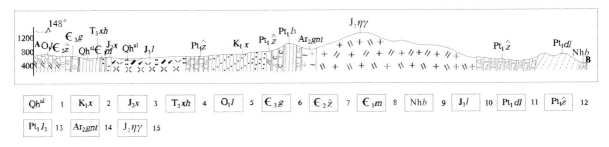

图6-3-5 荒沟山-南岔地区区域成矿模式图

1.松散砂、砾石堆积;2.杂色砂岩、粉砂岩、紫色砾岩;3.紫灰色粉砂岩夹页岩;4.青灰色、黄灰色砂岩、粉砂岩夹煤;5.豹皮状灰岩夹燧石结核白云质灰岩;6.紫色、黄绿色页岩、粉砂岩夹薄层灰岩、竹叶状灰岩;7.青灰色、灰色、紫色厚层状生物碎屑灰岩;8.上部青灰色、黄绿色页岩、粉砂质页岩夹灰岩透镜体,下部暗紫色含云母片粉砂岩、粉砂质页岩夹薄层灰岩;9.杂色含云丹粉砂岩、粉砂质页岩夹长石石英砂岩;10.林子头组:流纹质岩屑晶屑凝灰岩、流纹质火山角砾岩夹流纹岩;11.千枚岩、大理岩、千枚岩夹大理岩及石英岩;12.厚层大理岩;13.透闪变粒岩、黑云变粒岩夹大理岩、钙硅酸盐岩、硅质条带大理岩;14.英云闪长质片麻岩;15.二长花岗岩

(六) 正岔-复兴屯铅锌矿预测工作区

详见成矿要素表6-3-6,成矿模式见图6-3-6。

表6-3-6 吉林省正岔-复兴屯预测工作区铅锌矿成矿要素

成矿要素	内容描述	类别
特征描述	火山-沉积变质型	
岩石类型	粗粒石墨大理岩夹斜长角闪岩；石墨变粒岩、透辉石透闪变粒岩，斜长角闪岩。燕山期花岗斑岩	必要
成矿时代	主成矿期为燕山早期	必要
成矿环境	正岔复式平卧褶皱转折端。虾蟆沟-四道阳岔背斜近倾没端北侧出现一系列同轴向倾向相反的小褶皱或倒转背斜	必要
构造背景	矿区位于前南华纪华北东部陆块(Ⅱ)胶辽吉古元古裂谷带(Ⅲ)，集安裂谷盆地(Ⅳ)内	重要
控矿条件	大地构造背景控矿：矿区位于前南华纪华北东部陆块(Ⅱ)胶辽吉古元古裂谷带(Ⅲ)，集安裂谷盆地(Ⅳ)内。 地层控矿：集安群形成含胚胎型矿体的矿源层。 岩体控矿：燕山期花岗斑岩体的侵位，在带来部分成矿物质的同时，更重要的是提供了热液流体，在上升的过程中不断萃取矿源层中的成矿元素，形成富矿流体。 构造控矿：断裂构造主要起到导岩作用，大型褶皱构造中的小褶皱或倒转背斜，为控矿构造，为成矿提供了构造空间	必要

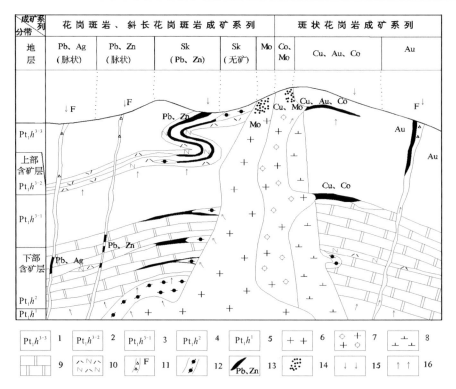

图6-3-6 正岔-复兴屯地区区域成矿模式图(据第四地调所，1988)

1.荒岔沟组上段第三层；2.荒岔沟组上段第二层(上部含矿层)；3.荒岔沟组上段第一层；4.荒岔沟组中段(下部含矿层)；5.荒岔沟组下段；6.花岗斑岩；7.斑状花岗岩；8.闪长岩；9.大理岩；10.斜长角闪岩；11.断裂带；12.矽卡岩；13.矿体；14.浸染状铜钼矿体；15.大气降水；16.成矿元素迁移方向

(七) 矿洞子-青石镇铅锌矿预测工作区

详见成矿要素表6-3-7，成矿模式见图6-3-7。

表 6-3-7 吉林省矿洞子-青石镇预测工作区铅锌矿成矿要素

成矿要素	内容描述	类别
特征描述	沉积-岩浆热液叠加型	
岩石类型	灰岩、黑云母花岗岩体及脉岩	必要
成矿时代	燕山期	必要
成矿环境	处于吉南古元古代拗拉槽及鸭绿江深大断裂带内,断裂构造发育,铅锌矿主要受褶皱构造及层间断裂控制	必要
构造背景	矿床位于华北叠加造山-裂谷系(Ⅰ)胶辽吉叠加岩浆弧(Ⅱ),吉南-辽东火山盆地区(Ⅲ),抚松-集安火山-盆地群(Ⅳ)	重要
控矿条件	大地构造背景控矿:矿床位于华北叠加造山-裂谷系(Ⅰ)胶辽吉叠加岩浆弧(Ⅱ),吉南-辽东火山盆地区(Ⅲ),抚松-集安火山-盆地群(Ⅳ)。 地层控矿:奥陶系冶里组灰岩。 岩体控矿:燕山期黑云母花岗岩体及脉岩。 构造控矿:郭家岭-矿洞子向斜东翼	必要

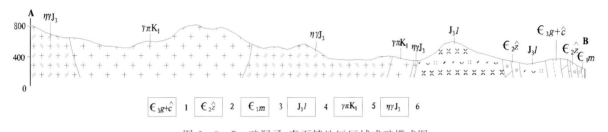

图 6-3-7 矿洞子-青石镇地区区域成矿模式图

1.崮山组:紫色、黄绿色页岩、粉砂岩夹薄层灰岩、竹叶状灰岩;2.张夏组:上部青灰色、黄绿色页岩、粉砂质页岩夹灰岩透镜体;下部暗紫色含云母片粉砂岩、粉砂质页岩夹薄层灰岩;3.馒头组:青灰色、灰色、紫色厚层状生物碎屑灰岩;4.林子头组:流纹质岩屑晶屑凝灰岩、流纹质火山角砾岩夹流纹岩;5.花岗斑岩;6.中粒二长花岗岩

(八)天宝山叠加成因型铅锌矿预测工作区

详见成矿要素表 6-3-8,成矿模式见图 6-3-8。

表 6-3-8 吉林省天宝山预测工作区铅锌矿成矿要素

成矿要素	内容描述	类别
特征描述	多成因叠加型	必要
岩石类型	砂板岩、灰岩、中酸性火山岩、花岗岩、石英闪长岩类	必要
成矿时代	海西期—印支期—燕山期,以印支期为主	必要
成矿环境	处于北东向两江断裂与北西向明月镇断裂带交会部位东侧,天宝山中生代火山盆地南侧,天宝山倾伏背斜轴部。天宝山-红太平-三道多金属成矿带	必要
构造背景	矿床位于晚三叠世—新生代东北叠加造山-裂谷系(Ⅰ),小兴安岭-张广才岭叠加岩浆弧(Ⅱ),太平岭-英额岭火山-盆地区(Ⅲ),罗子沟-延吉火山-盆地群(Ⅳ)	重要
控矿条件	大地构造背景控矿:矿床位于晚三叠世—新生代东北叠加造山-裂谷系(Ⅰ),小兴安岭-张广才岭叠加岩浆弧(Ⅱ),太平岭-英额岭火山-盆地区(Ⅲ),罗子沟-延吉火山-盆地群(Ⅳ)。 地层控矿:石炭系(天宝山岩块)与二叠系(红叶桥组)砂板岩、灰岩、中酸性火山岩是矿床控矿层位。 岩体控矿:印支期—海西期花岗闪长岩、英安斑岩、石英闪长岩等为矿床提供了物质、热液、热能。燕山期花岗斑岩(多为脉状)与碳酸盐地层形成矽卡岩型热液脉状多金属矿化。 构造控矿:东西向、北西向、近南北向三组断裂交会处控制部分矿床的形成	必要

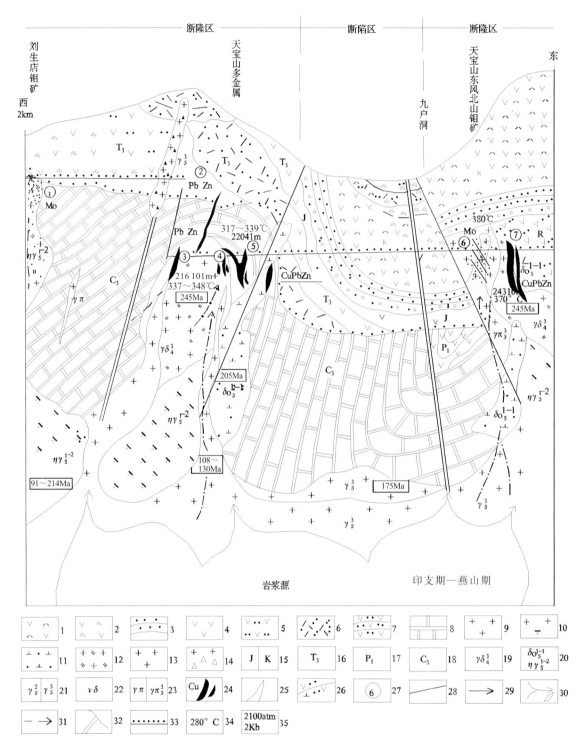

图 6-3-8 天宝山地区区域成矿模式图(据王振中,1992,修改)

1.玄武安山岩;2.安山质角砾岩;3.砂岩、砾岩;4.紫色角闪安山岩;5.凝灰质英安岩;6.流纹岩;7.片理化安山质凝灰岩;8.大理岩;9.花岗岩;10.二长花岗岩;11.石英闪长岩;12.花岗闪长岩;13.花岗斑岩;14.角砾状花岗岩;15.侏罗系/白垩系;16.上三叠统;17.下二叠统;18.上石炭统;19.海西晚期花岗石英闪长岩;20.印支期石英闪长岩、长花岗岩;21.燕山期花岗岩;22.辉长闪长岩;23.花岗斑岩、燕山晚期花岗斑岩;24.矿体矿种及编号;25.隐爆角砾岩筒;26.海相火山沉积矿体;27.矿体编号;28.断层;29.岩浆矿源;30.地层矿源;31.岩体矿源;32.火山通道;33.现代剥蚀变面;34.矿体形成温度;35.成矿压力(大气压)成矿压力(千巴);图中 6 为天宝山矿区和北山钼矿

第七章 物化遥自然重砂应用

第一节 重 力

一、技术流程

根据预测工作区预测底图确定的范围，充分收集区域内的1∶20万重力资料，以及以往的相关资料，在此基础上开展预测工作区1∶5万重力相关图件编制，之后开展相关的数据解释，以满足预测工作对重力资料的需求。

二、资料应用

应用在2008—2009年1∶100万、1∶20万重力资料及综合研究成果，充分收集应用预测工作区的密度参数、磁参数、电参数等物性资料。预测工作区和典型矿床所在区域研究时，全部使用1∶20万重力资料。

三、数据处理

预测工作区，编图全部使用全国项目组下发的吉林省1∶20万重力数据。重力数据已经按《区域重力调查技术规范(DZ/T 0082—2006)》进行"五统一"改算。

布格重力异常数据处理采用中国地质调查局发展中心提供的RGIS2008重磁电数据处理软件，绘制图件采用MapGIS软件，按全国矿产资源潜力评价《重力资料应用技术要求》执行。

剩余重力异常数据处理采用中国地质调查局发展中心提供的RGIS重磁电数据处理软件，求取滑动平均窗口为14km×14km剩余重力异常，绘制图件采用MapGIS软件。

等值线绘制等项与布格重力异常图相同。

四、地质推断解释

(一)预测工作区地质推断解释

1. 放牛沟铅锌矿预测工作区

矿床位于椭圆状正重力异常的东南边部，反映与变质岩系分布有关，该处为北东向梯度带发生转折、并由陡变缓部位，反映出北东向、北西向及东西向断裂构造的存在。

2. 地局子-倒木河子火山热液型铅锌矿预测工作区

重力低异常带与大面积分布的海西期花岗岩有关，重力高异常中生代盖层下面存在古生代地层，北西向、东西向、南北向梯度带，反映断裂存在，是区内重要控矿构造。

3. 梨树沟-红太平铅锌矿预测工作区

区内重力场处于大片重力低内，主要反映了不同期次的侵入岩及火山岩的重力场特征，仅在红太平、拉其岭一带，有一条北东向的重力高分布，反映了二叠系庙岭组地层。依据重力曲线分布特点，区内存在北东向、东东向、北东向两组断裂，为区内主要控矿构造。

4. 大营-万良铅锌矿预测工作区

区内重力场呈南低北高的特征，在南部仙人桥镇一带，有一东西向的重力低，向西延出区外。重力低与二长花岗岩体吻合。在头道庙岭以北，为南北向逐渐升高的重力场，并有局部重力高，与新元古代及新太古代变质岩分布一致。根据重力梯度带的分布，推断有4条断裂，2条东西向断裂，位于松树镇以北和仙人桥镇以北，近南北向，位于头道庙岭—万良镇一线和1条北北西向断裂。区内铅锌矿床位于重力低边部。

5. 荒沟山铅锌矿预测工作区

南岔-临江-贾家营，有一串珠状布格重力高异常带北东向分布，为含铅锌金多金属建造的中元古界老岭群背斜基底隆起有关，北东向、东西向梯度带为断裂构造所在。

6. 正岔铅锌矿预测工作区

重力高异常区系由密度较高的古元古界集安群荒岔沟岩组、蚂蚁河、大东岔岩组寒铅锌金银铜老变质岩分布区。重力低异常区对应密度较低的古元古代花岗岩分布区，正岔铅锌矿床及复兴铅锌矿所在处的两处剩余重力低异常均为已知晚印支期复兴村二长花岗岩、石英闪长岩岩体所引起。铅锌矿床处在重力梯度带的错动转折，基本上与已知的北东向区域性断裂构造及北西向一般性断裂构造位置、规模一致，反映出断裂构造的控岩、控矿作用。

7. 矿洞子-青石镇铅锌矿预测工作区

由布格重力异常图上可以看出，区内重力场处于重力低中，走向大体呈北东向，与侵入岩体及火山岩分布范围吻合。反映了两种岩性的重力场特征。在青石镇和汞洞子附近有两处，局部重力高，推断与寒武纪地层有关。区内铅锌矿分布在重力高的边部。据区内重力梯度带的分布特点分析，推断有2条断裂，1条北东向，沿江分布，另1条北西向，其中，北东向断裂是区内主要控矿构造。

8. 天宝山铅锌矿预测工作区

区内重力场，自西向东有逐步升高的趋势，在区内东南部，重力低与区外大片北西向的重力低连成一片，构成北西向重力低异常带，该重力低与大面积分布的海西期花岗岩有关。在预测区东部出现局部重力高异常，推测在中生代盖层下面存在古生代地层。在天宝山矿区一带，石炭系天宝山组地层，可能因范围较小，在布格重力异常图上反映不明显，但在剩余重力异常图上，有重力高显示。区内断裂依据布格重力异常图，推断北西向断裂4条，东西向1条，南北向1条，其中北西向断裂是区内重要控矿构造。

第二节 磁 测

一、技术流程

根据预测工作区预测底图确定的范围，充分收集区域内的1∶20万航磁资料，以及以往的相关资料，在此基础上开展预测工作区1∶5万航磁相关图件编制，之后开展相关的数据解释，以满足预测工作对航磁资料的需求。

二、资料应用

应用收集了19份1∶10万、1∶5万、1∶2.5万航空磁测成果报告，及1∶50万航磁图解释说明书等成果资料。根据国土资源航空物探遥感中心提供的吉林省2km×2km航磁网格数据和1957—1994年间航空磁测1∶100万、1∶20万、1∶10万、1∶5万、1∶2.5万共计20个测区的航磁剖面数据，充分收集应用预测工作区的密度参数、磁参数、电参数等物性资料。预测工作区和典型矿床所在区域研究时，主要使用1∶5万资料，部分使用1∶10万、1∶20万航磁资料。

三、数据处理

预测工作区，编图全部使用全国项目组下发的数据，按航磁技术规范，采用RGIS和Surfer软件网格化功能完成数据处理。采用最小曲率法，网格化间距一般为1∶2～1∶4测线距，网格间距分别为150m×150m、250m×250m。然后应用RGIS软件位场数据转换处理，编制1∶5万航磁剖面平面图、航磁ΔT异常等值线平面图、航磁ΔT化极等值线平面图、航磁ΔT化极垂向一阶导数等值线平面图，航磁ΔT化极水平一阶导数（0°、45°、90°、135°方向），航磁ΔT化极上延不同高度处理图件。

四、磁异常分析及磁法推断地质构造特征

（一）放牛沟铅锌矿预测工作区

黄岭子一带见辉石闪长岩，角闪岩。闪长岩磁化率κ值$6000\times4\pi\times10^{-6}$SI。属强磁性；航磁异常（吉C-89-98）异常位于后庙岭岩体与奥陶系石缝组地层接触部位，处于洪喜堂向斜北翼，有东西向压性断裂通过。放牛沟硫铁多金属矿产于花岗岩与石缝组地层的接触带及外侧的片理化安山岩，大理岩的层向破碎带中。

断裂构造发育，共推断断裂14条，其中北东向6条，北西向3条，东西向5条。二长花岗岩对应磁场较弱。大约$-50\sim100$nT。在放牛沟附近，岩体超覆于石缝组地层之上，沿接触带和外接触带形成磁铁矿，硫铁矿，方铅闪锌矿体，放牛沟多金属矿床即产于外接触接触带石缝组地层中。

（二）地局子-倒木河子铅锌矿预测工作区

区内推断断裂17条，其中北东向9条，北西向、北北西向8条。区内吉C-72-158异常，强度大于1800nT，经查证，异常由蚀变安山岩引起。其他异常主要与侏罗系南楼山组火山岩及侏罗系、白垩系侵

入岩有关。

航磁为一片平稳负磁场,并有局部异常,负磁场对应侏罗系花岗闪长岩,二长花岗岩及石炭系、二叠系、侏罗系。为含矿层所在区域。铅锌矿处于高磁异常上。

(三) 梨树沟-红太平铅锌矿预测工作区

异常带走向大体为北东向局部异常,呈团块状或孤立异常,异常最高强度一般 550~650nT。异常带分别对应二叠系庙岭组,中二叠世二长花岗岩及早侏罗世的花岗闪长岩。该处位于二叠系地层与花岗岩、花岗闪长岩的接触部位,对成矿十分有利,处于接触带的异常有吉 C78-118、吉 C78-122、吉 C78-123、吉 C78-124、吉 C78-128 等。在吉 C78-128 异常附近分布有已知鹿圈子铜矿点,属中温热液裂隙充填型。这类异常的特征,峰值强度一般在 350~450nT,呈单峰,形状规则,多数是孤立异常,范围小。因此,对弱小的航磁异常不可忽视,它们对寻找铅锌等多金属矿提供了线索。

航磁对应中等强度的磁场,并有部分负磁场。区内共有 2 处,1 处在红太平、桃源村、开拓屯一带,范围较大,并有一小型铜铅锌矿床;另一处在庙岭村以北,鹿圈子村附近,范围较小。庙岭组地层是多金属矿的主要含矿层位,红太平多金属即产于该层位中。

区内红太平多金属矿,处在异常带边部的负磁场中,负磁场中的局部小异常为矿床产出部位。

推断存在两组断裂,北东向、北东东向,北东向断裂为区内主要控矿构造。

(四) 大营-万良铅锌矿预测工作区

吉 C-77-83 异常强度 280nT。出现在大片正磁场中的低缓异常带,处于奥陶系地层中,附近有燕山期花岗岩体,成矿条件较好,为寻找矽卡岩型多金属矿的有利线索。吉 C-77-85 出现在大片正磁场中的低缓次级异常,附近有燕山期花岗岩体,成矿条件同吉 C-77-83。吉 C-77-118 强度 450nT。异常处于燕山期花岗岩体中,可列为铁或多金属矿的找矿线索。

寒武纪、奥陶纪、石炭纪地层,磁场低缓平稳,强度在 100~150nT。该处地层内有小型铅锌矿 1 处,是寻找多金属矿的有利部位。区内磁场,除两片强异常外,其余为平稳低缓异常区,侏罗系花岗岩,古生代变质地层均处于弱磁场。在松树镇—太平村一带,磁场平稳低缓,元古宙及古生代地层反映,其北部是侏罗系二长花岗岩,接触带两侧是区内矽卡岩型或热液型多金属矿的有利部位。二长花岗岩磁场低缓,一般在 250~400nT。主要分布在汤河村—太平村一带,共圈出 4 处岩体与古生代、元古宙地层接触带,是寻找多金属矿的有利地带。区内发育北东向、北北东断裂。

(五) 荒沟山铅锌矿预测工作区

区内异常吉 C-87-53,吉 C-87-54,附近均有 Cu 化探异常,87-62-1 附近有磁黄铁矿点,是寻找多金属有利地段。大面积平稳负值区主要反映了中新元古界白云质大理岩、砂岩、页岩、石英岩及古生界的碳酸盐,无磁性等地层的磁场特征。局部异常在 850nT 以上,与异常带对应的是太古宙变质岩及侏罗系的侵入岩体,即梨树沟岩体,老秃顶岩体,在航磁图上很醒目,尤其是老秃顶子岩体,因有脉岩侵入,异常更高。而在其东部的草山岩体,则处于负磁场中。正异常带东侧负异常梯度带反映了老岭群珍珠门组大理岩磁场与地质上确定的荒山"S"型构造带相对应。处于铅锌等多金属成矿带上。是区内一条重要的成矿构造带。

(六) 正岔铅锌矿预测工作区

正岔铅锌矿床即位于吉 C-90-32 扁豆状正磁异常的东部次一级低缓异常南侧边缘,北西向和北东向线性梯度带在此处相交。异常吉 C-90-29、吉 C-90-31 伴有 Au、Ag、Cu、Pb、Zn 等化探异常。区内有意义的异常还有吉 C-90-8、吉 C-90-32、吉 C-90-33、吉 C-90-155 等十几处与金、多金属密切相关。背景场由大面积分布的古元古代侵入岩磁场构成。北部异常区，以起伏不大的负异常为特征。其岩性由下中元古界集安群和老岭群中浅变质岩系组成，磁性除个别岩性外，均较弱。而局部异常则由中酸性侵入体或由隐伏岩体引起。在多金属矿区，磁异常都有较明显的反应。

（七）矿洞子-青石镇铅锌矿预测工作区

区内以宽缓波动升高的正磁场为主要特征，呈北东向沿鸭绿江展布，断裂构造和侵入岩均比较发育。对于叠加在岩体边缘的次级异常可能是寻找接触交代型或热液型多金属矿的有利线索。奥陶纪地层为含矿层，属弱磁磁性，对应磁场在100～170nT。寒武奥陶系灰岩与大面积出露中生代侵入岩接触带是寻找矽卡岩型铅锌矿的有利部位。白垩系花岗岩体。则以弱磁场为主。

（八）天宝山铅锌矿预测工作区

吉C-60-105异常最高强度1100nT，两侧均有负值。异常附近有二叠纪地层及侏罗系花岗闪长岩，天宝山铅锌矿与异常吻合。推断异常与多金属矿有关。吉C-60-132异常两侧梯度较陡，强度300nT。异常处在大片花岗岩中，并有闪长岩，推断异常由铁铜或多金属矿有关。吉C-60-111异常两侧梯度较陡，强度340nT。异常处于花岗闪长岩与二叠纪地层接触带上，推断可能与多金属矿有关。

区内磁场平稳低缓，只在北部和东部，局部有高值异常显示。西部主要是大面积出露的早三叠世—晚二叠世中酸性侵入岩，其北侧是石门角闪花岗闪长岩体，南侧是小蒲柴河花岗闪长岩体，磁场为低缓正异常和负异常。测区东部出露岩性为早侏罗世二长花岗岩，花岗闪长岩，三叠系闪长岩等中生代侵入体及中生代火山岩，磁场略有升高，局部异常可能与接触蚀变带或中生代闪长岩、火山岩有关。

北西向、北东向断裂，沿断裂有闪长岩出露。

由于磁异常分析、地质推断解释在典型矿床的预测要素和预测模型以及区域预测要素、区域预测模型中分别作了较全面的描述，为此本节不再重述。

第三节 化 探

一、技术流程

充分利用化探资料应用技术要求，根据吉林省地球化学元素的分布分配特征，选择适合吉林省的数据处理方法和图件编制原则。

本次工作的基本工作流程见图7-3-1。

二、资料应用情况

应用收集了40多个图幅片区的1∶5万水系沉积物测量数据，拥有的图幅资料基本上覆盖了吉林省贵金属和有色金属集中区域17个预测工作区，可以很大程度地满足预测工作区及典型矿床的研究。全省的基础图件和成果图件应用的数据，由中国地质调查局发展研究中心提供。

三、化探资料应用分析、化探异常特征及化探地质构造特征

围绕矿种目标，通过区内矿产成矿特征、成矿地质背景、元素含量特征等因素分析，根据区内化探资

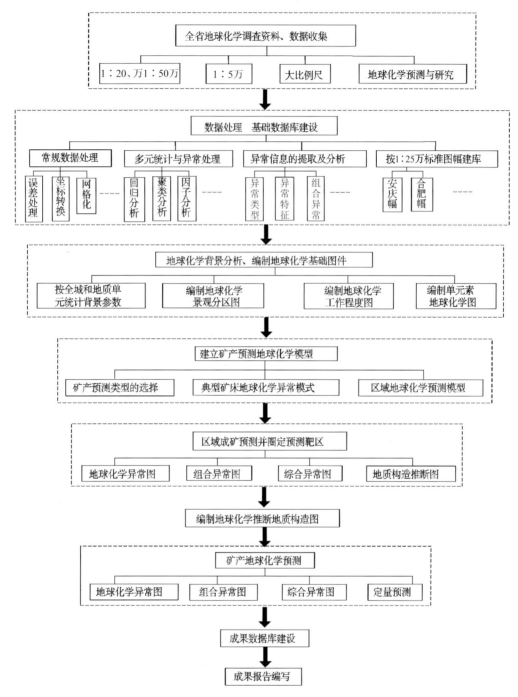

图 7-3-1 化探工作技术流程图

料程度,对化探异常的起因做出定性判断,预测工作区应用分析详见典型矿床预测模型与区域预测模型表。

(一)放牛沟铅锌矿预测工作区

在矿体顶底板及尖灭处的花岗岩中,成矿元素 Cu、Pb、Zn、Mo 等呈现明显的高含量。

矿石及花岗岩、蚀变矿物萤石和绿帘石稀土元素具有相似的组成特征,反映了物质来源的一致性。

矿床的矿石铅、花岗岩的全岩铅及花岗岩中钾长石铅特征说明矿石铅既有来自上地幔或下地壳的，也有来自上地壳的。

床硫同位素特征说明成矿成晕的硫，主要来自深部岩浆，部分来自地层。

氧同位素特征说明氧化物阶段的水可能以岩浆水为主，但也有大气降水的加入。晚期硫化物阶段至碳酸盐阶段，含矿溶液中参加的大气降水逐渐增多，随大气降水环流带入的壳源物质也逐渐增多。

（二）地局子-倒木河子铅锌矿预测工作区

（1）矿床所在处异常分带清晰，Cu、Pb、Zn、W、Sn、Mo、Bi构成较复杂元素组分富集区。其综合异常主要成矿场所和找矿靶区。

（2）土壤异常显示的特征元素组合为Cu - Pb - Zn - Mo - Bi - As。

（3）因子分析显示，倒木河铅锌矿所在区域为海相火山碎屑岩、碳酸岩分布区，Au、Ag、Cu、Zn、Pb、W、Bi因子得分高。

矿区原生晕带中Cu、Pb、Zn、As异常反应明显，其中Cu、As晕带较宽，Pb、Zn稍窄，晕带延伸方向与矿化蚀变带一致，垂直方向由下至上原生晕含量由As→Cu→Pb→Zn依次递减，表明深处As既是主要的矿化剂元素，亦是热液型硫化物矿床的重要找矿标志。同时铜铅矿体沿破碎带及其边部紧密分布，可见层间破碎带是主要的控矿空间，亦是重要的找矿标志。

硫同位素特征：硫来自深源。由此分析成矿物质主要来源于岩浆，即闪长岩体。

（三）梨树沟-红太平铅锌矿预测工作区

应用1：5万化探数据圈出Cu元素异常16处，其中3号、7号、9号Cu异常具有清晰的三级分带和明显的浓集中心，内带异常强度较高，极大值达到131×10^{-6}，面积分别为$15km^2$、$18km^2$、$17km^2$。异常形状均不规则，主要为北东向延伸。2号、4号、5号、8号具有比较完整的二级分带，中带极大值为32×10^{-6}，面积分别为$2km^2$、$12km^2$、$7km^2$、$7km^2$。异常形状均不规则，北东向或北西向延伸。这些铜元素异常是直接找矿标志。以铜为主体的元素组合异常有三种表达方式：Cu - Pb、Zn、Ag、Au；Cu - As、Sb、Ag；Cu - W、Sn、Bi、Mo。构成较复杂元素组分富集的叠生地球化学场，是铜主要成矿场所。铜的甲、乙综合异常具有优良的成矿地质条件，与分布的矿产积极响应，是扩大找矿的重要靶区。

Cu、Pb原生晕纵剖面等值线图显示，矿区西侧纵向Cu、Pb原生晕异常表现突出，从400～100m，Cu、Pb原生晕异常连续分布，并有浓集中心出现。向东Cu、Pb原生晕异常变窄。表明西侧深处有存在隐伏矿体的可能。

（四）大营-万良铅锌矿预测工作区

应用1：20万化探数据圈出的铅异常和锌异常均具有清晰的三级分带和明显的浓集中心，异常强度分别为61×10^{-6}和129×10^{-6}。铅异常呈带状分布，异常轴向呈北西向延伸的趋势，而锌异常呈不规则状分布，异常轴向呈北东向延伸的趋势。空间上二者叠合程度较高，不同的是锌异常分布较铅异常好，这是二者在迁移、富集过程中的地球化学性质决定的。

铅锌组合异常显示的元素组分较复杂，有4种表达形式，即Pb - Zn、Au、Cu、Ag；Pb - Zn、As、Sb；Pb - Zn、W、Bi、Mo；Pb - Zn、Ni、Co、Cr。空间上与铅套合紧密的元素有Zn、Au、Cu、Ag、As、Sb、Bi、Mo。具有复杂元素组分富集以及高—中—低成矿地球化学环境特点。是成矿的主要场所。铅锌甲、乙级综合异常具备良好的成矿条件和找矿前景，并与分布的铅锌矿产积极响应，为矿致异常，是扩大找矿的重要靶区。

（五）荒沟山铅锌矿预测工作区

Pb、Zn 单元素异常具有清晰的三级分带和明显的浓集中心，异常强度高，分别为 342×10^{-6}、1013×10^{-6}，不规则形态，北东向延伸。空间上铅、锌异常吻合较好。是直接找矿标志。以铅、锌为主体的组合异常有 3 种表现形式：Pb - Zn、Au、Ag；Pb - Zn、Ag、Hg；Pb - Zn、W、Sn、Mo。表现为复杂元素组分富集的叠生地球化学场特征以及高—中—低温的成矿地球化学环境。利于铅、锌的迁移、富集。铅锌甲、乙综合异常具备优良的成矿条件和找矿前景。

土壤异常和原生晕异常显示的特征元素组合为 Pb、Zn、Cu、Ag、Au、As、Sb、Hg。其中 Pb、Zn、Cu、Ag、Au 是主要的近矿指示元素，As、Sb、Hg 为找矿的远程指示元素。Pb、Zn、Cu、Ag、Au 与 As、Sb、Hg 呈正消长关系。

（六）正岔铅锌矿预测工作区

矿床区域异常表现为铅、锌单元素异常均具有三级分带及明显的浓集中心，异常强度分别为 181×10^{-6}、236×10^{-6}，是直接找矿标志。铅锌组合构成较复杂元素组分富集特征的叠生地球化学场，是成矿的主要场所。铅锌甲、乙级综合异常具备良好的成矿条件以及找矿前景。与区内分布的矿产积极响应，显示异常的矿致性。是扩大找矿的重要靶区。土壤化探异常显示的特征元素组合为 Pb - Zn - Cu - Ag。其中 Pb、Zn 异常套合好，分布在矿体上方，呈南北向延伸，是寻找铅锌矿的主要标志。原生晕分析结果 Pb 在闪长岩中最高，Zn 在斜长花岗斑岩最高。

（七）矿洞子-青石镇铅锌矿预测工作区

矿床区域化探异常表现为铅、锌单元素具有清晰的三级分带和明显的浓集中心，异常强度高，分别为 125×10^{-6}、314×10^{-6}，是直接找矿标志。以 Pb、Zn 为主体的组合异常有 3 种主要的表现形式：Pb - Zn、Au、Ag；Pb - Zn、Hg、Ag；Pb - Zn、W、Sn、Mo。显示出在高—中温的成矿地球化学环境中，形成较复杂元素组分富集的叠生地球化学场，主要成矿元素在此富集成矿。

铅锌甲、乙级综合异常表现出优良的成矿条件和找矿前景，并与分布的矿产积极响应，具有矿致性，是重要的找矿靶区。

（八）天宝山铅锌矿预测工作区

区域性铅锌单元素具有三级分带清晰，具有较大且明显的浓集中心，异常强度非常高，分别达到 1455×10^{-6}、9852×10^{-6}，并有紧密的空间叠合，是主要的找矿标志。以 Pb、Zn 为主体的组合异常有 3 种表现形式：Pb - Zn、Cu、Ag、Au；Pb - Zn、As、Sb、Hg；Pb - Zn、Sn、Bi、Mo。构成复杂元素组分富集的叠生地球化学场，利于富集成矿。铅锌甲、乙综合异常显示出优良的成矿条件和进一步找矿前景。与分布的矿产积极响应，为矿致性质，是进一步找矿的靶区。

矿床土壤异常显示的特征元素组合为 Pb - Zn - Ag - Cd - Mn - Cu - Hg，异常空间叠合程度高且规模较大，是重要的找矿标志，其中Ⅱ级以上异常发育处可能有铅锌矿体存在。矿床原生晕异常表现的特征元素组合为 Pb - Zn - Ag - Cd - Mn，其组合异常发育，$PbZnAgBa/CuBi>10^4$，并伴随 Sr、Cr、Ti、V 等的负异常出现，是重要找矿标志，指示可能有铅锌矿体的存在；As、Bi、Cu、F、Ag 特征组合异常发育，$PbZnAgBa/CuBi<10^4$，并伴随 Sr、Cr 的负异常，亦是重要找矿标志，反映可能有硫铁矿、闪锌硫铁矿的存在。

第四节 遥 感

一、技术流程

利用 MapGIS 将该幅 *.Geotiff 图像转换为 *.msi 格式图像,再通过投影变换,将其转换为 1∶5 万比例尺的 *.msi 图像。

利用 1∶5 万比例尺的 *.msi 图像作为基础图层,添加该区的地理信息及辅助信息,生成鸭园-六道江地区沉积型磷矿 1∶5 万遥感影像图。

利用 Erdas imagine 遥感图像处理软件将处理后的吉林省东部 ETM 遥感影像镶嵌图输出为 *.Geotiff 格式图像,再通过 MapGIS 软件将其转换为 *.MSI 格式图像。

在 MapGIS 支持下,调入吉林省东部 *.MSI 格式图像,在 1∶25 万精度的遥感矿产地质特征解译解译基础上,对吉林省各矿产预测类型分布区进行空间精度为 1∶5 万的矿产地质特征与近矿找矿标志解译。

利用 B1、B4、B5、B7 4 个波段对应的准归一化校正数据或无损失拉伸数据进行主成分分析,第四主成分存储于 14 通道中,对其分三级进行异常切割,一般情况一级异常 K_σ 取 3.0,二级异常 K_σ 取 2.5,三级异常 K_σ 取 2.0,个别情况 K_σ 值略有变动,经过分级处理的 3 个级别的铁染异常分别存储于 16、17、18 通道中。

利用 B1、B3、B4、B5 4 个波段对应的准归一化校正数据或无损失拉伸数据进行主成分分析,第四主成分存储于 15 通道中,对其分三级进行异常切割,一般情况一级异常 K_σ 取 2.5,二级异常 K_σ 取 2.0,三级异常 K_σ 取 1.5,个别情况 K_σ 值略有变动,经过分级处理的 3 个级别的铁染异常分别存储于 19、20、21 通道中。

二、资料应用情况

利用全国项目组提供的 2002 年 9 月 17 日接收的 117/31 景 ETM 数据经计算机录入、融合、校正形成的遥感图像。利用全国项目组提供的吉林省 1∶25 万地理底图提取制图所需的地理部分。参考吉林省区域地质调查所编制的吉林省 1∶25 万地质图和吉林省区域地质志。

三、遥感地质特征

(一)放牛沟铅锌矿预测工作区

(1)大型断裂:本预测要作区内解译出 1 条大型断裂(带),为四平-德惠岩石圈断裂。

四平-德惠岩石圈断裂,位于北东向,为松辽平原与大黑山条垒分界线,即"松辽盆地东缘断裂",沿此断裂古新世早期玄武岩浆喷发活动强烈,形成如范家屯平顶山、尖山和大屯富峰山、小南山等火山锥。该断裂带附近的次级断裂是重要的铅锌多金属矿产的容矿构造。

(2)中型断裂:本预测工作区内解译出 1 条中型断裂(带),为伊通-辉南断裂带。伊通-辉南断裂带,呈北西向分布在本预测区,断裂切割早古生界及海西晚期、燕山早期花岗岩,沿断裂有花岗斑岩、流纹斑岩等次火山岩侵入和石英脉填充,老母猪山-团山子基性岩体群沿断裂走向展布。

(3)小型断裂:本预测工作区内的小型断裂比较发育,预测区内的小型断裂以北东向和北西向为主,北北东向、北北西向和东西向次之,局部见北西西向和北东东向小型断裂,各方向断裂多表现为压性特征。区内的铅锌多金属矿床(点)多分布于不同方向小型断裂的交会部位。

(4)环要素解译:本预测工作区内的环形构造比较发育,共圈出23个环形构造。它们主要集中于不同方向断裂交会部位。按其成因类型分为3类,其中与隐伏岩体有关的环形构造21个(形成于晚侏罗世)、闪长岩类引起的环形构造1个和中生代花岗岩类引起的环形构造1个(形成于中生代)。隐伏岩体形成的环形构造与铅锌多金属矿床(点)的关系均较密切。

(二)地局子-倒木河子铅锌矿预测工作区

(1)中型断裂:本区内共解译出1条中型断裂(带),即柳河-吉林断裂带。柳河-吉林断裂带,该断裂切割了两个Ⅰ级构造单元,切割不同时代地质体,该带及其附近矿产较为丰富,有钼、钨、铜、金、铁和铅锌等矿产,该带形成于侏罗世以前,但不早于晚古生代末,中生代活动较为强烈,新生代仍有活动。该断裂带呈北北东向通过本预测区中部。

(2)小型断裂:本预测工作区内的小型断裂比较发育,并解译出1条小型断裂(带),为桦甸-双河镇断裂带,以北西向为主,次为北北西向。限于依兰-伊通与敦化-密山两深断裂带之间,控制加里东晚期(大玉山花岗岩)-海西晚期—燕山期花岗岩及基性岩体和中酸性脉岩,岩体均呈北西走向成群分布。其他小型断裂以北东向和北西向为主,次为北北西向和北西西向断裂,分布在侏罗系花岗岩体中。局部见北东东向断裂。不同方向断裂交会部位是重要的铅锌成矿地段。

(3)环要素解译:本预测工作区内共圈出11个环形构造。它们在空间分布上有明显的规律,主要分布在不同方向断裂交会部位。按其成因类型分为2类,其中与隐伏岩体有关的环形构造4个、中生代花岗岩类引起的环形构造3个。

(4)色要素解译:本预测工作区内共解译出色调异常1处,为绢云母化、硅化引起,它们在遥感图像上均显示为浅色色调异常。从空间分布上看,区内的色调异常明显与断裂构造有关。

(三)梨树沟-红太平铅锌矿预测工作区

(1)大型断裂:本区共解译出1条大型断裂(带),即集安-松江岩石圈断裂,该断裂带呈北东走向,以松江一带为界,分西南和东北两段,西南段为台区Ⅲ、Ⅳ级构造单元分界线,在绿江村、杨木林子屯一带控制侏罗绿地层堆积,断裂切割晚三叠世、中晚侏罗世地层及中生代侵入岩,使古老的太古宙变质岩系、震旦纪与侏罗纪地层呈压剪性断层接触。

(2)中型断裂:本区内共解译出2条中型断裂(带),即望天鹅-春阳断裂带和春阳-汪清断裂带。

望天鹅-春阳断裂带,走向呈北东向。该断裂带切割中生界及新生界地层及岩体,控制晚侏罗世—早白垩世春阳盆地的展布,望天鹅及白头山火山口分布在该带上,认为是一条形成于侏罗纪,进行第四纪仍在活动的断裂带。春阳-汪清断裂带,走向呈北西向。该断裂带南段海西期花岗闪长岩普遍呈片理化;中部控制侏罗纪—白垩纪火山岩,呈北西向线状分布;北段天桥岭一带由于该断层北东盘相对南西盘发生顺时针错动,使北东走向的二叠系和上三叠系发生2~3km位移。

(3)小型断裂:本预测工作区内的小型断裂比较发育,以北西向和北东向为主,次为北东东和北北西向断裂,局部见北西西向断裂。其中北西向和北东向小型断裂多显示张性特点,其他方向小型断裂多为压性断层。北东东向断裂与北西西向断裂的交会部位形成环型构造的聚集区,也是形成铅锌矿的有利部位。

(4)脆韧性变形构造带:本预测工作区内的脆韧变形趋势带共解译出1条,为区域性规模韧性变形趋势带。晚二叠世花岗闪长岩,晚三叠世二长花岗岩及大兴沟群中酸性火山岩系沿该带呈北东向条带状展布,该带与铅锌矿有较密切的关系。

(5)环要素解译:本预测工作区内共圈出 7 个环形构造。它在空间分布上有明显的规律,主要分布在不同方向断裂交会部位。按其成因类型分为与隐伏岩体有关的环形构造和由古生代花岗岩引起的环形构造。晚侏罗世隐伏岩体和古生代花岗岩中对成矿条件有利。

(四)大营-万良铅锌矿预测工作区线要素解译

预测区内线要素分为遥感断层要素和遥感脆韧性变形构造带要素两种。

在遥感断层要素解译中按断裂的规模、切割深度、断裂对地质体的控制程度,结合已知的地质资料,依次划分为大型、中型和小型等 3 类。

(1)大型断裂:本预测工作区内解译出 1 条大型断裂带,为集安-松江岩石圈断裂,以松江一带为界分西南和东北两段,西南段为台区Ⅲ、Ⅳ级构造单元分界线,在绿江村、杨木林子屯一带控制侏罗绿地层堆积,断裂切割晚三叠世、中晚侏罗世地层及中生代侵入岩,使古老的太古宙变质岩系、震旦纪与侏罗纪地层呈压剪性断层接触。

(2)中型断裂:本幅内共解译出 5 条中型断裂(带),分别为柳河-靖宇断裂带、大路-仙人桥断裂带、大川-江源断裂带、抚松-蛟河断裂带、双阳-长白断裂带。柳河-靖宇断裂带,主要分布于太古宙绿岩地体中,金龙顶子玄武岩在该带上呈近东西向展布,该带东段南坪组黑色斑状和巨斑状玄武岩(现代火山口)成群分布。大路-仙人桥断裂带,为一条北东南西向较大型波状断裂带,切割自太古宇-侏罗纪的地层及岩体,控制中元古代、晚元古代和古生界的沉积,该断裂带与其他方向断裂交会部位,为铅锌多金属矿产形成的有利部位。大川-江源断裂带,北东向,由通化县向北东经白山至抚松后被第四纪玄武岩覆盖,向西南进入辽宁省,由数十余条近于平行的断裂构造组成,为一中段宽、两端窄的较大型断裂构造带,中部较宽部位是重要的铅锌矿成矿带。抚松-蛟河断裂带,呈北东向分布,切割两个Ⅰ级构造单元地质体,蛟河盆地分布在该断裂带上。双阳-长白断裂带,双阳盆地、烟筒山西的晚三叠世盆地、明城东的中侏罗世盆地和石咀东的中侏罗世盆地等沿断裂带分布,北段西南侧七顶子—磐石一带燕山早期的花岗岩体和基性岩体群,中段石咀红旗岭、黑石一带众多的燕山早期花岗岩小岩株和海西期基性—超基性岩体群均沿此断裂带呈北西向展布。

(3)小型断裂:本预测区内的小型断裂比较发育,并且以北东向为主,东西向、北西向、北北西向和北东东向次之,局部见近北北西向和近北西西向小型断裂,其中的北西向及北西西向小型断裂多为正断层,形成时间较晚,多错断其他方向的断裂构造,其他方向的小型断裂多为逆断层,形成时间明显早于北西向断裂。不同方向小型断裂的交会部位,是重要的铅锌多金属成矿区。

(4)环要素解译:本预测区内的环形构造比较发育,共圈出 27 个环形构造。它们在空间分布上有明显的规律,主要分布在不同方向断裂交会部位。按其成因类型分为 5 类,其中与隐伏岩体有关的环形构造 17 个、中生代花岗岩类引起的环形构造 2 个、闪长岩类引起的环形构造 1 个、不明性质引起的环形构造 6 个(其中分为分布于侏罗纪砂砾岩与花岗岩接触带上和分布于侏罗纪砂砾岩中)和火山口引起的环形构造 1 个。区内的铅锌矿点多分布于环形构造内部或边部。

(5)色要素解译:本预测区内共解译出色调异常 3 处,其中的 1 处为绢云母化、硅化引起,2 处为侵入岩体内外接触带及残留顶盖引起,它们在遥感图像上均显示为浅色色调异常。从空间分布上看,区内的色调异常明显与断裂构造及环形构造有关。区内的铅锌多金属矿床(点)在空间上与遥感色调异常有较密切的关系,多形成于遥感色调异常区。

(五)荒沟山铅锌矿预测工作区

(1)大型断裂:本预测工作区内解译出 1 条大型断裂带,为集安-松江岩石圈断裂,以松江一带为界分西南和东北两段,西南段为台区Ⅲ、Ⅳ级构造单元分界线,在绿江村、杨木林子屯一带控制侏罗世绿地层堆积,断裂切割晚三叠世、中晚侏罗世地层及中生代侵入岩,使古老的太古宙变质岩系、震旦纪与侏罗纪地层呈压剪性断层接触。该断裂带附近的次级断裂是重要的铅锌矿产的容矿构造。

（2）中型断裂：本幅内共解译出5条中型断裂（带），分别为大路-仙人桥断裂带、大川-江源断裂带、果松-花山断裂带、头道-长白山断裂带和兴华-白头山断裂带。大路-仙人桥断裂带，为一条北东南西向较大型波状断裂带，切割自太古宇—侏罗纪的地层及岩体，控制中元古、晚元古和古生界的沉积，该断裂带与其他方向断裂交会部位，为铅锌矿产形成的有利部位。大川-江源断裂带，北东向，由通化县向北东经白山至抚松后被第四纪玄武岩覆盖，向西南进入辽宁省，由数十余条近于平行的断裂构造组成，为一中段宽、两端窄的较大型断裂构造带，中部较宽部位是重要的铁矿成矿带，其边部及两端收敛部位为金多金属矿产聚集区。果松-花山断裂带，切割中、古元古界地层及侏罗纪火山岩，三道沟北，太古宙花岗片麻岩逆冲于元古宇珍珠门组大理岩之上，沿断裂带有小型铁矿、铅锌矿、金矿分布。兴华-白头山断裂带，近东西向通过预测区南部，断裂带西段切割地台区老基底岩系、古生代盖层及中生代地层，该断裂带又控制晚三叠世中酸性火山岩，沿断裂带侵入燕山期和印支期花岗岩，该带与北东向断裂交会处为重要的金多金属成矿区。头道-长白山断裂带，该断裂带为太子河-浑江陷褶束和营口-宽甸台拱Ⅲ级构造单元的分界线，断裂切割元古宇、古生界及侏罗系，并切割海西期、燕山期侵入岩，断裂发生于古元古界，海西期和燕山期均有强烈活动，东段乃至喜马拉雅期仍继续活动。

（3）小型断裂：本预测区内的小型断裂比较发育，并且以北北西向和北西向为主，北东向次之，局部见近南北向和近东西向小型断裂，其中的北西向及北北西向小型断裂多为正断层，形成时间较晚，多错断其他方向的断裂构造，其他方向的小型断裂多为逆断层，形成时间明显早于北西向断裂。不同方向小型断裂的交会部位，是重要的金多金属成矿区。

（4）脆韧性变形构造带：本预测区内的脆韧变形趋势带比较发育，共解译出19条，其中的18条为区域性规模脆韧性变形构造，组成一条较大规模的镇脆韧性变形构造带，南段与果松-花山断裂带重合，中段与大路-仙人桥断裂带重合，北段与兴华-白头山断裂带重合，为一条总体走向北东的"S"型变型带，该带与金、铁、铜、铅、锌矿产均有密切的关系。

（5）环要素解译：本预测区内的环形构造比较发育，共圈出118个环形构造。它们在空间分布上有明显的规律，主要分布在不同方向断裂交会部位。按其成因类型分为4类，其中与隐伏岩体有关的环形构造104个、中生代花岗岩类引起的环形构造8个、褶皱引起的环形构造3个和火山机构或通道引起的环形构造3个。区内的铁矿点多分布于环形构造内部或边部。

（6）色要素解译：本预测区内共解译出色调异常17处，其中的6处为绢云母化、硅化引起，11处为侵入岩体内外接触带及残留顶盖引起，它们在遥感图像上均显示为浅色色调异常。从空间分布上看，区内的色调异常明显与断裂构造及环形构造有关，在北东向断裂带上及北东向断裂带与其他方向断裂交会部位以及环形构造集中区，色调异常呈不规则状分布。

（7）带要素解译：本预测共解译出7处遥感带要素，均由变质岩组成，其中5处为青白口系钓鱼台组、南芬组并层，分布于和龙断块内，与铁矿关系密切。剩余两处，一处为中元古界老岭群珍珠门组与花山组接触带附近，由白云质大理岩、透闪石化、硅化白云质大理岩、二云片岩夹大理岩组成，与铅锌矿的关系密切，另一处为中太古界英云闪长片麻岩。

（8）块要素解译：本预测内共解译出8处遥感块要素，其中，2处为区域压扭应力形成的构造透镜体，形成于老岭造山带中。6处为小规模块体所受应力形成的菱形块体，它们全呈北东向展布，2处分布于大川-江源断裂带内，1处分布于老岭造山带中。

（六）正岔铅锌矿预测工作区

（1）中型断裂：本预测工作区内解译出3条中型断裂（带），分别为头道-长白山断裂带、大川-江源断裂带、大路-仙人桥断裂带。

头道-长白山断裂带，呈东西向和北东东向分布在本预测区，该断裂带为太子河-浑江陷褶束和营口-宽甸台拱Ⅲ级构造单元的分界线,断裂切割元古宇、古生界及侏罗系,并切割海西期、燕山期侵入岩。断裂发生于古元古界,海西期和燕山期均有强烈活动,东段乃至喜马拉雅期仍继续活动。

大川-江源断裂带,呈北东向分布在本预测区,由通化县向北东经白山至抚松后被第四纪玄武岩覆盖,向西南进入辽宁省,由数十条近于平行的断裂构造组成,切割自太古宇—侏罗纪的地层及岩体,控制中元古界、新元古界和古生界的沉积。该断裂带为多期活动断裂,早期为压性,晚期为张性,在二道江-板石一带形成一系列滑脱构造。该断裂带沿吉林省正岔-复兴屯地区岩浆热液改造型铅锌矿预测工作区中部呈北东向斜穿预测区。

大路-仙人桥断裂带,呈北东向分布在本预测区,为一条北东南西向较大型波状断裂带,切割自太古宙—侏罗纪的地层及岩体,控制中元古界、新元古界和古生界的沉积,与兴华-白头山断裂带、果松-花山断裂带共同组成"荒沟山'S'型构造"。

(2)小型断裂:本预测工作区内的小型断裂比较发育,预测区内的小型断裂以北东向和北西向为主,北北东向和北北西向次之,局部见北西西向、东西向、北东东向和近南北向小型断裂,北西向小型断裂多表现为张性特征,其他各方向断裂多表现为压性特征。区内的金多金属矿床(点)多分布于不同方向小型断裂的交会部位。

(3)环要素解译:本预测工作区内的环形构造比较发育,共圈出69个环形构造。它们主要集中于不同方向断裂交会部位。按其成因类型分为6类,其中与隐伏岩体有关的环形构造55个(形成于晚侏罗世)、中生代花岗岩引起的环形构造2个、古生代花岗岩引起的环形构造5个、褶皱引起的环形构造3个(分布于中古元古界变质岩系中)、闪长岩类引起的环形构造1个和成因不明3个(分布于元古宇变质岩中)。隐伏岩体形成的环形构造与铅锌矿床(点)的关系均较密切。

(4)色要素解译:本预测工作区内共解译出色调异常5处,分别为由绢云母化、硅化引起和侵入岩内外接触带及残留顶盖引起。它们在遥感图像上均显示为浅色色调异常。从空间分布上看,区内的色调异常明显与断裂构造及环形构造有关,在不同方向断裂交会部位以及环形构造集中区,色调异常呈不规则状分布。区内的铅锌矿床(点)在空间上与遥感色调异常有较密切的关系,多形成于遥感色调异常区。

(七)矿洞子-青石镇铅锌矿预测工作区

(1)大型断裂:本预测工作区内解译出1条大型断裂(带),为集安-松江岩石圈断裂。集安-松江岩石圈断裂,呈北东向分布在本预测区,该断裂带以松江一带为界分西南和东北两段,西南段为台区Ⅲ、Ⅳ级构造单元分界线,在绿江村、杨木林子屯一带控制侏罗绿地层堆积,断裂切割晚三叠世、中晚侏罗世地层及中生代侵入岩,使古老的太古代变质岩系、震旦纪与侏罗纪地层呈压剪性断层接触。

(2)中型断裂:本预测工作区内解译出2条中型断裂(带),分别为大路-仙人桥断裂带和头道-长白山断裂带。大路-仙人桥断裂带,呈北东向,该断裂为一条北东南西向较大型波状断裂带,切割自太古宇—侏罗纪的地层及岩体,控制中元古界、新元古界和古生界的沉积,与兴华-白头山断裂带、果松-花山断裂带共同组成"荒沟山'S'型构造"。头道-长白山断裂带,呈东西向,该断裂带为太子河-浑江陷褶束和营口-宽甸台拱Ⅲ级构造单元的分界线,断裂切割元古宇、古生界及侏罗系,并切割海西期、燕山期侵入岩。断裂发生于古元古界,海西期和燕山期均有强烈活动,东段乃至喜马拉雅期仍继续活动。

(3)小型断裂:本预测区内的小型断裂比较发育,并且以北西向和北东向为主,北北东向次之,局部见近北东东向、北西西和近东西向小型断裂,其中的北西向及北东向小型断裂多为逆断层,形成时间较晚,多错断其他方向的断裂构造,其他方向的小型断裂多为正断层。不同方向小型断裂的交会部位,是重要的铅锌多金属成矿区。

(4)环要素解译:本预测工作区内的环形构造比较发育,共圈出30个环形构造。它们主要集中于不同方向断裂交会部位。按其成因类型分为2类,其中与隐伏岩体有关的环形构造22个(形成于晚侏罗世)、中生代花岗岩引起的环形构造 8 个,隐伏岩体形成的环形构造与铅锌矿床(点)的关系均较密切。

(5)色要素解译:本预测工作区内共解译出色调异常 5 处,分别为由绢云母化、硅化引起和侵入岩体内外接触带及残留顶盖引起。它们在遥感图像上均显示为浅色色调异常。从空间分布上看,区内的色调异常明显与断裂构造及环形构造有关,在不同方向断裂交会部位以及环形构造集中区,色调异常呈不规则状分布。区内的铅锌矿床(点)在空间上与遥感色调异常有较密切的关系,多形成于遥感色调异常区。

(八)天宝山铅锌矿预测工作区

(1)大型断裂:本预测工作区内解译出 1 条大型断裂带,为集安-松江岩石圈断裂,呈北东向分布,该断裂以松江一带为界分西南和东北两段,西南段为台区Ⅲ、Ⅳ级构造单元分界线,在绿江村、杨木林子屯一带控制侏罗绿地层堆积,断裂切割晚三叠世、中晚侏罗世地层及中生代侵入岩,使古老的太古宙变质岩系、震旦纪与侏罗纪地层呈压剪性断层接触。

(2)中型断裂:本幅内共解译出 4 条中型断裂(带),分别为望天鹅-春阳断裂带、红石-西城断裂带、新安-龙井断裂带、敦化-杜荒子断裂带。

望天鹅-春阳断裂带,该断裂走向北东,该断裂带切割中生界及新生界地层及岩体,控制晚侏罗世—早白垩世春阳盆地的展布,望天鹅及白头山火山口分布在该带上,认为是一条形成于侏罗纪,第四纪仍在进行活动的断裂带。

红石-西城断裂带,该断裂走向北西,切割古元古界地层及中生界岩体,晚侏罗世安山岩沿断裂带方向呈长条状展布,早白垩世闪长岩、侏罗世正长岩岩珠沿断裂带侵入。

新安-龙井断裂带,该断裂走向北西,断层切割海西晚期和印支期花岗岩及晚二叠世地层,断裂东南段即蛟河前进东南一带沿断裂有新生代玄武岩岩浆喷出。

敦化-杜荒子断裂带,该断裂走向北西西,西段汪清—复兴一带的晚三叠世火山岩及杜荒子一带的古近系受此断裂控制,同时走向东西和脉岩群十分发育,东段尚有海西晚期东南岔基性岩侵入。

(3)小型断裂:本预测区内的小型断裂比较发育,并且以北东向和北西西向为主,北西向和东西向次之,局部见北东东向和北北西向小型断裂,其中的北西向小型断裂多为正断层,形成时间较晚,多错断其他方向的断裂构造,其他方向的小型断裂多为逆断层,形成时间明显早于北西向断裂。不同方向小型断裂的交会部位,是重要的铅锌多金属成矿区。

(4)脆韧性变形构造带:本预测区内的脆韧变形趋势带比较发育,共解译出 3 条,全为区域性规模脆韧性变形构造,组成一条较大规模的韧性变形构造带,分布于华北地台北缘断裂带内,为该断裂带同期形成的韧性变形构造带。该带与金、铁、铜、铅、锌矿产均有密切的关系。

(5)环要素解译:本预测区内的环形构造比较发育,共圈出 10 个环形构造。它们在空间分布上有明显的规律,主要分布在不同方向断裂交会部位。按其成因类型分为 3 类,其中与隐伏岩体有关的环形构造 7 个、中生代花岗岩类引起的环形构造 1 个、古生代花岗岩类引起的环形构造 2 个。区内的铅锌矿点多分布于环形构造内部或边部。

(6)色要素解译:本预测区内共解译出色调异常 2 处,为绢云母化、硅化引起,它在遥感图像上均显示为浅色色调异常。从空间分布上看,区内的色调异常明显与断裂构造及环形构造有关,在北东向断裂带上及北东向断裂带与其他方向断裂交会部位以及环形构造集中区,色调异常呈不规则状分布。区内的铅锌多金属矿床(点)在空间上与遥感色调异常有较密切的关系,多形成于遥感色调异常区。

第五节 自然重砂

一、技术流程

按照自然重砂基本工作流程，在矿物选取和重砂数据准备完善的前提下，根据《重砂资料应用技术要求》，应用吉林省1∶20万重砂数据制作吉林省自然重砂工作程度图，自然重砂采样点位图，以选定的20种自然重砂矿物为对象，相应制作重砂矿物分级图、有无图、等量线图、八卦图，并在这些基础图件的基础上，结合汇水盆地圈定自然重砂异常图，自然重砂组合异常图，并进行异常信息的处理。

预测工作区重砂异常图的制作仍然以吉林省1∶20万重砂数据为基础数据源，以预测工作区为单位制作图框，截取1∶20万重砂数据制作单矿物含量分级图，在单矿物含量分级图的基础上，依据单矿物的异常下限绘制预测工作区重砂异常图。

预测工作区矿物组合异常图是在预测工作区单矿物异常图的基础上，以预测工作区内存在的典型矿床或矿点所涉及的重砂矿物选择矿物组合，将工作区单矿物异常空间套合较好的部分，以人工方法进行圈定，制作预测工作区矿物组合异常图。

二、资料应用情况

预测工作区自然重砂基础数据，主要源于全国1∶20万的自然重砂数据库。本次工作对吉林省1∶20万自然重砂数据库的重砂矿物数据进行了核实、检查、修正、补充和完善，重点针对参与重砂异常计算的字段值，包括重砂总质量、缩分后质量、磁性部分质量、电磁性部分质量、重部分质量、轻部分质量、矿物鉴定结果进行核实检查。并根据实际资料进行修整和补充完善。数据评定结果质量优良，数据可靠。

三、自然重砂异常及特征分析

（一）放牛沟铅锌矿预测工作区

具有较好重砂异常的矿物有磁铁矿、黄铁矿、磷灰石，主要成矿矿物金、白钨矿、辰砂、黄铜矿、方铅矿等矿物含量分级较低，重砂异常表现弱势。代表的重砂矿物组合为金、白钨矿、磁铁矿、黄铁矿、磷灰石，圈出1处中等规模的组合异常，寻找金、铜铅锌多金属矿床提供重要的重砂预测信息。

（二）地局子-倒木河子铅锌矿预测工作区

比较化探异常，Au、Cu、Pb、Zn、W、Sn、Mo元素在该工作区都有良好的异常显示，而且强度高，分带清晰。再追溯该组合异常的水系源头有金矿、铜铅锌矿和钼矿点分布。因此，推断白钨矿、毒砂、锡石可作为在该工作区寻找金矿、钨钼矿、锡矿及铜铅锌多金属矿的标型矿物组合。主要的重砂矿物有黄铜矿、方铅矿、白钨矿、辰砂。其中黄铜矿为Ⅰ级，方铅矿Ⅱ级异常。其组合异常规模较大，矿物含量分级以3~4级为主。并与Pb、Zn、Cu、Ag化探异常吻合程度高，可为区域找矿提供重要的重砂信息。

(三)梨树沟-红太平铅锌矿预测工作区

重砂异常表现较好的重砂矿物有白钨矿、黄铁矿、独居石、辉铋矿,异常规模小,分散,而主要成矿矿物并没有重砂异常显示。表明该区的矿化程度较低,应用重砂信息指导找矿作用有限。

(四)大营-万良沉积-岩浆热液叠加型铅锌矿预测工作区

特征元素组合 Cu-Zn-Pb,方铅矿圈出 1 处 Ⅰ 级异常,条带状,面积 64.39km²。空间上方铅矿异常与金 3 号、5 号重砂异常有叠合现象。产出的铅锌矿床位于方铅矿重砂异常之内或周围,使金、方铅矿具备矿致性质。金、方铅矿、白钨矿、辰砂、重晶石组合异常级别高,规模大,与 Au、Pb、Zn、W 等化探异常吻合程度高,是重要重砂找矿标志。

(五)荒沟山铅锌矿预测工作区

异常现好的重砂矿物为白钨矿,自然金、方铅矿显示较弱的重砂异常,黄铜矿未见异常。

(六)正岔火山-沉积变质型铅锌矿预测工作区

金重砂异常有 4 处,Ⅰ 级 2 处,Ⅲ 级 2 处。方铅矿异常 3 处,Ⅱ 级 2 处,Ⅲ 级 1 处。由金、方铅矿、重晶石、(磷钇矿)组成的组合异常有 3 处,Ⅰ 级 1 处,Ⅲ 级 2 处。空间上与 Au、Pb、Zn 等化探异常存在一定程度的吻合。是重要重砂找矿信息。经对比,金、方铅矿重砂异常与 Au、Cu、Pb 化探异常叠合完整,由此推测金、方铅矿重砂异常为矿致异常,与集安群富含 Au、Cu、Pb 有密切关系。

(七)矿洞子-青石镇铅锌矿预测工作区

矿区主要的重砂矿物有方铅矿、金、辉钼矿、重晶石。其中方铅矿重砂异常圈出 3 处,Ⅱ 级 2 处,Ⅲ 级 1 处。金重砂异常圈出 3 处,Ⅰ 级 1 处,Ⅲ 级 2 处。金重砂异常与方铅矿重砂异常在空间上有一定的叠合现象。起组合异常 2 处,Ⅰ 级 1 处,Ⅲ 级 1 处。Ⅰ 级组合异常规模较大,矿物含量分级以 3~4 级为主。Ⅰ 级组合异常与矿洞子铅锌矿、金矿点、铅矿点积极响应,是重要的重砂找矿标志。

(八)天宝山铅锌矿预测工作区

区内圈出黄铜矿、方铅矿、白钨矿、辰砂 Ⅰ 级重砂组合异常 1 处,规模较大,矿物含量分级以 3~4 级为主。组合异常落位在断裂构造的交会处以及侵入岩体与地层的接触部位,并与分布的矿产积极响应,显示重砂组合异常的矿化指示作用。对比区内主成矿元素 Pb、Zn、Cu、Ag 的化探异常,规模大、强度高、分带清晰、浓集中心明显,且与重砂组合异常叠合程度高。

结论:方铅矿、黄铜矿、白钨矿、辰砂矿物组合可作为天宝山预测工作区铅、铜多金属矿床的重砂找矿标志。

第八章 矿产预测

第一节 矿产预测方法类型及预测模型区选择

一、吉林省矿产预测类型及预测方法类型

(一)本次选择的预测类型

为吉林省铅锌矿的主要成矿类型,有矽卡岩型、火山热液型、沉积-改造型、多成因叠加型。对应的预测方法类型为层控内生型、火山岩型、复合内生型见表8-1-1。

(二)模型区的选择

每个预测工作区内选择典型矿床所在的最小预测区为模型区,预测工作区无典型矿床的,参照成因类型相同、成因时代相同或相近的其他预测工作区。见表8-1-1。

表8-1-1 吉林省铅锌矿预测类型工作区分布表

序号	预测工作区名称	预测类型	预测方法类型	最小预测区	所属Ⅳ级成矿带	预测资源量方法
1	天宝山	多成因叠加	复合内生	龙井市天宝山	天宝山-开山屯 CuPbZnNiMoCuFe	地质体积
2	放牛沟	火山热液	火山岩	伊通县景家台镇放牛沟	山门-乐山 AgAuCuFePbZnNi	地质体积
3	荒沟山-南岔	沉积-改造	层控内生	白山市荒沟山	集安-长白 AuPbZnFeAg	地质体积
4	正岔-复兴屯	沉积-改造	层控内生	集安市花甸子镇正岔	集安-长白 AuPbZnFeAg	地质体积
5	矿洞子-青石镇	矽卡岩	层控内生	集安市郭家岭	集安-长白 AuPbZnFeAg	地质体积
6	大营-万良	矽卡岩	层控内生	抚松县大营铅锌矿	集安-长白 AuPbZnFeAg	地质体积
7	地局子-倒木河	火山岩	火山岩	与红太平模型区类比	山河-榆木桥子 AuAgMoCuFePbZn	地质体积
8	梨树沟-红太平	火山岩	火山岩	汪清县梨树沟	大蒲柴河-天桥岭 CuPbZnAuFeMoNi	地质体积

(三) 编图重点

1. 放牛沟铅锌矿预测工作区

用1:5万火山建造构造图作为底图。首先,重点突出时空定位有关的控矿要素、矿床(矿点和矿化点)、矿化蚀变信息、含矿体及矿区大比例尺物探化探异常资料、其他找矿标志。其次,为航磁、重力信息、重砂信息表示,主图外附加模型区化探剖面图,能够直观地反映该预测类矿床空间分布特征和预测信息。

2. 地局子-倒木河子铅锌矿预测工作区

用1:5万火山建造构造图作为底图。首先,重点突出时空定位有关的控矿要素、矿床(矿点和矿化点)、矿化蚀变信息、含矿体及矿区大比例尺物探化探异常资料、其他找矿标志。其次,为航磁、重力信息、重砂信息表示,主图外附加模型区化探剖面图,能够直观地反映该预测类矿床空间分布特征和预测信息。

3. 梨树沟-红太平铅锌矿预测工作区

用1:5万火山建造构造图作为底图。首先,重点突出时空定位有关的控矿要素、矿床(矿点和矿化点)、矿化蚀变信息、含矿体及矿区大比例尺物探化探异常资料、其他找矿标志。其次,为航磁、重力信息、重砂信息表示,主图外附加模型区化探剖面图,能够直观地反映该预测类矿床空间分布特征和预测信息。

4. 大营-万良铅锌矿预测工作区

利用1:5万预测工作区建造构造底图。首先,重点突出时空定位有关的控矿要素、矿床(矿点和矿化点)、矿化蚀变信息、含矿体及矿区大比例尺物探化探异常资料、其他找矿标志、突出成矿岩石组合图层。其次,为航磁、重力信息、重砂信息表示,主图外附加模型区化探剖面图,能够直观地反映该预测类矿床空间分布特征和预测信息。

5. 荒沟山铅锌矿预测工作区

利用1:5万预测工作区建造构造底图。首先,重点突出时空定位有关的控矿要素、矿床(矿点和矿化点)、矿化蚀变信息、含矿体及矿区大比例尺物探化探异常资料、其他找矿标志、突出成矿岩石组合图层。其次,为航磁、重力信息、重砂信息表示,主图外附加模型区化探剖面图,能够直观地反映该预测类矿床空间分布特征和预测信息。

6. 正岔-复兴铅锌矿预测工作区

利用1:5万预测工作区建造构造底图。首先,重点突出时空定位有关的控矿要素、矿床(矿点和矿化点)、矿化蚀变信息、含矿体及矿区大比例尺物探化探异常资料、其他找矿标志、突出成矿岩石组合图层。其次,为航磁、重力信息、重砂信息表示,主图外附加模型区化探剖面图,能够直观地反映该预测类矿床空间分布特征和预测信息。

7. 矿洞子-青石铅锌矿预测工作区

利用1:5万预测工作区建造构造底图。首先,重点突出时空定位有关的控矿要素、矿床(矿点和矿化点)、矿化蚀变信息、含矿体及矿区大比例尺物探化探异常资料、其他找矿标志、突出成矿岩石组合图层。其次,为航磁、重力信息、重砂信息表示,主图外附加模型区化探剖面图,能够直观地反映该预测类矿床空间分布特征和预测信息。

8. 天宝山铅锌矿预测工作区

利用1:5万预测工作区建造构造底图。首先,重点突出时空定位有关的控矿要素、矿床(矿点和矿化点)、矿化蚀变信息、含矿体及矿区大比例尺物探化探异常资料、其他找矿标志。其次,为航磁、重力信息、重砂信息表示,主图外附加模型区化探剖面图,能够直观地反映该预测类矿床空间分布特征和预测信息。

第二节 矿产预测模型与预测要素图编制

一、典型矿床预测要素及预测模型

1. 放牛沟典型矿床预测要素及预测模型

吉林省放牛沟铅锌矿典型矿床预测要素见表8-2-1,预测模型见图8-2-1。

表8-2-1 吉林省放牛沟铅锌矿典型矿床预测要素

预测要素	内容描述	类别
岩石类型	晚奥陶世石缝组白色大理岩夹条带状大理岩、片理化安山岩、片理化流纹岩,绢云母石英片岩夹大理岩透镜体。海西早期庙岭花岗岩	必要
成矿时代	306.4~290Ma	必要
成矿环境	天山-兴蒙-吉黑造山带(Ⅰ)大兴安岭弧形盆地(Ⅱ)锡林浩特岩浆弧(Ⅲ)白城上叠裂陷盆地(Ⅳ)	必要
构造背景	晚奥陶世石缝组与海西早期庙岭花岗岩体接触带,石缝组白色大理岩夹条带状大理岩为主要赋矿层位	重要
控矿条件	海西早期同熔型花岗岩;晚奥陶世石缝组大理岩、条带大理岩、片理化安山岩及安山质凝灰岩;近东西向斜冲断裂带及其两侧次级层间构造破碎带、裂隙带	必要
蚀变特征	青磐岩化、绿泥石化、绿帘石化、黝帘石化、硅化、绢云母化、萤石化、闪石化、黄铁矿化等;在岩体接触带附近石榴子石-透辉石或透闪石矽卡岩及碳酸盐化发育,并伴有黄铁矿化	重要
矿化特征	区域上磁铁矿化、闪锌矿化、方铅矿化、黄铁矿化点或蚀变带	重要
地球化学	成矿元素及伴生元素Pb、Zn、Cd、Ag、Mn、Bi、Mo等含量逐步增高,造岩杂质元素Sr、Cr、Tc、Co、Ni、Ba、V等含量逐步降低,指示矿床可能存在的方向。成矿有关元素Pb、Zn、Ag、Cd、Mn,伴生元素Cu、Bi、F、Mo、As等的正异常与造岩杂质元素Cr、Ti、V、Sr等的负异常套合出现,呈带状,异常规模大、浓度高、浓度分带明显。矿床土壤异常Pb、Zn、Ag、Cd、Mn、Cu、Hg等异常重合且规模较大	重要

续表 8-2-1

预测要素	内容描述	类别
地球物理	在1:25万布格重力异常图上,矿床处在乐山剩余重力高异常南东侧之北东向梯级带与东西向梯度带转换部位,该区重力高异常边缘梯级带,尤其重力梯级弯曲变异处是成矿有利部位,是找矿重要地球物理标志。 在1:5万航磁异常图上是处在由4个似圆形磁力高异常组成的东西向展布串珠状异常带上。东部第二个为放牛沟多金属硫铁矿床异常,异常曲线较对称,北侧梯度略大于南侧,异常强度和规模均大于另外3个。 电法在矿段、矿体上出现明显视充电率(M_s)高值异常,视电阻率(ρ_s)低阻异常显示。物性参数特征如下:磁铁矿和磁黄铁矿具有较强的磁性,磁化率(κ)为 $26\,600\times10^{-5}$ SI,剩余磁化强度(J_r)可达 $50\,260\times10^{-3}$ A/m,其围岩大理岩为无磁性,安山岩及安山质凝灰岩常见磁化率(κ)为 $(350\sim1500)\times10^{-5}$ SI,剩余磁化强度(J_r)多为 $(230\sim2000)\times10^{-3}$ A/m,属于中—弱磁性,二者存在明显磁性差异,铅锌矿石均属弱磁性。磁铁矿石、硫黄铁矿石、含铅锌硫铁矿石(黄铁矿石)充电率(M)值较高,多在 16.5%~26.2%,而其各类围岩充电率(M)较低,多在 6.6%~10.5%	重要
重砂	具有较好重砂异常的矿物有磁铁矿、黄铁矿、磷灰石,主要成矿矿物金、白钨矿、辰砂、黄铜矿、方铅矿等矿物含量分级较低,重砂异常表现弱势。代表的重砂矿物组合为金、白钨矿、磁铁矿、黄铁矿、磷灰石,圈出1处中等规模的组合异常,寻找金、铜铅锌多金属矿床提供重要的重砂预测信息	次要
遥感	位于北东向四平-德惠岩石圈断裂与依兰-伊通断裂带之间,各方向的小型断裂比较发育,与隐伏岩体有关的复合环形构造密集分布,矿区及其周围遥感铁染异常零星分布	次要
找矿标志	花岗岩体与晚奥陶世石缝组的片理化安山岩、片理化流纹岩,绢云母石英片岩夹大理岩透镜体、大理岩、条带状大理岩组合的接触带附近,并发育硅化、绢云母化、绿泥石化、矽卡岩化	重要

2. 红太平典型矿床预测要素及预测模型

吉林省红太平铅锌矿典型矿床预测要素见表 8-2-2,预测模型见图 8-2-2。

表 8-2-2 梨树沟-红太平铅锌矿典型矿床预测要素

预测要素	内容描述	类别
岩石类型	凝灰岩、蚀变凝灰岩、砂岩、粉砂岩、泥灰岩	必要
成矿时代	模式年龄值为 250~290Ma(刘劲鸿,1997)与矿源层-早二叠世庙岭组一致。另据金顿镐等(1991)红太平矿区方铅矿铅模式年龄 208.8Ma	必要
成矿环境	矿床位于天山-兴蒙-吉黑造山带(Ⅰ)小兴安岭-张广才岭弧盆系(Ⅱ)放牛沟-里水-五道沟陆缘岩浆弧(Ⅲ)汪清-珲春上叠裂陷盆地(Ⅳ)北部	必要
构造背景	二叠纪庙岭-开山屯裂陷槽控是控矿的区域构造标志;轴向近东西展布的开阔向斜构造控制红太平矿区	重要
控矿条件	二叠系庙岭组凝灰岩、蚀变凝灰岩、砂岩、粉砂岩、泥灰岩为主要含矿层位和控矿层位。二叠纪庙岭-开山屯裂陷槽控制了早期的海底火山喷发,是控矿的区域构造;轴向近东西展布的开阔向斜构造控制红太平矿区	必要
蚀变特征	主要有硅化、矽卡岩化、碳酸盐化、绿帘石化、绿泥石化等	重要

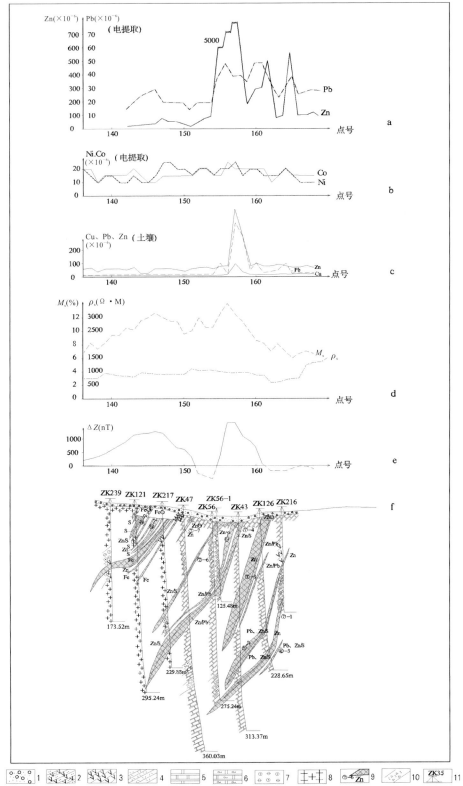

图 8-2-1 放牛沟硫铁矿 XXXI 号矿典型矿床综合勘探剖面图

1. 堆积物；2. 硅化绿帘石化安山岩；3. 片理化安山岩；4. 片理化流纹岩；5. 大理岩；6. 条带状大理岩；7. 绿帘石石榴子石化大理岩；8. 花岗岩；9. 矿体及编号；10. 硅化破碎带；11. 钻孔位置及编号；a. 化探电提取法 Zn、Pb 异常线；b. 化探电提取法 Ni、Co 异常线；c. 化探土壤 Cu、Zn、Pb 异常线；d. 中间梯度视充电率和电阻率异常曲线；e. 地磁 ΔZ 曲线；f. 地质剖面图

续表 8-2-2

预测要素	内容描述	类别
矿化特征	红太平缓倾斜短轴向斜是银多金属矿的主要控矿构造,庙岭组上段凝灰岩和蚀变凝灰岩,下段砂岩、粉砂岩、泥灰岩为主要含矿层位,含矿岩石主要为凝灰岩、蚀变凝灰岩,层控特征较为明显	重要
地球化学	应用1:5万化探数据圈定的主要为北东向延伸,由Cu-Pb、Zn、Ag、Au具有较复杂元素组分富集的特点,矿区西侧纵向Cu、Pb原生晕异常表现突出,从400~100m,Cu、Pb原生晕异常连续分布,并有浓集中心出现。向东Cu、Pb原生晕异常变窄。表明西侧深处有存在隐伏矿体的可能	重要
地球物理	重、磁梯度带或者异常转弯处,重磁遥解译的线状深源断裂带(切割深度达岩石圈)或其次一级线状、环状断裂的交会收敛处及其附近。椭圆状局部重力高异常西侧边部或走向端部。航磁异常图上位于强度不大但略有波动的大片负场区上,附近有强磁异常带分布。红太平矿区大面积分布的高阻高激电、中阻高激电和低阻高激电异常,以及地表以下60~150m处激电测深(中)高阻、高充电异常带,可与已知矿体围岩泥灰岩、结晶灰岩地质体进行模拟,电法中阻高激电异常为含矿性较好的凝灰岩、结晶灰岩等矿石的综合反映,故异常可作为多金属矿的间接找矿标志	重要
重砂	重砂异常表现较好的重砂矿物有白钨矿、黄铁矿、独居石、辉铋矿,异常规模小,分散,而主要成矿矿物并没有重砂异常显示。表明该区的矿化程度较低,应用重砂信息指导找矿作用有限	
遥感	位于北东向望天鹅-春阳断裂带与北西向春阳-汪清断裂带交会处,与隐伏岩体有关的多重环形构造边部,矿区内及周围遥感铁染异常和羟基异常分布密集	次要
找矿标志	二叠纪北东东向展布的裂陷槽、构造盆地。二叠纪庙岭组上段和下段火山碎屑岩与沉积岩交互层标志。硅化、绿泥石化、绢云母化及其金属矿化等多金属矿床的直接找矿标志。孔雀石、铅矾、铜蓝、辉铜矿、褐铁矿等矿物直接找矿标志	重要

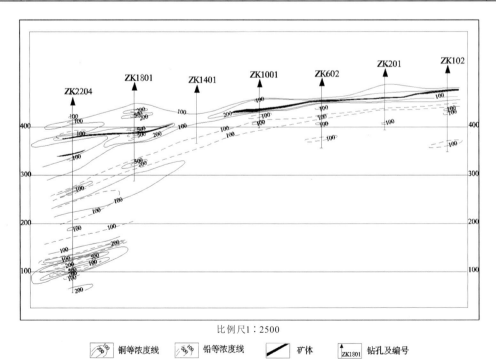

比例尺 1:2500

图 8-2-2 红太平矿床钻孔铜铅等值线图

3. 大营典型矿床预测要素及预测模型

吉林省大营铅锌矿典型矿床预测要素见表 8-2-3。

表 8-2-3　吉林省大营铅锌矿典型矿床预测要素

预测要素	内容描述	类别
岩石类型	灰岩、花岗岩类岩体及脉岩	必要
成矿时代	燕山期	必要
成矿环境	矿床位于华北叠加造山-裂谷系（Ⅰ）胶辽吉叠加岩浆弧（Ⅱ），吉南-辽东火山盆地区（Ⅲ），抚松-集安火山-盆地群（Ⅳ）	必要
构造背景	北东向主断裂控制矿带展布次级平行主断裂的层间断裂为容矿断裂	重要
控矿条件	寒武系灰岩，燕山期花岗岩类岩体及脉岩，北东向主断裂控制矿带展布次级平行主断裂的层间断裂为容矿断裂	必要
蚀变特征	角砾岩化、矽卡岩化、硅化、碳酸盐化	重要
矿化特征	矿体产出围岩主要为徐庄组页岩、灰岩，张夏组厚层灰岩，崮山组页岩灰岩。矿体受北东向层间断裂控制长 1120m，倾向南东，倾角 20°～50°。矿区共发现 26 条矿体，矿体产状与地层产状一致，矿体在其中断续分布。矿体形态呈似层状、透镜状、扁豆状。矿体长 25～97m，厚 0.3～8m，延深 130m，规模小	重要
地球化学	铅、锌单元素异常均具有清晰的三级分带和明显的浓集中心，异常强度较高，是找矿的直接指示元素。铅锌组合异常构成复杂元素组分富集的叠生地球化学场，是成矿的主要场所。铅锌甲、乙级综合异常具备良好的成矿条件和找矿前景，并与分布的铅锌矿产积极响应，为矿致异常，是扩大找矿的重要靶区	重要
地球物理	在 1:25 万布格重力异常图上，矿床处于相对重力低异常边缘梯度带局部向外凸起部位，梯度带呈波状起伏状，梯度陡，其外侧有重力高异常分布。 在 1:5 万航磁异常图上，矿床位于正局部异常向南东东方向伸出的低缓异常的过渡部位，也是异常突然变窄处，正局部异常与燕山期花岗岩类岩体有关	重要
重砂	金、方铅矿、白钨矿、辰砂、重晶石组合异常级别高，规模大，与 Au、Pb、Zn、W 等化探异常吻合程度高，是重要重砂找矿标志	重要
遥感	分布在北东向大路-仙人桥断裂带与北北东向抚松-蛟河断裂带交会处，与隐伏岩体有关的环形构造密集分布，遥感浅色色调异常区，矿区周围羟基异常较密集，铁染异常零星分布	次要
找矿标志	寒武系灰岩，燕山期花岗岩类岩体及脉岩出露区，北东向主断裂带次级平行主断裂的层间断裂。角砾岩化、矽卡岩化、硅化、碳酸盐化区域	重要

4. 荒沟山典型矿床预测要素及预测模型

吉林省荒沟山铅锌矿典型矿床预测要素见表 8-2-4。

表 8-2-4　吉林省荒沟山铅锌矿典型矿床预测要素

预测要素	内容描述	类别
岩石类型	薄—微层硅质及碳质条带状或含燧石结核的白云石大理岩	必要
成矿时代	燕山期	必要
成矿环境	珍珠门组地层构成一复式的向斜构造，期间又包括一系列形态多样的次级褶皱，且控制了矿体的分布，尤以次级同斜倒转褶皱控矿更为明显。走向北北东压扭性层间断裂为矿区内主要含矿构造。南北向主要见于主矿带两侧，被矿体或岩脉充填	必要
构造背景	矿床位于前南华纪华北东部陆块（Ⅱ），胶辽吉元古代裂谷带（Ⅲ）老岭拗陷盆地内	重要
控矿条件	区域内的铅锌矿、铜矿、黄铁矿等硫化物型矿床（点）以及原生矿化类型不明的硫化物铁帽，绝大多数赋存在元古宇老岭群珍珠门组薄—微层硅质及碳质条带状或含燧石结核的白云岩或白云岩化的碳酸盐岩中，矿化具有明显的层位性。 受压扭性层间破碎带控制的后生矿床。构造的控矿作用还表现在，由压扭性作用造成的围岩次级张性层间剥离和挠曲的地段，矿体厚度大，往往成为铅锌富矿体所在部位	必要
蚀变特征	围岩蚀变主要有碳酸盐化、硅化、黄铁矿化、滑石化、透闪石化、蛇纹石化等，其中以黄铁矿化、硅化及围岩的褪色化与矿化的关系比较密切，一般出现在近矿体几米以内的大理岩中。此外区域性的蚀变主要为滑石化和透闪石化	重要
矿化特征	荒沟山铅锌矿已发现矿体76个，其中铅锌矿体14个，铅矿体5个，黄铁矿体54个，含锌黄铁矿体3个。矿体产状普遍较陡，倾向南东，个别向北西倾斜。矿体呈似层状顺层产出，但在走向或倾向上与围岩都有5°左右的交角。矿体总体呈北东向展布，走向5°～30°，倾角50°～90°。矿体规模大小不等，一般长120～360m，最长达400m，厚0.5～5m，最厚达8.6m，平均厚度0.5～1m。每一矿体系由一条或数条矿脉构成。各矿体或矿脉之间在平面上和剖面上均呈雁行式排列，具有尖灭侧现或尖灭再现特点	重要
地球化学	铅、锌单元素异常具有清晰的三级分带和明显的浓集中心。以铅、锌为主体的组合异常有3种表现形式：Pb-Zn、Au、Ag；Pb-Zn、Ag、Hg；Pb-Zn、W、Sn、Mo。表现为复杂元素组分富集的叠生地球化学场特征以及高—中—低温的成矿地球化学环境。利于铅、锌的迁移、富集。 土壤异常和原生晕异常显示的特征元素组合为Pb、Zn、Cu、Ag、Au、As、Sb、Hg。其中Pb、Zn、Cu、Ag、Au是主要的近矿指示元素。Pb、Zn、Cu、Ag、Au与As、Sb、Hg呈正消长关系	重要
地球物理	矿床位于七道沟-临江老岭背斜基底隆起所引起的相对重力高异常带转折部位。局部重力高异常与珍珠门组大理岩有关，北侧重力低局部异常与燕山期老秃顶子及草山似斑状黑云母花岗岩体有关。 矿床位于燕山期老秃顶子岩体磁异常边缘。地表出露珍珠门组地层	重要
重砂	异常显示较好的重砂矿物为白钨矿，自然金、方铅矿显示较弱的重砂异常，黄铜矿未见异常	重要
遥感	分布在果松-花山断裂带边部，有晚期的北西向断裂通过，北东向脆韧性变形构造带通过矿区；中生代花岗岩类引起和与隐伏岩体有关的复合环形构造集中分布，老秃顶块状构造边部，绢云母化、硅化引起的遥感浅色调异常区，中元古界老岭群形成的带要素中，矿区及其周围遥感羟基异常、铁染异常零星分布	次要
找矿标志	珍珠门组大理岩富含Zn、Pb、Cu、Fe以及Ag、Sb、Hg、Cd等亲S元素，区域上应注意寻找与变质热液成因有关的各种金属硫化物矿床；珍珠门组地层中的薄—微层硅质或碳质条带状或含燧石结核的白云石大理岩是形成和寻找Pb、Zn等硫化物矿床的最有利岩层；受到继承性构造破碎的黄铁矿层或其临近地段是Pb、Zn矿化的有利场所；利用氧化带铁帽中的Zn、Pb、As、Cd、Sb、Hg等元素含量判断原生硫化物矿体类型；根据矿脉组成出现和具有雁行式侧列的特点，应注意已知矿体（床）的延长部位和平行系统的找矿工作；化探Pb、Zn、As、Sb、Cd、Hg异常的存在；物探高阻高激化异常	重要

5. 正岔典型矿床预测要素及预测模型

吉林省正岔铅锌矿典型矿床预测要素见表 8-2-5，预测模型见图 8-2-3。

表 8-2-5　吉林省正岔铅锌矿典型矿床预测要素

预测要素	内容描述	类别
岩石类型	粗粒石墨大理岩夹斜长角闪岩；石墨变粒岩、透辉石透闪变粒岩，斜长角闪岩。燕山期花岗斑岩	必要
成矿时代	主成矿期为燕山早期	必要
成矿环境	矿区位于前南华纪华北东部陆块（Ⅱ）胶辽吉古元古裂谷带（Ⅲ），集安裂谷盆地（Ⅳ）内	必要
构造背景	正岔复式平卧褶皱转折端。虾蟆沟-四道阳岔背斜近倾没端北侧出现一系列同轴向倾向相反的小褶皱或倒转背斜	重要
控矿条件	集安群形成含胚胎型矿体的矿源层；燕山期花岗斑岩体的侵位，在带来部分成矿物质的同时，更重要的是提供了热液流体，在上升的过程中不断萃取矿源层中的成矿元素，形成富矿流体。 断裂构造主要起到导岩作用，大型褶皱构造中的小褶皱或倒转背斜，为控矿构造，为成矿提供了构造空间	必要
蚀变特征	成矿前早期矽卡岩化有透辉石化、石榴子石化、黑柱石化、硅灰石化；晚期矽卡岩化有钾长石化、绿帘石化、霓辉石化、透闪石化。成矿期蚀变主要有萤石化、绿泥石化、硅化。成矿后蚀变主要有绿泥石化、碳酸盐化	重要
矿化特征	矿体呈似层状，扁豆状，受一定层位控制，与地层同步褶曲。有时形成与褶皱形态一致的鞍状矿体。从局部看，矿体形态与大理岩、斜长角闪岩层一致，反映某些同生特点。宏观上矿体产在正岔花岗斑岩北侧外接触带 800m 范围内，由近至远有 Fe、Cu、Mo、Sn-Cu、Pb、Zn-Pb、Zn 等不甚发育的水平分带，空间上显示了矿床是花岗斑岩体热作用产物，这是再生矿床的成矿特点。 矿体长数十米至 500m 不等，厚 0.3～9.02m，最大延深 720m。矿石品位 Pb 0.43%～3.09%，最高 6.38%，Zn 0.51%～4.35%，最高 13.85%。伴生 Cu 0.35%～4.66%，Ag 4×10^{-6}～155×10^{-6}，Au 0.05×10^{-6}～0.21×10^{-6}，Mo 0.04%～0.055%	重要
地球化学	矿床区域异常表现为铅、锌单元素异常均具有三级分带及明显的浓集中心，异常强度分别为 181×10^{-6}、236×10^{-6}，是直接找矿标志。铅锌组合构成较复杂元素组分富集特征的叠生地球化学场，是成矿的主要场所。铅锌甲、乙级综合异常具备良好的成矿条件以及找矿前景。与区内分布的矿产积极响应，显示异常的矿致性。是扩大找矿的重要靶区。土壤化探异常显示的特征元素组合为 Pb-Zn-Cu-Ag。其中 Pb、Zn 异常套合好，分布在矿体上方，呈南北向延伸，是寻找铅锌矿的主要标志。原生晕分析结果 Pb 在闪长岩中最高，Zn 在斜长花岗斑岩最高	重要
地球物理	矿床处于重力低异常区向西延伸出的次一级长条状重力低局部异常的西北端部，北东向线性梯度带和等值线北西向错动带在矿床边部相交，线性梯度带出现扭曲、错动。 正岔铅锌矿床即位于吉 C-90-32 扁豆状航磁正磁异常的东部次一级低缓异常南侧边缘，北西向和北东向线性梯度带在此处相交。低缓异常与吉 C-90-32 一起组成一个相对磁力高异常带，背景值为 −40nT，似哑铃状，异常与隐伏的中酸性侵入体及蚀变带有关	重要
重砂	由金、方铅矿、重晶石、(磷钇矿)组成的组合异常，空间上与 Au、Pb、Zn 等化探异常存在一定程度的吻合。是重要重砂找矿信息	重要

续表 8-2-5

预测要素	内容描述	类别
遥感	位于近东西向的头道-长白山断裂带南侧,各方向的小型断裂集中分布,中生代花岗岩类引起的环形构造、闪长岩类引起的环形构造和与隐伏岩体有关的环形构造密集分布,遥感浅色色调异常区,矿区及其周围遥感羟基异常、铁染异常零星分布	次要
找矿标志	区域上集安群荒岔沟组地层和燕山期花岗斑岩体侵位关系的存在;区域上大型褶皱构造核部或次级小褶皱;霓辉石化、透闪石化、绿帘石化等晚期矽卡岩化可以作为找矿标志;以Pb、Zn元素为主的化探异常的存在	重要

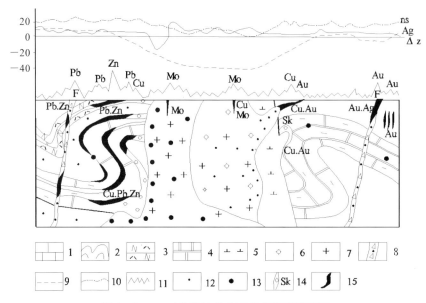

图 8-2-3 正岔铅锌矿典型矿床预测模型图

1.灰岩;2.变质变形构造;3.斜长角闪岩;4.石墨大理岩;5.闪长岩;6.斑状花岗岩;7.花岗斑岩;8.断裂带 9.重力曲线;10.视极化率曲线;11.磁场曲线;12.金成矿元素;13.铅锌成矿元素;14.矽卡岩;15.矿体

6. 郭家岭典型矿床预测要素及预测模型

吉林省郭家岭铅锌矿典型矿床预测要素见表 8-2-6,预测模型见图 8-2-4。

表 8-2-6 吉林省郭家岭铅锌矿典型矿床预测要素

预测要素	内容描述	类别
岩石类型	灰岩、黑云母花岗岩体及脉岩	必要
成矿时代	燕山期	必要
成矿环境	矿床位于华北叠加造山-裂谷系(Ⅰ)、胶辽吉叠加岩浆弧(Ⅱ)、吉南-辽东火山盆地区(Ⅲ)、抚松-集安火山-盆地群(Ⅳ)	必要
构造背景	郭家岭-矿洞子向斜东翼	重要
控矿条件	奥陶系冶里组灰岩,燕山期黑云母花岗岩体及脉岩,郭家岭-矿洞子向斜东翼	必要
蚀变特征	围岩蚀变不明显,唯含矿破碎带硅化较强,并见黄铁矿化、高岭土化和绢云母化、硅化、白云石化、重晶石化、萤石化	重要

续表 8-2-6

预测要素	内容描述	类别
矿化特征	矿体赋于北东向断裂带内,呈脉状产出。矿体围岩由徐庄组—冶里组灰岩等组成,与矿体界线分明。矿体受北东向断裂控制,倾向南东,倾角60°~80°。矿体呈脉状、透镜状	重要
地球化学	矿床区域化探异常表现为Pb、Zn单元素具有清晰的三级分带和明显的浓集中心,异常强度高,分别为125×10^{-6}、314×10^{-6}。是直接找矿标志。以Pb、Zn为主体的组合异常有3种主要的表现形式:Pb-Zn、Au、Ag;Pb-Zn、Hg、Ag;Pb-Zn、W、Sn、Mo。显示出在高—中温的成矿地球化学环境中,形成较复杂元素组分富集的叠生地球化学场,主要成矿元素在此富集成矿。 Pb、Zn甲、乙级综合异常表现出优良的成矿条件和找矿前景,并与分布的矿产积极响应,具有矿致性,是重要的找矿靶区	重要
地球物理	郭家岭铅锌矿床和矿洞子铅锌矿床均位于重力高局部异常的边部。 在航磁异常图上,处于长条状高磁异常端部等值线梯带局部凸起的端部,梯度带产生扭动和发散。低磁异常范围与寒武系、奥陶系灰岩有关	重要
重砂	重砂矿物方铅矿、金、辉钼矿、重晶石重砂异常是重要的找矿预测指标	重要
遥感	分布在集安-松江岩石圈断裂边部,各方向的小型断裂通过矿区,与隐伏岩体有关的复合环形构造集中分布,遥感浅色色调异常区,矿区及其周围遥感羟基异常、铁染异常零星分布	次要
找矿标志	郭家岭-矿洞子向斜东翼,奥陶系冶里组灰岩和燕山期黑云母花岗岩体及脉岩出露区,破碎带硅化较强,并见黄铁矿化、高岭土化和绢云母化、硅化、白云石化、重晶石化、萤石化	重要

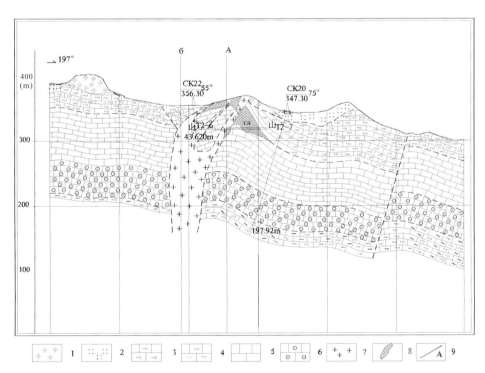

图 8-2-4 郭家岭铅锌矿典型矿床预测模型图

1.硅化;2.凝灰岩;3.条带状灰岩;4.泥质条带状灰岩;5.厚层灰岩;6.鲕状灰岩;7.花岗岩;8.矿体;9.剖面线及编号

7. 天宝山典型矿床预测要素及预测模型

吉林省天宝山铅锌矿典型矿床预测要素见表 8-2-7,预测模型见图 8-2-5。

表 8-2-7　吉林省天宝山铅锌矿典型矿床预测要素

预测要素	内容描述	类别
岩石类型	砂板岩、灰岩、中酸性火山岩,花岗岩、石英闪长岩类	必要
成矿时代	海西期—印支期—燕山期,以印支期为主	必要
成矿环境	矿床位于晚三叠世—新生代东北叠加造山-裂谷系(Ⅰ),小兴安岭-张广才岭叠加岩浆弧(Ⅱ),太平岭-英额岭火山-盆地区(Ⅲ),罗子沟-延吉火山-盆地群(Ⅳ)。处于北东向两江断裂与北西向明月镇断裂带交会部位东侧,天宝山中生代火山盆地南侧,天宝山倾伏背斜轴部	必要
构造背景	东西向、北西向、近南北向 3 组断裂交会处	重要
控矿条件	石炭系(天宝山岩块)与二叠系(红叶桥组)砂板岩、灰岩、中酸性火山岩是矿床控矿层位。印支期—海西期花岗闪长岩、英安斑岩、石英闪长岩等为矿床提供了物质、热液、热能。东西向、北西向、近南北向 3 组断裂交会处控制部分矿床的形成。燕山期花岗斑岩(多为脉状)与碳酸盐地层形成矽卡岩型热液脉状多金属矿化	必要
蚀变特征	头道沟花岗闪长岩和立山英安斑岩与碳酸盐接触带广泛形成矽卡岩带,控制矽卡岩型矿床,主要类型为石榴子石-单斜辉石矽卡岩,单斜辉石矽卡岩,石英-绿帘石矽卡岩等。角砾岩筒型矿床受面状蚀变控制,其主要围岩蚀变,早期钾化、中期硅化、水漫云母化、绿泥石化、晚期方解石化、沸石化。热液脉状矿体近矿蚀变,其内带以硅化、水云母化为主,外带为绿泥石化、碳酸盐化。立山矿床围岩蚀变主要为层状矽卡岩,主要蚀变矿物为:石榴子石、透辉石、方柱石或葡萄石等;新兴矿床筒内蚀变强,筒边蚀变弱,围岩蚀变更弱,筒内以次生石英岩化为主,边部为青磐岩化,围岩常有较明显的黄铁矿化。在震碎裂隙中充填粉红色含锰方解石脉	重要
矿化特征	立山矿床:矿床主要赋存于头道沟花岗闪长岩、英安斑岩与"天宝山岩块"的接触带中,矿体小而多,但断续延深较大,矿体形态复杂。总体规律是上部以脉状为主,中部以透镜状、板状为主,下部以似层状为主。矿体延深大于延长。单个矿体产状多变紊乱,大多沿不纯灰岩岩块和角岩块接触部位分布,少量沿层理分布。兴盛矿体直接产于英安斑岩断裂带内。东风矿床赋存于二叠纪的一套变质的中酸性火山-沉积岩系。其下部为中酸性火山岩及其火山碎屑岩;中部为偏酸性火山岩与不纯灰岩互层;上部为一套以中性熔岩为主的火山岩。矿体产于中下部层位中。东风矿床由东风南山矿体、中部东风矿体及北西部北山矿体构成。新兴矿床产于头道沟花岗闪长岩体内,并受头道沟东西向断裂、新兴-陈财沟北西向断裂和卫星南北向断裂交会处的角砾岩筒所控制。角砾岩筒在平面上呈近南北向椭圆形,南北长轴 54～68m,东西短轴 28～36m,剖面上呈上大下小的漏斗形。上部全筒式矿化,中下部为中心式矿化	重要
地球化学	应用1∶20万化探数据圈出的铅、锌异常具有三级分带清晰,具有较大且明显的浓集中心,异常强度非常高,分别达到 $1455×10^{-6}$,$9852×10^{-6}$,并有紧密的空间叠合,是主要的找矿标志。以 Pb、Zn 为主体的组合异常有 3 种表现形式:Pb-Zn、Cu、Ag、Au;Pb-Zn、As、Sb、Hg;Pb-Zn、Sn、Bi、Mo。构成复杂元素组分富集的叠生地球化学场,利于富集成矿。Pb、Zn 甲、乙综合异常显示出优良的成矿条件和进一步找矿前景。与分布的矿产积极响应,为矿致性质,是进一步找矿的重要靶区。矿床土壤异常显示的特征元素组合为 Pb-Zn-Ag-Cd-Mn-Cu-Hg,异常空间叠合程度高且规模较大,是重要的找矿标志,其中Ⅱ级以上异常发育处可能有铅锌矿体存在。矿床原生晕异常表现的特征元素组合为 Pb-Zn-Ag-Cd-Mn,其组合异常发育,PbZnAgBa/CuBi>104,并伴随 Sr、Cr、Ti、V 等的负异常出现,是重要找矿标志,指示可能有铅锌矿体的存在;As、Bi、Cu、F、Ag 特征组合异常发育,PbZnAgBa/CuBi<104,并伴随 Sr、Cr 的负异常,亦是重要找矿标志,反映可能有硫铁矿、闪锌硫铁矿的存在	重要

续表 8-2-7

预测要素	内容描述	类别
地球物理	在1:25万布格重力异常图上,矿床在区域上处于总体呈北西西向"之"形展布梯度带中段上靠近南东重力高场区一侧。局部上处于东西向、北东向北西向梯度带交会处,梯度陡,北西侧分布有重力低异常,南东侧分布有北东东向条带状重力高异常,北西西向"之"形展布梯度带是槽台边界附近的次一级大断裂的反映。 在1:5万航磁异常图上,矿床处于长条状正磁异常的北西侧边缘梯度带的内侧,同时也是高磁异常向低缓过渡部位及梯度带由紧密到稀疏的变化部位	重要
重砂	主要的重砂矿物有黄铜矿、方铅矿、白钨矿、辰砂。与Pb、Zn、Cu、Ag化探异常吻合程度高,可为区域找矿提供重要的重砂信息	重要
遥感	位于北西向敦化-杜荒子断裂带与北东向望天鹅-春阳断裂带交会处,"S"型脆韧性变形构造带发育,天宝山村环形构造边部,遥感浅色色调异常区,矿区北侧遥感羟基异常和铁染异常密集分布	次要
找矿标志	蚀变标志,立山矿床主要为矽卡岩化,新兴矿区,筒内主要具石英岩化,其次绿帘石化、绿泥石化、黄铁矿化等。矿床位于大面积起伏的航磁ΔT正磁场中低缓异常区边缘,矿体反映明显低阻高极化异常。矿田具明显1:20万水系沉积物异常,主要异常元素有铜、铅、锌、镉、铋、银、钼等。异常规模大,分带明显	重要

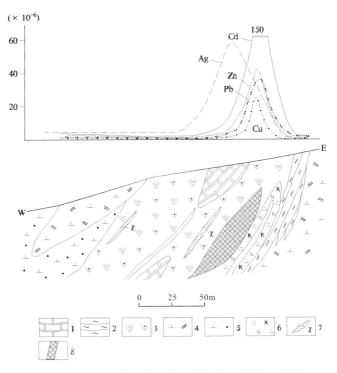

图 8-2-5 天宝山铜多金属矿床地表岩石地球化学异常剖面图
1.大理岩;2.绿泥化岩;3.矽卡岩;4.石英二长闪长岩;5.石英闪长岩;
6.长英岩;7.煌斑岩;8.矿体

二、模型区深部及外围资源潜力预测分析

(一)典型矿床已查明资源储量及其估算参数

1. 沉积-改造型荒沟山-南岔预测工作区

该预测工作区内的典型矿床为白山市荒沟山铅锌矿。

(1)查明资源储量:荒沟山典型矿床所在区,以往工程控制实际查明的并且已经在储量登记表中上表的全部资源储量为 Pb 20 941t,Zn 117 487t。

(2)面积:荒沟山典型矿床所在区域经1:1万地质填图确定的勘探评价区,并经山地工程验证的矿体、矿带聚集区段边界范围为 1 406 612m²。含矿层位的平均倾角67°。

(3)延深:荒沟山矿床勘探控制矿体的最大延深为300m。

(4)品位、体重:荒沟山矿区矿石平均品位铅1.84%,锌14.58%,体重3.6t/m³。

(5)体含矿率:体含矿率=查明资源储量/(面积×$\sin\alpha$×延深),其中α为含矿层位的平均倾角,计算得出荒沟山铅锌矿床体含矿率为铅 0.000 053 94t/m³,锌 0.000 302 63t/m³。见表8-2-8。

2. 沉积-改造型正岔-复兴屯预测工作区

该预测工作区内的典型矿床为吉林省集安市花甸子镇正岔铅锌矿。

(1)查明资源储量:正岔典型矿床所在区,以往工程控制实际查明的并且已经在储量登记表中上表的全部资源储量为铅 22 150t,锌 29 768t。

(2)面积:正岔典型矿床所在区域经1:1万地质填图确定的勘探评价区,并经山地工程验证的矿体、矿带聚集区段边界范围为 1 052 167m²。含矿层位的平均倾角40°。

(3)延深:正岔矿床勘探控制矿体的最大延深为416m。

(4)品位、体重:正岔矿区矿石平均品位铅1.55%,锌2.11%,体重3.07t/m³。

(5)体含矿率:体含矿率=查明资源储量/(面积×$\sin\alpha$×延深),其中α为含矿层位的平均倾角,计算得出正岔铅锌矿床体含矿率为 Pb 0.000 078 85t/m³,Zn 0.000 105 96t/m³。见表8-2-8。

3. 矽卡岩型矿洞子-青石镇预测工作区

该预测工作区内的典型矿床为集安市郭家岭铅锌矿。

(1)查明资源储量:郭家岭典型矿床所在区,以往工程控制实际查明的并且已经在储量登记表中上表的全部资源储量为铅 58 633t,锌 16 238t。

(2)面积:郭家岭典型矿床所在区域经1:1万地质填图确定的勘探评价区,并经山地工程验证的矿体、矿带聚集区段边界范围为 731 745m²。含矿层位的平均倾角80°。

(3)延深:郭家岭矿床勘探控制矿体的最大延深为440m。

(4)品位、体重:郭家岭矿区矿石平均品位 Pb 3.95%,Zn 0.42%,体重3.32t/m³。

(5)体含矿率:体含矿率=查明资源储量/(面积×$\sin\alpha$×延深),其中α为含矿层位的平均倾角,计算得出郭家岭铅锌矿床体含矿率为 Pb 0.000 185 05t/m³,Zn 0.000 051 25t/m³。见表8-2-8。

4. 矽卡岩型大营-万良预测工作区

该预测工作区内的典型矿床为抚松县大营铅锌矿。

(1)查明资源储量:大营典型矿床所在区,以往工程控制实际查明的并且已经在储量登记表中上表

表 8-2-8　铅锌矿预测工作区典型矿床查明资源储量表

编号	预测工作区名称	典型矿床名称	矿种	查明资源储量(t)		面积(m²)	沿倾向最大延深(m)	品位(%)	体重(t/m³)	倾角(°)	体含矿率(t/m³)
				矿石量	金属量						
A2206501022003	荒沟山-南岔	白山荒沟山铅锌矿	Pb	843 000	20 941	1 406 611.87	300	1.84	3.6	67	0.000 053 94
			Zn	843 000	117 487	1 406 611.87	300	14.58	3.6	75	0.000 302 63
A2206502026004	正岔-复兴屯	集安正岔铅锌矿	Pb	1 330 000	22 150	1 052 167.04	416	1.55	3.07	40	0.000 078 85
			Zn	1 330 000	29 768	1 052 167.04	416	2.11	3.07	40	0.000 105 96
A2206503029005	矿洞子-青石镇	集安鄣家岭铅锌矿	Pb	1 415 000	58 633	731 744.72	440	3.95	3.32	80	0.000 185 05
			Zn	1 415 000	16 238	731 744.72	440	0.42	3.32	80	0.000 051 25
A2206503018006	大营-万良	抚松大营铅锌矿	Pb	1 194 000	8033	807 211.00	445	0.87	3.32	50	0.000 029 18
			Zn	1 194 000	40 324	807 211.00	445	0.67	3.32	50	0.000 146 49
A2206601010001	天宝山	龙井天宝山铅锌多金属矿床	Pb	22 708 000	182 984	16 655 631.80	700	0.87	3.33	73	0.000 016 42
			Zn	22 708 000	480 094	16 655 631.80	700	1.76	3.33	73	0.000 043 09
A2206401006002	放牛沟	伊通县放牛沟多金属矿	Pb	15 830 000	28 349	621 332.56	358	0.18	3.65	55	0.000 155 72
			Zn	1 390 000	395 456	621 332.56	358	2.5	3.65	55	0.002 172 23
A2206401002007	梨树沟-红太平	汪清红太平多金属矿	Pb	593 000	2641	1 629 188	130	0.54	3.52	20	0.000 036 84
			Zn	593 000	19 642	1 629 188	130	2.69	3.52	20	0.000 274 01

的全部资源储量为 Pb 8033t，Zn 40 324t。

(2)面积：大营典型矿床所在区域经 1∶1 万地质填图确定的勘探评价区，并经山地工程验证的矿体、矿带聚集区段边界范围为 807 211m²。含矿层位的平均倾角 50°。

(3)延深：大营矿床勘探控制矿体的最大延深为 445m。

(4)品位、体重：大营矿区矿石平均品位铅 0.87%，锌 0.67%，体重 3.32t/m³。

(5)体含矿率：体含矿率＝查明资源储量/(面积×sinα×延深)，其中 α 为含矿层位的平均倾角，计算得出大营铅锌矿床体含矿率为 Pb 0.000 029 18t/m³，Zn 0.000 146 49t/m³。见表 8-2-8。

5. 多成因叠加型天宝山预测工作区

该预测工作区内的典型矿床为龙井天宝山铅锌矿。

(1)查明资源储量：天宝山典型矿床所在区，以往工程控制实际查明的并且已经在储量登记表中上表的全部资源储量为 Pb 182 984t，Zn 480 094t。

(2)面积：天宝山典型矿床所在区域经 1∶1 万地质填图确定的勘探评价区，并经山地工程验证的矿体、矿带聚集区段边界范围为 16 655 632m²。含矿层位的平均倾角 73°。

(3)延深：天宝山矿床勘探控制矿体的最大延深为 700m。

(4)品位、体重：天宝山矿区矿石平均品位 Pb 0.87%，Zn 1.76%，体重 3.33t/m³。

(5)体含矿率：体含矿率＝查明资源储量/(面积×sinα×延深)，其中 α 为含矿层位的平均倾角，计算得出天宝山铅锌矿床体含矿率为 Pb 0.000 016 42t/m³，Zn 0.000 043 09t/m³。见表 8-2-8。

6. 放牛沟火山岩浆热液型预测工作区

该预测工作区内的典型矿床为伊通县景家台镇放牛沟铅锌矿。

(1)查明资源储量：放牛沟典型矿床所在区，以往工程控制实际查明的并且已经在储量登记表中上表的全部资源储量为 Pb 28 349t，Zn 395 456t。

(2)面积：放牛沟典型矿床所在区域经 1∶1 万地质填图确定的勘探评价区，并经山地工程验证的矿体、矿带聚集区段边界范围为 621 333m²。含矿层位的平均倾角 55°。

(3)延深：放牛沟矿床勘探控制矿体的最大延深为 358m。

(4)品位、体重：放牛沟矿区矿石平均品位 Pb 0.18%，Zn 2.5%，体重 3.65t/m³。

(5)体含矿率：体含矿率＝查明资源储量/(面积×sinα×延深)，其中 α 为含矿层位的平均倾角，计算得出放牛沟铅锌矿床体含矿率为 Pb 0.000 155 72t/m³，Zn 0.002 172 23t/m³。见表 8-2-8。

7. 火山热液型梨树沟-红太平预测工作区

该预测工作区内的典型矿床为红太平多金属矿。

(1)查明资源储量：红太平典型矿床所在区，以往工程控制实际查明的并且已经在储量登记表中上表的全部资源储量为 Pb 2641t，Zn 19 642t。

(2)面积：红太平典型矿床所在区域经 1∶1 万地质填图确定的勘探评价区，并经山地工程验证的矿体、矿带聚集区段边界范围为 1 629 188m²。含矿层位的平均倾角 20°。

(3)延深：红太平矿床勘探控制矿体的最大延深为 130m。

(4)品位、体重：红太平矿区矿石平均品位 Pb 0.54%，Zn 2.69%，体重 3.52t/m³。

(5)体含矿率：体含矿率＝查明资源储量/(面积×sinα×延深)，其中 α 为含矿层位的平均倾角，计算得出红太平铅锌矿床体含矿率为 Pb 0.000 036 84t/m³，Zn 0.000 274 01t/m³。见表 8-2-8。

(二)典型矿床深部及外围预测资源量及其估算参数

1. 典型矿床已查明储量深部及外围储量

1)沉积-改造型荒沟山-南岔预测工作区

荒沟山铅锌矿床深部资源量预测:矿体沿倾向最大延深300m,矿体倾角67°,实际垂深276m,根据该含矿层位在区域上的产状、走向、延伸等均比较稳定,推断该套含矿层位在1300m深度仍然存在。所以本次对该矿床的深部预测垂深选择1300m,矿床深部预测实际深度为1024m,面积采用原矿床及外围含矿的最大面积,预测其深部资源量(应用预测资源量=面积×延深×体积含矿率),具体数据见表8-2-9。

2)沉积-改造型正岔-复兴屯预测工作区

正岔铅锌矿床深部资源量预测:矿体沿倾向最大延深416m,矿体倾角40°,实际垂深267m,根据该含矿层位在区域上的产状、走向、延伸等均比较稳定,考虑复兴屯闪长岩体延深较大,证实该套含矿层位在1200m深度仍然稳定延深。根据该含矿层位在区域上的产状、走向、延伸等均比较稳定,推断该套含矿层位在1200m深度仍然存在。所以本次对该矿床的深部预测垂深选择1200m,矿床深部预测实际深度为933m,面积仍然采用原矿床含矿的最大面积。预测其深部资源量。应用预测资源量=面积×延深×体积含矿率,见表8-2-9。

表8-2-9 铅锌矿预测工作区典型矿床深部及外围预测资源量表

编号	预测工作区名称	典型矿床名称	矿种	面积(m²)	延深(m)	体积含矿率(t/m³)
A2206501022003	荒沟山-南岔	白山荒沟山铅锌矿	Pb	3 001 993	1024	0.000 053 94
			Zn	3 001 993	1024	0.000 302 63
A2206502026004	正岔-复兴屯	集安正岔铅锌矿	Pb	1 052 167.04	933	0.000 078 85
			Zn	1 052 167.04	933	0.000 105 96
A2206503029005	矿洞子-青石镇	集安郭家岭铅锌矿	Pb	731 744.72	567	0.000 185 05
			Zn	731 744.72	567	0.000 051 25
A2206503018006	大营-万良	抚松大营铅锌矿	Pb	807 211.00	659	0.000 029 18
			Zn	807 211.00	659	0.000 146 49
A2206601010001	天宝山	龙井市天宝山铅锌多金属矿床	Pb	16 655 631.8	731	0.000 016 42
			Zn	16 655 631.8	731	0.000 043 09
A2206401006002	放牛沟	伊通放牛沟铅锌矿床	Pb	621 332.56	507	0.000 155 72
			Zn	621 332.56	507	0.002 172 23
A2206401002007	梨树沟-红太平	汪清红太平铜多金属矿床	Pb	1 629 188	106	0.000 036 84
			Zn	1 629 188	106	0.000 274 01

3)矽卡岩型矿洞子-青石镇预测工作区

郭家岭铅锌矿床深部资源量预测:矿体沿倾向最大延深440m,矿体倾角80°,实际垂深433m,根据近年该区铅锌矿地质勘探工作,证实该套含矿层位在1000m深度仍然稳定延深,根据该含矿层位在区域上的产状、走向、延伸等均比较稳定,但考虑到后期岩浆改造作用较强,所以本次对该矿床的深部预测垂深选择1000m。矿床深部预测实际深度为567m。面积仍然采用原矿床含矿的最大面积。预测其深部资源量。应用预测资源量=面积×延深×体积含矿率。见表8-2-9。

4)矽卡岩型大营-万良预测工作区

大营铅锌矿床深部资源量预测:矿体沿倾向最大延深445m,矿体倾角50°,实际垂深341m,近年该区铅锌矿最大勘探深度垂深1000m,矿体没有歼灭迹象,证实该套含矿层位在1000m深度仍然稳定延深。根据该含矿层位在区域上的产状、走向、延伸等均比较稳定,所以本次对该矿床的深部预测垂深选择1000m。矿床深部预测实际深度为659m。面积仍然采用原矿床含矿的最大面积。预测其深部资源量。应用预测资源量=面积×延深×体积含矿率。见表8-2-9。

5)多成因叠加型天宝山预测工作区

天宝山铅锌矿床深部资源量预测:矿体沿倾向最大延深700m,矿体倾角73°,实际垂深669m。根据该含矿层位在区域上的产状、走向、延伸等均比较稳定,推断该套含矿层位在1400m深度仍然存在,所以本次对该矿床的深部预测垂深选择1400m。矿床深部预测实际深度为731m。面积仍然采用原矿床含矿的最大面积。预测其深部资源量。应用预测资源量=面积×延深×体积含矿率。见表8-2-9。

6)放牛沟火山岩浆热液型预测工作区

放牛沟铅锌矿床深部资源量预测:铅锌矿矿体沿倾向最大延深358m,矿体倾角55°,实际垂深293m。根据该含矿层位在区域上的产状、走向、延伸等均比较稳定,推断该套含矿层位在800m深度仍然存在,所以本次对该矿床的深部预测垂深选择800m。矿床深部预测实际深度为507m。面积仍然采用原矿床含矿的最大面积。见表8-2-9。

7)火山热液型梨树沟-红太平预测工作区

红太平铅锌矿床深部资源量预测:铅锌矿矿体沿倾向最大延深130m,矿体倾角20°,实际垂深44m。根据该含矿层位在区域上的产状、走向、延伸等均比较稳定,推断该套含矿层位在150m深度仍然存在,所以本次对该矿床的深部预测垂深选择150m。矿床深部预测实际深度为106m。面积仍然采用原矿床含矿的最大面积。见表8-2-9。

2. 典型矿床总资源量

沉积-改造型荒沟山-南岔预测工作区、沉积-改造型正岔-复兴屯预测工作区、矽卡岩型矿洞子-青石镇预测工作区、矽卡岩型大营-万良预测工作区、多成因叠加型天宝山预测工作区、火山热液型放牛沟预测工作区、火山热液型梨树沟-红太平预测工作区典型矿床总资源量见表8-2-10。

表8-2-10 铅锌矿预测工作区典型矿床总资源量表

编号	预测工作区名称	典型矿床名称	矿种	总面积(m^2)	总延深(m)	含矿系数(t/m^3)	
A2206501022003	荒沟山-南岔	白山荒沟山铅锌矿	Pb	1300	0.000 053 94	189 565	
			Zn	1300	0.000 302 63	1 063 552	
A2206502026004	正岔-复兴屯	集安正岔铅锌矿	Pb	1 052 167.04	1200	0.000 078 85	
			Zn	1 052 167.04	1200	0.000 105 96	
A2206503029005	矿洞子-青石镇	集安郭家岭铅锌矿	Pb	731 744.72	1000	0.000 185 05	
			Zn	731 744.72	1000	0.000 051 25	

续表 8-2-10

编号	预测工作区名称	典型矿床名称	矿种	总面积（m²）	总延深（m）	含矿系数（t/m³）
A2206503018006	大营-万良	抚松大营铅锌矿	Pb	807 211.00	1000	0.000 029 18
			Zn	807 211.00	1000	0.000 146 49
A2206601010001	天宝山	龙井天宝山铅锌多金属矿床	Pb	16 655 631.80	1400	0.000 016 42
			Zn	16 655 631.80	1400	0.000 043 09
A2206401006002	放牛沟	伊通县放牛沟铅锌矿床	Pb	621 332.56	800	0.000 155 72
			Zn	621 332.56	800	0.002 172 23
A2206401002007	梨树沟-红太平	汪清红太平多金属矿	Pb	1 629 188	150	0.000 036 84
			Zn	1 629 188	150	0.000 274 01

（三）模型区预测资源量及估算参数确定

1. 模型区估算参数确定

1）沉积-改造型荒沟山-南岔预测工作区

模型区：荒沟山铅锌矿典型矿床所在的 HNA1 最小预测区。

模型区预测资源量：荒沟山典型矿床探明和典型矿床深部及外围预测资源量的总资源量，即查明资源量＋深部及外围预测资源量。

面积：HNA1 模型区的面积是荒沟山典型矿床元古宇老岭群珍珠门组地层含矿建造的出露面积叠加化探异常，加以人工修正后的最小预测区面积。

延深：模型区内典型矿床的总延深，即最大预测深度。区域上该套含矿层位在 950m 深度延深仍然比较稳定，所以模型区的预测深度选择 1300m，沿用荒沟山典型矿床最大预测深度。

含矿地质体面积参数：为含矿地质体面积/模型区面积，当含矿地质体面积＝模型区面积，其为1，含矿地质体面积小于模型区面积，其小于1。荒沟山典型矿床所在的最小预测区面积大于出露为含矿建造的面积，经计算得出含矿地质体面积参数为 0.123 428。见表 8-2-11。

2）沉积-改造型正岔-复兴屯预测工作区

模型区：典型矿床所在的最小预测区。即正岔铅锌矿所在的 ZFA1 最小预测区。

模型区预测资源量：正岔典型矿床探明和典型矿床深部预测资源量的总资源量，即查明资源量＋深部预测资源量。

面积：ZFA1 模型区的面积是正岔典型矿床所在区含矿建造集安群荒岔沟组的出露面积叠加化探异常，加以人工修正后的最小预测区面积。

延深：模型区内典型矿床的总延深，即最大预测深度。正岔铅锌矿含矿层位延深比较稳定，模型区的预测深度选择 1200m，沿用正岔铅锌矿典型矿床的最大预测深度。

含矿地质体面积参数：为含矿地质体面积/模型区面积，当含矿地质体面积＝模型区面积，其为1，含矿地质体面积小于模型区面积，其小于1。正岔典型矿床所在的最小预测区面积大于出露为含矿建造的面积，经计算得出含矿地质体面积参数为 0.059 098。见表 8-2-11。

表 8－2－11 铅锌矿模型区预测资源量及其估算参数

编号	模型区名称	矿种	模型区面积（m²）	延深(m)	含矿地质体面积（m²）	含矿地质体面积参数
A2206501022	荒沟山-南岔	Pb	24 321 825	1300	3 001 993	0.123 428
		Zn	24 321 825	1300	3 001 993	0.123 428
A2206502026	正岔-复兴屯	Pb	17 803 850	1200	1 052 167.04	0.059 098
		Zn	17 803 850	1200	1 052 167.04	0.059 098
A2206503029	矿洞子-青石镇	Pb	5 730 547.5	1000	731 744.72	0.127 692
		Zn	5 730 547.5	1000	731 744.72	0.127 692
A2206503018	大营-万良	Pb	11 102 100	1000	807 211.00	0.072 708
		Zn	11 102 100	1000	807 211.00	0.072 708
A2206601010	天宝山	Pb	66 417 025	1400	16 655 631.80	0.250 774
		Zn	66 417 025	1400	16 655 631.80	0.250 774
A2206401006	放牛沟	Pb	9 428 757.5	800	621 332.56	0.065 898
		Zn	9 428 757.5	800	621 332.56	0.065 898
A2206401002	梨树沟-红太平	Pb	5 394 525	150	1 629 188	0.302 008
		Zn	5 394 525	150	1 629 188	0.302 008

3）矽卡岩型矿洞子-青石镇预测工作区

模型区：典型矿床所在的最小预测区。即郭家岭铅锌矿所在的 KQA1 最小预测区。

模型区预测资源量：模型区预测资源量是郭家岭典型矿床探明和典型矿床深部预测资源量的总资源量，即查明资源量＋深部预测资源量。

面积：KQA1 模型区的面积是郭家岭典型矿床所在区含矿建造为寒武系张夏组、崮山组、长山组、凤山组及奥陶系治里组地层的出露面积叠加化探异常，加以人工修正后的最小预测区面积。

延深：模型区内典型矿床的总延深，即最大预测深度。根据近年该区铅锌矿地质勘探工作，证实该套含矿层位在 700m 深度仍然稳定延深，根据该含矿层位在区域上的产状、走向、延伸等均比较稳定，所以模型区的预测深度选择 1000m。沿用郭家岭铅锌矿典型矿床的最大预测深度。

含矿地质体面积参数：为含矿地质体面积/模型区面积，当含矿地质体面积＝模型区面积，其为 1，含矿地质体面积小于模型区面积，其小于 1。郭家岭典型矿床所在的最小预测区面积大于出露为含矿建造的面积，经计算得出含矿地质体面积参数为 0.127 692。见表 8－2－11。

4）矽卡岩型大营-万良预测工作区

模型区：典型矿床所在的最小预测区，即大营铅锌矿所在的 DYA1 最小预测区。

模型区预测资源量：模型区预测资源量是大营典型矿床探明和深部预测资源量的总资源量，即查明资源量＋深部预测资源量。

面积：DYA1 模型区的面积是大营典型矿床所在区含矿建造寒武系灰岩的出露面积叠加化探异常，加以人工修正后的最小预测区面积。

延深：模型区内典型矿床的总延深，即最大预测深度。根据近年该区铅锌矿地质勘探工作，证实该套含矿层位在 560m 深度仍然稳定延深，根据该含矿层位在区域上的产状、走向、延伸等均比较稳定，所以模型区的预测深度选择 748m。沿用大营铅锌矿典型矿床的最大预测深度。

含矿地质体面积参数：为含矿地质体面积/模型区面积，当含矿地质体面积＝模型区面积，其为 1，含矿地质体面积小于模型区面积,其小于1。大营典型矿床所在的最小预测区面积大于出露为含矿建造的面积,经计算得出含矿地质体面积参数为0.072 708。见表8-2-11。

5)多成因叠加型天宝山预测工作区

模型区:典型矿床所在的最小预测区,即天宝山铅锌矿所在的TBA1最小预测区。

模型区预测资源量:TBA1模型区预测资源量是天宝山典型矿床探明和深部预测资源量的总资源量,即查明资源量+深部预测资源量。

面积:TBA1模型区的面积是天宝山典型矿床所在区含矿建造石炭系天宝山岩块与二叠系红叶桥组的出露面积叠加化探异常,加以人工修正后的最小预测区面积。

延深:模型区内典型矿床的总延深,即最大预测深度。天宝山铅锌矿现在最大的勘探深度均达到1100m左右,但从区域上和矿区上含矿建造具有一定的规模,沿走向和倾向延伸比较稳定,推测含矿地层延深仍然比较稳定,所以模型区的预测深度选择1400m,沿用天宝山铅锌矿典型矿床的最大预测深度。

含矿地质体面积参数:为含矿地质体面积/模型区面积,当含矿地质体面积=模型区面积,其为1,含矿地质体面积小于模型区面积,其小于1。天宝山典型矿床所在的最小预测区面积大于出露为含矿建造的面积,经计算得出含矿地质体面积参数为0.250 774。见表8-2-11。

6)火山热液型放牛沟预测工作区

模型区:典型矿床所在的最小预测区,即放牛沟铅锌矿所在的FNA1最小预测区。

模型区预测资源量:FNA1模型区预测资源量是放牛沟典型矿床探明+深部预测资源量的总资源量,即查明资源量+深部预测资源量。

面积:FNA1模型区的面积是放牛沟典型矿床所在区晚奥陶纪石缝组含矿灰岩建造和海西早期第二阶段酸性岩浆活动侵入体叠加化探异常的最小出露面,加以人工修正后的最小预测区面积。

延深:模型区内典型矿床的总延深,即最大预测深度。放牛沟铅锌矿现在最大的勘探深度均达到358m,由于典型矿床的含矿建造深度达到800m,所以模型区的预测深度选择800m,沿用放牛沟铅锌矿典型矿床的最大预测深度。

含矿地质体面积参数:为含矿地质体面积/模型区面积,当含矿地质体面积=模型区面积,其为1,含矿地质体面积小于模型区面积,其小于1。放牛沟典型矿床所在的最小预测区面积大于出露为含矿建造的面积,经计算得出含矿地质体面积参数为0.065 898。见表8-2-11。

7)火山热液型梨树沟-红太平预测工作区

模型区:典型矿床所在的最小预测区,即红太平铅锌矿所在的LHA1最小预测区。

模型区预测资源量:LHA1模型区预测资源量是红太平典型矿床探明+深部预测资源量的总资源量,即查明资源量+深部预测资源量。

面积:LHA1模型区的面积是红太平典型矿床所在区二叠纪庙岭组灰岩、蚀变凝灰岩、砂岩、粉砂岩、泥灰岩为含矿灰岩建造和控矿层位叠加化探异常的最小出露面,加以人工修正后的最小预测区面积。

延深:模型区内典型矿床的总延深,即最大预测深度。红太平铅锌矿现在最大的勘探深度均达到130m,由于典型矿床的含矿建造深度达到150m,所以模型区的预测深度选择150m,沿用红太平铅锌矿典型矿床的最大预测深度。

含矿地质体面积参数:为含矿地质体面积/模型区面积,当含矿地质体面积=模型区面积,其为1,含矿地质体面积小于模型区面积,其小于1。红太平典型矿床所在的最小预测区面积大于出露为含矿建造的面积,经计算得出含矿地质体面积参数为0.302 008。见表8-2-11。

2. 模型区含矿系数确定

1)沉积-改造型荒沟山-南岔预测工作区

沉积-改造型荒沟山-南岔预测工作区模型区 HNA1 的含矿地质体含矿系数确定公式为:含矿地质体含矿系数=模型区 HNA1 资源总量/含矿地质体总体积,含矿地质体的总体积为表 8-2-11 确定的含矿地质体面积×预测总深度。计算得出 HNA1 模型区的含矿地质体含矿系数为 Pb 0.000 006 66t/m³,Zn 0.000 037 35t/m³。见表 8-2-12。

2)沉积-改造型正岔-复兴屯预测工作区

沉积-改造型正岔-复兴屯预测工作区模型区 ZFA1 的含矿地质体含矿系数确定公式为:ZFA1 含矿地质体含矿系数=模型区 ZFA1 资源总量/含矿地质体总体积,含矿地质体的总体积为表 2-2-2 确定的含矿地质体面积×预测总深度。计算得出 ZFA1 模型区的含矿地质体含矿系数为 Pb 0.000 004 66t/m³,Zn 0.000 006 26t/m³。见表 8-2-12。

表 8-2-12 铅锌矿预测工作区模型区含矿地质体含矿系数表

模型区编号	模型区名称	矿种	含矿地质体含矿系数(t/m³)	含矿地质体总体积(m³)
A2206501022	荒沟山-南岔	Pb	0.000 006 66	31 618 372 500
		Zn	0.000 037 35	31 618 372 500
A2206502026	正岔-复兴屯	Pb	0.000 004 66	21 364 620 000
		Zn	0.000 006 26	21 364 620 000
A2206503029	矿洞子-青石镇	Pb	0.000 023 63	5 730 547 500
		Zn	0.000 006 54	5 730 547 500
A2206503018	大营-万良	Pb	0.000 002 12	11 102 100 000
		Zn	0.000 010 65	11 102 100 000
A2206601010	天宝山	Pb	0.000 004 12	92 983 835 000
		Zn	0.000 010 81	92 983 835 000
A2206401006	放牛沟	Pb	0.000 010 26	7 543 006 000
		Zn	0.000 143 14	7 543 006 000
A2206401002	梨树沟-红太平	Pb	0.000 011 13	809 178 750
		Zn	0.000 082 75	809 178 750

3)矽卡岩型矿洞子-青石镇预测工作区

矽卡岩型矿洞子-青石镇预测工作区模型区 KQA1 的含矿地质体含矿系数确定公式为:KQA1 含矿地质体含矿系数=模型区 KQA1 资源总量/含矿地质体总体积,含矿地质体的总体积为表 2-2-3 确定的含矿地质体面积×预测总深度。计算得出 KQA1 模型区的含矿地质体含矿系数为 Pb 0.000 023 63t/m³,Zn 0.000 006 54t/m³。见表 8-2-12。

4)矽卡岩型大营-万良预测工作区

矽卡岩型大营-万良预测工作区模型区 DWA1 的含矿地质体含矿系数确定公式为:DWA1 含矿地质体含矿系数=模型区 DWA1 资源总量/含矿地质体总体积,含矿地质体的总体积为表 2-2-4 确定的含矿地质体面积×预测总深度。计算得出 TDA1 模型区的含矿地质体含矿系数为 Pb 0.000 002 12t/m³,

Zn 0.000 010 65t/m³。见表 8-2-12。

5)多成因叠加型天宝山预测工作区

多成因叠加型天宝山预测工作区模型区 TBA1 的含矿地质体含矿系数确定公式为:TBA1 含矿地质体含矿系数=模型区 TBA1 资源总量/含矿地质体总体积,含矿地质体的总体积为表 2-2-5 确定的含矿地质体面积×预测总深度。计算得出 TBA1 模型区的含矿地质体含矿系数为 Pb 0.000 004 12t/m³,Zn 0.000 010 81t/m³。见表 8-2-12。

6)火山热液型放牛沟预测工作区

火山热液型放牛沟预测工作区模型区 FNA1 的含矿地质体含矿系数确定公式为:FNA1 含矿地质体含矿系数=模型区 FNA1 资源总量/含矿地质体总体积,含矿地质体的总体积为表 2-2-6 确定的含矿地质体面积×预测总深度。计算得出 FNA1 模型区的含矿地质体含矿系数为 Pb 0.000 010 26t/m³,Zn 0.000 143 14t/m³。见表 8-2-12。

7)火山热液型梨树沟-红太平预测工作区

火山热液型梨树沟-红太平预测工作区模型区 LHA1 的含矿地质体含矿系数确定公式为:LHA1 含矿地质体含矿系数=模型区 LHA1 资源总量/含矿地质体总体积,含矿地质体的总体积为表 2-2-7 确定的含矿地质体面积×预测总深度。计算得出 FNA1 模型区的含矿地质体含矿系数为 Pb 0.000 011 13t/m³,Zn 0.000 082 75t/m³。见表 8-2-12。

三、预测要素图编制和解释及预测工作区预测要素和预测模型

(一)预测要素图编制及解释

(1)编制区域成矿要素图,首先按照矿产预测方法类型和确定预测底图。预测工作区有火山岩型,火山作用有关的矿产,以火山岩性岩相图为预测底图,海相火山岩型矿床如无法识别火山机构时则以沉积建造古构造图为底图,预测地段复原到沉积建造构造图上;层控"内生"型,与侵入作用时空定位有关,受特定层位控制的矿产,以大地构造相图为底图,并突出表示特定地层或建造;复合"内生"型,为与沉积建造、变质建造及侵入岩、变形构造都有关的复合成矿作用有关的矿产,以大地构造相图为预测底图。

(2)大地构造相图与预测底图的关系。

大地构造相图为表示构造演化阶段的内容。预测底图以成矿相关的地质构造时段为单元编制。当两者相吻合时,可以直接应用编制大地构造相图的课题图件作为预测底图。地质构造类基础底图比例尺 1∶5 万。

(3)编制地质构造基础类预测底图过程中充分应用重磁、遥感、化探推断解释资料。编制同比例尺重磁、遥感、化探、推断解译地质构造图,对于隐伏侵入体,火山机构,隐伏或隐蔽构造,盆地基底构造,应进行定量反演,大致确定隐伏侵入体的埋深、成矿侵入体的三维形态变化,给预测提供依据。

(4)预测要素图编制。按照矿产预测类型:①以预测底图为基础;②在底图上突出标明与成矿有关的地质内容;③图面标明全部矿床、矿点、矿化线索、采矿遗迹、蚀变等有关内容;④综合分析成矿地质作用、成矿构造、成矿特征等内容,确定区域成矿要素及其区域变化特征;⑤叠加重磁、遥感、化探推断解释资料;⑥在研究区范围内,可以根据区域成矿要素的空间变化规律,进行分区;⑦比例尺大于 1∶5 万或 1∶25 万。

(二)预测工作区预测要素和预测模型

根据预测工作区地质背景叠加物探、化探、遥感、重砂信息,在典型矿床预测要素基础上,对区域成矿规律进行研究,编制预测工作区预测要素表并建立区域预测模型。

1. 放牛沟铅锌矿预测工作区

吉林省放牛沟铅锌矿预测工作区预测要素表 8-2-13，预测模型见图 8-2-6。

表 8-2-13　吉林省放牛沟预测工作区铅锌矿预测模型

预测要素	内容描述	类别
岩石类型	晚奥陶纪石缝组白色大理岩夹条带状大理岩、片理化安山岩、片理化流纹岩，绢云母石英片岩夹大理岩透镜体。海西早期庙岭花岗岩	必要
成矿时代	306.4~290Ma	必要
成矿环境	矿床位于华北叠加造山-裂谷系（Ⅰ）胶辽吉叠加岩浆弧（Ⅱ），吉南-辽东火山盆地区（Ⅲ），抚松-集安火山-盆地群（Ⅳ）。长白山-辽河太古宙、元古宙、燕山期金铜铅锌银（Ⅲ$_9$）-集安金铅锌成矿带（Ⅳ$_{18}$）	必要
构造背景	处于吉南古元古界拗拉槽及鸭绿江深大断裂带内，断裂构造发育，北东向主断裂控制矿带展布次级平行主断裂的层间断裂为容矿断裂。铅锌矿主要受褶皱构造及层间断裂控制	重要
控矿条件	①矿床位于华北叠加造山-裂谷系（Ⅰ）胶辽吉叠加岩浆弧（Ⅱ），吉南-辽东火山盆地区（Ⅲ），抚松-集安火山-盆地群（Ⅳ）。长白山-辽河太古宙、元古宙、燕山期金铜铅锌银（Ⅲ$_9$）-集安金铅锌成矿带（Ⅳ$_{18}$）。 ②寒武系灰岩、燕山期花岗岩类岩体及脉岩。 ③北东向主断裂控制矿带展布次级平行主断裂的层间断裂为容矿断裂	必要
蚀变特征	青磐岩化、绿泥石化、绿帘石化、黝帘石化、硅化、绢云母化、萤石化、闪石化、黄铁矿化等；在岩体接触带附近石榴子石-透辉石或透闪石矽卡岩及碳酸盐化发育，并伴有黄铁矿化	重要
矿化特征	区域上磁铁矿化、闪锌矿化、方铅矿化、黄铁矿化点或蚀变带	重要
地球化学	应用1:5万化探数据圈出具有比较清晰二级分带的铅异常，强度达到33×10^{-6}。而锌异常具有清晰的三级分带和明显的浓集中心，强度达到98×10^{-6}，北西向、北东向延伸的趋势。与铅、锌空间套合紧密的元素有Cu、Au、Ag、W、Bi、Mo。其组合异常可形成简单元素组分富集区和较复杂元素组分富集区，显示铅（锌）成矿的复杂性、多样性。铅锌甲、乙综合异常具备良好的成矿地质条件和找矿前景，空间上与分布的矿产有积极响应关系，是进一步找矿的重要靶区。 矿区Cu、Pb、Zn元素1:1万土壤化探异常具有明显的显示，特征元素组合为Pb-Zn-Cu。原生晕异常特征分析表明，与成矿关系密切的元素主要为Pb、Zn、Cu、Ag、Au、Mo等，空间上呈同心套合状。其中Pb、Zn、Cu是主成矿元素，在矿体上方Pb、Zn、Cu、Ag、Au、Mo原生晕异常吻合程度高，异常呈带状分布，轴向延伸近东西。异常浓集中心即为矿体赋存位置。矿床硫、铅同位素特征表明，成矿物质来源于深源	重要
地球物理	矿床位于椭圆状正重力异常的东南边部反映出变质岩系分布有关，该处为北东向梯度带发生转折、由陡变缓部位，反映出北东向、北西向及东西向断裂构造的存在。吉C-89-98号航磁异常为放牛沟多金属硫铁矿床所引起。 ①在负背景场航分布有呈东西向串珠状异常，在地质上对应了志留系桃山组、弯月组的中酸性火山岩。 ②碳酸盐类及奥陶系石缝组，庙岭二长花岗岩，白岗质花岗岩等属弱磁或无磁性。 ③带内断裂构造发育，主要为东西向、北东向、北西向。 ④低缓正异常带与火山岩，次火山岩，花岗闪长岩等有关。 ⑤强磁场区呈不规则的椭圆状，据航磁资料，为辉石闪长岩、角闪岩、闪长岩	重要

续表 8-2-13

预测要素	内容描述	类别
重砂	具有较好重砂异常的矿物有磁铁矿、黄铁矿、磷灰石，主要成矿矿物金、白钨矿、辰砂、黄铜矿、方铅矿等矿物含量分级较低，重砂异常表现弱势。代表的重砂矿物组合为金、白钨矿、磁铁矿、黄铁矿、磷灰石，圈出 1 处中等规模的组合异常，寻找金、铜铅锌多金属矿床提供重要的重砂预测信息	次要
遥感	位于北东向四平-德惠岩石圈断裂与依兰-伊通断裂带之间，各方向的小型断裂比较发育，与隐伏岩体有关的复合环形构造密集分布，矿区及其周围遥感铁染异常零星分布	次要
找矿标志	大地构造标志：伊舒断裂带。 地层标志：石缝组地层出露区。 构造标志：近东西向洪喜堂-新立屯倾伏向斜北翼	重要

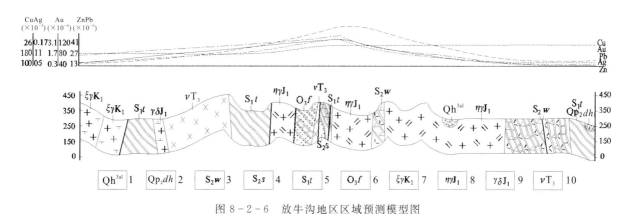

图 8-2-6　放牛沟地区区域预测模型图

1.现代河流砂砾石冲积层；2.黄土层、亚砂土、砂砾石层；3.变质流纹岩、变质安川岩夹大理岩；4.上部千枚状板岩夹结晶灰岩、下部变质砂岩与大理岩互层；5.灰黑色板岩、砂质板岩与砂岩、粉砂岩互层；6.灰黑色板岩、砂质板岩与砂岩、粉砂岩互层；7.正长花岗岩；8.二长花岗岩；9.花园闪长岩；10.辉长岩

2. 地局子-倒木河铅锌矿预测工作区

吉林省地局子-倒木河铅锌矿预测工作区预测要素见表 8-2-14，预测模型见图 8-2-7。

表 8-2-14　吉林省地局子-倒木河预测工作区铅锌矿预测模型

预测要素	内容描述	类别
岩石类型	早侏罗世南楼山组流纹岩、色安山岩、英安质含角砾凝灰岩，早侏罗世玉兴屯组安山质火山角砾岩、流纹质凝灰岩；侵入岩即为早侏罗世二长花岗岩；相关的变质岩为寒武纪黄莺屯组，相关的沉积岩为二叠世范家屯组等，中二叠统大河深组（P_2d），以一套海-陆交互相火山-沉积建造	必要
成矿时代	成矿时代为燕山期	必要

续表 8-2-14

预测要素	内容描述	类别
成矿环境	矿区位于东北叠加造山-裂谷系（Ⅰ）、小兴安岭-张广才岭叠加岩浆弧（Ⅱ）、张广才岭-哈达岭火山-盆地区（Ⅲ）、南楼山-辽源火山-盆地群（Ⅳ）。大黑山-石咀子金银铜钼锑铅锌成矿带	必要
构造背景	位于吉林省中部，二级构造岩浆带属于小兴安岭-张广才岭构造岩浆带的西缘，省内通常称为南楼山-悬羊砬子火山构造隆起（Ⅳ级）。区内印支晚期、燕山早期火山活动十分强烈，并有同期的中酸性侵入岩	重要
控矿条件	区内古生代地层中早侏罗世南楼山组火山岩中富集了有用成矿元素，受后期的中侏罗世岩浆侵入影响，沿着接触带形成矽卡岩型矿产，在岩浆期后的热液活动中，使有用元素进一步富集，在局部富集，而形成热液型矿产。 区域内已知矽卡岩型矿体，则多沿岩体与地层接触带展布，而热液型矿脉均受控于北西向、北北西向断层，受构造控制明显	必要
蚀变特征	其围岩多发育有硅化、绢云母化、褐铁矿化、黄铁矿化等；而矽卡岩型矿产，其围岩多发育有褐铁矿化、钾化、云英岩化、硅化等	重要
矿化特征	一类分布于中生代火山岩中，与区内火山有关，而另一类型则分布于古生代地层中。因其成矿类型不同，故其围岩发育的矿化与蚀变类型也不投同，区内火山（热液）型矿产，其围岩多发育有硅化、绢云母化、褐铁矿化、黄铁矿化等；而矽卡岩型矿产，其围岩多发育有褐铁矿化、钾化、云英岩化、硅化等	重要
地球物理	重力低异常带与大面积分布的海西期花岗岩有关，重力高异常中生代盖层下面存在古生代地层，北西向、东西向、南北向梯度带，反映断裂存在，是区内重要控矿构造。 有局部负磁场异常对应侏罗纪花岗闪长岩、二长花岗岩及石炭纪、二叠纪、侏罗纪地层。狭窄，尖锐，强度大的异常经查证与蚀变安山岩有关。 区内北东向、北西向、北北西向梯度带由断裂引起	重要
重砂	比较化探异常，Au、Cu、Pb、Zn、W、Sn、Mo 元素在该工作区都有良好的异常显示，而且强度高，分带清晰。 在追溯该组合异常的水系源头有金矿、铜铅锌矿和钼矿点分布。因此，推断白钨矿、毒砂、锡石可作为在该工作区寻找金矿、钨钼矿、锡矿及铜铅锌多金属矿的标型矿物组合。 主要的重砂矿物有黄铜矿、方铅矿、白钨矿、辰砂。其中黄铜矿为Ⅰ级，方铅矿为Ⅱ级异常。其组合异常规模较大，矿物含量分级以 3~4 级为主。并与 Pb、Zn、Cu、Ag 化探异常吻合程度高，可为区域找矿提供重要的重砂信息	重要
遥感	位于近东西向的头道-长白山断裂带南侧，各方向的小型断裂集中分布，中生代花岗岩类引起的环形构造、闪长岩类引起的环形构造和与隐伏岩体有关的环形构造密集分布，遥感浅色色调异常区，矿区及其周围遥感羟基异常、铁染异常零星分布	次要
找矿标志	大地构造标志：中生代北东向火山岩带。地层标志：出露的地层主要有早古生代头道沟岩群和早侏罗世南楼山组。 构造标志：区内构造主要以脆性断裂构造为主，展布方向主要以北东向为主。 两组矿石品位分别为：平均品位铅 1.31%~0.85%、2.44%，锌 1.49%~0.7%、0.21%	重要

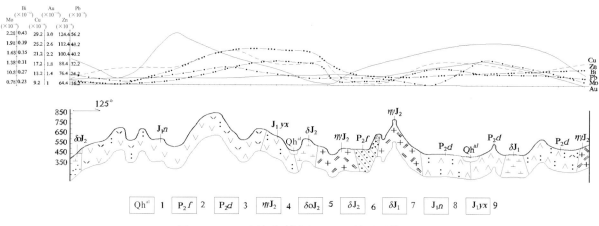

图 8-2-7 地局子-倒木河地区区域预测模型图

1.松散砂砾石堆积;2.深灰色粉砂岩、细砂岩、灰绿色凝灰质砂岩;3.凝灰质砾岩、砂岩夹流纹质凝灰岩;4.二长花岗岩;5.石英闪长岩;6.闪长岩;7.闪长岩;8.深灰色、暗红色流纹岩、灰黑色、灰绿色安山岩、英安质含角砾凝灰岩安山质集块岩安山质凝灰角砾岩、流纹质凝灰角砾岩;9.灰黄色流纹质凝灰岩、含角砾凝灰岩、火山角砾岩,灰色安山质火山角砾岩黄绿色砂岩

3. 梨树沟-红太平铅锌矿预测工作区

吉林省梨树沟-红太平铅锌矿预测工作区预测要素见表8-2-15,预测模型见图8-2-8。

表 8-2-15 吉林省梨树沟-红太平预测工作区铅锌矿预测模型

预测要素	内容描述	类别
岩石类型	凝灰岩、蚀变凝灰岩,砂岩、粉砂岩、泥灰岩	必要
成矿时代	模式年龄值为290~250Ma(刘劲鸿,1997)与矿源层早二叠世庙岭组一致。另据金顿镐等(1991)红太平矿区方铅矿铅模式年龄208.8Ma	必要
成矿环境	矿床位于天上-兴蒙-吉黑造山带(Ⅰ)小兴安岭-张广才岭弧盆系(Ⅱ)放牛沟-里水-五道沟陆缘岩浆弧(Ⅲ)汪清-珲春上叠裂陷盆地(Ⅳ)北部。吉黑造山带内这类矿床形成于岛弧型火山深成岩带和大陆边缘火山构造岩浆带,与古生代石缝期和庙岭-柯岛期中酸性火山活动和碳酸盐岩沉积有关。 天宝山-红太平-三道多金属成矿带(Ⅳ₁)	必要
构造背景	该带位于延吉中生代火山盆地西缘弧形断裂褶皱带内,其西侧为鸭绿江超岩石圈断裂北延部分-松江-安图-天桥北东向断裂,区内构造发育,主要为北东向及北西向,它们与近东西向断裂的叠加,控制矽卡岩型及隐爆角砾岩型矿床的形成	重要
控矿条件	构造背景矿床位于延边晚古生代被动陆缘褶皱区改造的下古生界基底之上,上古生代优地槽内,受北东向鸭绿江断裂控制。 中性火山岩或火山沉积序列岩系,夹薄层砂岩、板岩、泥灰岩和矿体组成的互层带。反映微微震荡的海盆基底产生构造破碎带,勾通深部岩浆房(未喷出地表火山岩浆的断裂导致含矿汽水流体形成并喷出海底,在还原状态下沉积形成矿床。北东向断裂带和北西向断裂带,以及两者交会处是最佳的部位,为区内控矿、容矿构造	必要
蚀变特征	主要有硅化、矽卡岩化、碳酸盐化、绿帘石化、绿泥石化等	重要
矿化特征	红太平倾斜短轴向斜是银多金属矿的主要控矿构造,庙岭组上段凝灰岩和蚀变凝灰岩,下段砂岩、粉砂岩、泥灰岩为主要含矿层位,含矿岩石主要为凝灰岩、蚀变凝灰岩,层控特征较为明显	重要

续表 8-2-15

预测要素	内容描述	类别
地球化学	以铜为主体的元素组合异常有3种表达方式：Cu-Pb、Zn、Ag、Au；Cu-As、Sb、Ag；Cu-W、Sn、Bi、Mo。构成较复杂元素组分富集的叠生地球化学场。 矿区Cu、Pb原生晕纵剖面等值线图显示，西侧纵向Cu、Pb原生晕异常表现突出，从400～100m，Cu、Pb原生晕异常连续分布，并有浓集中心出现。向东Cu、Pb原生晕异常变窄。表明西侧深处有存在隐伏矿体的可能	重要
地球物理	区内重力场，处于大片重力低内，主要反映了不同期次的侵入岩及火山岩的重力场特征，仅在红太平、拉其岭一带，有一条北东向的重力高分布，反映了二叠系庙岭组地层。据重力曲线分布特点，推断存在两组断裂，北东向、北东东向，北东向断裂为区内主要控矿构造。 红太平多金属矿处在异常带边部的负磁场中，负磁场中的局部小异常为矿床产出部位。异常低缓，强度不高，为早白垩世金沟组火山岩及火山碎屑岩等。异常梯度陡，强度高，异常对应晚三叠世天桥岭组火山岩、火山碎屑岩及沿断裂分布的玄武岩。异常带走向北东向局部呈团块状或孤立异常，对应二叠庙岭组地层，中二叠世二长花岗岩及早侏罗世的花岗闪长岩。该处位于二叠纪地层与花岗岩、花岗闪长岩的接触部位，对成矿十分有利	重要
重砂	重砂异常表现较好的重砂矿物有白钨矿、黄铁矿、独居石、辉铋矿，异常规模小，分散，而主要成矿矿物并没有重砂异常显示。表明该区的矿化程度较低，应用重砂信息指导找矿作用有限	重要
遥感	位于北东向望天鹅-春阳断裂带与北西向春阳-汪清断裂带交会处，与隐伏岩体有关的多重环形构造边部，矿区内及周围遥感铁染异常和羟基异常分布密集	次要
找矿标志	大地构造标志：二叠纪北东东向展布的裂陷槽、构造盆地槽。 地层标志：二叠纪庙岭组上段和下段火山碎屑岩与沉积岩交互层标志。 构造标志：二叠纪庙岭组-开山屯组裂陷槽是控矿的区域构造标志；轴向近东西展布的开阔向斜构造控制红太平矿区。北东向断裂带和北西向断裂带，以及两者交会处是最佳的部位，为区内控矿、容矿构造	重要

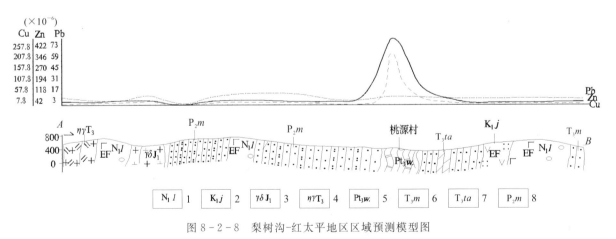

图 8-2-8 梨树沟-红太平地区区域预测模型图

1.深灰色、黑灰色块状、气孔状玄武岩；2.块状安山岩、安山质角砾凝灰岩；3.花岗闪长岩；4.二长花岗岩；5.绿色角闪片岩、绿泥石英片岩夹大理岩；6.灰色细砂岩、含砾砂岩粉砂岩；7.灰色、深灰色细砂岩、粉砂岩夹泥灰岩；8.深灰色细砂岩、粉砂岩夹灰色灰岩

4. 大营-万良铅锌矿预测工作区

吉林省大营-万良铅锌矿预测工作区预测要素见表8-2-16,预测模型见图8-2-9。

表8-2-16 吉林省大营-万良预测工作区铅锌矿预测模型

预测要素	内容描述	类别
岩石类型	寒武系灰岩、燕山期花岗岩类岩体及脉岩	必要
成矿时代	燕山期	必要
成矿环境	矿床位于华北叠加造山-裂谷系(Ⅰ)胶辽吉叠加岩浆弧(Ⅱ),吉南-辽东火山盆地区(Ⅲ),抚松-集安火山-盆地群(Ⅳ)。长白山-辽河太古宙、元古宙、燕山期金铜铅锌银(Ⅲ$_9$)-集安金铅锌成矿带(Ⅳ$_{18}$)	必要
构造背景	处于吉南古元古代拗拉槽及鸭绿江深大断裂带内,断裂构造发育,北东向主断裂控制矿带展布次级平行主断裂的层间断裂为容矿断裂。 铅锌矿主要受褶皱构造及层间断裂控制	重要
控矿条件	①矿床位于华北叠加造山-裂谷系(Ⅰ)胶辽吉叠加岩浆弧(Ⅱ),吉南-辽东火山盆地区(Ⅲ),抚松-集安火山-盆地群(Ⅳ)。长白山-辽河太古宙、元古宙、燕山期金铜铅锌银(Ⅲ$_9$)-集安金铅锌成矿带(Ⅳ$_{18}$)。 ②寒武系灰岩、燕山期花岗岩类岩体及脉岩。 ③北东向主断裂控制矿带展布次级平行主断裂的层间断裂为容矿断裂	必要
蚀变特征	角砾岩化、矽卡岩化、硅化、碳酸盐化	重要
矿化特征	矿体产出围岩主要为徐庄组页岩、灰岩,张夏组厚层灰岩,崮山组页岩灰岩。矿体受北东向层间断裂控制长1120m,倾向南东,倾角20°～50°。矿区共发现26条矿体,矿体产状与地层产状一致,矿体在其中断续分布。矿体形态呈似层状、透镜状、扁豆状。矿体长25～97m,厚0.3～8m,延深130m,规模小	重要
地球化学	应用1:20万化探数据圈出的铅异常和锌异常均具有清晰的三级分带和明显的浓集中心,异常强度分别为61×10^{-6}和129×10^{-6}。铅异常呈带状分布,异常轴向呈北西向延伸的趋势,而锌异常呈不规则状分布,异常轴向呈北东向延伸的趋势。空间上二者叠合程度较高,不同的是锌异常分布较铅异常好,这是二者在迁移、富集过程中的地球化学性质决定的。铅锌组合异常显示的元素组分较复杂,有4种表达形式,即Pb-Zn、Au、Cu、Ag;Pb-Zn、As、Sb;Pb-Zn、W、Bi、Mo;Pb-Zn、Ni、Co、Cr。空间上与铅套合紧密的元素有Zn、Au、Cu、Ag、As、Sb、Bi、Mo。具有复杂元素组分富集以及高—中—低成矿地球化学环境特点。是成矿的主要场所。铅锌甲、乙级综合异常具备良好的成矿条件和找矿前景,并与分布的铅锌矿产积极响应,为矿致异常,是扩大找矿的重要靶区	重要
地球物理	磁法:在预测区北东向强异常带,与侏罗系果松组地层吻合,正负相间的杂乱异常带,玄武岩对应,反映了玄武岩地区的磁场特征。预测区中部北西西向强异常带,异常强度高、不连续为特征,异常可能为侏罗系中性火山岩或侵入岩。区内磁场,除两片强异常外,其余为平稳低缓异常区,侏罗系花岗岩,古生代变质地层均处于弱磁场。磁场平稳低缓,元古宙及古生代地层反映,接触带两侧是区内矽卡岩型或热液型多金属矿的有利部位。区内发育北东向、北北东断裂。 重力:铅锌矿床位于重力低边部,表明接触带成矿特征,重力梯度带的东西向、近南北向、北北西向断裂分布	重要

续表 8-2-16

预测要素	内容描述	类别
重砂	特征元素组合 Cu-Zn-Pb。方铅矿圈出 1 处Ⅰ级异常,条带状,面积 64.39km²。空间上方铅矿异常与金 3 号、5 号重砂异常有叠合现象。产出的铅锌矿床落位于方铅矿重砂异常之内或周围,使金、方铅矿具备矿致性质。金、方铅矿、白钨矿、辰砂、重晶石组合异常级别高,规模大,与 Au、Pb、Zn、W 等化探异常吻合程度高,是重要重砂找矿标志	重要
遥感	分布在北东向大路-仙人桥断裂带与北北东向抚松-蛟河断裂带交会处,与隐伏岩体有关的环形构造密集分布,遥感浅色色调异常区,矿区周围羟基异常较密集,铁染异常零星分布	次要
找矿标志	寒武系灰岩,燕山期花岗岩类岩体及脉岩出露区,北东向主断裂带次级平行主断裂的层间断裂。角砾岩化、矽卡岩化、硅化、碳酸盐化区域	重要

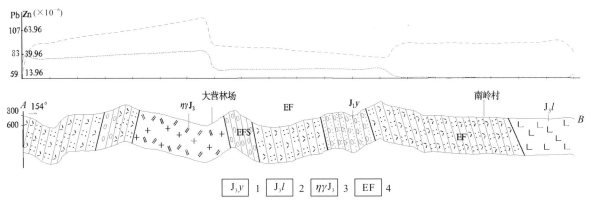

图 8-2-9　大营-万良地区区域预测模型图

1. 砾岩、砂岩、凝灰质砂岩、碳质页岩;2. 流纹质岩屑晶屑凝灰岩、流纹质火山角砾岩夹流纹岩;3. 二长花岗岩;4. 火山熔岩相

5. 荒沟山-南岔铅锌矿预测工作区

吉林省荒沟山-南岔铅锌矿预测工作区预测要素见表 8-2-17,预测模型见图 8-2-10。

表 8-2-17　吉林省荒沟山-南岔预测工作区铅锌矿预测模型

预测要素	内容描述	类别
岩石类型	薄—微层硅质及碳质条带状或含燧石结核的白云石大理岩	必要
成矿时代	古元古代	必要
成矿环境	珍珠门组地层构成一复式的向斜构造,期间一系列形态多样的次级褶皱,且控制矿体的分布,尤以次级同斜倒转褶皱控矿更为明显。走向北北东压扭性层间断裂为矿区内主要含矿构造。南北向主要见于主矿带两侧,被矿体或岩脉充填	必要
构造背景	矿床位于前南华纪华北东部陆块(Ⅱ)、胶辽吉元古宙裂谷带(Ⅲ)老岭坳陷盆地内、老岭金铅锌铜钴滑石成矿带长白山-辽河太古宙、元古宙、燕山期金铜铅锌银成矿带,老岭金铅锌铜钴锑滑石成矿带,古元古代拗拉槽、"S"型断裂	重要
控矿条件	区域内的铅锌矿、铜矿、黄铁矿等硫化物型矿床(点)以及原生矿化类型不明的硫化物铁帽,绝大多数赋存在元古宇老岭群珍珠门组薄—微层硅质及碳质条带状或含燧石结核的白云岩或白云岩化的碳酸盐岩中,矿化有明显的层位性。受压扭性层间破碎带控制的后生矿床。构造的控矿作用还表现在,由压扭性作用造成的围岩次级张性层间剥离和挠曲的地段,矿体厚度大,往往成为铅锌富矿体所在部位	必要

续表 8-2-17

预测要素	内容描述	类别
蚀变特征	围岩蚀变主要有碳酸盐化、硅化、黄铁矿化、滑石化、透闪石化、蛇纹石化等,其中以黄铁矿化、硅化及围岩的褪色化与矿化的关系比较密切,一般出现在近矿体几米以内的大理岩中。此外区域性的蚀变主要为滑石化和透闪石化	重要
矿化特征	荒沟山铅锌矿已发现矿体 76 个,其中铅锌矿体 14 个,铅矿体 5 个,黄铁矿体 54 个,含锌黄铁矿体 3 个。矿体产状普遍较陡,倾向南东,个别向北西倾斜。矿体呈似层状顺层产出,但在走向或倾向上与围岩都有 5°左右的交角。矿体总体呈北东向展布,走向 5°~30°,倾角 50°~90°。矿体规模大小不等,一般长 120~360m,最长达 400m,厚 0.5~5m,最厚达 8.6m,平均厚度 0.5~1m。每一矿体系由一条或数条矿脉构成。各矿体或矿脉之间在平面上和剖面上均呈雁行式排列,具有尖灭侧现或尖灭再现特点	重要
地球化学	矿床岩石化探异常特征显示两种元素组合,一组是 Cu、Pb、Zn、Sn、Mo 等多金属元素,多在片岩或脉岩中发育,另一组是 Au、Ag、As、Sb、Hg 组合,在靠近"S"型断裂大理岩一侧为强烈富集。与次生晕异常显示的完全一致。原生晕横向分带表现为矿体上方为高峰异常,其构成内带,而在矿体两侧形成低缓异常,构成外带;轴向分带由上至下为 Hg→As→Sb→Ag→Au→Cu→Pb→Zn→Sn→Mo。由此可见,矿上元素为 Hg,偏上元素为 As、Sb 等,近矿元素为 Ag、Cu、Pb、Zn,尾部元素为 Sn、Mo,同时说明矿床处于较浅的剥蚀程度。硫同位素特征为矿区地层中硫同位素具重硫特点,反映半封闭浅海岩相古地理环境。土壤化探异常特征显示的元素组合为 Au、Ag、As、Hg 和 Pb、Zn、Cu,其中 Au、Pb、Zn 的浓集系数均大于 1,显示较强的富集能力,异常规模亦较大,利于成矿	重要
地球物理	重力:南岔-临江-贾家营,有一带状布格重力高异常分布,与老岭背斜基底隆起有关。重力低局部异常区主要是侏罗系果松组、林子头组火山沉积盆地及梨树沟花岗岩体、草山花岗岩体、蚂蚁河花岗岩体的反应,两者分布范围大体一致。重力高异常边缘梯度带,与老岭群老地层有关的矿产和重力高异常的密切关系。北东向、东西梯度带为断裂构造所在。 磁法:大面积平稳负值区主要反映了中上元古界白云质大理岩、砂岩、页岩、石英岩及古生界的碳酸盐,无磁性等地层的磁场特征。局部异常在 700nT 以上,与异常带对应的是太古代变质岩和侏罗系的侵入岩体,即梨树沟岩体,老秃顶岩体,在航磁图上很醒目,尤其是老秃顶子岩体,因有脉岩侵入,异常更高。而在其东部的草山岩体,则处于负磁场中。正异常带东侧负异常梯度带反映了老岭群珍珠门组大理岩磁场与地质上确定的荒山"S"型构造带相对应。是区内一条重要的成矿构造带	重要
重砂	异常现好的重砂矿物为白钨矿,自然金、方铅矿显示较弱的重砂异常	重要
遥感	分布在果松-花山断裂带边部,有晚期的北西向断裂通过,北东向脆韧性变形构造带通过矿区;中生代花岗岩类引起和与隐伏岩体有关的复合环形构造集中分布,老秃顶块状构造边部,绢云母化、硅化引起的遥感浅色色调异常区,中元古界老岭群形成的带要素中,矿区及其周围遥感羟基异常、铁染异常零星分布	次要
找矿标志	珍珠门组大理岩富含 Zn、Pb、Cu、Fe 以及 Ag、Sb、Hg、Cd 等亲 S 元素,区域上应注意寻找与变质热液成因有关的各种金属硫化物矿床;珍珠门组地层中的薄—微层硅质或碳质条带状或含燧石结核的白云石大理岩是形成和寻找 Pb、Zn 等硫化物矿床的最有利岩层;受到继承性构造破碎的黄铁矿层或其临近地段是 Pb、Zn 矿化的有利场所;利用氧化带铁帽中的 Zn、Pb、As、Cd、Sb、Hg 等元素含量判断原生硫化物矿体类型;根据矿脉组成出现并具有雁行式侧列的特点,应注意已知矿体(床)的延长部位和平行系统的找矿工作;化探 Pb、Zn、As、Sb、Cd、Hg 异常的存在;物探高阻高激化异常	重要

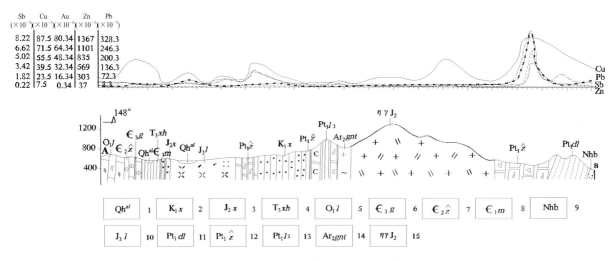

图 8-2-10　荒沟山-南岔地区区域预测模型图

1.松散砂、砾石堆积;2.杂色砂岩、粉砂岩、紫色砾岩;3.紫灰色粉砂岩夹页岩;4.青灰色、黄灰色砂岩、粉砂岩夹煤;5.豹皮状灰岩夹燧石结核白云质灰岩;6.紫色、黄绿色页岩、粉砂岩夹薄层灰岩、竹叶状灰岩;7.青灰色、灰色、紫色厚层状生物碎屑灰岩;8.上部青灰色、黄绿色页岩、粉砂质页岩夹灰岩透镜体;下部暗紫色含云母片岩、粉砂质页岩夹薄层灰岩;9.杂色含云母粉砂岩、粉砂质页岩夹长石石英砂岩;10.林子头组:流纹质岩屑晶屑凝灰岩、流纹质火山角砾岩夹流纹岩;11.千枚岩、大理岩:千枚岩夹大理岩及石英岩;12.厚层大理岩;13.透闪变粒岩、黑云变粒岩夹大理岩、钙硅酸盐岩、硅质条带大理岩;14.英云闪长质片麻岩;15.中粒二长花岗岩

6. 正岔-复兴屯铅锌矿预测工作区

吉林省正岔-复兴屯铅锌矿预测工作区预测要素见表8-2-18,预测模型见图8-2-11。

表 8-2-18　吉林省正岔-复兴屯预测工作区铅锌矿预测模型

预测要素	内容描述	类别
岩石类型	粗粒石墨大理岩夹斜长角闪岩;石墨变粒岩、透辉石透闪变粒岩、斜长角闪岩。燕山期花岗斑岩	必要
成矿时代	主成矿期为燕山早期	必要
成矿环境	矿区位于前南华纪华北东部陆块(Ⅱ)胶辽吉古元古裂谷带(Ⅲ),集安裂谷盆地(Ⅳ)内。正岔复式平卧褶皱转折端。辽吉裂谷带正岔-高台沟金铜铅锌石墨硼成矿带	必要
构造背景	正断裂构造主要起到导岩作用,大型褶皱构造中的小褶皱或倒转背斜,为控矿构造,为成矿提供了构造空间	重要
控矿条件	集安群形成含胚胎型矿体的矿源层;燕山期花岗斑岩体的侵位,在带来部分成矿物质的同时,更重要的是提供了热液流体,在上升的过程中不断萃取矿源层中的成矿元素,形成富矿流体。 断裂构造主要起到导岩作用,大型褶皱构造中的小褶皱或倒转背斜,为控矿构造,为成矿提供了构造空间	必要
蚀变特征	成矿前早期矽卡岩化有透辉石化、石榴子石化、黑柱石化、硅灰石化;晚期矽卡岩化有钾长石化、绿帘石化、霓辉石化、透闪石化。成矿期蚀变主要有萤石化、绿泥石化、硅化。成矿后蚀变主要有绿泥石化、碳酸盐化	重要

续表 8-2-18

预测要素	内容描述	类别
矿化特征	矿体呈似层状、扁豆状，受一定层位控制，与地层同步褶曲。有时形成与褶皱形态一致的鞍状矿体。从局部看，矿体形态与大理岩、斜长角闪岩层一致，反映某些同生特点。宏观上矿体产在正岔花岗斑岩北侧外接触带 800m 范围内，由近至远有 Fe、Cu、Mo、Sn-Cu、Pb、Zn-Pb、Zn 等不甚发育的水平分带，空间上显示了矿床是花岗斑岩体热作用产物，这是再生矿床的成矿特点。矿体长数十几米至 500m 不等，厚 0.3～9.02m，最大延深 720m。矿石品位 Pb 0.43%～3.09%，最高达 6.38%，Zn 0.51%～4.35%，最高达 13.85%	重要
地球化学	区域：铅、锌异常均具有三级分带及明显的浓集中心，铅锌组合代表 Pb-Zn、Au、Cu、Ag；Pb-Zn、W、Sn、Bi；Pb-Zn、As、Sb、Hg。与区内分布的矿产积极响应，显示异常的矿致性。 矿床：土壤化探异常显示的特征元素组合为 Pb-Zn-Cu-Ag。其中 Pb、Zn 异常套合好，原生晕分析结果 Pb 在闪长岩中最高，Zn 在斜长花岗斑岩中最高	重要
地球物理	重力：重力高异常区对应密度较高的古元古界集安群荒岔沟岩组、大东岔岩组老变质岩分布区，重力低异常区对应密度较低的古元古代花岗岩分布区正岔铅锌矿床所在。剩余、布格异常梯度带同时显示两个转折处集中分布有金矿床、金银矿、铜金矿及硼矿等中、小型矿床。北东走向为主布格重力梯度带，与剩余重力梯度带的错动转折，基本上与已知的北东向区域性断裂构造及北西向一般性断裂构造位置、规模一致。 磁法：磁性除个别岩性外，均较弱，背景场反映为大面积分布的古元古代由中酸性侵入体或由隐伏岩体引起。正岔铅锌矿床即位于吉 C-1990-32 扁豆状正磁异常的东部次一级低缓异常南侧边缘，北西向和北东向线性梯度带在此处相交	重要
重砂	金重砂异常有 4 处，Ⅰ级 2 处，Ⅲ级 2 处。方铅矿异常 3 处，Ⅱ级 2 处，Ⅲ级 1 处。由金、方铅矿、重晶石、(磷钇矿)组成的组合异常有 3 处，Ⅰ级 1 处，Ⅲ级 2 处。空间上与 Au、Pb、Zn 等化探异常存在一定程度的吻合。是重要重砂找矿信息。经对比，金、方铅矿重砂异常与 Au、Cu、Pb 化探异常叠合完整，由此推测金、方铅矿重砂异常为矿致异常，与集安群富含 Au、Cu、Pb 有密切关系	重要
遥感	位于近东西向的头道-长白山断裂带南侧，各方向的小型断裂集中分布，中生代花岗岩类引起的环形构造、闪长岩类引起的环形构造和与隐伏岩体有关的环形构造密集分布，遥感浅色色调异常区，矿区及其周围遥感羟基异常、铁染异常零星分布	次要
找矿标志	大地构造标志：古元古宙拗拉槽早期盆地及北东向、北北东向断裂构造。 地层标志：集安群形成含胚胎型矿体的矿源层。 侵入岩标志：断裂构燕山期花岗斑岩体的侵位，在带来部分成矿物质的同时，更重要的是提供了热液流体，在上升的过程中不断萃取矿源层中的成矿元素，形成富矿流体。 构造标志：造主要起到导岩作用，大型褶皱构造中的小褶皱或倒转背斜，为控矿构造，为成矿提供了构造空间	重要

7. 矿洞子-青石铅锌矿预测工作区

吉林省矿洞子-青石镇铅锌矿预测工作区预测要素见表 8-2-19，预测模型见图 8-2-12。

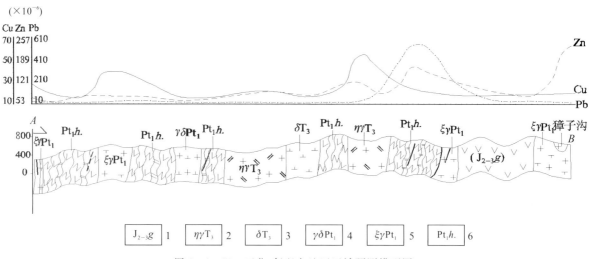

图 8-2-11 正岔-复兴屯地区区域预测模型图

1.果松组:玄武安山岩、安山岩;2.中细粒二长花岗岩;3.闪长岩;4.花岗闪长岩;5.正长花岗岩;6.荒岔沟岩组:变粒岩-斜长角闪岩夹大理岩变质建造

表 8-2-19 吉林省矿洞子-青石镇预测工作区铅锌矿预测模型

预测要素	内容描述	类别
岩石类型	灰岩、黑云母花岗岩体及脉岩	必要
成矿时代	燕山期	必要
成矿环境	矿床位于华北叠加造山-裂谷系（Ⅰ）胶辽吉叠加岩浆弧（Ⅱ），吉南-辽东火山盆地区（Ⅲ），抚松-集安火山-盆地群（Ⅳ）	必要
构造背景	郭家岭-矿洞子向斜东翼	重要
控矿条件	郭家岭矿床主要产于寒武系中,部分产于奥陶系冶里组。燕山期黑云母花岗岩体及脉岩,郭家岭-矿洞子向斜东翼	必要
蚀变特征	围岩蚀变不明显,唯含矿破碎带硅化较强,并见黄铁矿化、高岭土化和绢云母化、硅化、白云石化、重晶石化、萤石化	重要
矿化特征	矿体赋于北东向断裂带内,呈脉状产出。矿体围岩由徐庄组—冶里组灰岩等组成,与矿体界线分明。矿体受北东向断裂控制,倾向南东,倾角60°～80°。矿体呈脉状、透镜状	重要
地球化学	矿床区域化探异常表现为铅、锌单元素具有清晰的三级分带和明显的浓集中心,异常强度高,分别为 125×10^{-6}、314×10^{-6}。是直接找矿标志。以铅、锌为主体的组合异常有三种主要的表现形式:Pb-Zn、Au、Ag;Pb-Zn、Hg、Ag;Pb-Zn、W、Sn、Mo。显示出在高—中温的成矿地球化学环境中,形成较复杂元素组分富集的叠生地球化学场,主要成矿元素在此富集成矿。 铅锌甲、乙级综合异常表现出优良的成矿条件和找矿前景,并与分布的矿产积极响应,具有矿致性,是重要的找矿靶区	重要

续表 8-2-19

预测要素	内容描述	类别
地球物理	重力：区内重力场处于重力低中，走向大体呈北东，与侵入岩体及火山岩分布范围吻合，青石镇和矿洞子附近有两处，局部重力高，推断与寒武纪地层有关，铅锌矿分布在重力高的边部。据重力梯度带的分布特点分析，北东向、北西向由断裂引起。 航磁：白垩系花岗岩体，则以弱磁场为主。区内出露的元古宇集安群变质岩地层，局部出露，磁场较高。侏罗系火山岩发育，磁场较强，本区处于鸭绿江成矿带上，断裂构造和侵入岩均比较发育，对于叠加在岩体边缘的次级异常可能是寻找接触交代型或热液型多金属矿的有利线索	重要
重砂	矿区主要的重砂矿物有方铅矿、金、辉钼矿、重晶石。其中方铅矿重砂异常圈出 3 处，Ⅱ级 2 处，Ⅲ级 1 处。金重砂异常圈出 3 处，Ⅰ级 1 处，Ⅲ级 2 处。金重砂异常与方铅矿重砂异常在空间上有一定的叠合现象。起组合异常 2 处，Ⅰ级 1 处，Ⅲ级 1 处。Ⅰ级组合异常规模较大，矿物含量分级以 3~4 级为主。Ⅰ级组合异常与矿洞子铅锌矿、金矿点、铅矿点积极响应。是重要的重砂找矿标志	重要
遥感	分布在集安-松江岩石圈断裂边部，各方向的小型断裂通过矿区，与隐伏岩体有关的复合环形构造集中分布，遥感浅色色调异常区，矿区及其周围遥感羟基异常、铁染异常零星分布	次要
找矿标志	大地构造标志：鸭绿江断裂带。 地层标志：奥陶系冶里组灰岩和燕山期黑云母花岗岩体及脉岩出露区，破碎带硅化较强，并见黄铁矿化、高岭土化和绢云母化、硅化、白云石化、重晶石化、萤石化。 构造标志：郭家岭-矿洞子向斜东翼	重要

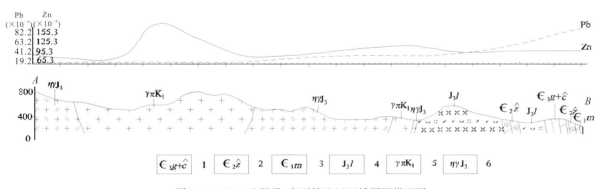

图 8-2-12 矿洞子-青石镇地区区域预测模型图

1.崮山组：紫色、黄绿色页岩、粉砂岩夹薄层灰岩、竹叶状灰岩；2.张夏组：上部青灰色、黄绿色页岩、粉砂质页岩夹灰岩透镜体；下部暗紫色含云母片粉砂岩、粉砂质页岩夹薄层灰岩；3.馒头组：青灰色、灰色、紫色厚层状生物碎屑灰岩；4.林子头组：流纹质岩屑晶屑凝灰岩、流纹质火山角砾岩夹流纹岩；5.花岗斑岩；6.中粒二长花岗岩

8. 天宝山铅锌矿预测工作区

吉林省天宝山铅锌矿预测工作区预测要素见表 8-2-20，预测模型见图 8-2-13。

表 8-2-20 吉林省天宝山预测工作区铅锌矿预测模型

预测要素	内容描述	类别
岩石类型	砂板岩、灰岩、中酸性火山岩，花岗岩、石英闪长岩类	必要
成矿时代	海西期—印支期—燕山期，以印支期为主	必要
成矿环境	矿床位于晚三叠世—新生代东北叠加造山-裂谷系（Ⅰ），小兴安岭-张广才岭叠加岩浆弧（Ⅱ），太平岭-英额岭火山-盆地区（Ⅲ），罗子沟-延吉火山-盆地群（Ⅳ）。处于北东向两江断裂与北西向明月镇断裂带交会部位东侧，天宝山中生代火山盆地南侧，天宝山倾伏背斜轴部。天宝山-红太平-三道多金属成矿带	必要
构造背景	矿床位于晚三叠世—新生代东北叠加造山-裂谷系（Ⅰ），小兴安岭-张广才岭叠加岩浆弧（Ⅱ），太平岭-英额岭火山-盆地区（Ⅲ），罗子沟-延吉火山-盆地群（Ⅳ）。处于北东向两江断裂与北西向明月镇断裂带交会部位东侧，天宝山中生代火山盆地南侧，天宝山倾伏背斜轴部	重要
控矿条件	石炭系（天宝山岩块）与二叠系（红叶桥组）砂板岩、灰岩、中酸性火山岩是矿床控矿层位。印支期—海西期花岗闪长岩、英安斑岩、石英闪长岩等为矿床提供了物质、热液、热能。东西向、北西向、近南北向3组断裂交会处控制部分矿床的形成。燕山期花岗斑岩（多为脉状）与碳酸盐地层形成矽卡岩型热液脉状多金属矿化	必要
蚀变特征	头道沟花岗闪长岩和立山英安斑岩与碳酸盐岩接触带广泛形成矽卡岩带，控制矽卡岩型矿床，主要类型为石榴子石-单斜辉石矽卡岩，单斜辉石矽卡岩，石英-绿帘石矽卡岩等。角砾岩筒型矿床受面状蚀变控制，其主要围岩蚀变，早期钾化、中期硅化、水云母化、绿泥石化、晚期方解石化、沸石化。 热液脉状矿体近矿蚀变，其内带以硅化、水云母化为主，外带为绿泥石化、碳酸盐化。立山矿床围岩蚀变主要为层状矽卡岩，主要蚀变矿物为石榴子石、透辉石、方柱石或葡萄石等；新兴矿床筒内蚀变强，筒边蚀变弱，围岩蚀变更弱，筒内以次生石英岩化为主、边部为青磐岩化，围岩常有较明显的黄铁矿化。在震碎裂隙中充填粉红色含锰方解石脉	重要
矿化特征	立山矿床：矿床主要赋存于头道沟花岗闪长岩、英安斑岩与"天宝山岩块"的接触带中，矿体小而多，但断续延深较大，矿体形态复杂。总体规律是上部以脉状为主，中部以透镜状、板状为主，下部以似层状为主。矿体延深大于延长。单个矿体产状多变紊乱，大多沿不纯灰岩岩块和角岩岩块接触部位分布，少量沿层理分布。兴盛矿体直接产于英安斑岩断裂带内。 东风矿床：赋存于二叠纪的一套变质的中酸性火山-沉积岩系。其下部为中酸性火山岩及其火山碎屑岩；中部为偏酸性火山岩与不纯灰岩互层；上部为一套以中性熔岩为主的火山岩。矿体产于中下部层位中。东风矿床由东风南山矿体、中部东风矿体及北西部北山矿体构成。 新兴矿床：产于头道沟花岗闪长岩体内，并受头道沟东西向断裂、新兴-陈财沟北西向断裂和卫星南北向断裂交会处的角砾岩筒所控制。角砾岩筒在平面上呈近南北向椭圆形，南北长轴54～68m，东西短轴28～36m，剖面呈上大下小的漏斗形。上部全筒式矿化，中下部为中心式矿化	重要
地球化学	应用1∶20万化探数据圈出的铅、锌异常具有三级分带清晰，具有较大且明显的浓集中心，异常强度非常高，分别达到$1455×10^{-6}$、$9852×10^{-6}$，并有紧密的空间叠合，是主要的找矿标志。以铅、锌为主体的组合异常有3种表现形式：Pb-Zn、Cu、Ag、Au；Pb-Zn、As、Sb、Hg；Pb-Zn、Sn、Bi、Mo。构成复杂元素组分富集的叠生地球化学场，利于富集成矿。铅锌甲、乙综合异常显示出优良的成矿条件和进一步找矿前景。与分布的矿产积极响应，为矿致性质，是进一步找矿的重要靶区	重要

续表 8-2-20

预测要素	内容描述	类别
地球物理	重力低异常带与大面积分布的海西期花岗岩有关，重力高异常中生代盖层下面存在古生代地层，北西向、东西向、南北向梯度带，反映断裂存在，是区内重要控矿构造。 磁场为低缓正异常和负异常为出露岩性花岗闪长岩体及中生代火山岩，磁场略有升高，局部异常可能与接触蚀变带或中生代闪长岩、火山岩有关。北西向、北东向断裂、沿断裂有闪长岩出露	重要
重砂	区内圈出黄铜矿、方铅矿、白钨矿、辰砂Ⅰ级重砂组合异常1处，规模较大，矿物含量分级以3~4级为主。组合异常落位在断裂构造的交会处以及侵入岩体与地层的接触部位，并与分布的矿产积极响应，显示重砂组合异常的矿化指示作用。 对比区内主成矿元素 Pb、Zn、Cu、Ag 的化探异常，规模大、强度高、分带清晰、浓集中心明显，且与重砂组合异常叠合程度高。 结论：方铅矿、黄铜矿、白钨矿、辰砂矿物组合可作为天宝山预测工作区铅、铜多金属矿床的找矿标志	重要
遥感	位于北西向敦化-杜荒子断裂带与北东向望天鹅-春阳断裂带交会处，"S"型脆韧性变形构造带发育，天宝山村环形构造边部，遥感浅色色调异常区，矿区北侧遥感羟基异常和铁染异常密集分布	次要
找矿标志	大地构造标志：天宝山-明月镇-三道晚古生代弧形褶皱、中生代断裂火山带。 地层标志：石炭系（天宝山岩块）与二叠系（红叶桥组）砂板岩、灰岩、中酸性火山岩是矿床控矿层位。 侵入岩体标志：印支期—海西期花岗闪长岩、英安斑岩、石英闪长岩等为矿床提供了物质、热液、热能。东西向、北西向、近南北向3组断裂交会处控制部分矿床的形成。燕山期花岗斑岩（多为脉状）与碳酸盐地层形成矽卡岩型热液脉状多金属矿化。 构造标志：东西向、北西向、近南北向3组断裂交会处。 蚀变标志：立山矿床主要为矽卡岩化，新兴矿区，筒内主要具石英岩化，其次绿帘石化、绿泥石化、黄铁矿化等。 物化遥标志：矿床位于大面积起伏的航磁 ΔT 正磁场中低缓异常区边缘，矿体反映明显低阻高极化异常。矿田具明显1：20万水系沉积物异常，主要异常元素有铜、铅、锌、镉、铋、银、钼等。异常规模大，分带明显	重要

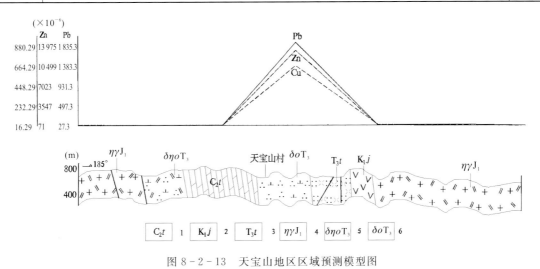

图 8-2-13 天宝山地区区域预测模型图

1.天宝山组：灰色结晶灰岩、砂屑灰岩；2.金沟岭组：灰绿色安山岩、角闪安山岩；3.托盘沟组：浅灰色流纹岩、流纹质角砾凝灰岩；4.二长花岗岩；5.石英二长闪长岩；6.石英闪长岩

第三节 预测区圈定

一、预测区圈定方法及原则

预测区的圈定采用综合信息地质法,圈定原则如下:
①与预测工作区内的模型区类比,具有相同的含矿建造。
②在与模型区类比有相同的含矿建造的基础上,只有明显的 Pb、Zn 化探异常。
③同时参考重磁、重砂、遥感的异常区和相关的地质解释与推断。
④含矿建造与化探异常的交集区圈定为初步预测区。
⑤最后专家对初步确定的最小预测区进行确认。

二、圈定预测区操作细则

在突出表达含矿建造、矿化蚀变标志的1:5万成矿要素图基础上,叠加1:5万化探、航磁、重力、遥感、重砂异常及推断解释图层,以含矿建造和化探异常为主要预测要素和定位变量,取二者的交集初步形成最小预测区范围。参考物探的重力、航磁异常、遥感的羟基铁染异常及近矿地质特征解译、重砂异常等信息,修改初步最小预测区,最后由地质专家确认修改,形成最小预测区。预测区分布位置见表 8-3-1,见图 8-3-1。

表 8-3-1 预测工作区最小预测区面积圈定大小及方法依据

预测区名称	预测区编号	最小预测区名称	模型区面积（m^2）	参数确定依据
天宝山	C2206601011	TBC1	10 847 589	有侵入岩体含矿建造；为铅锌地球化学异常浓度聚集区
	C2206601012	TBC2	8 756 635	有侵入岩体含矿建造及控矿构造；为铅锌地球化学异常浓度聚集区
放牛沟	B2206401004	FNB1	7 980 425	区内有铅锌矿点存在；存在半隐伏石缝组大理岩含矿建造,有燕山期侵入岩体存在；为铅锌地球化学异常浓度聚集区
	C2206401007	FNC1	24 739 195	有与成矿关系密切的海西早期侵入岩体存在；推断存在隐伏石缝组大理岩含矿建造；为铅锌地球化学异常浓度聚集区
荒沟山-南岔	B2206501023	HNB1	9 452 340	区内有铅锌矿点存在；存在含矿珍珠门组地层；为铅锌地球化学异常高浓度聚集区
	C2206501020	HNC1	108 533 047.5	存在含矿珍珠门组地层；为铅锌地球化学异常高浓度聚集区
	C2206501024	HNC2	30 231 542.5	有相近含矿建造,推断存在含矿珍珠门组地层；为铅锌地球化学异常浓度聚集区

续表 8-3-1

预测区名称	预测区编号	最小预测区名称	模型区面积（m²）	参数确定依据
荒沟山-南岔	C2206501021	HNC3	74 412 920	有相近含矿建造,推断存在含矿珍珠门组地层;为铅锌地球化学异常高浓度聚集区
	C2206501019	HNC4	17 422 670	存在含矿珍珠门组地层;为铅锌地球化学异常浓度聚集区
正岔-复兴屯	C2206502025	ZFC1	4 599 475	存在含矿荒岔沟组地层;为铅锌地球化学异常及综合异常套合区
	C2206502027	ZFC2	33 865 970	存在含矿荒岔沟组地层;为铅锌地球化学异常及综合异常套合区
矿洞子-青石镇	C2206503028	KQC1	42 117 000	存在与成矿有关的燕山期花岗岩体;为铅锌地球化学异常高浓度聚集区
	C2206503030	KQC2	24 255 360	存在寒武系灰岩与燕山期花岗岩体含矿建造;为铅锌地球化学异常高浓度聚集区
大营-万良	C2206503017	DWC1	81 016 350	区内无矿化点;有相近含矿建造,推断存在寒武系含矿建造;为铅锌地球化学异常浓度聚集区
	C2206503016	DWC2	6 641 050	区内无矿化点;有相近含矿建造,推断存在寒武系含矿建造;为铅锌地球化学异常浓度聚集区
	C2206503014	DWC3	6 280 900	区内无矿化点;存在寒武系含矿建造;为铅锌地球化学异常浓度聚集区
	C2206503013	DWC4	4 666 625	区内无矿化点;有相近含矿建造,推断存在寒武系含矿建造;为铅锌地球化学异常浓度聚集区
	C2206503015	DWC5	19 857 545	区内无矿化点;有相近含矿建造,推断存在寒武系含矿建造;为铅锌地球化学异常浓度聚集区
地局子-倒木河	A2206401009	DDA1	32 343 750	区内有已知铅锌矿床;存在含矿中侏罗世火山岩、侵入岩建造;铅锌地球化学异常高浓度聚集区;磁异常
	C2206401008	DDC1	8 177 900	无矿化点存在;存在含矿中侏罗世火山岩、侵入岩建造;为铅锌地球化学异常浓度聚集区;磁异常;类比已知区
梨树沟-红太平	C2206401003	LHC1	25 865 900	有相近含矿建造,推断有隐伏二叠系庙岭组凝灰岩、砂岩、泥灰岩含矿建造;为铅锌地球化学异常浓度聚集区
	C2206401005	LHC2	66 998 000	有相近含矿建造,推断有隐伏二叠系庙岭组凝灰岩、砂岩、泥灰岩含矿建造;为铅锌地球化学异常浓度聚集区
	C2206401001	LHC3	15 021 725	有相近含矿建造,推断有隐伏二叠系庙岭组凝灰岩、砂岩、泥灰岩含矿建造;为铅锌地球化学异常浓度聚集区

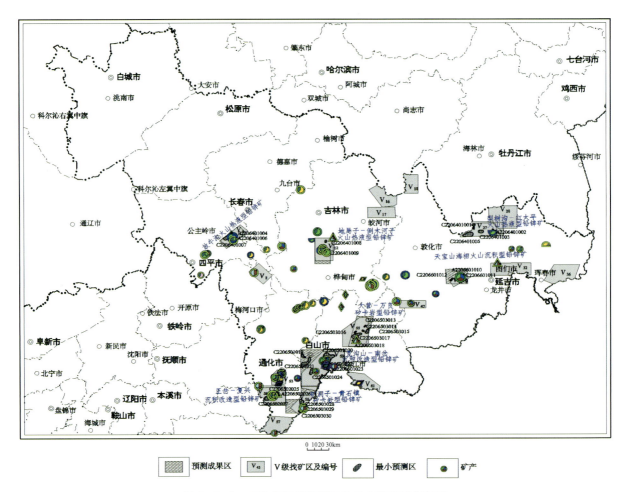

图 8-3-1 吉林省铅锌预测区及最小预测区分布图

第四节 预测要素变量的构置与选择

一、预测要素及要素组合的数字化、定量化

(1)以地质为基础,以各学科基本理论为原理,以地质客体为对象,各方法合理配置的原则。也就是说,把地质体在地质、地球物理、地球化学、遥感和重砂方面的信息按预测原则进行综合圈定。

(2)一致性原则。地质体或地质体的组合,具有不同性质,不同规模;地球物理场(主要是重、磁场)具有分区性,地球化学场(主要是反映成岩作用的同生地球化学场)也具有分区性。这些场区的划分必须与地质体的划分相一致。不同等级,不同规模的信息的提取和应用应遵循一致性原理。

(3)差异性原则。应用一致性原则,在综合解释地质图上进行信息。而同一分区又要充分研究各种信息的差异性。例如同一类型地质体,由于剥蚀水平不同,或沿走向的变化而造成的差异性,重、磁局部叠加场的特征和反映矿化蚀变作用为主的叠生地球化学场的特点等。这些信息虽然较局部,但多为成矿信息。

(4)综合方法,合理配置的原则。对已有的各学科和各种方法手段形成的资料成果宜越多越好。而根据模型建立的方法组合则应强调合理配置。另一层意思是各种信息不能等量齐观。例如,重力信息较少受表层的影响,主要反映是表层以下深部信息;航磁是表层与深源信息的叠加;化探信息主要是水系沉积物测量结果,在地下水比较发育,特别是与地表水有水力联系地区,节理裂隙发育地区,其结果不仅是地表的信息,同样也有深部的信息;而遥感信息主要是地貌景观的影像,以表层信息为主。因此,在综合解释时一定要按各自信息的特点合理配置,才能取得较好的效果。

第五节 预测区优选

一、预测要素应用及变量确定

模型区提供的预测变量一般有矿产地和含矿建造和化探异常3个变量,其他单元用到的预测变量也只有两个为矿产地和含矿建造或者是相近含矿建造。其他统计单元与模型单元的变量数一样,但有的内容不同,如果只是简单的特征分析法和神经网络法,采用公式进行计算求得成矿有力度,根据有力度对单元进行优选,势必脱离实际。因为统计单元成矿概率是同样的,都是1,无法真实反映成矿有力度。

本次预测区的优选充分考虑典型矿床预测要素少的实际情况及成矿规律,采取优选方法和标准如下。

A类预测区:同时含有矿床及含矿建造和铅锌化探异常的预测单元。
B类预测区:同时含有矿(化)点及含矿建造的预测单元。
C类预测区:含有含矿建造或相近的含矿建造预测单元。

二、预测区评述

(一)放牛沟铅锌矿预测区

成矿特征与圈出放牛沟最小预测区地质特点与模型相同都为半隐伏石缝组大理岩含矿建造,与模型区具有相同或相近的成矿特征,资源潜力较大具有找中型铅锌矿的条件。

(二)地局子-倒木河子铅锌矿预测区

成矿特征与圈出放牛沟最小预测区地质特点与红太平模型相同都为中侏罗世火山岩、侵入岩含矿建造,与模型区具有相同或相近的成矿特征,资源潜力较大具有找小型以上铅锌矿的条件。

(三)梨树沟-红太平铅锌矿预测区

成矿特征与圈出放牛沟最小预测区地质特点与模型相近,有隐伏二叠系庙岭组凝灰岩、砂岩、泥灰岩含矿建造,与模型区具有相同或相近的成矿特征,资源潜力较大具有找小型以上铅锌矿的条件。

(四)大营-万良铅锌矿预测区

成矿特征与圈出放牛沟最小预测区地质特点与模型相近,推断存在寒武系含矿建造,与模型区具有相同或相近的成矿特征,资源潜力较大具有找小型以上铅锌矿的条件。

(五)荒沟山铅锌矿预测区

成矿特征与圈出放牛沟最小预测区地质特点与模型相同都为珍珠门组地层含矿建造,与模型区具有相同或相近的成矿特征,为铅锌地球化学异常浓度聚集区,资源潜力较大具有找大型铅锌矿的条件。

(六)正岔铅锌矿预测区

成矿特征与圈出放牛沟最小预测区地质特点与模型相同都为荒岔沟组地层含矿建造,与模型区具有相同或相近的成矿特征,为铅锌地球化学异常及综合异常套合区,资源潜力较大具有找中、小型铅锌矿的条件。

(七)矿洞子-青石镇铅锌矿预测区

成矿特征与圈出放牛沟最小预测区地质特点与成矿有关的燕山期花岗岩体含矿建造,与模型区具有相同或相近的成矿特征,资源潜力较大具有找中小型以上铅锌矿的条件。

(八)天宝山铅锌矿预测区

成矿特征与圈出放牛沟最小预测区地质特点与成矿有关的燕山期花岗岩体含矿建造,与模型区具有相同或相近的成矿特征,资源潜力较大具有找中型以上铅锌矿的条件。

第六节 资源量定量估算

一、地质体积参数法资源量估算

(一)模型区含矿系数确定

1. 模型区估算参数确定(说明:下列模型区预测资源量及其估算参数表中模型区预测资源量指典型矿床总资源量,模型区编号为该区预测量编号区)

1)沉积-改造型荒沟山-南岔预测工作区

模型区:荒沟山铅锌矿典型矿床所在的HNA1最小预测区。

模型区预测资源量:荒沟山典型矿床探明和典型矿床深部及外围预测资源量的总资源量,即查明资源量+深部及外围预测资源量。

面积:HNA1模型区的面积是荒沟山典型矿床元古宇老岭群珍珠门组地层含矿建造的出露面积叠加化探异常,加以人工修正后的最小预测区面积。

延深:模型区内典型矿床的总延深,即最大预测深度。区域上该套含矿层位的在950m深度位延深仍然比较稳定,所以模型区的预测深度选择1300m,沿用荒沟山典型矿床的最大预测深度。

含矿地质体面积参数:为含矿地质体面积/模型区面积,当含矿地质体面积=模型区面积,其为1,含矿地质体面积小于模型区面积,其小于1。荒沟山典型矿床所在的最小预测区面积大于出露为含矿建造的面积,经计算得出含矿地质体面积参数为0.123 428,见表8-6-1。

表 8-6-1 铅锌矿模型区预测资源量及其估算参数

编号	名称	矿种	模型区面积 (m²)	延深 (m)	含矿地质体面积 (m²)	含矿地质体面积参数
A2206501022	荒沟山	Pb	24 321 825	1300	3 001 993	0.123 428
		Zn	24 321 825	1300	3 001 993	0.123 428
A2206502026	正岔	Pb	17 803 850	1200	1 052 167.04	0.059 098
		Zn	17 803 850	1200	1 052 167.04	0.059 098
A2206503029	郭家岭	Pb	5 730 547.5	1000	731 744.72	0.127 692
		Zn	5 730 547.5	1000	731 744.72	0.127 692
A2206503018	大营-万良	Pb	11 102 100	1000	807 211.00	0.072 708
		Zn	11 102 100	1000	807 211.00	0.072 708
A2206601010	天宝山	Pb	66 417 025	1400	16 655 631.80	0.250 774
		Zn	66 417 025	1400	16 655 631.80	0.250 774
A2206401006	放牛沟	Pb	9 428 757.5	800	621 332.56	0.065 898
		Zn	9 428 757.5	800	621 332.56	0.065 898
A2206401002	红太平	Pb	5 394 525	150	1 629 188	0.302 008
		Zn	5 394 525	150	1 629 188	0.302 008

2）沉积-改造型正岔-复兴屯预测工作区

模型区：典型矿床所在的最小预测区。即正岔铅锌矿所在的 ZFA1 最小预测区。

模型区预测资源量：正岔典型矿床探明和典型矿床深部预测资源量的总资源量，即查明资源量＋深部预测资源量。

面积：ZFA1 模型区的面积是正岔典型矿床所在区含矿建造集安群荒岔沟组的出露面积叠加化探异常，加以人工修正后的最小预测区面积。

延深：模型区内典型矿床的总延深，即最大预测深度。正岔铅锌矿含矿层位延深比较稳定，模型区的预测深度选择 1200m，沿用正岔铅锌矿典型矿床的最大预测深度。

含矿地质体面积参数：为含矿地质体面积/模型区面积，当含矿地质体面积＝模型区面积，其为1，含矿地质体面积小于模型区面积，其小于1。正岔典型矿床所在的最小预测区面积大于出露为含矿建造的面积，经计算得出含矿地质体面积参数为 0.059 098，见表 8-6-1。

3）矽卡岩型矿洞子-青石镇预测工作区

模型区：典型矿床所在的最小预测区。即郭家岭铅锌矿所在的 KQA1 最小预测区。

模型区预测资源量：模型区预测资源量是郭家岭典型矿床探明和典型矿床深部预测资源量的总资源量，即查明资源量＋深部预测资源量。

面积：KQA1 模型区的面积是郭家岭典型矿床所在区含矿建造为寒武系张夏组、崮山组、长山组、凤山组及奥陶系冶里组的出露面积叠加化探异常，加以人工修正后的最小预测区面积。

延深：模型区内典型矿床的总延深，即最大预测深度。根据近年该区铅锌矿地质勘探工作，证实该套含矿层位在 700m 深度仍然稳定延深，根据该含矿层位在区域上的产状、走向、延伸等均比较稳定，所以模型区的预测深度选择 1000m。沿用郭家岭铅锌矿典型矿床的最大预测深度。

含矿地质体面积参数：为含矿地质体面积/模型区面积，当含矿地质体面积＝模型区面积，其为1，含矿地质体面积小于模型区面积，其小于1。郭家岭典型矿床所在的最小预测区面积大于出露为含矿建造的面积,经计算得出含矿地质体面积参数为 0.127 692,见表 8-6-1。

4) 矽卡岩型大营-万良预测工作区

模型区:典型矿床所在的最小预测区,即大营铅锌矿所在的 DYA1 最小预测区。

模型区预测资源量:模型区预测资源量是大营典型矿床探明和深部预测资源量的总资源量,即查明资源量+深部预测资源量。

面积:DYA1 模型区的面积是大营典型矿床所在区含矿建造寒武系灰岩的出露面积叠加化探异常,加以人工修正后的最小预测区面积。

延深:模型区内典型矿床的总延深,即最大预测深度。根据近年该区铅锌矿地质勘探工作,证实该套含矿层位在 560m 深度仍然稳定沿深,根据该含矿层位在区域上的产状、走向、延伸等均比较稳定,所以模型区的预测深度选择选择 1000m。沿用大营铅锌矿典型矿床的最大预测深度。

含矿地质体面积参数:为含矿地质体面积/模型区面积,当含矿地质体面积=模型区面积,其为 1,含矿地质体面积小于模型区面积,其小于 1。大营典型矿床所在的最小预测区面积大于出露为含矿建造的面积,经计算得出含矿地质体面积参数为 0.072 708,见表 8-6-1。

5) 多成因叠加型天宝山预测工作区

模型区:典型矿床所在的最小预测区,即天宝山铅锌矿所在的 TBA1 最小预测区。

模型区预测资源量:TBA1 模型区预测资源量是天宝山典型矿床探明和深部预测资源量的总资源量,即查明资源量+深部预测资源量。

面积:TBA1 模型区的面积是天宝山典型矿床所在区含矿建造石炭系天宝山岩块与二叠系红叶桥组的出露面积叠加化探异常,加以人工修正后的最小预测区面积。

延深:模型区内典型矿床的总延深,即最大预测深度。天宝山铅锌矿现在最大的勘探深度均达到 1100m 左右,但从区域上和矿区上含矿建造具有一定的规模,沿走向和倾向延伸比较稳定,推测含矿地层延深仍然比较稳定,所以模型区的预测深度选择 1400m,沿用天宝山铅锌矿典型矿床的最大预测深度。

含矿地质体面积参数:为含矿地质体面积/模型区面积,当含矿地质体面积=模型区面积,其为 1,含矿地质体面积小于模型区面积,其小于 1。天宝山典型矿床所在的最小预测区面积大于出露为含矿建造的面积,经计算得出含矿地质体面积参数为 0.250 774,见表 8-6-1。

6) 放牛沟火山热液型预测工作区

模型区:典型矿床所在的最小预测区,即放牛沟铅锌矿所在的 FNA1 最小预测区。

模型区预测资源量:FNA1 模型区预测资源量是放牛沟典型矿床探明+深部预测资源量的总资源量,即查明资源量+深部预测资源量。

面积:FNA1 模型区的面积是放牛沟典型矿床所在区上奥陶统石缝组含矿灰岩建造和海西早期第二阶段酸性岩浆活动侵入体叠加化探异常的最小出露面,加以人工修正后的最小预测区面积。

延深:模型区内典型矿床的总延深,即最大预测深度。放牛沟铅锌矿现在最大的勘探深度均达到 358m,由于典型矿床的含矿建造深度达到 800m,所以模型区的预测深度选择 800m,沿用放牛沟铅锌矿典型矿床的最大预测深度。

含矿地质体面积参数:为含矿地质体面积/模型区面积,当含矿地质体面积=模型区面积,其为 1,含矿地质体面积小于模型区面积,其小于 1。放牛沟典型矿床所在的最小预测区面积大于出露为含矿建造的面积,经计算得出含矿地质体面积参数为 0.065 898,见表 8-6-1。

7) 火山热液型梨树沟-红太平预测工作区

模型区:典型矿床所在的最小预测区,即红太平铅锌矿所在的 LHA1 最小预测区。

模型区预测资源量:LHA1 模型区预测资源量是红太平典型矿床探明+深部预测资源量的总资源量,即查明资源量+深部预测资源量。

面积:LHA1 模型区的面积是红太平典型矿床所在区二叠系庙岭组灰岩、蚀变凝灰岩、砂岩、粉砂岩、泥灰岩为含矿灰岩建造和控矿层位叠加化探异常的最小出露面,加以人工修正后的最小预测区面积。

延深:模型区内典型矿床的总延深,即最大预测深度。红太平铅锌矿现在最大的勘探深度均达到 130m,由于典型矿床的含矿建造深度达到 150m,所以模型区的预测深度选择 150m,沿用红太平铅锌矿典型矿床的最大预测深度。

含矿地质体面积参数:为含矿地质体面积/模型区面积,当含矿地质体面积=模型区面积,其为 1,含矿地质体面积小于模型区面积,其小于 1。红太平典型矿床所在的最小预测区面积大于出露为含矿建造的面积,经计算得出含矿地质体面积参数为 0.302 008,见表 8-6-1。

2. 模型区含矿系数确定

1) 沉积-改造型荒沟山-南岔预测工作区

沉积-改造型荒沟山-南岔预测工作区模型区 HNA1 的含矿地质体含矿系数确定公式为:含矿地质体含矿系数=模型区 HNA1 资源总量/含矿地质体总体积,含矿地质体的总体积为表 2-2-1 确定的含矿地质体面积×预测总深度。计算得出 HNA1 模型区的含矿地质体含矿系数为 Pb 0.000 006 66t/m^3,Zn 0.000 037 35t/m^3,见表 8-6-2。

表 8-6-2 铅锌矿预测工作区模型区含矿地质体含矿系数表

模型区编号	模型区名称	矿种	含矿地质体含矿系数(t/m^3)
A2206501022	荒沟山-南岔	Pb	0.000 006 66
		Zn	0.000 037 35
A2206502026	正岔-复兴屯	Pb	0.000 004 66
		Zn	0.000 006 26
A2206503029	矿洞子-青石镇	Pb	0.000 023 63
		Zn	0.000 006 54
A2206503018	大营-万良	Pb	0.000 002 12
		Zn	0.000 010 65
A2206601010	天宝山	Pb	0.000 004 12
		Zn	0.000 010 81
A2206401006	放牛沟	Pb	0.000 010 26
		Zn	0.000 143 14
A2206401002	梨树沟-红太平	Pb	0.000 011 13
		Zn	0.000 082 75

2) 沉积-改造型正岔-复兴屯预测工作区

沉积-改造型正岔-复兴屯预测工作区模型区 ZFA1 的含矿地质体含矿系数确定公式为:ZFA1 含矿地质体含矿系数=模型区 ZFA1 资源总量/含矿地质体总体积,含矿地质体的总体积为表 2-2-2 确定的含矿地质体面积×预测总深度。计算得出 ZFA1 模型区的含矿地质体含矿系数为 Pb 0.000 004 66t/m^3,Zn 0.000 006 26t/m^3,见表 8-6-2。

3) 矽卡岩型矿洞子-青石镇预测工作区

矽卡岩型矿洞子-青石镇预测工作区模型区 KQA1 的含矿地质体含矿系数确定公式为：KQA1 含矿地质体含矿系数＝模型区 KQA1 资源总量/含矿地质体总体积，含矿地质体的总体积为表 2-2-3 确定的含矿地质体面积×预测总深度。计算得出 KQA1 模型区的含矿地质体含矿系数为 Pb 0.000 023 63t/m^3，Zn 0.000 006 54t/m^3，见表 8-6-2。

4) 矽卡岩型大营-万良预测工作区

矽卡岩型大营-万良预测工作区模型区 DWA1 的含矿地质体含矿系数确定公式为：DWA1 含矿地质体含矿系数＝模型区 DWA1 资源总量/含矿地质体总体积，含矿地质体的总体积为表 2-2-4 确定的含矿地质体面积×预测总深度。计算得出 TDA1 模型区的含矿地质体含矿系数为 Pb 0.000 002 12t/m^3，Zn 0.000 010 65t/m^3。见表 8-6-2。

5) 多成因叠加型天宝山预测工作区

多成因叠加型天宝山预测工作区模型区 TBA1 的含矿地质体含矿系数确定公式为：TBA1 含矿地质体含矿系数＝模型区 TBA1 资源总量/含矿地质体总体积，含矿地质体的总体积为表 2-2-5 确定的含矿地质体面积×预测总深度。计算得出 TBA1 模型区的含矿地质体含矿系数为 Pb 0.000 004 12t/m^3，Zn 0.000 010 81t/m^3。见表 8-6-2。

6) 火山热液型放牛沟预测工作区

火山热液型放牛沟预测工作区模型区 FNA1 的含矿地质体含矿系数确定公式为：FNA1 含矿地质体含矿系数＝模型区 FNA1 资源总量/含矿地质体总体积，含矿地质体的总体积为表 2-2-6 确定的含矿地质体面积×预测总深度。计算得出 FNA1 模型区的含矿地质体含矿系数为 Pb 0.000 010 26t/m^3，Zn 0.000 143 14t/m^3。见表 8-6-2。

7) 火山热液型梨树沟-红太平预测工作区

火山热液型梨树沟-红太平预测工作区模型区 LHA1 的含矿地质体含矿系数确定公式为：LHA1 含矿地质体含矿系数＝模型区 LHA1 资源总量/含矿地质体总体积，含矿地质体的总体积为表 2-2-7 确定的含矿地质体面积×预测总深度。计算得出 FNA1 模型区的含矿地质体含矿系数为 Pb 0.000 011 13t/m^3，Zn 0.000 082 75t/m^3。见表 8-6-2。

(二) 最小预测区预测资源量及估算参数

对荒沟山-南岔、正岔-复兴屯、矿洞子-青石镇、大营-万良、天宝山、放牛沟、地局子-倒木河、梨树沟-红太平 8 个铅锌矿预测工作区内圈定的最小预测区应用地质体积法开展预测工作。

1. 面积圈定方法及圈定结果

1) 沉积-改造型荒沟山-南岔预测工作区

沉积-改造型荒沟山-南岔预测工作区内最小预测区面积的确定主要依据是在元古宇老岭群珍珠门组地层含矿建造的分布情况；矿床、矿点、矿化点的分布特征；叠加铅锌及相关伴生元素的地球化学异常并经地质矿产专业人员人工修整后的最小区域。见表 8-6-3。

2) 沉积-改造型正岔-复兴屯预测工作区

沉积-改造型正岔-复兴屯预测工作区内最小预测区面积的确定主要依据是在集安群荒岔沟组含矿建造存在的分布情况；矿床、矿点、矿化点的分布特征；叠加铅锌及相关伴生元素的地球化学异常并经地质矿产专业人员人工修整后的最小区域。见表 8-6-3。

表 8-6-3 铅锌矿预测工作区最小预测区面积圈定大小及方法依据

最小预测区编号	最小预测区名称	面积(m^2)	参数确定依据
B2206501023	荒沟山-南岔	9 452 340	区内有铅锌矿点存在;存在含矿珍珠门组地层;为铅锌地球化学异常高浓度聚集区
C2206501020		108 533 047.5	存在含矿珍珠门组地层;为铅锌地球化学异常高浓度聚集区
C2206501024		30 231 542.5	有相近含矿建造,推断存在含矿珍珠门组地层;为铅锌地球化学异常浓度聚集区
C2206501021		74 412 920	有相近含矿建造,推断存在含矿珍珠门组地层;为铅锌地球化学异常高浓度聚集区
C2206501019		17 422 670	存在含矿珍珠门组地层;为铅锌地球化学异常浓度聚集区
C2206502025	正岔-复兴屯	4 599 475	存在含矿荒岔沟组地层;为铅锌地球化学异常及综合异常套合区
C2206502027		33 865 970	存在含矿荒岔沟组地层;为铅锌地球化学异常及综合异常套合区
C2206503028	矿洞子-青石镇	42 117 000	存在与成矿有关的燕山期花岗岩体;为铅锌地球化学异常高浓度聚集区
C2206503030		24 255 360	存在寒武系灰岩与燕山期花岗岩体含矿建造;为铅锌地球化学异常高浓度聚集区
C2206503017	大营-万良	81 016 350	区内无矿化点;有相近含矿建造,推断存在寒武系含矿建造;为铅锌地球化学异常浓度聚集区
C2206503016		6 641 050	同上
C2206503014		6 280 900	区内无矿化点;存在寒武系含矿建造;为铅锌地球化学异常浓度聚集区
C2206503013		4 666 625	区内无矿化点;有相近含矿建造,推断存在寒武系含矿建造;为铅锌地球化学异常浓度聚集区
C2206503015		19 857 545	同上
C2206601011	天宝山	10 847 589	有侵入岩体含矿建造;为铅锌地球化学异常浓度聚集区
C2206601012		8 756 635	同上
B2206401004	放牛沟	7 980 425	区内有铅锌矿点存在;存在半隐伏石缝组大理岩含矿建造,有燕山期侵入岩体存在;为铅锌地球化学异常浓度聚集区
C2206401007		24 739 195	有与成矿关系密切的海西早期侵入岩体存在;推断存在隐伏石缝组大理岩含矿建造;为铅锌地球化学异常浓度聚集区
A2206401009	地局子-倒木河	32 343 750	区内有已知铅锌矿床;存在含矿中侏罗世火山岩、侵入岩建造;铅锌地球化学异常高浓度聚集区;磁异常
C2206401008		8 177 900	无矿化点存在;存在含矿中侏罗世火山岩、侵入岩建造;为铅锌地球化学异常浓度聚集区;磁异常;类比已知区
C2206401003	梨树沟-红太平	25 865 900	有相近含矿建造,推断有隐伏二叠系庙岭组凝灰岩、砂岩、泥灰岩含矿建造;为铅锌地球化学异常浓度聚集区
C2206401005		66 998 000	同上
C2206401001		15 021 725	同上

3）矽卡岩型矿洞子-青石镇预测工作区

矽卡岩型矿洞子-青石镇预测工作区内最小预测区面积的确定主要依据是在寒武系张夏组、崮山组、长山组、凤山组及奥陶系冶里组地层含矿建造及与成矿有关的燕山期花岗岩体的分布情况；矿床、矿点、矿化点的分布特征；叠加铅锌及相关伴生元素的地球化学异常并经地质矿产专业人员人工修整后的最小区域。见表8-6-3。

4）矽卡岩型大营-万良预测工作区

矽卡岩型大营-万良预测工作区内最小预测区仅有一个，即大营铅锌矿模型区。深部预测时面积仍使用模型区面积，确定主要依据是在寒武系灰岩含矿建造的分布情况；矿床、矿点、矿化点的分布特征；叠加铅锌及相关伴生元素的地球化学异常并经地质矿产专业人员人工修整后的最小区域。见表8-6-3。

5）多成因叠加型天宝山预测工作区

多成因叠加型天宝山预测工作区内最小预测区面积的确定主要依据是在石炭系天宝山岩块与二叠系红叶桥组含矿建造的分布情况；矿床、矿点、矿化点的分布特征；叠加铅锌及相关伴生元素的地球化学异常并经地质矿产专业人员人工修整后的最小区域。见表8-6-3。

6）火山热液型放牛沟预测工作区

火山热液型放牛沟预测工作区内最小预测区面积的确定主要依据是在上奥陶统石缝组含矿大理岩、片理化安山岩建造及海西早期第二阶段酸性岩浆活动侵入体含矿建造的分布情况；矿床、矿点、矿化点的分布特征；叠加铅锌及相关伴生元素的地球化学异常并经地质矿产专业人员人工修整后的最小区域。见表8-6-3。

7）火山热液型地局子-倒木河预测工作区

火山热液型地局子-倒木河预测工作区内最小预测区面积的确定主要依据是在二叠系范家屯组，早侏罗世南楼山组、玉兴屯组火山岩地层等含矿建造的分布情况；矿床、矿点、矿化点的分布特征；叠加铅锌及相关伴生元素的地球化学异常并经地质矿产专业人员人工修整后的最小区域。见表8-6-3。

8）火山热液型梨树沟-红太平预测工作区

火山热液型梨树沟-红太平预测工作区内最小预测区面积的确定主要依据是在上二叠统庙岭组含矿建造的分布情况；矿床、矿点、矿化点的分布特征；叠加铅锌及相关伴生元素的地球化学异常并经地质矿产专业人员人工修整后的最小区域。见表8-6-3。

2. 延深参数的确定及结果

（1）沉积-改造型荒沟山-南岔预测工作区

沉积-改造型荒沟山-南岔预测工作区最小预测区延深参数的确定主要参考区域古元古界老岭群珍珠门组地层含矿建造的稳定性、典型矿床最大勘探深度、区域上相同或相近含矿建造的最大勘探深度，结合本预测区控矿构造、矿化蚀变、地球化学分带、物探信息，在此基础上推测含矿建造可能的延深。元古宇老岭群珍珠门组地层含矿建造在预测工作区内沿走向和倾向延伸比较的稳定，区域上该套含矿层位在900m深度位延深仍然比较稳定，由此确定沉积-改造型荒沟山-南岔预测工作区最小预测区延深参数为1300m。见表8-6-4。

2）沉积-改造型正岔-复兴屯预测工作区

沉积-改造型正岔-复兴屯预测工作区最小预测区延深参数的确定主要参考区域集安群荒岔沟组含矿建造的稳定性、典型矿床最大勘探深度，结合本预测区控矿构造、矿化蚀变、地球化学分带、物探信息，在此基础上推测含矿建造可能的延深。集安群荒岔沟组含矿建造在预测工作区内沿走向和倾向延伸相对比较的稳定，在850m深度仍然稳定沿深。由此确定沉积-改造型正岔-复兴屯预测工作区最小预测区延深参数为1200m。见表8-6-4。

3) 矽卡岩型矿洞子-青石镇预测工作区

矽卡岩型矿洞子-青石镇预测工作区最小预测区延深参数的确定主要参考区域上寒武统、奥陶系灰岩地层含矿建造的稳定性区，同时参照处于相同构造环境、相同成矿时代、相同成因类型的郭家岭铅锌矿典型矿床最大勘探深度，结合本预测区控矿构造、矿化蚀变、地球化学分带、物探信息，在此基础上推测含矿建造可能的延深。根据区域地质调查资料寒武系、奥陶系灰岩地层含矿建造在预测工作区内沿走向和倾向延伸比较稳定，相同构造环境、相同成矿时代、相同成因类型的郭家岭铅锌矿典型矿床区域上在700m深度仍然稳定延深，铅锌矿含矿层位仍然稳定存在，由此确定矽卡岩型矿洞子-青石镇预测工作区最小预测区延深参数为1000m。见表8-6-4。

4) 矽卡岩型大营-万良预测工作区

矽卡岩型大营-万良预测工作区内最小预测区仅有一个，即大营铅锌矿模型区。延深参数的确定主要参考区域上寒武统灰岩含矿建造的稳定性区，根据大营铅锌矿典型矿床最大勘探深度，结合本预测区控矿构造、矿化蚀变、地球化学分带、物探信息，在此基础上推测含矿建造可能的延深。寒武系灰岩含矿建造在深度700m仍稳定存在。大由此确定沉积变质型大营-万良预测工作区最小预测区延深参数为1000m。实际预测深度为407m。见表8-6-4。

5) 多成因叠加型天宝山预测工作区

多成因叠加型天宝山预测工作区最小预测区延深参数的确定主要参考区域石炭系天宝山岩块与二叠系红叶桥组含矿建造的稳定性，同时参照处于相同构造环境、相同成矿时代、相同成因类型的天宝山铅锌矿典型矿床最大勘探深度，结合本预测区控矿构造、矿化蚀变、地球化学分带、物探信息，在此基础上推测含矿建造可能的延深。根据区域地质调查资料石炭系天宝山岩块与二叠系红叶桥组含矿建造在预测工作区内沿走向和倾向延伸比较的稳定，相同构造环境、相同成矿时代、相同成因类型的天宝山铅锌矿典型矿床区域上最大勘探深度达1000余米，铅锌矿含矿层位仍然稳定存在，由此确定多成因叠加型天宝山预测工作区最小预测区延深参数为1400m。见表8-6-4。

6) 火山热液型放牛沟预测工作区

火山热液型放牛沟预测工作区最小预测区延深参数的确定主要参考区域上奥陶统石缝组大理岩、片理化安山岩含矿建造及海西早期第二阶段酸性岩浆活动侵入体的稳定性、典型矿床最大勘探深度、区域上相同或相近含矿建造的最大勘探深度、区域上磁异常的反演深度，结合本预测区控矿构造、矿化蚀变、地球化学分带、物探信息，在此基础上推测含矿建造可能的延深。石缝组含矿大理岩岩及酸性侵入岩体含矿建造在预测工作区内沿走向和倾向延伸比较的稳定，放牛沟铅锌矿最大勘探深度为358余米，含矿建造深度达到600m，铅锌矿含矿层位仍然稳定存在，由此确定火山热液型放牛沟预测工作区最小预测区延深参数为800m。见表8-6-4。

7) 火山热液型地局子-倒木河预测工作区

火山热液型地局子-倒木河预测工作区最小预测区延深参数的确定主要依据区域上二叠统范家屯组、早侏罗世南楼山组、玉兴屯组火山岩地层等含矿建造的稳定性，结合本预测区控矿构造、矿化蚀变、地球化学分带、物探信息，在此基础上推测含矿建造可能的延深。该含矿建造在预测工作区内沿走向和倾向延伸相对比较的稳定，由此确定火山热液型地局子-倒木河预测工作区最小预测区延深参数最大为500m。见表8-6-4。

8) 火山热液型梨树沟-红太平预测工作区

火山热液型梨树沟-红太平预测工作区最小预测区延深参数的确定主要参考区域晚二叠系庙岭组含矿建造的稳定性、红太平铅锌矿典型矿床最大勘探深度，结合本预测区控矿构造、矿化蚀变、地球化学分带、物探信息，在此基础上推测含矿建造可能的延深。庙岭组含矿建造在预测工作区内沿走向和倾向延伸相对比较的稳定,已知红太平铅锌矿最大勘探深度为 130 余米(实际延深为 44m),铅锌矿含矿层位仍然稳定存在,由此推断确定火山热液型梨树沟-红太平预测工作区最小预测区延深参数为 150m。见表 8-6-4。

表 8-6-4 铅锌矿预测工作区最小预测区延深圈定大小及方法依据

最小预测区编号	最小预测区名称	延深(m)	参数确定依据
B2206501023	荒沟山-南岔	1300	珍珠门组地层含矿建造+在区域上的稳定性+类比已知区+最大勘探深度+地质专家推断
C2206501020	荒沟山-南岔	1300	珍珠门组地层含矿建造+类比已知区+地质专家推断
C2206501024	荒沟山-南岔	1300	相近含矿建造+类比已知区+地质专家推断
C2206501021	荒沟山-南岔	1300	同上
C2206501019	荒沟山-南岔	1300	珍珠门组地层含矿建造+类比已知区+地质专家推断
C2206502025	正岔-复兴屯	1200	荒岔沟组地层含矿建造+与已知区类比
C2206502027	正岔-复兴屯	1200	荒岔沟组地层含矿建造+化探异常
C2206503028	矿洞子-青石镇	1000	寒武系灰岩与燕山期花岗岩体含矿建造+与已知区类比
C2206503030	矿洞子-青石镇	1000	同上
C2206503017	大营-万良	1000	相近含矿建造,寒武系含矿建造+化探异常
C2206503016	大营-万良	1000	同上
C2206503014	大营-万良	1000	寒武系含矿建造+化探异常
C2206503013	大营-万良	1000	相近含矿建造,寒武系含矿建造+化探异常
C2206503015	大营-万良	1000	同上
C2206601011	天宝山	1400	侵入岩体含矿建造+侵入岩体内外接触带+类比已知区+化探异常
C2206601012	天宝山	1400	侵入岩体含矿建造及控矿构造+类比已知区+化探异常
B2206401004	放牛沟	800	石缝组大理岩含矿建造+类比已知区+化探异常
C2206401007	放牛沟	800	海西早期侵入岩含矿建造+类比已知区+化探异常
A2206401009	地局子-倒木河	500	早侏罗世火山岩、侵入岩建造含矿建造+化探异常
C2206401008	地局子-倒木河	500	同上
C2206401003	梨树沟-红太平	150	相近含矿建造,二叠系庙岭组凝灰岩、砂岩、泥灰岩含矿建造,化探异常
C2206401005	梨树沟-红太平	150	同上
C2206401001	梨树沟-红太平	150	同上

3. 品位和体重的确定

1)沉积-改造型荒沟山-南岔预测工作区

沉积-改造型荒沟山-南岔预测工作区内最小预测区主要是预测寻找成因类型相同、含矿建造相同、成矿时代相同的荒沟山式层控内生型铅锌矿,因此最小预测区的矿石品位和体重的确定,主要参考荒沟山铅锌矿典型矿床的实测数据,确定最小预测区矿石平均品位 Pb 1.844%,Zn 14.577%。体重 3.6t/m³。

2)沉积-改造型正岔-复兴屯预测工作区

沉积-改造型正岔-复兴屯预测工作区内最小预测区主要是预测寻找成因类型相同、含矿建造相同、成矿时代相同的正岔式层控内生型铅锌矿,因此最小预测区的矿石品位和体重的确定,主要参考正岔铅锌典型矿床的实测数据,确定最小预测区矿石平均品位 Pb 1.55%,Zn 2.11%。体重 3.07t/m³。

3)矽卡岩型矿洞子-青石镇预测工作区

矽卡岩型矿洞子-青石镇预测工作区内最小预测区主要是预测寻找成因类型相同、含矿建造相同、成矿时代相同的郭家岭式层控内生型铅锌矿,因此最小预测区的矿石品位和体重的确定,主要参考郭家岭铅锌矿典型矿床的实测数据,确定最小预测区矿石平均品位 Pb 3.95%,Zn 0.42%,体重 3.32t/m³。

4)矽卡岩型大营-万良预测工作区

矽卡岩型大营-万良预测工作区内最小预测区仅有一个,即大营铅锌矿模型区。大营铅锌典型矿床最大勘探深度以下部分的预测时,矿石品位和体重使用该典型矿床的实测数据,矿石平均品位 Pb 0.67%,Zn 3.38%,体重 3.32t/m³。

5)多成因叠加型天宝山预测工作区

多成因叠加型天宝山预测工作区内最小预测区主要是预测寻找成因类型相同、含矿建造相同、成矿时代相同的天宝山式复合内生型铅锌矿,因此最小预测区的矿石品位和体重的确定,主要参考天宝山铅锌矿典型矿床的实测数据,确定最小预测区矿石平均品位 Pb 0.87%,Zn 1.76%,体重 3.33t/m³。

6)火山热液型放牛沟预测工作区

火山热液型放牛沟预测工作区内最小预测区主要是预测寻找成因类型相同、含矿建造相同、成矿时代相同的放牛沟式火山岩型铅锌矿,因此最小预测区的矿石品位和体重的确定,主要参考放牛沟铅锌矿典型矿床的实测数据,确定最小预测区矿石平均品位 Pb 0.18%,Zn 2.5%,体重 3.65t/m³。

7)火山热液型地局子-倒木河预测工作区

火山热液型地局子-倒木河预测工作区内最小预测区主要是预测寻找成因类型相同、含矿建造相同、成矿时代与地局子式火山岩型铅锌矿,因此最小预测区的矿石品位和体重的确定,主要参考已知地局子铅锌矿床的实测数据,确定最小预测区矿石平均品位 Pb 1.03%,Zn 1.54%,体重 3.52t/m³。

8)火山热液型梨树沟-红太平预测工作区

火山热液型梨树沟-红太平预测工作区内最小预测区主要是预测寻找成因类型相同、含矿建造相同、成矿时代相同的红太平式火山岩型铅锌矿,因此最小预测区的矿石品位和体重的确定,主要参考已知红太平铅锌矿床的实测数据,确定最小预测区矿石平均品位 Pb 0.54%,Zn 2.69%,体重 3.52t/m³。

4. 相似系数的确定

相似系数的确定原则,沉积-改造型铅锌矿预测工作区有荒沟山-南岔、正岔-复兴屯,矽卡岩型铅锌矿预测工作区有矿洞子-青石镇、大营-万良,多成因叠加型铅锌矿预测工作区仅有天宝山,火山热液型铅锌矿预测工作区有放牛沟、地局子-倒木河、梨树沟-红太平 8 个预测工作区内仅地局子-倒木河区内没有模型区,其他 7 个区内均有模型区。相似系数的确定原则如下。

(1)预测工作区内有模型区:最小预测区与模型区含矿建造相同,具有铅锌地球化学异常,且最小预测区内有已知铅锌矿点、矿化点,这样的最小预测区与模型区的相似系数为 0.8。

最小预测区与模型区含矿建造相同,具有铅锌地球化学异常,但最小预测区内没有已知铅锌矿点、矿化点及其他与铅锌矿密切相关的其他矿点、矿化点存在,这样的最小预测区与模型区的相似系数为 0.6。

最小预测区与模型区有相近的含矿建造,具有铅锌地球化学异常,但最小预测区内没有已知铅锌矿点、矿化点及其他与铅锌矿密切相关的其他矿点、矿化点存在,这样的最小预测区与模型区的相似系数为 0.3。

(2)预测工作区内无模型区:火山热液型地局子-倒木河铅锌矿预测区内没有模型区,其主要参考成因类型相同、含矿建造相同、成矿时代相近的已知梨树沟-红太平模型区,进行类比。

最小预测区与模型区含矿建造相同,有火山岩含矿建造,具有铅锌地球化学异常,且最小预测区内有已知铅锌矿点、矿化点,这样的最小预测区与模型区的相似系数为 0.3。

最小预测区与模型区含矿建造相同,有火山岩含矿建造,具有铅锌地球化学异常,但最小预测区内没有已知铅锌矿点、矿化点,这样的最小预测区与模型区的相似系数为 0.2。

最小预测区与模型区有相近的含矿建造,具有铅锌地球化学异常,但最小预测区内没有已知铅锌矿点、矿化点,这样的最小预测区与模型区的相似系数为 0.1。

1)沉积-改造型荒沟山-南岔预测工作区

荒沟山-南岔预测工作区内最小预测区与 HNA1 模型区含矿建造相同,具有化探异常,且最小预测区内有已知铅锌矿(化)点,这样的最小预测区与 HNA1 模型区的相似系数为 0.8;与 HNA1 模型区含矿建造相同,具有化探异常,但最小预测区内没有已知铅锌矿(化)点,这样的最小预测区与 HNA1 模型区的相似系数为 0.6;与 HNA1 模型区有相近含矿建造,具有化探异常,但最小预测区内没有已知铅锌矿(化)点,这样的最小预测区与 HNA1 模型区的相似系数为 0.3。见表 8-6-5。

2)沉积-改造型正岔-复兴屯预测工作区

正岔-复兴屯预测工作区内最小预测区与 ZFA1 模型区含矿建造相同,具有化探异常,但最小预测区内无已知铅锌矿(化)点,这样的最小预测区与 ZFA1 模型区的相似系数为 0.6。见表 8-6-5。

3)矽卡岩型矿洞子-青石镇预测工作区

矿洞子-青石镇预测工作区内最小预测区与 KQA1 模型区含矿建造相同,具有化探异常,但最小预测区内没有已知铅锌矿(化)点,这样的最小预测区与 KQA1 模型区的相似系数为 0.6。见表 8-6-5。

4)矽卡岩型大营-万良预测工作区

矽卡岩型大营-万良预测工作区内最小预测区与 DWA1 模型区含矿建造相同,具有化探异常,但最小预测区内没有已知铅锌矿(化)点,这样的最小预测区与 DWA1 模型区的相似系数为 0.6。与 DWA1 模型区有相近含矿建造,具有化探异常,但最小预测区内没有已知铅锌矿(化)点,这样的最小预测区与 DWA1 模型区的相似系数为 0.3。见表 8-6-5。

5)多成因叠加型天宝山预测工作区

天宝山预测工作区内最小预测区与 TBA1 模型区含矿建造相同,具有化探异常,但最小预测区内无已知铅锌矿(化)点,这样的最小预测区与 TBA1 模型区的相似系数为 0.6。见表 8-6-5。

6)火山热液型放牛沟预测工作区

放牛沟预测工作区内最小预测区与 FNA1 模型区含矿建造相同,具有化探异常,且最小预测区内有已知铅锌矿(化)点,这样的最小预测区与 FNA1 模型区的相似系数为 0.8;最小预测区与 FNA1 模型区含矿建造相同,具有化探异常,但最小预测区内无已知铅锌矿(化)点,这样的最小预测区与 FNA1 模型区的相似系数为 0.6。见表 8-6-5。

7）火山热液型地局子-倒木河预测工作区

地局子-倒木河预测工作区内最小预测区早侏罗世南楼山组、玉兴屯组火山岩地层含矿建造的稳定延深,具有化探异常,可参考同一预测类型的红太平典型矿床模型区参数。DDA1最小预测区内有火山岩含矿建造,且有已知铅锌矿点,与LHA1模型区相似系数为0.3;DDC1最小预测区内有火山岩含矿建造,但无铅锌矿点、矿化点,与模型区相似系数为0.2。见表8-6-5。

8）火山热液型梨树沟-红太平预测工作区

梨树沟-红太平预测工作区内最小预测区与LHA1模型区有相近含矿建造,具有化探异常,且最小预测区内没有铅锌矿(化)点,这样的最小预测区与LHA1模型区的相似系数为0.3。见表8-6-5。

表8-6-5 铅锌矿预测工作区最小预测区相似系数表

最小预测区编号	预测工作区名称	最小预测区名称	相似系数
B2206501023	荒沟山-南岔	HNB1	0.8
C2206501020		HNC1	0.6
C2206501024		HNC2	0.3
C2206501021		HNC3	0.3
C2206501019		HNC4	0.6
C2206502025	正岔-复兴屯	ZFC1	0.6
C2206502027		ZFC2	0.6
C2206503028	矿洞子-青石镇	KQC1	0.6
C2206503030		KQC2	0.6
C2206503017	大营-万良	DWC1	0.3
C2206503016		DWC2	0.3
C2206503014		DWC3	0.6
C2206503013		DWC4	0.3
C2206503015		DWC5	0.3
C2206601011	天宝山	TBC1	0.6
C2206601012		TBC2	0.6
B2206401004	放牛沟	FNB1	0.8
C2206401007		FNC1	0.6
A2206401009	地局子-倒木河	DDA1	0.3
C2206401008		DDC1	0.2
C2206401003	梨树沟-红太平	LHC1	0.3
C2206401005		LHC2	0.3
C2206401001		LHC3	0.3

(三) 最小预测区资源量可信度估计

1. 最小预测区参数可信度确定原则

(1) 面积可信度。

既有地质建造又有矿点物化探异常为 0.8；单一地质建造为 0.5；只有化探异常为 0.25。

(2) 延深可信度。

根据已知模型区的最大勘探深度同时结合区域上含矿建造的勘探深度确定的预测深度，确定的延深可信度为 0.9。

根据预测区内含矿建造的勘探深度、含矿建造-构造的产状同时类比已知区及化探异常确定的预测深度，确定的延深可信为 0.75。

根据预测区内含矿建造-构造的产状同时类比已知区和化探异常确定的预测深度，确定的延深可信度为 0.5。

(3) 含矿系数可信度。

根据模型区的资源勘探情况来定：

①勘探程度高，对矿床深部外围资源量了解清楚为 0.75；②勘探程度较高，对矿床深部外围资源量及含矿地质体分布了解一般为 0.5；③勘探程度一般，对矿床深部外围资源量及含矿地质体分布了解较差为 0.25。

(4) 预测工作区预测资源量可信度。

模型区深部探矿工程见矿最大深度以上的预测资源量，可信度大于或等于 0.75；见矿最大深度以下的预测资源量 0.5~0.75。

预测区：对于已知矿点或矿化点存在，含矿建造发育，有化探异常，但没有经深部工程验证的预测资源量，其 500m 以浅预测资源量可信度≥0.75，500~1000m 预测资源量可信度 0.5~0.75，1000m 以下预测资源量可信度 0.25~0.5。对于建造发育，有化探异常，仅以地质、化探异常估计的预测资源量，其 500m 以浅预测资源量可信度≥0.5，500m 以下预测资源量可信度≥0.25，500~1000m 预测资源量可信度 0.25~0.5，1000m 以下预测资源量可信度≤0.25。

2. 最小预测区参数及预测资源量可信度分析

铅锌矿预测工作区最小预测区预测资源量可信度分析见表 8-6-6。

(1) 估算方法。

应用含矿地质体预测资源量公式：

$$Z_{体} = S_{体} \times H_{预} \times K \times \alpha$$

式中：$Z_{体}$——模型区中含矿地质体预测资源量；

$S_{体}$——含矿地质体面积；

$H_{预}$——含矿地质体延深（指矿化范围的最大延深）；

K——模型区含矿地质体含矿系数；

α——相似系数。

(2) 估算结果。

沉积-改造型荒沟山-南岔、沉积-改造型正岔-复兴屯、矽卡岩型矿洞子-青石镇、矽卡岩型大营-万良、多成因叠加型天宝山、火山热液型放牛沟、火山热液型地局子-倒木河、火山热液型梨树沟-红太平预测工作区估算结果见表 8-6-7。

第八章　矿产预测

表 8-6-6　铅锌矿预测工作区最小预测区预测资源量可信度统计表

最小预测区编号	预测工作区名称	最小预测区名称	面积		延深		含矿系数		资源量综合依据
			可信度	依据	可信度	依据	可信度	依据	
B2206501023		HNB1	0.8	已知矿点+含矿珍珠门组地层+铅锌地球化学异常	0.9	典型矿床最大勘探深度，区域上含矿建造延深的稳定性	0.75	模型区勘探程度高，对矿深部外围资源量了解清楚	0.54	面积、延深、含矿系数可信度乘积
C2206501020	荒沟山-南岔	HNC1	0.5	含矿珍珠门组地层+铅锌地球化学异常	0.9	典型矿床最大勘探深度，区域上含矿建造延深的稳定性	0.75	模型区勘探程度高，对矿深部外围资源量了解清楚	0.34	面积、延深、含矿系数可信度乘积
C2206501024		HNC2	0.25	有相近含矿建造，推断存在含矿珍珠门组地层+铅锌地球化学异常	0.9	典型矿床最大勘探深度，区域上含矿建造延深的稳定性	0.75	模型区勘探程度高，对矿深部外围资源量了解清楚	0.17	面积、延深、含矿系数可信度乘积
C2206501021		HNC3	0.25	有相近含矿建造，推断存在含矿珍珠门组地层+为铅锌地球化学异常	0.9	典型矿床最大勘探深度，区域上含矿建造延深的稳定性	0.75	模型区勘探程度高，对矿深部外围资源量了解清楚	0.17	面积、延深、含矿系数可信度乘积
C2206501019		HNC4	0.5	含矿珍珠门组地层+为铅锌地球化学异常	0.9	典型矿床最大勘探深度，区域上含矿建造延深的稳定性	0.75	模型区勘探程度高，对矿深部外围资源量了解清楚	0.34	深部探矿工程见矿最大深度以下部分
C2206502025	正岔-复兴屯	ZFC1	0.5	含矿荒沟组地层+铅锌地球化学异常	0.9	典型矿床最大勘探深度，区域上含矿建造延深的稳定性	0.75	模型区勘探程度高，对矿深部外围资源量了解清楚	0.34	面积、延深、含矿系数可信度乘积
C2206502027		ZFC2	0.5	同上	0.9	典型矿床最大勘探深度，区域上含矿建造延深的稳定性	0.75	模型区勘探程度高，对矿深部外围资源量了解清楚	0.34	面积、延深、含矿系数可信度乘积
C2206503028	矿洞子-青石镇	KQC1	0.5	燕山期花岗岩体+铅锌地球化学异常	0.9	典型矿床最大勘探深度，区域上含矿建造延深的稳定性	0.75	模型区勘探程度高，对矿深部外围资源量了解清楚	0.34	面积、延深、含矿系数可信度乘积
C2206503030		KQC2	0.5	寒武系灰岩含矿建造+花岗岩体与燕山期为铅锌地球化学异常	0.9	典型矿床最大勘探深度，区域上含矿建造延深的稳定性	0.75	模型区勘探程度高，对矿深部外围资源量了解清楚	0.34	面积、延深、含矿系数可信度乘积

续表 8-6-6

最小预测区编号	预测工作区名称	最小预测区名称	面积		延深		含矿系数		资源量综合
			可信度	依据	可信度	依据	可信度	依据	依据
C2206503017	大营-万良	DWC1	0.25	相近含矿建造+推断存在寒武系含矿铅锌地球化学异常	0.9	典型矿床最大勘探深度、区域上含矿建造延深的稳定性	0.5	模型区勘探程度较高，对矿床深部外围地质体资源量及含矿分布了解一般	0.11	面积、延深、含矿系数可信度乘积
C2206503016		DWC2	0.25	同上	0.9	典型矿床最大勘探深度、区域上含矿建造延深的稳定性	0.5	模型区勘探程度较高，对矿床深部外围地质体资源量及含矿分布了解一般	0.11	面积、延深、含矿系数可信度乘积
C2206503014		DWC3	0.5	寒武系含矿建造+为铅锌地球化学异常	0.9	典型矿床最大勘探深度、区域上含矿建造延深的稳定性	0.5	模型区勘探程度较高，对矿床深部外围地质体资源量及含矿分布了解一般	0.23	面积、延深、含矿系数可信度乘积
C2206503013		DWC4	0.25	相近含矿建造+推断存在寒武系含矿铅锌地球化学异常	0.9	典型矿床最大勘探深度、区域上含矿建造延深的稳定性	0.5	模型区勘探程度较高，对矿床深部外围地质体资源量及含矿分布了解一般	0.11	面积、延深、含矿系数可信度乘积
C2206503015		DWC5	0.25	同上	0.9	典型矿床最大勘探深度、区域上含矿建造延深的稳定性	0.5	模型区勘探程度较高，对矿床深部外围地质体资源量及含矿分布了解一般	0.11	面积、延深、含矿系数可信度乘积
C2206601011	天宝山	TBC1	0.5	侵入岩体+铅锌地球化学异常+中生代火山岩	0.9	典型矿床最大勘探深度、区域上含矿建造延深的稳定性	0.75	模型区勘探程度高，对矿床深部外围资源量了解清楚	0.34	面积、延深、含矿系数可信度乘积
C2206601012		TBC2	0.5	侵入岩体+为铅锌地球化学异常+中生代火山岩	0.9	典型矿床最大勘探深度、区域上含矿建造延深的稳定性	0.75	模型区勘探程度高，对矿床深部外围资源量了解清楚	0.34	面积、延深、含矿系数可信度乘积

第八章　矿产预测

续表 8-6-6

最小预测区编号	预测工作区名称	最小预测区名称	面积		延深		含矿系数		资源量综合依据
			可信度	依据	可信度	依据	可信度	依据	
B2206401004	放牛沟	FNB1	0.8	区内有铅锌矿点存在+半隐伏石英砂岩组大理岩含矿建造+燕山期侵入岩体+铅锌地球化学异常	0.9	典型矿床最大勘探深度、区域上含矿建造延深的稳定性	0.75	模型区勘探程度高，对矿床深部外围资源量了解清楚	0.54	面积、延深、含矿系数可信度乘积
C2206401007		FNC1	0.5	海西早期侵入岩体存在+推断隐伏石英砂岩组大理岩+铅锌地球化学异常	0.9	典型矿床最大勘探深度、区域上含矿建造延深的稳定性	0.75	模型区勘探程度高，对矿床深部外围资源量了解清楚	0.34	面积、延深、含矿系数可信度乘积
A2206401009	地局子-倒木河	DDA1	0.8	区内有已知铅锌矿床；存在含矿中侏罗世火山岩、侵入岩建造；铅锌地球化学异常高浓度聚集区；磁异常	0.9	典型矿床最大勘探深度、区域上含矿建造延深的稳定性	0.25	模型区勘探程度一般，对矿床深部外围资源量及含矿地质体了解较差	0.18	面积、延深、含矿系数可信度乘积
C2206401008		DDC1	0.5	无矿化点存在，含矿中侏罗世火山岩、侵入岩建造；铅锌地球化学异常浓度聚集区；磁异常类比已知区	0.9	典型矿床最大勘探深度、区域上含矿建造延深的稳定性	0.25	模型区勘探程度一般，对矿床深部外围资源量及含矿地质体了解较差	0.11	面积、延深、含矿系数可信度乘积
C2206401003	梨树沟-红太平	LHC1	0.5	有相近含矿建造、推断有隐伏断裂	0.9	典型矿床最大勘探深度、区域上含矿建造延深的稳定性	0.25		0.11	
C2206401005		LHC2	0.5	含铅锌矿岭组二叠系庙岭组含矿建造，为铅锌地球化学异常浓度聚集区	0.9	典型矿床最大勘探深度、区域上含矿建造延深的稳定性	0.25	模型区勘探程度一般，对矿床深部外围资源量及含矿地质体了解较差	0.11	面积、延深、含矿系数可信度乘积
C2206401001		LHC3	0.5		0.9		0.25		0.11	面积、延深、含矿系数可信度乘积

表 8-6-7 铅锌矿预测工作区最小预测区估算成果表

最小预测区编号	预测工作区名称	最小预测区名称	面积（m²）	延深（m）	含矿地质体面积参数	矿种	模型区含矿地质体含矿系数	相似系数
B2206501023	荒沟山-南岔	HNB1	9 452 340	1200	0.123 428	Pb	0.000 006 66	0.8
		HNB1	9 452 340	1200	0.123 428	Zn	0.000 037 35	0.8
C2206501020		HNC1	10 853 3047.5	1200	0.123 428	Pb	0.000 006 66	0.6
		HNC1	108 533 047.5	1200	0.123 428	Zn	0.000 037 35	0.6
C2206501024		HNC2	30 231 542.5	1200	0.123 428	Pb	0.000 006 66	0.3
		HNC2	30 231 542.5	1200	0.123 428	Zn	0.000 037 35	0.3
C2206501021		HNC3	74 412 920	1200	0.123 428	Pb	0.000 006 66	0.3
		HNC3	74 412 920	1200	0.123 428	Zn	0.000 037 35	0.3
C2206501019		HNC4	17 422 670	1200	0.123 428	Pb	0.000 006 66	0.6
		HNC4	9 452 340	1200	0.123 428	Pb	0.000 006 66	0.8
C2206502025	正岔-复兴屯	ZFC1	4 599 475	1050	0.059 098	Pb	0.000 004 66	0.6
		ZFC1	4 599 475	1050	0.059 098	Zn	0.000 006 26	0.6
C2206502027		ZFC2	33 865 970	1050	0.059 098	Pb	0.000 004 66	0.6
		ZFC2	33 865 970	1050	0.059 098	Zn	0.000 006 26	0.6
C2206503028	矿洞子-青石镇	KQC1	42 117 000	1750	0.127 692	Pb	0.000 023 63	0.6
		KQC1	42 117 000	1750	0.127 692	Zn	0.000 006 54	0.6
C2206503030		KQC2	24 255 360	1750	0.127 692	Pb	0.000 023 63	0.6
		KQC2	24 255 360	1750	0.127 692	Zn	0.000 006 54	0.6
C2206503017	大营-万良	DWC1	81 016 350	748	0.072 708	Pb	0.000 002 12	0.3
		DWC1	81 016 350	748	0.072 708	Zn	0.000 010 65	0.3
C2206503016		DWC2	6 641 050	748	0.072 708	Pb	0.000 002 12	0.3
		DWC2	6 641 050	748	0.072 708	Zn	0.000 010 65	0.3
C2206503014		DWC3	6 280 900	748	0.072 708	Pb	0.000 002 12	0.6
		DWC3	6 280 900	748	0.072 708	Zn	0.000 010 65	0.6
C2206503013		DWC4	4 666 625	748	0.072 708	Pb	0.000 002 12	0.3
		DWC4	4 666 625	748	0.072 708	Zn	0.000 010 65	0.3
C2206503015		DWC5	19 857 545	748	0.072 708	Pb	0.000 002 12	0.3
		DWC5	19 857 545	748	0.072 708	Zn	0.000 010 65	0.3
C2206601011	天宝山	TBC1	10 847 589	1280	0.250 774	Pb	0.000 004 12	0.6
		TBC1	10 847 589	1280	0.250 774	Zn	0.000 010 81	0.6
C2206601012		TBC2	8 756 635	1280	0.250 774	Pb	0.000 004 12	0.6
		TBC2	8 756 635	1280	0.250 774	Zn	0.000 010 81	0.6

续表 8-6-7

最小预测区编号	预测工作区名称	最小预测区名称	面积（m²）	延深（m）	含矿地质体面积参数	矿种	模型区含矿地质体含矿系数	相似系数
B2206401004	放牛沟	FNB1	7 980 425	680	0.065 898	Pb	0.000 010 26	0.8
		FNB1	7 980 425	680	0.065 898	Zn	0.000 143 14	0.8
C2206401007		FNC1	24 739 195	680	0.065 898	Pb	0.000 010 26	0.6
		FNC1	24 739 195	680	0.065 898	Zn	0.000 143 14	0.6
A2206401009	地局子-倒木河	DDA1	75 674 372.5	580	0.302 008	Pb	0.000 011 13	0.3
		DDA1	75 674 372.5	580	0.302 008	Zn	0.000 082 75	0.3
C2206401008		DDC1	8 177 900	580	0.302 008	Pb	0.000 011 13	0.2
		DDC1	8 177 900	580	0.302 008	Zn	0.000 082 75	0.2
C2206401003	梨树沟-红太平	LHC1	25 865 900	135	0.302 008	Pb	0.000 011 13	0.3
		LHC1	25 865 900	135	0.302 008	Zn	0.000 082 75	0.3
C2206401005		LHC2	66 998 000	135	0.302 008	Pb	0.000 011 13	0.3
		LHC2	66 998 000	135	0.302 008	Zn	0.000 082 75	0.3
C2206401001		LHC3	15 021 725	135	0.302 008	Pb	0.000 011 13	0.3
		LHC3	15 021 725	135	0.302 008	Zn	0.000 082 75	0.3

第七节 预测区地质评价

一、预测区级别划分

A 类预测区选择：最小预测区含矿建造与模型区相同，有已知矿床、Pb、Zn 矿床。
B 类预测区选择：最小预测区含矿建造与模型区相同，有已知矿点或矿化点，有 Pb、Zn 化探异常。
C 类预测区选择：最小预测区含矿建造与模型区不同或相近，无矿化点，有 Pb、Zn 化探异常。

二、评价结果综述

通过对吉林省铅锌矿产预测工作区的综合分析，依据最小预测划分条件共划分 23 个最小预测区，其中 A 级最小预测区为 1 个，为成矿条件好区，具有很好的找矿前景；B 级为 3 个，为成矿条件较好区，具有较好的找矿前景；C 级为 19 个，成矿条件较差，但具有地球化学异常，可以辅助一些其他手段进一步预测。其划分结果及各最小预测区资源量见表 8-7-1。

模型区测区估算预测资源量见表 8-7-2。

表 8-7-1 最小预测区估算预测资源量表

预测工作区编号	预测工作区名称	预测方法	矿种
1	放牛沟	地质参数体积法	Pb
			Zn
2	地局子-倒木河	地质参数体积法	Pb
			Zn
3	梨树沟-红太平	地质参数体积法	Pb
			Zn
5	大营-万良	地质参数体积法	Pb
			Zn
6	荒沟山-南岔	地质参数体积法	Pb
			Zn
7	正岔-复兴屯	地质参数体积法	Pb
			Zn
8	矿洞子-青石镇	地质参数体积法	Pb
			Zn
9	天宝山	地质参数体积法	Pb
			Zn

三、预测工作区资源总量成果汇总

本次采用地质体积法预测铅锌资源量,取得了沉积-改造型、矽卡岩型、多成因叠加型、火山热液型4种预测类型8个预测工作区的预测资源量,并按预测方法分别进行了统计。

（一）按精度汇总统计

天宝山、放牛沟、荒沟山-南岔、正岔-复兴屯、矿洞子-青石镇、大营-万良、地局子-倒木河、梨树沟-红太平 8个预测工作区铅锌矿预测资源量成果,以吨为单位,按3个级别334-1、334-2、334-3进行了汇总统计。

（二）按深度汇总统计

天宝山、放牛沟、荒沟山-南岔、正岔-复兴屯、矿洞子-青石镇、大营-万良、地局子-倒木河、梨树沟-红太平 8个预测工作区铅锌矿预测资源量成果,以吨为单位,按500m以浅、1000m以浅、2000m以浅3个深度,分别进行了334-1、334-2、334-3级别汇总统计。

（三）按矿产预测类型汇总统计

天宝山、放牛沟、荒沟山-南岔、正岔-复兴屯、矿洞子-青石镇、大营-万良、地局子-倒木河、梨树沟-红太平 8个预测工作区铅锌矿预测资源量成果,以吨为单位,按矿产类型:沉积-改造型、矽卡岩型、火山热液型、多成因叠加型分别进行了334-1、334-2、334-3级别汇总统计。

（四）按可利用性类别汇总统计

天宝山、放牛沟、荒沟山-南岔、正岔-复兴屯、矿洞子-青石镇、大营-万良、地局子-倒木河、梨树沟-红太平 8个预测工作区铅锌矿预测资源量成果,以吨为单位,按可利用性分为可利用和不可利用,对可利用和不可利用分别进行了334-1、334-2、334-3级别汇总统计。

第八章 矿产预测

表 8-7-2 模型区测区估算预测资源量表

顺序号	勘查预测靶区名称	地理位置	所属矿产评价模型	勘查预测靶区面积（km²）	延深（m）	体含矿率（t/m³）	品位（%）	矿石体重（t/m³）	成矿地质评价
1	A22066010100001	吉林省龙井天宝山镇铅锌矿	矽卡岩型铅锌银（铜铁）矿	66.417	1400	0.000 014 93	2.7	3.33	石炭系（天宝山岩块）与二叠系（红叶桥组）砂板岩、灰岩、中酸性火山岩是含矿层位。印支期—海西期后期花岗闪长岩、英安斑岩、石英闪长岩等控矿
2	A22064010060002	吉林省伊通县景家台镇放牛沟铅锌矿	次火山中热液型银铅锌矿	9.429	800	0.000 153 4	2.7	3.65	上奥陶统石缝组白色大理岩夹条带状大理岩为主要赋矿层位。海西早期前庙后期二长花岗岩控矿
3	A22065010220003	吉林省白山市荒沟山铅锌矿	控铅锌银碳酸岩型（MVT）	24.322	1300	0.000 044 01	16.3	3.6	元古宇老岭群珍珠门组大理岩含矿。燕山早期老秃顶子、梨树沟、草山似斑状黑云母花岗岩控矿
4	A22065020260004	集安市花甸子镇正岔铅锌矿	矽卡岩型铅锌银（铜铁）矿	17.804	1200	0.000 010 92	3.6	3.07	集安群形成含胚胎型矿体的矿源层；燕山期花岗斑岩体为主要含矿斑岩体的侵位
5	A22065030290005	集安市鄂家岭铅锌矿	矽卡岩型铅锌银（铜铁）矿	5.731	1000	0.000 030 17	4.3	3.32	奥陶系冶里组灰岩含矿。燕山期黑云母花岗岩体及脉岩控矿
6	A22065030180006	抚松县大营铅锌矿	矽卡岩型铅锌银（铜铁）矿	11.102	1000	0.000 012 77	1.6	3.32	寒武系灰岩含矿。燕山期花岗岩类岩体及脉岩控矿
7	A22064010020007	吉林省汪清县红太平多金属矿	次火山中热液型银铅锌矿	5.395	150	0.000 093 88	2.2	3.52	晚古生代二叠系庙岭组凝灰岩、蚀变凝灰岩、砂岩、粉砂岩、泥灰岩为主要含矿层位和控矿层位

(五) 按预测区类别汇总统计

天宝山、放牛沟、荒沟山-南岔、正岔-复兴屯、矿洞子-青石镇、大营-万良、地局子-倒木河、梨树沟-红太平 8 个预测工作区铅、锌矿预测资源量成果,以吨为单位,按预测区类别分为 A 类预测区、B 类预测区、C 类预测区,对 A、B、C 类别分别进行了沉积-改造型、矽卡岩型、火山热液型、多成因叠加型汇总统计。

(六) 按可信度统计分析汇总统计

天宝山、放牛沟、荒沟山-南岔、正岔-复兴屯、矿洞子-青石镇、大营-万良、地局子-倒木河、梨树沟-红太平 8 个预测工作区铅、锌矿预测资源量成果,以吨为单位,按可信度"$\geqslant 0.75$、$0.75 \sim 0.5$、$0.5 \sim 0.25$、$\leqslant 0.25$"进行统计分析,并分别进行了 334-1、334-2、334-3 级别汇总统计。

第八节 全省单矿种(组)资源总量潜力分析

一、单矿种(组)资源现状

吉林省铅锌矿包括伴生矿产共计 40 余处,其中以铅、锌为主的小型矿床以上的有 11 处。对吉林省铅锌矿已查明资源储量以吨为单位进行了汇总统计。并对铅、锌查明资源量分别进行了统计。统计了铅、锌保有储量。统计了天宝山、放牛沟、荒沟-山南岔、正岔-复兴、矿洞子-青石镇、大营-万良、梨树沟-红太平、地局-倒木河子等矿山查明储量。其中天宝山铅、锌矿占累计探明储量的 50% 以上。天宝山矿经多年开采其可采储量已难以维持矿山的正常运行,铅锌除天宝山为一大型矿床外,其余都为中小型,又以小型为最多。近几年虽有些新的发现(浑江和集安等地),但多数为矿点或小型矿床,没有大的突破。铅锌矿资源是吉林省急需解决的短缺矿种。

二、预测资源量潜力分析

(一) 预测工作区按类别资源量估算

预测工作区资源量还按精度、按深度、按矿床类型、可利用性类别、按预测区类别、按可信度进行统计分析。根据预测成果表明,吉林省铅、锌矿有一定资源潜力,成矿条件比较有利。从吉林省铅锌矿种地质参数体积法预测资源量结果看,铅、锌找矿潜力较大的预测区为荒沟山-南岔、梨树沟-红太平、矿洞子-青石镇、地局-倒木河子。天宝山和放牛沟找矿根据预测量有一定找矿潜力。

(二) 最小预测区数量及估算预测资源量

本次划分 8 个预测工区,采用地质体积法建立 7 个预测模型区,划分 23 个最小预测工作区。采用地质体积法计算统计了吉林省铅锌矿预测资源量(t);并分别计算统计了铅和锌预测资源量。计算统计了沉积-改造型铅、锌,矽卡岩型铅、锌,火山热液型铅、锌,多成因叠加型铅、锌预测资源量(t)。

计算统计了锌矿预测资源量:334-1、334-2 预测资源量;500m 以浅、1000m 以浅、2000m 以浅预测资源量,见表 8-8-1。

计算统计了铅矿预测资源量:334-1、334-2 预测资源量;500m 以浅、1000m 以浅、2000m 以浅预测资源量,见表 8-8-2。

表 8-8-1 吉林省锌矿最小预测区估算资源量统计表

序号	最小预测区编号	预测区名称	地理位置	矿种	矿产预测类型	预测区面积 (km²)	含矿系数 (t/m³)	含矿系数可信度	矿石体重 (t/m³)	相似系数	综合可信度	成矿地质特征
01	A2206401006	FNA1				9.411 614 5	0.000 143 14	1.0	3.65	0.6	1.0	区内无矿化点存在;存在含寒武系灰岩含矿建造;为铅锌岩体含矿建造;存在与燕山期花岗岩体含矿建造;为铅锌地球化学异常高浓度聚集区
02	B2206401004	FNB1	伊通县	锌矿	火山岩型	7.965 954 75	0.000 143 140 0	0.75	3.65	0.8	0.54	无矿化点存在;存在含中侏罗世火山岩建造;为铅锌地球化学异常浓度聚集区;侵入岩,中侏罗世火山岩异常
03	C2206401007	FNC1				24.696 109	0.000 143 140 0	0.75	3.65	0.6	0.34	区内有已知铅锌矿床;存在含中侏罗世火山岩,侵入岩建造;铅锌地球化学异常高浓度聚集区;磁异常
04	A2206502026	ZFA1	集安市	锌矿	层控内生型	17.793 766	0.000 004 66	1.00	3.07	0.6	1.0	石炭系(天宝山岩块)与二叠系(红叶桥组)砂板岩,灰岩,中酸性火山岩是矿床控矿层位。印支期—海西期花岗闪长岩,英安斑岩,石英闪长岩等为矿床提供了物质,热液,热能。东西向,近南北向 3 组断裂交会处控制部分矿床的形成
05	C2206502025	ZFC1				4.597 147 5	0.000 004 66	0.75	3.07	0.6	0.34	区内无矿化点存在;有侵入岩体含矿建造及控矿构造;为铅锌地球化学异常浓度聚集区
06	C2206502027	ZFC2				33.854 824	0.000 004 66	0.75	3.07	0.6	0.34	区内无矿化点存在;有侵入岩体含矿建造;为铅锌地球化学异常浓度聚集区
07	A2206503028	KQC1				42.104 798 25	0.000 023 6	0.75	3.32	0.6	0.34	区内无矿化点存在;存在含寒武系含矿建造;为铅锌地球化学异常浓度聚集区
08	C2206503029	KQA1	集安市	锌矿	层控内生型	5.729 719 25	0.000 023 63	1.00	3.32	0.6	1.0	区内无矿化点;有相近含矿建造;推断存在寒武系含矿建造;推断铅锌地球化学异常浓度聚集区
09	C2206503030	KQC2				24.252 190 5	0.000 023 63	0.75	3.32	0.6	0.34	区内无矿化点;有相近含矿建造;推断存在寒武系含矿建造;推断铅锌地球化学异常浓度聚集区

续表 8-8-1

序号	最小预测区编号	预测区名称	地理位置	矿种	矿产预测类型	预测区面积（km²）	含矿系数（t/m³）	含矿系数可信度	矿石体重（t/m³）	相似系数	综合可信度	成矿地质特征
10	C2206401008	DDC1	桦甸市	锌矿	火山岩型	8.161 708	0.000 082 7	0.25	3.52	0.2	0.11	区内有铅锌矿点存在；存在半隐伏石缝组大理岩含矿建造；有燕山期侵入岩体存在；为铅锌地球化学异常浓度聚集区
11	C2206401009	DDA1		锌矿		32.278 287 5	0.000 082 75	0.25	3.52	0.3	0.18	①矿床位于抚松—集安火山—盆地群（Ⅳ）。长白山—辽河太古宙、元古宙、燕山期金铜铅锌银（Ⅲ₉）—集安金铅锌成矿带（Ⅳ₁₈）②寒武系灰岩、燕山期花岗岩类岩体及脉岩。③北东向主断裂控制矿带
12	A2206401002	LHA1	汪清县	锌矿	火山岩型	5.388 019 75	0.000 011 10	1.00	3.52	0.3	1.0	区内无矿化点存在；有相近含矿建造；推断存在寒武系含矿建造；为铅锌地球化学异常浓度聚集区
13	C2206401003	LHC1		锌矿		25.835 590 5	0.000 011 13	0.25	3.52	0.3	0.11	区内无矿化点存在；存在含珍珠门组地层；为铅锌地球化学异常浓度聚集区
14	A2206401005	LHC2				66.921 319	0.000 011 13	0.25	3.52	0.3	0.11	区内无矿化点存在；有相近含矿建造；推断存在含珍珠门组地层；为铅锌地球化学异常高浓度聚集区
15	A2206401001	LHC3				15.004 011 25	0.000 011 13	0.25	3.52	0.3	0.11	区内无矿化点存在；存在含珍珠门组地层；为铅锌地球化学异常高浓度聚集区

第八章 矿产预测

续表 8-8-1

序号	最小预测区编号	预测区名称	地理位置	矿种	矿产预测类型	预测区面积（km²）	含矿系数（t/m³）	含矿系数可信度	矿石体重（t/m³）	相似系数	综合可信度	成矿地质特征
16	C2206503018	DWA1				11.094 251 75	0.000 002 12	1.00	3.32	0.3	1.0	区内无矿化点存在；有与成矿关系密切的海西早期侵入岩体存在，推断存在隐伏岩石缝组大理岩含矿建造；为铅锌地球化学异常浓度聚集区
17	C2206503017	DWC1	抚松县	锌矿	层控内生型	80.955 195	0.000 002 12	0.50	3.32	0.3	0.11	集安群形成胚胎型矿体的矿源层；燕山期花岗斑岩体的侵位，在带来部分成矿物质的同时，更重要的是提供了热液流体，在上升过程中不断地萃取矿源层中的成矿元素，形成富矿流体
18	C2206503016	DWC2				6.635 569	0.000 002 12	0.50	3.32	0.3	0.11	区内无矿化点存在；存在含矿荒岔沟组地层；为铅锌地球化学异常及综合异常套合区
19	C2206503014	DWC3				6.276 130 5	0.000 002 12	0.50	3.32	0.6	0.23	区内无矿化点存在；存在含矿荒岔沟组地层；为铅锌地球化学异常及综合异常套合区
20	C2206503015	DWC5				19.843 289 25	0.000 002 12	0.50	3.32	0.3	0.11	郭家岭矿床主要产于集武系中，部分产于奥陶系冶里组。燕山期黑云母花岗岩体及脉岩、郭家岭一勺洞子向斜东翼。围岩蚀变不明显，唯含矿破碎带硅化较强，并见黄铁矿化、高岭土化和绢云母化、硅化、白云石化
21	C2206503013	DWC4				4.662 853 5	0.000 002 12	0.50	3.32	0.3	0.11	区内无矿化点存在；为铅锌岩体；为铅锌地球化学异常高浓度聚集区

续表 8-8-1

序号	最小预测区编号	预测区名称	地理位置	矿种	矿产预测类型	预测区面积（km²）	含矿系数（t/m³）	含矿系数可信度	矿石体重（t/m³）	相似系数	综合可信度	成矿地质特征
22	C2206501019	HNC4	白山市	锌矿	层控内生型	17.402 902 25	0.000 006 66	0.75	3.60	0.6	0.34	区内无矿化点存在；有相近含矿建造；推断存在寒武系含矿建造；为铅锌地球化学异常浓度聚集区
23	B2206501021	HNC3				74.339 849 25	0.000 006 66	0.75	3.60	0.3	0.17	矿床位于华北叠加造山-裂谷系（Ⅰ）胶辽吉叠加岩浆弧（Ⅱ）吉南-辽东火山盆地区（Ⅲ），抚松-集安火山盆地带（Ⅲ₉）。长白山-辽河太古宙，元古宙，燕山期金铜铅锌银（Ⅳ₁₈）集安金铅锌成矿带
24	A2206501020	HNC1				108.451 748 8	0.000 006 66	0.75	3.60	0.6	0.34	区内无矿化点存在；有相近含矿建造；推断有隐伏二叠系庙岭组凝灰岩、砂岩、泥灰岩含矿建造；为铅锌地球化学异常浓度聚集区
25	C2206501024	HNC2	白山市	锌矿	层控内生型	30.209 029	0.000 006 66	0.75	3.60	0.3	0.17	区内无矿化点存在；有相近含矿建造；推断有隐伏二叠系庙岭组凝灰岩、砂岩、泥灰岩含矿建造；为铅锌地球化学异常浓度聚集区
26	A2206501023	HNB1				9.447 502 5	0.000 006 66	0.75	3.60	0.8	0.54	区内无矿化点存在；有相近含矿建造；推断有隐伏二叠系庙岭组凝灰岩、砂岩、泥灰岩含矿建造；为铅锌地球化学异常浓度聚集区
27	C2206501022	HNA1				24.306 336 25	0.000 006 66	1.00	3.60	0.8	1.0	构造背景位于延边晚古生代被动陆缘褶皱区改造的下古生界基底之上，上古生代优地槽内，受北东向鸭绿江断裂控制

第八章 矿产预测

续表 8-8-1

序号	最小预测区编号	预测区名称	地理位置	矿种	矿产预测类型	预测区面积（km²）	含矿系数（t/m³）	含矿系数可信度	矿石体重（t/m³）	相似系数	综合可信度	成矿地质特征
28	A2206601010	TBA1				66.359 413 5	0.000 004 12	1.00	3.33	0.6	1.0	区内无矿化点存在；有相近含矿建造；推断存在含矿珍珠门组地层；为铅锌地球化学异常浓度聚集区
29	C2206601011	TBC1	龙井市	锌矿	复合内生型	10.838 438 25	0.000 004 12	0.75	3.33	0.6	0.34	区内有铅锌矿点存在；存在含矿珍珠门组地层；为铅锌地球化学异常高浓度聚集区
30	C2206601012	TBC2				8.749 099 5	0.000 004 12	0.75	3.33	0.6	0.34	区域内的铅锌矿、铜矿、黄铁矿等硫化物型矿床（点）以及原生赋矿类型不明的硫化物铁帽，绝大多数赋存在元古宇老岭群珍珠门组薄-微层硅质层及含碳质条带状或含珍珠石结核的白云岩或白云岩化的碳酸盐岩中，矿化具有明显的层位性。受压扭性同破碎带控制的后生矿床

表 8-8-2 吉林省铅矿最小预测区估算资源量统计表

序号	预测区编号	预测区名称	地理位置	预测矿种	矿产预测类型	预测区面积（km²）	含矿系数（t/m³）	含矿系数可信度	矿石体重（t/m³）	相似系数	综合可信度	成矿地质特征
1	A2206401006	FNA1	伊通县	铅矿	火山岩型	9.411 6	0.000 143 14	1.0	3.65	0.6	1.0	①矿床位于华北叠加造山-裂谷系（Ⅰ）胶辽吉叠加岩浆弧（Ⅱ）、吉南-辽东火山盆地群（Ⅲ）、抚松-集安火山-盆地群（Ⅳ）。长白山-辽河太古宙、元古宙、燕山期金铜铅锌银（Ⅲ₉）-集安金铅锌成矿带（Ⅳ₁₈）。②集安武系灰岩、燕山期花岗岩类岩体及脉岩。③北东向主断裂控制矿带
2	B2206401004	FNB1				7.966 0	0.000 143 14	0.75	3.65	0.8	0.54	区内有铅锌矿点存在；存在半隐伏石缝组大理岩含矿建造；有燕山期侵入岩体存在；为铅锌地球化学异常浓度聚集区
3	C2206401007	FNC1				24.696 1	0.000 143 14	0.75	3.65	0.6	0.34	区内无矿化点存在；有与成矿关系密切的海西早期侵入岩体存在；推断存在隐伏石缝组大理岩含矿建造；为铅锌地球化学异常浓度聚集区
4	A220650 2026	ZFA1	集安市	铅矿	层控内生型	17.793 8	0.000 004 66	1.0	3.07	0.6	1.0	集安群形成含胚胎型矿体的矿源层；燕山期花岗斑岩体的侵位，在带来部分成矿物质的同时，更重要的是提供了热液流体，在上升的过程中不断的萃取矿源层中的成矿元素，形成富矿流体
5	C220650 2025	ZFC1				4.597 1	0.000 004 66	0.75	3.07	0.6	0.34	区内无矿化点存在；存在含矿荒岔沟组地层；为铅锌地球化学常及综合异常套合区
6	C220650 2027	ZFC2				33.854 8	0.000 004 66	0.75	3.07	0.6	0.34	区内无矿化点存在；存在含矿荒岔沟组地层；为铅锌地球化学常及综合异常套合区

续表 8-8-2

序号	预测区编号	预测区名称	地理位置	预测矿种	矿产预测类型	预测区面积（km²）	含矿系数（t/m³）	含矿系数可信度	矿石体重（t/m³）	相似系数	综合可信度	成矿地质特征
7	A2206503018	DWA1				11.0943	0.00000212	1	3.32	0.3	1	矿床位于华北叠加造山-裂谷系（Ⅰ）胶辽吉叠加岩浆弧（Ⅱ），吉南-辽东火山盆地区（Ⅲ），抚松-集安火山-盆地带（Ⅳ）。长白山-辽河太古宙，元古宙，燕山剪切金铜铅锌银（Ⅲ₉）-集安金铅锌成矿带（Ⅳ₁₈）
8	C2206503017	DWC1	抚松县	铅矿	层控内生型	80.9552	0.00000212	0.5	3.32	0.3	0.11	区内无矿化点；有相近含矿建造，推断存在寒武系含矿建造；为铅锌地球化学异常浓度聚集区
9	A2206503018	DWC2		铅矿		6.6356	0.00000212	0.5	3.32	0.3	0.11	区内无矿化点；有相近含矿建造，推断存在寒武系含矿建造；为铅锌地球化学异常浓度聚集区
10	A2206503014	DWC3				6.2761	0.00000212	0.5	3.32	0.6	0.23	区内无矿化点；存在寒武系含矿建造；为铅锌地球化学异常浓度聚集区
11	A2206503015	DWC5	抚松县		层控内生型	19.8433	0.00000212	0.5	3.32	0.3	0.11	区内无矿化点；有相近含矿建造，推断存在寒武系含矿建造；为铅锌地球化学异常浓度聚集区
12	A2206503013	DWC4		铅矿		4.6629	0.00000212	0.5	3.32	0.3	0.11	区内无矿化点；有相近含矿建造，推断存在寒武系含矿建造；为铅锌地球化学异常浓度聚集区
13	A2206401008	DDC1	桦甸市		火山岩型	8.1617	0.00008275	0.25	3.52	0.2	0.11	无矿化点存在；为铅锌地球化学异常浓度聚集区；为含矿中侏罗世火山岩、侵入岩建造；磁异常
14	A2206401009	DDA1		铅矿		32.2783	0.00008275	0.25	3.52	0.3	0.18	区内有已知铅锌矿床；存在地球化学异常；铅锌地球化学异常高浓度聚集区；为含矿中侏罗世火山岩、侵入岩建造

续表 8-8-2

序号	预测区编号	预测区名称	地理位置	预测矿种	矿产预测类型	预测区面积（km²）	含矿系数（t/m³）	含矿系数可信度	矿石体重（t/m³）	相似系数	综合可信度	成矿地质特征
15	A2206401002	LHA1	汪清县	铅矿	火山岩型	5.388 0	0.000 011 13	1	3.52	0.3	1	构造背景矿床位于延边晚古生代被动陆缘褶皱区改造的下古生界基底之上，上古生代优地槽内，受北东向鸭绿江断裂控制
16	C220640l003	LHC1				25.835 6	0.000 011 13	0.25	3.52	0.3	0.11	区内无矿化点存在；有相近含矿建造，推断有隐伏二叠系庙岭组凝灰岩、砂岩、泥灰岩含矿建造；为铅锌地球化学异常浓度聚集区
17	C220640l005	LHC2				66.921 3	0.000 011 13	0.25	3.52	0.3	0.11	区内无矿化点存在；有相近含矿建造，推断有隐伏二叠系庙岭组凝灰岩、砂岩、泥灰岩含矿建造；为铅锌地球化学异常浓度聚集区
18	C220640l001	LHC3				15.004 0	0.000 011 13	0.25	3.52	0.3	0.11	区内无矿化点存在；有相近含矿建造，推断有隐伏二叠系庙岭组凝灰岩、砂岩、泥灰岩含矿建造；为铅锌地球化学异常浓度聚集区
19	C220650l019	HNC4	白山市	铅矿	层控内生型	17.402 9	0.000 006 66	0.75	3.6	0.6	0.34	区内无矿化点存在；存在含矿珍珠门组地层；为铅锌地球化学异常浓度聚集区
20	C220650l021	HNC3				74.339 9	0.000 006 66	0.75	3.6	0.3	0.17	区内无矿化点存在；有相近含矿建造，推断存在含矿珍珠门组地层；为铅锌地球化学异常高浓度聚集区
21	C220650l020	HNC1				108.451 8	0.000 006 66	0.75	3.6	0.6	0.34	区内无矿化点存在；存在含矿珍珠门组地层；为铅锌地球化学异常高浓度聚集区
22	C220650l024	HNC2				30.209 0	0.000 006 66	0.75	3.6	0.3	0.17	区内无矿化点存在；有相近含矿珍珠门组地层；为铅锌地球化学异常浓度聚集区
23	B220650l023	HNB1				9.447 5	0.000 006 66	0.75	3.6	0.8	0.54	区内有铅锌矿化点存在；存在含矿珍珠门组地层；为铅锌地球化学异常高浓度聚集区

第八章 矿产预测

续表 8-8-2

序号	预测区编号	预测区名称	地理位置	预测矿种	矿产预测类型	预测区面积（km²）	含矿系数（t/m³）	含矿系数可信度	矿石体重（t/m³）	相似系数	综合可信度	成矿地质特征
24	A2206501022	HNA1	白山市	铅矿	火山岩型	24.306 3	0.000 006 66	1	3.6	0.8	1	区域内的铅锌矿、铜矿、黄铁矿等硫化物型矿床（点）以及原生矿化类型不明的硫化物铁帽,绝大多数赋存在元古宇老岭群珍珠门组薄一微层硅质碳质条带状或含矮石结核的白云岩或白云岩化的碳酸盐岩中。矿化具有明显的层控性。受压扭性层间破碎带控制的后生矿床
25	A2206503028	KQC1				42.104 8	0.000 023 63	0.75	3.32	0.6	0.34	区内无矿化点存在；存在与成矿有关的燕山期花岗岩体。为铅锌地球化学异常高浓度聚集区
26	C2206503029	KQA1	集安市	铅矿	层控内生型	5.729 7	0.000 023 63	1	3.32	0.6	1	郭家岭矿床主要产于集安武陶系合里组。燕山期黑云母花岗岩、郭家岭一矿洞子向斜东翼。圈岩蚀变不明显。唯含矿破碎带硅化较强,并见黄铁矿化、高岭土化和绢云母化、硅化、白云石化
27	C2206503030	KQC2				24.252 2	0.000 023 63	0.75	3.32	0.6	0.34	区内无矿化点存在；存在寒武系灰岩与燕山期花岗岩体含矿建造；为铅锌地球化学异常高浓度聚集区

续表 8-8-2

序号	预测区编号	预测区名称	地理位置	预测矿种	矿产预测类型	预测区面积（km³）	含矿系数（t/m³）	含矿系数可信度	矿石体重（t/m³）	相似系数	综合可信度	成矿地质特征
28	A2206601010	TBA1	龙井市	铅矿	复合内生型	66.3594	0.00000412	1	3.33	0.6	1	石炭系（天宝山岩块）与二叠系（红叶桥组）砂板岩、灰岩，中酸性火山岩是矿床控矿层位。印支期—海西期花岗闪长岩、英安斑岩、石英闪长岩等为矿床提供了物质、热液、热能。东西向、北西向、近南北向3组断裂交会处控制部分矿床的形成
29	C2206601012	TBC2				8.7491	0.00000412	0.75	3.33	0.6	0.34	区内无矿化点存在；有侵入岩体含矿建造及控矿构造；为铅锌地球化学异常浓度聚集区
30	C2206601011	TBC1				10.8384	0.00000412	0.75	3.33	0.6	0.34	区内无矿化点存在；有侵入岩体含矿建造为铅锌地球化学异常浓度聚集区

第九章　吉林省铅锌矿成矿规律总结

第一节　铅锌矿成矿规律

一、铅锌矿成因类型

吉林省铅锌矿按照成矿物质来源与成矿地质条件，成因类型划分为矽卡岩型、火山-沉积变质型、沉积变质-热液叠加型、沉积-岩浆热液叠加型、火山热液型、岩浆热液型以及变质-热液型矿床。总体看，都具有早期沉积形成初始矿源层或矿源岩，经后期叠加改造的特征，即基本具有层控内生特征。

二、各成因类型地质特征

（一）矽卡岩型

1. 成矿地质特征

矽卡岩型铅锌矿床是吉林省铅锌矿床的主要成因类型，这类铅锌矿主要形成于吉黑造山带，容矿围岩为晚古生代浅海相碳酸盐岩，时空上与中酸性侵入杂岩体的交代及热液作用所形成的矽卡岩带有关。矿化主要出现在石炭系—二叠系碳酸盐岩与燕山期中酸性岩类侵入接触带上，构造上往往受紧密褶皱的倒转倾伏、背斜或向斜中的断裂或层间破碎带控制。在中朝古陆拗陷区寒武系—奥陶系或集安群碳酸盐岩与燕山期花岗岩侵入接触地段，也有接触交代成矿作用，但它属于层控铅锌矿床中后期叠加成矿，居次要地位。

吉林省矽卡岩铅锌矿多与火山作用伴生的Ⅰ型花岗岩有密切成因联系。矽卡岩属钙矽卡岩，主要由透辉石、钙铁辉石、钙铝榴石、钙铁榴石、硅灰石等钙镁铁铝硅酸盐矿物组成的接触交代岩。矽卡岩体几何形态较为复杂，接近侵入接触带往往出现富含辉石类石榴子石矽卡岩。远离接触带的大理岩中，有时还出现硅灰石矽卡岩，有的形成硅灰石矿床，如大顶山铅锌矿。

矿体多呈透镜状、似层状、扁豆状、囊状、似脉状等，其规模一般不大，但它往往成群出现。矿石矿物除方铅矿、闪锌矿、黄铜矿之外，还有白钨矿、辉钼矿等，矿石组分显示接触渗透交代特征。矿石有益组分以 Pb、Zn、Cu 为主，伴有 Ag、Ge、Ga、Cd 等。矿石类型以方铅矿-闪锌矿-黄铜矿型组合为主，占矽卡岩型铅锌矿储量的 95% 以上，其余依次有闪锌矿型、闪锌矿-磁铁矿型、方铅矿-闪锌矿型、黄铜矿-闪锌矿型、黄铜矿-方铅矿型组合。

2. 同位素地质特征

从硫同位素组成看,矽卡岩铅锌矿床的矿石 $\delta^{34}S$ 值变化范围为 $-3.8\times10^{-3}\sim+3.5\times10^{-3}$,极差不超过 7.3×10^{-3},见表 9-1-1,均一化程度较高,其频率明显呈塔式分布。例如天宝山铅锌矿从它的最高频率上看,立山坑矿床集中在 $-1\times10^{-3}\sim-2.9\times10^{-3}$ 之间,东风坑 $0.5\times10^{-3}\sim1.5\times10^{-3}$ 之间,可认为硫源比较单一,显示了硫来自地壳深部。但东风坑柯岛组火山岩夹层灰岩中赋存铅锌矿的方铅矿 $\delta^{34}S$ 为 12.09×10^{-3},不能排除地层铅的混合。

表 9-1-1 矽卡岩铅锌矿床硫同位素组成 ($\times10^{-3}$)

矿物	立山	东风	大顶山
方铅矿	-2.7	$-0.64,+12.09$	$+3.46$
闪锌矿	-1.61	$+0.31$	
黄铜矿	-2.10	$+0.28$	
黄铁矿	-7.1	-5.3	-22.1
磁黄铁矿	$+0.2$	$+1.33$	
毒砂		$+1.45$	

注:引自金顿镐等,1991,《吉林省铅锌银矿成矿远景区划及其资源总量预测报告》。

从氧同位素组成来看,矽卡岩矿床的成矿溶液应是岩浆水,但立山坑切穿辉石矽卡岩并含毒砂的方解石脉 $\delta^{18}O$ 值为 -21.54×10^{-3},反映了晚期成矿溶液中有大气降水的混入。该方解石脉的 $\delta^{13}C$ 值为 -8.53×10^{-3},与一般认为的岩浆成因碳酸盐岩 $\delta^{13}C$ 值 -7×10^{-3} 和天宝山火山角砾岩筒铅锌矿中的方解石 $\delta^{13}C$ 值 -7.52×10^{-3} 接近。说明矽卡岩型矿床的碳以岩浆碳为主,部分混有地层中的有机碳。

从表 9-1-2 可见,铅同位素组成多属正常铅,也有一定量的异常铅。用单阶段演化公式计算的模式年龄值为负值 $-258Ma$,即有岩浆铅和地层铅,也有地壳放射成因铅,显示了成矿过程中岩浆铅被地层铅和异常铅混染。因此,可认为是铅主要来自岩浆源,与地层铅也有一定的成因联系。

表 9-1-2 矽卡岩铅锌矿床铅同位素组成及模式年龄

矿区	样号	矿物	$^{206}Pb/^{204}Pb$	$^{207}Pb/^{204}Pb$	$^{208}Pb/^{204}Pb$	φ	模式年龄(Ma)
立山	一 天418	方铅矿	17.978	15.177	39.368	0.5631	负值
	六 天405	方铅矿	17.892	15.201	37.849	0.5716	30
	七 天415	方铅矿	18.228	15.485	38.816	0.5819	149
	十一 7601	方铅矿	17.993	15.413	38.058	0.5893	235
	十七 Z27	方铅矿	18.359	15.631	38.448	0.5895	237
东风	天426	方铅矿	18.400	15.506	39.170	0.5730	48
	Z35	方铅矿	18.272	15.527	38.067	0.5837	172
	Z90	方铅矿	18.486	15.722	38.398	0.5914	258
大顶山	86	方铅矿	18.191	15.496	37.923	0.5854	192
	87	大理岩	18.423	15.574	38.125	0.5792	121

注:引自金顿镐等,1991,《吉林省铅锌银矿成矿远景区划及其资源总量预测报告》。

（二）火山-沉积变质铅锌矿床

该类铅锌矿床是与元古宙、古生代火山活动有成因联系的，在古陆与造山带均有出现。古陆中的这类铅锌矿形成于浑江拗陷或吉南裂谷内，与古元古代早期荒岔沟期基性—中酸性火山作用及碳酸盐岩沉积有关。它的构造环境处于大陆裂谷早期阶段，即先形成断裂，接踵发生岩浆活动，也是裂谷扩张初期沉积非补偿阶段，地幔热点对上覆陆壳的冲击形成海底火山喷气作用有关。

1. 成矿地质特征

吉黑造山带内这类矿床形成于岛弧型火山深成岩带和大陆边缘火山构造岩浆带，与古生代石缝期和庙岭-柯岛期中酸性火山活动和碳酸盐岩沉积有关。

与铅锌矿成因联系的火山岩，按其成分属碱系的弱碱亚系和亚碱系的钙碱亚系—拉斑亚系。这些岩石系列，在古元古代裂谷型海盆、古大洋板块的岛弧及晚古生代大陆板块边缘海盆中均有出现。其中拉斑玄武质系列火山岩的岩石化学成分变化范围为 SiO_2 47.50%～59.31%，Na_2O 0.45%～3.00%，K_2O 0.45%～1.44%，TiO_2 0.25%～0.88%，$TFeO$（$TFeO = FeO + 0.9Fe_2O_3$）2.18%～4.47%，$TFeO/MgO$ 0.16～4.52，与都城秋惠提出的岛弧拉斑玄武质系列和大洋岛屿拉斑玄武质系列大致相当。

从火山旋回看，矿床主要形成于晚期火山旋回即岩浆分异晚期，空间上受区域性断裂及其火山构造控制，时间上与火山活动间歇期碳酸盐岩沉积密切相关。它不仅都遭受区域变质作用，而且还受后期花岗岩的侵入影响，接触渗透交代叠加成矿作用也很普遍，因此往往被称为矽卡岩矿床。

这类矿床的矿体形态较为简单，多呈层状、似层状、透镜状、扁豆状产出。矿石矿物以黄铁矿、磁铁矿、闪锌矿、方铅矿、黄铜矿为主，其成分复杂。矿石多呈致密块状、条带状、浸染状构造。矿石类型有闪锌矿-硫铁矿型、方铅矿-闪锌矿型和黄铜矿-方铅矿-闪锌矿型等。成矿温度一般260～340℃，变化范围200～400℃，属中高温型。围岩蚀变有矽卡岩化、硅化、绿帘石化、绿泥石化、碳酸盐化，其中绿泥石化、绿帘石化及硅化较为普遍。

2. 同位素地质特征

从火山-沉积矿床的矿石硫同位素组成看，见表9-1-3，$\delta^{34}S$ 值变化范围为 -7.6×10^{-3}～$+13.4 \times 10^{-3}$，众值 1×10^{-3}～3×10^{-3}，接近于陨石硫值，表明矿石硫主要来自地壳深部，但它的 $\delta^{34}S$ 值局部较为离散，即标准离差较大，又显示了地层硫的混合，说明矿床是火山间歇期形成的。

表 9-1-3 火山-沉积变质铅锌矿床硫同位素组成　　　　　　　　　　　　　　　　　　　　　　　($\times 10^{-3}$)

矿物	正岔	放牛沟	红太平
方铅矿	2.6～8.4	0.5	−3.78
闪锌矿	0.6～9.6	−2.3～3.4	−0.8
黄铜矿	0.7～7.9		−7.6
黄铁矿	1.8～13.4	5.2～6.2	1.6
磁黄铁矿		5.8～7.3	
毒砂			−3.6

注：引自金顿镐等，1991，《吉林省铅锌银矿成矿远景区划及其资源总量预测报告》。

表 9-1-4 可见,火山-沉积变质矿床的 δD 和 $\delta^{18}O$ 值变化范围较大,δD-$\delta^{18}O$ 坐标图上落在岩浆水和大气降水之间,濒临岩浆水,甚至有的落在变质水范围内。表明矿液可能为岩浆水、变质水和大气降水的混合。$\delta^{13}C$ 值也反映岩浆碳与地层碳的混合。由此可见,这类矿床是火山活动晚期沉积之后,经历变质作用及后期花岗岩的叠加改造形成的。

铅同位素组成,见表 9-1-5,基本上是正常铅,但放射成因铅较多。显然是在后期岩浆热液作用下,成矿物质从地层中再度活化、迁移、重就位或热液叠加富集成矿,从而改变了铅同位素组成,使得其年龄值偏低。表中 T5 号为红太平矿区内霏细岩脉中的方铅矿,可能属古老地层铅。

表 9-1-4 火山-沉积变质铅锌矿床氢氧碳同位素组成 ($\times 10^{-3}$)

	正岔	放牛沟	红太平
δD(SMOW)	$-80\sim 120$	-59.5	
$\delta^{18}O$(SMOW)	$-10.7\sim +6.4$	-4.1	
$\delta^{13}C$(PDB)	$-3.0\sim +4.1$	$+4.82$	

注:引自金顿镐等,1991,《吉林省铅锌银矿成矿远景区划及其资源总量预测报告》。

表 9-1-5 火山-沉积变质铅锌矿床铅同位素组成

矿区	样号	矿物	$^{206}Pb/^{204}Pb$	$^{207}Pb/^{204}Pb$	$^{208}Pb/^{204}Pb$	模式年龄(Ma)
正岔	Z-1-5	方铅矿	18.27	16.66	38.63	161
	Z-1-9	方铅矿	17.99	15.58	37.41	278
	Z-11-2	方铅矿	17.88	15.32	37.24	16
	Z-12	方铅矿	17.97	15.54	37.24	242
	Z-72	方铅矿	18.271	15.623	38.036	330
放牛沟	W-23	方铅矿	18.271	15.668	38.247	365.6
红太平	T3	方铅矿	18.256	15.546	38.119	208.8
	T5	方铅矿	17.651	15.566	38.067	665.5

注:引自金顿镐等,1991,《吉林省铅锌银矿成矿远景区划及其资源总量预测报告》。

(三)沉积变质铅锌矿床

该矿床形成于大陆裂谷型海盆地内,沉积非补偿阶段转化为沉积补偿阶段,岩浆活动已停止,矿化与浅海—潮间带沉积物有密切的成因联系。这类矿床的矿石矿物与其围岩的沉积物是同时沉积,或在沉积、成岩、变质作用阶段成矿物质进入含矿岩层中富集成矿。已知含矿层位有老岭群珍珠门组和大栗子组,其中前者分布范围广,成矿远景较好。

1. 成矿地质特征

珍珠门组中的含矿围岩为白云石大理岩,系属水下碳酸盐台地沉积物,含碳较高,并有含矿黄铁矿层,又显示还原的礁后潟湖相沉积,为成矿元素的富集提供了良好环境。

大栗子组中的含矿围岩为半深水的斜坡环境和礁后盆地沉积产物,铅锌矿产于含铁碳酸盐建造大理岩与千枚岩互层带的还原相菱铁矿层中,往往与菱铁矿层相变过渡。

矿床受褶皱及断裂构造控制较为明显,矿体形态呈层状、似层状、脉状产出,其产状与地层产状基本一致或略呈斜交。矿体规模一般不大,往往延深较大。矿石矿物较简单,以黄铁矿、闪锌矿、方铅矿为主。矿石共生组合分为黄铁矿-闪锌矿、黄铁矿-闪锌矿-方铅矿、菱铁矿-黄铁矿-闪锌矿-方铅矿以及闪锌矿-方铅矿组合等。围岩蚀变有硅化、透闪石化、滑石化、碳酸盐化、绢云母化、黄铁矿化等,矿化与硅化、黄铁矿化关系密切。

2. 同位素地质特征

这类矿床硫化物矿石的 $\delta^{34}S$ 值为 $2.35\times10^{-3}\sim19.5\times10^{-3}$,平均 14.8×10^{-3},以富集重硫为特征,标准离差较大,不显示塔式效应,反映出矿石硫主要来自与海水有关的硫酸盐。局部特别是大栗子铅锌矿的矿石 $\delta^{34}S$ 值接近陨石硫值者占优势,无疑有深成还原硫的混合,见表 9-1-6,与热水沉积产物菱铁矿关系密切。

表 9-1-6　沉积变质铅锌矿床硫同位素组成　　　　　　　　　　　($\times 10^{-3}$)

矿物	荒沟山	天湖沟	大栗子
方铅矿	13.38～15.7	7.5～9.5	2.35～12.48
闪锌矿	9.9～18.79	14.5～18.5	2.8～6.13
黄铜矿			9.9
黄铁矿	7.91～19.1	7～19.5	1.41～26
毒砂			9.8

注:引自金顿镐等,1991,《吉林省铅锌银矿成矿远景区划及其资源总量预测报告》。

该类矿床脉石矿物与围岩碳酸盐岩的氢、氧、碳同位素组成基本一致,见表 9-1-7,说明生成矿石的成矿溶液来自地层同生水甚至变质水,但也不排除氧同位素较重的老秃顶子花岗岩浆水($\delta^{18}O$ $0.90\times10^{-3}\sim10.30\times10^{-3}$)的混合。矿石 $\delta^{13}C$ 值也具有两重性,其中 $\delta^{13}C$ $-1.98\times10^{-3}\sim1.34\times10^{-3}$ 者与海相碳酸盐岩一致,另外还有 $\delta^{13}C$ -9.07×10^{-3} 者显示成矿溶液可能与岩浆成因碳酸岩混合。

表 9-1-7　沉积变质铅锌矿床氢氧碳同位素组成　　　　　　　　　　　($\times 10^{-3}$)

矿区	测定矿物	δD(SMOW)	$\delta^{18}O$(SMOW)	$\delta^{13}C$(PDB)
荒沟山	矿石	−51～83	10.7～22.8	−0.3～1.8
	白云石大理岩	−45.67～61.76	16.9～23.82	0.09～3.027
天湖沟	白云石		16.9～21.1	−9.2～1.4
大栗子	含矿方解石脉	−97.34	18.91	1.34
	块状铅矿石	−90.31	16.63	−9.07
	菱铁矿中的铜锌矿石	−88.105	20.33	−9.07

注:引自金顿镐等,1991。

从表 9-1-8 矿石铅同位素组成表明,除少数异常铅外大多数是古老正常铅,它的演化是在高 μ 值系统中完成的。该 μ 值与地壳平均 μ 值接近,矿石铅应属于壳源,它的模式年龄值与地层形成年龄基本一致,具有一定的同源性,即矿质主要来自地层,经区域变质及岩浆热液叠加改造后形成矿床。

表 9-1-8　沉积变质铅锌矿床铅同位素组成

矿区	$^{206}Pb/^{204}Pb$	$^{207}Pb/^{204}Pb$	$^{208}Pb/^{204}Pb$	μ 值	模式年龄(Ma)
荒沟山	15.390~15.900	15.140~15.675	33.800~36.049	9.38	1 628.45~2 091.51
天湖沟	15.611	15.239	35.039	9.60	1 844.94
银子沟	15.556	15.266	34.799	9.46	1 828.30
大栗子	15.562~15.683	15.298~15.432	35.151~35.634		1 770.4~1 928.5

注：引自金顿镐等，1991。

(四) 沉积-岩浆热液叠加铅锌矿床

该矿床是指原先沉积矿床或矿化地层，受后期岩浆热液作用而形成的层控矿床。矿床分布于吉南华北陆缘拗陷区或地堑盆地内，与显生宙盖层寒武纪—奥陶纪碳酸盐建造有成因联系。

1. 成矿地质特征

矿体赋存在灰岩或砂页岩中，矿体形态受断裂带、裂隙带、层间破碎带的控制。矿床的形成与燕山期花岗岩或脉岩关系密切，即为花岗岩浆侵位于早期形成的沉积矿床或矿源层附近时，不仅产生了矿床的矿石矿物组合、成矿元素地球化学和同位素地质特征等方面的变化，也有在铅锌矿中增添了新的物质组合。如大营铅锌矿床除 Cu、Pb、Zn 外，还增加了 Fe、Mn、W、Mo、Bi、Sn 等元素，形成岩浆热液叠加型层控多金属矿床。这类矿床，矿体呈似层状、透镜状、扁豆状，其产状与地层产状一致。

远离花岗岩侵入接触带的这类矿床，往往借助派生脉岩富集成矿，但其矿石物质组分与近矿围岩微量元素组合完全一致，即除 Pb、Zn、Cu 外，还有 Ag、Ti、Ba、Ge、Ga、Mn 等，未显示叠加成矿特征。矿体多受断裂控制，其形态为脉状、囊状、透镜状，产状多与穿层脉岩产状一致。

上述两类矿床矿化垂直分带均较为明显，即地表以铅锌矿化为主，深部逐渐出现铅矿化。

2. 同位素地质特征

由表 9-1-9 可见，矿石矿物的 $\delta^{34}S$ 值为较小的正值或负值，并且变化范围较小，但仍显示了 $\delta^{34}S$ 值有黄铁矿＞黄铜矿＞闪锌矿＞方铅矿，说明它们在形成时期与成矿流体接近同位素平衡。矿洞子矿石 $\delta^{34}S$ 值均为负值，即富集 ^{32}S 为特征，这与脉石矿物重晶石大量出现关系密切，也就是海水为重晶石的沉淀供给大量硫所致。说明成矿元素沉淀所需的硫来自细菌还原海水中的硫酸盐，也有深成硫参与成矿作用。

表 9-1-9　沉积-岩浆热液叠加铅锌矿床硫同位素组成　　　　　(‰)

	大营	郭家岭	矿洞子
方铅矿	−1.7~4.2	2.2~3.0	−6.0~6.3
闪锌矿	0.9~5.2	0.6	−2.4~3.6
黄铜矿	3.4	4.9	−3.7
黄铁矿	2.8~4.8	2.6~5.3	
重晶石			18.4

注：引自金顿镐等，1991，《吉林省铅锌银矿成矿远景区划及其资源总量预测报告》。

氢氧碳同位素分析表明,表 9-1-10,矿石及含矿围岩碳酸盐岩的 δD 值为 −92.357‰ ~ −116.002‰,平均 −104.24‰,接近成矿时代中生代大气降水平均值(−112.8‰)。δ¹⁸O 10.541‰ ~ 19.724‰,δ¹³C −16.774‰ ~ −20.354‰。介于沉积岩与岩浆岩的氧、碳同位素值之间,说明含矿溶液(流体)应是中生代受热环流的大气降水和岩浆热液混合而成的。

表 9-1-10 沉积-岩浆热液叠加铅锌矿床硫同位素组成(‰)

矿区	样号	测定矿物	δD (SMOW)	δ¹⁸O (SMOW)	δ¹³C (PDB)	δ¹⁸O$_{H_2O}$ (SMOW)	成矿温度(℃)
大营	KD6-4	矿石石英	−107.939	19.724		14.03	340
	K269-8	矿化矽卡岩石英	−99.374	18.541		13.48	363.6
	K202-6	碳酸岩化矽卡岩		13.678	−17.853	8.101	300
	K269-12	灰绿色大理岩		15.887	−20.354		
郭家岭	JG7C-3	矿石石英	−101.539	17.315		11.01	319.5
	JG82-1	硅化灰岩石英	−110.202	16.542		10.62	332
	JG82-1	硅化灰岩方解石	−102.303	11.680	−17.393	5.80	290
	JG76-7	大理岩方解石	−92.357	10.541	−16.774	3.84	265.3
矿洞子	JK105	矿石重晶石	−116.002	13.426		10.37	266

注:引自金顿镐等,1991。

从表 9-1-11 中可见,这类矿床的矿石铅均为正常铅,同位素组成较稳定,变化范围小。但从它的模式年龄值上看,大营多金属矿模式年龄值介于地层和花岗岩年龄之间,反映岩浆热液叠加成矿特征。而郭家岭、矿洞子铅锌矿以及脉岩等模式年龄值均与地层年龄一致,且其脉岩的 K-Ar 年龄值为 179.17Ma。由此可见,该矿是在燕山期借助脉岩改造形成的层控矿床。

表 9-1-11 沉积-岩浆热液叠加铅锌矿床铅同位素组成

矿区	样号	测定矿物	²⁰⁶Pb/²⁰⁴Pb	²⁰⁷Pb/²⁰⁴Pb	²⁰⁸Pb/²⁰⁴Pb	ψ	模式年龄(Ma)
大营	DT-10	方铅矿	17.794 9	15.663 5	38.299 6	0.629 45	369.0
	火-12	花岗岩中钾长石	17.853 7	15.485 3	38.088 7	0.610 741	187.1
	DT-14	矽卡岩中石榴子石	17.871 7	15.683 9	38.490 3	0.633 312	429.1
	K206-11	张夏组大理岩	18.094 3	15.804 6	38.767 0	0.630 936	404.6
郭家岭	G3	方铅矿	17.649 6	15.640 5	38.718 0	0.645 335	548.0
	JG87-4	方铅矿	17.549 2	15.519 5	38.269 9	0.638 299	479.0
	JG83-4	辉绿玢岩脉	17.561 2	15.532 9	38.278 0	0.639 017	486.2
	JG7C-6	闪长玢岩脉	17.748 6	15.637 9	38.624 2	0.637 215	468.2
矿洞子	K-1	角砾状方铅矿	17.554 4	15.566 7	38.345 1	0.643 788	533.2
	K-5	脉状方铅矿	17.502 0	15.499 6	38.211 8	0.639 587	491.9
	K-10	条带状方铅矿	17.486 4	15.478 3	38.083 9	0.638 159	−7.6
	JG82-1	张夏组硅质灰岩	17.613 9	15.578 3	38.376 6	0.640 472	500

注:引自金顿镐等,1991,《吉林省铅锌银矿成矿远景区划及其资源总量预测报告》。

(五)火山热液铅锌矿床

这类矿床是与中生代火山活动有成因联系的铅锌矿床,矿床分布于古陆与造山带的火山侵入杂岩区,受滨太平洋断裂体系的北东向及北西向断裂控制形成的火山隆起或火山盆地内,与基底断裂相重叠的环状断裂、辐射状瞬裂有密切联系。

1. 成矿地质特征

含矿围岩以晚三叠世—晚侏罗世中酸性火山岩及花岗岩为主,也有前期侵入杂岩中形成矿床。依据含矿围岩、成矿作用、矿石建造特征,可分为火山热液型和次火山热液型铅锌矿床。前者在近火山口相火山岩中形成脉状矿床,后者在火山口相侵入杂岩体内形成隐爆角砾岩筒型矿床,矿体规模一般不大。金属矿物主要有闪锌矿、方铅矿、黄铜矿、黄铁矿较少,还可见有磁黄铁矿、白铁矿、毒砂、自然金以及辉锑银矿等含银矿物。矿石多呈浸染状构造、细脉状构造、块状构造及角砾状构造等。矿石类型主要有方铅矿-闪锌矿、闪锌矿-方铅矿-黄铜矿、方铅矿-自然金等矿物共生组合。围岩蚀变有青磐岩化、钾化、硅化、黄铁矿化、碳酸盐化等。成矿时代主要有印支晚期、燕山早期和晚期,与岩浆侵入时代一致。典型矿床有天宝山新兴坑铅锌矿、地局子铅锌矿、石橛铅锌矿。

2. 同位素地质特征

从硫同位素结果表明(表9-1-12),火山热液矿床的矿石$\delta^{34}S$值变化范围较窄,正值小于5.6‰,负值最小为-4.8‰,每个矿床的成矿环境不尽相同,但它的金属矿物$\delta^{34}S$值分布集中,具有类似陨石硫值特征,即硫来自地壳深部。

表9-1-12 火山热液铅锌矿床硫同位素组成 (‰)

	新兴	地局子	石橛
方铅矿	-3.9~4.8	1.9~4.8	0.9~4.7
闪锌矿	-2.0~3.2	1.7~2.5	
黄铜矿	-1.2~1.5		5.6
黄铁矿	2.2	2.6~4.8	

注:引自金顿镐等,1991,《吉林省铅锌银矿成矿远景区划及其资源总量预测报告》。

氧同位素测试结果表明(表9-1-13),$\delta^{18}O$值变化范围一般不大,部分偏离岩浆水较远,如石橛铅锌矿的成矿作用可能有深部变质水的混入。碳同位素组成变化范围较大,但其中多数与原生岩浆成因碳同位素组成十分接近,部分可能有地层碳混入。

表9-1-13 火山热液铅锌矿床氢氧碳同位素组成 (‰)

	新兴	地局子	石橛
$\delta D(SMOW)$			-98.275
$\delta^{18}O(SMOW)$	2.71~5.46	-0.22~7.5	16.048
$\delta^{13}C(PDB)$	-6.42~7.52	-7.13~9.00	-21.039

注:引自金顿镐等,1991,《吉林省铅锌银矿成矿远景区划及其资源总量预测报告》。

根据铅同位素测试结果(表 9-1-14),矿石铅属于年轻正常铅,部分矿区的矿石与异常铅混合,成矿物质来源于深部地壳,与中生代岩浆侵入活动相联系。

表 9-1-14 火山热液铅锌矿床铅同位素组成

矿区	样号	测定矿物	$^{206}Pb/^{204}Pb$	$^{207}Pb/^{204}Pb$	$^{208}Pb/^{204}Pb$	模式年龄(Ma)
新兴	天 12	方铅矿	17.935	15.087	38.435	负值
	天 34	方铅矿	18.272	15.463	38.802	0.0
	天 66-2	方铅矿	18.161	15.372	38.453	53
地局子	J2	方铅矿	18.28	15.50	37.95	175
	D1-1	方铅矿	18.31	15.53	38.01	200
	J822-1	闪锌矿	18.33	15.55	38.12	207
望江楼	望-1	方铅矿	17.717	15.534	38.289	362

注:引自金顿镐等,1991。

(六)岩浆热液铅锌矿床

该矿床是与岩浆侵入活动有关的热液脉状矿床,吉林省铅锌矿岩浆热液成矿作用较为普遍,多数铅锌矿床与前中生代地层及燕山期岩浆热液活动有成因联系,结果有不少层控矿床(点)是岩浆热液叠加成矿,而纯属岩浆热液型铅锌矿为数不多。

1. 成矿地质特征

含矿围岩有一定的选择性,造山带内主要为二叠系砂板岩、火山岩和加里东期—海西期花岗岩等,古陆拗陷区则以震旦系灰岩和燕山期花岗岩为主。矿体多受北东向或北西向断裂控制,成矿多与燕山期侵入杂岩关系密切,造山带内个别矿点与海西晚期花岗岩有成因联系。矿体多呈脉状、透镜状、不规则状,其规模一般不大。矿石类型,北部造山带相对繁杂,以方铅矿-闪锌矿-黄铜矿型为主,方铅矿-闪锌矿型、黄铜矿-方铅矿型、方铅矿型、黑钨矿-闪锌矿型以及方铅矿-自然金型矿石次之。古陆拗陷区以方铅矿型、方铅矿-闪锌矿-自然金型为主,个别也有多金属型矿石。

2. 同位素地质特征

本类型矿石矿物 $\delta^{34}S$ 值为 2.40‰~5.594‰,接近陨石硫值,显示矿石硫来自地壳深部或上地幔。

铅同位素组成比较稳定,属年轻正常铅,$^{206}Pb/^{204}Pb$ 18.239‰~18.355‰,$^{207}Pb/^{204}Pb$ 15.521‰~15.616‰,$^{208}Pb/^{204}Pb$ 38.010‰~38.336‰,Φ 值 0.585~0.593,模式年龄值 155~217Ma,基本上反映了与区域中生代岩浆活动有密切成因联系。

(七)变质热液铅锌矿床

该类矿床与太古宙绿岩有关,多与金矿伴生,尚未发现独立矿床。

三、控矿因素

(一)地层控矿因素

吉林省铅锌矿与地层有成因联系的矿床类型有沉积变质-热液叠加型、沉积-热液叠加型、火山-沉积变质型以及变质热液型。另外,还有矽卡岩型、岩浆热液型以及火山热液型铅锌矿也借助于地层为含矿围岩,形成了有望矿床。从现有资料表明,吉林省层控型铅锌矿源层多半以不纯质碳酸盐岩、细碎屑岩、火山岩所构成。

1. 太古宙绿岩

本建造出露于华北地台北缘,含矿层位为龙岗群杨家店组和夹皮沟群老牛沟组。

铅锌矿化形成于基性火山活动与正常沉积过渡阶段。所见两个含矿层均在含铁层偏下部,含矿围岩主要有斜长角闪岩、角闪石岩、黑云变粒岩、浅粒岩、绿泥绢云片岩等。

由表 9-1-15 可见,Pb 丰度值偏低,接近或略高于世界同类岩石丰度值,Zn 丰度值相对较高,可达世界同类岩石丰度的 1 倍以上。目前吉林省境内,尚未发现与绿岩有关的独立的铅锌或多金属矿床,但考虑到辽宁与夹皮沟群相当的火山岩系中赋存于红透山多金属矿床,矿石 $\delta^{34}S$ $-2.6\times10^{-3}\sim+3.2\times10^{-3}$,铅的模式年龄值 2500~2600Ma,说明绿岩可作为多金属矿源层,对多金属矿的形成具有一定的线索。

2. 集安群荒岔沟组

主要分布于通化集安地区,是正岔铅锌矿床的赋存层位,另外还产有铅、铜铅、铅锌、铅金及锌等矿点。

表 9-1-15 太古宙地层成矿元素丰度 ($\times 10^{-6}$)

层位	岩石名称	样品数	Pb	Zn	Cu	Ag
老牛沟组	绢云石英片岩	1		18.5	102.0	2.19
	绿泥绢云片岩	7		135.1	64.6	0.27
	角闪石岩	7		115.25	53.5	0.23
	斜长角闪岩	27		122.96	113.1	0.46
杨家店组	浅粒岩	5	16.5	133.07	17.74	
	黑云变粒岩	23	19.62	103.08	45.79	
	角闪变粒岩	8	26.38	147.20	96.11	
	斜长角闪岩	19	17.09	152.27	71.70	

注:引自金顿镐等,1991,《吉林省铅锌银矿成矿远景区划及其资源总量预测报告》。

荒岔沟组为海相火山-沉积建造,岩石类型主要有石墨变粒岩、石墨透闪透辉变粒岩、石墨大理岩、斜长角闪岩、灰白色均质混合岩等,不同岩石类型微量元素丰度见表 9-1-16。大理岩的 Pb 丰度值高出岩石圈平均值的 2.55 倍,也分别高出片麻岩、变粒岩类、斜长角闪岩的 3.62、3.58、3.21 倍。斜长角闪岩的 Zn 丰度值多数低于岩石圈平均值,但它高出大理岩类 Zn 丰度值的 2.24 倍。大理岩类、变粒岩类 Ag 丰度值分别高出岩石圈平均值的 10.29 倍和 4.86 倍,也分别高出片麻岩、斜长角闪岩、变粒岩类 8.00、6.55、2.03 倍。本组矿源层形成于中段和上段,分别构成下部含矿层及上部含矿层。中段为厚层石墨大理岩夹斜长角闪岩,含 Pb 45.05×10^{-6},Zn 70.46×10^{-6},Ag 1.155×10^{-9}。Pb 高出岩石圈平均值的 2 倍,Zn 接近岩石圈平均值,赋存于下部含矿层。上段为石墨透辉变粒岩、斜长角闪岩,含 Pb 38.17×10^{-6},Zn 135.10×10^{-6},Ag 0.429×10^{-6},Pb 高出岩石圈平均值的 1.4 倍,Zn 高出岩石圈平均值的 0.6,赋存于上含矿层。在上、下含矿层中,Pb、Zn、Ag 丰度值高出相邻层的 1.76~2.51 倍,Zn 高出相邻含矿层的1.29~1.93倍,Ag高出相邻层的1.77~4.77倍。

含矿层中的矿体呈层状、似层状,与地层产状一致,并形成同斜横卧褶皱。矿石中的不同硫化物$\delta^{34}S$值变化范围为$+0.8\times10^{-3}\sim+13.4\times10^{-3}$,铅的模式年龄值为16~278Ma,具有放射成因较浓厚的正常铅特征,已知正岔铅锌矿的矿质主要来自荒岔沟组,它经历20亿年和17亿年的区域变质作用以及燕山期岩浆热液作用,形成了良好的含矿层。

表 9-1-16 荒岔沟组成矿元素丰度 ($\times10^{-6}$)

岩石类型	Pb	Zn	Cu	Ag
大理岩	47.79	46.14	5.55	0.91
石墨大理岩	33.73	31.93	6.72	0.53
斜长角闪岩	12.69	87.25	16.74	0.11
变粒岩	9.93	29.74	15.40	0.54
石墨变粒岩	12.81	55.71	22.10	0.17
片麻岩	11.27	68.51	17.21	0.09
均质混合岩	16.81	28.30	10.50	0.08
混合岩	16.71	32.59	10.80	0.11
矽卡岩	84.40	237.77	32.36	1.22

3. 老岭群珍珠门组和大栗子组

(1)珍珠门组:主要分布于通化、浑江地区,由白云石大理岩组成,是荒沟山、天湖沟铅锌矿床的赋存层位,另外还有银子沟等15处铅锌矿点。含矿围岩为白云石大理岩,据257个样品统计,Pb丰度值$10\times10^{-6}\sim136\times10^{-6}$,平均$37.45\times10^{-6}$;Zn丰度值$5\times10^{-6}\sim\times10^{-6}$,平均$113.76\times10^{-6}$。Pb的丰度值不仅高于世界碳酸盐岩平均含量$9\times10^{-6}$,还比岩石圈平均含量$1\times10^{-6}$高出1倍以上。Zn的丰度值比世界碳酸盐岩平均含量高出4.69倍,而且还高出岩石圈平均含量(20×10^{-6}),Ag的丰度值达1.25×10^{-6},高于碳酸盐岩平均值2个数量级。矿体赋存于下部的中厚层状白云石大理岩和上部的硅质及碳质条带白云石大理岩,前者产荒沟山、银子沟铅锌矿,后者产天湖沟铅锌矿。在含矿层的下部残留有沉积成因的纹层状、薄层状黄铁矿、方铅矿、闪锌矿互层条带出现。矿石中的不同硫化物$\delta^{34}S$值为$11.9\times10^{-3}\sim18.9\times10^{-3}$,铅同位素组成非常均一,模式年龄主要为1800~1890Ma,属古老正常铅,与地层形成年龄一致。反映了矿质来源于白云石大理岩,具备了提供成矿物质的先决条件。

(2)大栗子组:分布于浑江大栗子、乱泥塘以及通化七道沟等地。该组由砂岩、千枚岩夹大理岩组成,是大栗子铅锌铁矿的赋存层位。该组H3、H4、H5 3个层为含锌层位,其中以H3层为主要含矿层位。铅锌矿与含铁碳酸盐建造-菱铁矿关系密切,而菱铁矿又与大理岩关系密切,即含铅锌菱铁矿产于大理岩中或千枚岩层间接触部位,与围岩呈整合接触。方铅矿、闪锌矿与菱铁矿呈黑白相间的条带状构造,显示原始沉积特征。方铅矿、闪锌矿的$\delta^{34}S$值为$11.6\times10^{-3}\sim13.1\times10^{-3}$,属富集重硫型,硫来源于海水中的硫酸盐,部分可能来自生物硫。铅同位素模式年龄值为1786Ma,属古老正常铅,与大栗子组Rb-Sr等时线年龄值1724Ma基本一致。乱泥塘地区大栗子组含铁层的Pb丰度值为$250\times10^{-6}\sim500\times10^{-6}$,Zn丰度值为$90\times10^{-6}\sim630\times10^{-6}$,该丰度值均达到分散矿化富集异常。由此可见,大栗子组含铁层位可作为矿源层,具有一定的成矿前提。

4. 古陆区寒武系—奥陶系

属浅海相盖层沉积,铅锌矿受地层控制也较明显。从含矿围岩情况看,灰岩占 85%,砂页岩仅占 15%。矿床、矿点主要集中赋存于毛庄组、徐庄组、张夏组。从表 9-1-17 成矿元素的平均丰度值看,Pb 元素集中分布于徐庄组、张夏组、崮山组和长山组,分别为 34.82×10^{-6}、41.29×10^{-6}、44.12×10^{-6}、30.25×10^{-6},是地壳同类岩石的 1.5~41 倍;Zn 元素集中分布于毛庄组和徐庄组,分别为 83.23×10^{-6} 和 100.7×10^{-6},高出地壳同类岩石的 1.4~4 倍。另外,馒头组、张夏组、崮山组及长山组的 Zn 丰度值也相对较高。成矿元素异常层位与含矿层位基本吻合。

根据同位素测定资料,矿石 $\delta^{34}S$ 值为 -6.3×10^{-3}~9.9×10^{-3},矿石铅模式年龄值以 478~548Ma 为主,278~389Ma 也有。说明成矿元素主要来自地层,部分受岩浆热液的叠加。可见,中上寒武统鲕状灰岩、条带状灰岩以及粉砂岩、页岩等均可作矿源层。

表 9-1-17　古陆区寒武系—奥陶系成矿元素丰度　　　　　($\times10^{-6}$)

地层单元	样品数	Pb		Zn		Cu	
		丰度	平均	丰度	平均	丰度	平均
马家沟组	5	0.0~105.0	26.50	12.5~19.0	13.7	7.0~20.0	
亮甲山组	1	53.0		12.5		7	
冶里组	12	0.0~146.0	29.39	7.5~358.5	46.78	3.25~12.5	9.15
凤山组	10	0.0~60.0	27.77	17.5~104.0	47.4	1.0~110.0	27.61
长山组	16	0.0~200.0	30.25	12.5~120.0	63.25	7.0~130.0	31.31
崮山组	26	0.0~734.0	44.12	17.5~190.0	61.5	1.0~90.0	27.71
张夏组	22	0.0~494.0	41.29	7.5~150.0	54.12	1.0~50.0	14.72
徐庄组	14	0.0~200.0	34.82	22.5~293.7	107.1	1.0~188.2	33.18
毛庄组	18	0.0~67.25	18.48	22.5~245.0	83.23	1.0~60.0	40.67
馒头组	20	0.0~61.25	13.18	22.5~230.0	60.93	1.0~40.0	16.38
碱厂组	6	1.0~23.5	5.80	89.25~210	27.30	1.0~40.0	20.1

5. 上奥陶统石缝组

该组为海底火山-沉积岩,分布于北部造山带,已知有放牛沟多金属硫铁矿床一处。

本组含矿层位较稳定,含矿围岩主要为大理岩,特别是条带状大理岩,其次为变质安山岩,矿体呈层状、似层状、扁豆状、脉状,产状与地层产状基本一致。该组不同岩石类型的成矿元素丰度值见表 9-1-18,大多数高于地壳平均值或者比同类岩石高出 1 倍甚至几倍。

表 9-1-18 上奥陶统石缝组成矿元素丰度 （×10⁻⁶）

地区	岩石类型	样品数	成矿元素		
			Pb	Zn	Cu
放牛沟	英安岩	47	13.7	50.4	12
	安山岩	125	14	77.2	27.6
	板岩	34	13.1	71.5	18.5
	片岩	7	15	82.9	27.9
	流纹岩	16	14.4	65.0	12.5
	凝灰岩	26	13.3	64.2	13.0
	角闪岩	5	10.0	90.0	63.0
	绿帘石岩	5	14.0	70.0	17.0
	蚀变安山岩	7	52.1	211.4	46.1
	大理岩	6	10.8	36.7	12.5
	结晶灰岩	16	12.24	110.11	

据矿石硫同位素测定结果,方铅矿 $\delta^{34}S$ 值为 $-12.6\times10^{-3}\sim-8.78\times10^{-3}$,闪锌矿 $\delta^{34}S$ 值为 $-8.7\times10^{-3}\sim4.48\times10^{-3}$,黄铁矿 $\delta^{34}S$ 值为 $-17.4\times10^{-3}\sim-20.3\times10^{-3}$,显示以火山-沉积型为主,也有岩浆热液叠加的特征。铅同位素模式年龄值有大于 1200Ma 的古老正常铅,也有 393～420Ma 的年轻正常铅,但多数年龄值在 120～290Ma 之间。推测铅有来自地层,也有来自海西晚期、印支期—燕山期岩浆热液,说明成矿作用经历了层控—热液叠加作用。

6. 石炭系磨盘山组、山秀岭组

该组为浅海相沉积,含矿围岩有灰白色大理岩、条带状大理岩或结晶灰岩。

山秀岭组含矿性较好,该组各类岩石成矿元素含量见表 9-1-19,灰岩 Pb 丰度值高于世界同类岩石的 3～5 倍,Zn 丰度值略高于世界同类岩石丰度值。板岩 Pb 丰度值高于世界同类岩石的 3 倍以上,Zn 丰度值为世界同类岩石的 1.5 倍。该组中的矿石 $\delta^{34}S$ 值为 $-7.1\times10^{-3}\sim+0.3\times10^{-3}$,以富集轻硫为特征。矿石铅模式年龄值为负值到 289Ma,其中正常铅有两组组合类型,一组年龄值为 149Ma,与新兴火山角砾岩筒型铅锌矿成矿时代相当,另一组年龄值为 289Ma,与山秀岭组灰岩铅模式年龄值 287Ma 一致。说明上石炭统灰岩和板岩,可作为矿源层,但矿床的形成与后期岩浆热液的叠加关系密切。

表 9-1-19 天宝山地区山秀岭组成矿元素丰度 （×10⁻⁶）

岩石类型	样品数	成矿元素			
		Pb	Zn	Cu	Ag
结晶灰岩	16	63.9	21.0	8.0	0.076
条带状结晶碎屑灰岩	8	40.5	20.1	10.6	0.069
结晶碎屑灰岩	3	43.3	26.3	10.6	0.079
板岩	8	86.0	128.5	44.3	0.318

7. 下二叠统

下二叠统分布于北部造山带，为海陆交互相砂板岩、中酸性火山岩夹结晶灰岩，已知铅锌矿床成因多显示火山-沉积特征，如庙岭组中的红太平多金属矿，但有的后期热液成矿特征更为明显，如柯岛组中的天宝山东风坑多金属矿、寿山沟组中的新立屯多金属矿和范家屯组中的二道林子多金属砷矿。

如表 9-1-20 所示，下二叠统 Pb 丰度值明显高出地壳平均值，最高达 4 倍，Zn 丰年值接近或高于地壳平均值。含矿围岩为火山碎屑岩、砂板岩及灰岩，矿体多呈层状、透镜状、脉状，产状与地层产状基本一致。矿石硫同位素组成变化大，$\delta^{34}S$ 值为 $-3.78‰\sim+3.5‰$，个别还有 12.09‰ 和 15.14‰ 等。矿石铅模式年龄值 172~258Ma，多在地层年龄和附近花岗岩侵入时代之间，说明本统中的铅锌矿也具有层控性质。

表 9-1-20　下二叠统成矿元素丰度　　　　　　　　　　　　　($\times 10^{-6}$)

地区	地层单元	样品数	Pb	Zn	Cu	Ag
吉林	寿山沟组	82	20	70	21	0.12
	大河深组	20	43.8	116.3	35	0.27
	范家屯组	13	36.7	72.9	33.7	0.19
延边	庙岭组	408	81.7	245.3	156.7	
	柯岛组	69	22.6	117.5	121.8	

(二) 侵入岩控矿因素

吉林省铅锌矿与岩浆侵入活动密切成因联系的矿床类型有矽卡岩型、岩浆热液型及火山热液型。另外还有火山-沉积变质型、沉积变质-岩浆热液叠加型、沉积-岩浆热液叠加型以及变质热液型等铅锌矿也都程度不同地接受了岩浆热液的控矿作用。

从现有的资料表明，与铅锌矿成因联系的侵入杂岩有加里东期、海西期、印支期以及燕山期等，其中以燕山期为主，显示了滨太平洋构造域的成矿特征。它们受区域性断裂控制较为明显，往往与同源同期的火山岩密切共生，构成具有一定方向性的构造岩浆带。其中的含矿岩体一般规模较小，多呈岩株、小岩基，个别也有岩脉。岩石类型为浅成和超浅成的中酸性岩类，主要有石英闪长岩、花岗闪长岩、花岗岩、花岗斑岩等，种类繁多。岩浆侵入活动对铅锌矿的控制作用表现在提供矿源或者提供热源，具有成矿双重性，也是形成铅锌矿不可缺失的重要控矿因素。

岩浆成因铅锌矿的生成因素是岩浆演化所致的岩浆分异及其相应的成矿分异，其结果必然导致岩浆岩的成矿专属性。因此，成矿组合势必与含矿岩体的岩石类型关系密切，如白岗质花岗岩多形成铁、多金属矿，黑云母花岗岩-花岗闪长岩类形成铜铅锌矿，石英闪长岩-花岗闪长岩-花岗岩类主要生成铁铜铅锌矿，闪长岩类产金银多金属砷矿。它们在空间上分布于岩体内外接触带，分别形成矽卡岩型、岩浆热液型以及火山热液型铅锌矿床。侵入岩的成矿专属性又表现在它的岩石化学及地球化学特征上。

1. 岩石化学成分与铅锌矿的成矿关系

1) SiO_2 与成矿关系

由于中性、中酸性、酸性侵入岩类均可成为含矿岩体,岩石中的 SiO_2 含量变化范围较大。闪长岩类 SiO_2 含量 55.61%～65.88%,往往形成铜、铅、锌、砷、金、银矿。花岗岩类 SiO_2 含量 71.50%～76.88%,则形成铁、铜、铅、锌、金矿。

2) 岩石碱度与成矿关系

与铅锌矿有成因联系的岩体 K_2O+Na_2O 含量为 4.16%～3.96%,K_2O/Na_2O 含量为 0.63～1.87,平均 0.93。如闪长岩类 K_2O+Na_2O 含量为 4.16%～7.38%,K_2O/Na_2O 含量为 0.22～1.00 之间的岩体往往形成以铜为主的铅锌矿。花岗岩一般 K_2O+Na_2O 含量为 8.0%～8.60%,K_2O/Na_2O 含量为 0.9～1.20 之间的岩体形成铅锌矿。

2. 微量元素组合与成矿关系

含矿岩体的微量元素组合及其含量,牵涉矿石矿物组合及其含量较为明显。如表 9-1-21 所示,这些岩体的 Pb、Zn 等成矿元素丰度值明显高于地壳同类岩石的平均值,反映了吉中地区具有较好的成矿背景。它们均属含矿岩体,往往成为矿质的载体物。如大顶子山锌矿集中区,已知有小型锌矿床和铅锌、锌矿点,其成因类型为矽卡岩型。该区花岗岩 Pb、Zn 含量分别为 $5.37×10^{-6}$ 和 $2.31×10^{-6}$,远远低于区内同类岩石的平均含量,说明花岗岩中的 Pb、Zn 元素被矽卡岩矿床(点)所萃取。这类矿床的矿石 $\delta^{34}S$ 值多在 2‰～3‰ 之间,铅模式年龄值又与岩体侵入时代基本一致,表明成矿物质来源于地壳深部,其成因无疑与岩浆活动相联系。

表 9-1-21 吉中地区花岗岩类成矿元素丰度

岩体名称	岩石名称	成矿元素丰度($×10^{-6}$)			
		Pb	Zn	Cu	Ag
头道川	黑云母花岗岩	36	118	6.5	2.3
长岗	黑云母斜长花岗岩	25	63	21	
锅奎顶子	花岗闪长岩	28	63	25	
上玉兴	花岗斑岩	70	80	40	8
上玉兴	钾长花岗岩	130	50	100	3
玉兴	黑云母花岗岩	58	64	24	

侵入岩的叠加成矿作用是侵入岩控制因素的另一种表现,主要在侵入岩接触带岩浆铅与地层铅混合形成多期、多源、多种成矿作用的铅锌矿床。如大营多金属矿,该矿形成于燕山期黑松沟花岗岩体外接触带,矿体呈层状、似层状、透镜状产出。从已获硫同位素测定结果表明,花岗岩中的黄铁矿 $\delta^{34}S$ 值为 3.5‰～3.6‰。与矽卡岩中的黄铁矿及矿石中的硫化物 $\delta^{34}S$ 值十分一致。从铅同位素资料看,该岩体岩石铅模式年龄值为 187.1Ma,地层铅模式年龄值为 404.6～429.1Ma,矿石铅模式年龄值则介于两者之间,为 278.8～389.0Ma。由此可见,花岗岩的侵入活动对矿床的叠加成矿作用较为明显。

侵入岩的成矿改造作用是侵入控矿因素的第三种表现,主要是远离侵入接触带借助岩浆热源改造原有含矿层位矿源层而形成的后生矿床。如荒沟山铅锌矿,受燕山期老秃顶子花岗岩体侵入影响,珍珠门组矿源层中的矿质再次活化迁移至北东向断裂带上充填交代。矿体呈似层状或脉状,其产状总体上与围岩呈斜交,具体形状常常有透镜状、串珠状、树枝状等。铅锌矿基本上发育在黄铁矿层被挤压错动破碎地段,因而矿石普遍具有角砾状构造,为后生矿床。从同位素组成看,矿石 $\delta^{34}S$ 值为 7.91‰～19.1‰,$\delta^{18}O$ 值为 10.7‰～22.8‰,矿石铅模式年龄值为 1 628.45～2 091.51Ma,基本未显示成矿物质的叠加特征。又如郭家岭铅锌矿,在寒武系—奥陶系中,借助燕山期辉绿玢岩、闪长玢岩侵入而形成穿层脉状矿体,产状与脉岩产状一致。据同位素测定结果,矿石 $\delta^{34}S$ 值为 0.6‰～5.3‰,显示同深源硫混合,但矿石铅模式年龄值为 479.0～548.0Ma,与地层年龄一致,并未显示岩浆铅的混入。

(三)构造控矿因素

构造是控制矿床的形成、分布的重要因素,它控制含矿建造的形成,提供岩浆侵位、矿液的运移、富集沉淀的通道和空间。不同的构造发展阶段控制不同的矿床形成,不同级别的构造控制着不同级别的矿带、矿田的分布。对于一个矿田、矿化集中区,则直接控制或影响矿床和矿体的形成、产状变化及分布特征等。

吉林省铅锌矿不论层控矿床还是岩浆热液或火山热液矿床,都与一定的构造有紧密地成因联系,既是同一构造层中的铅锌矿随它的控矿构造条件不同,也显示出不同的成矿特点。

吉林省以近东西向的向北凸的辉发河-古洞河(开源-和龙)超岩石圈断裂为界,南部为中朝准地台,北部为天山-兴安地槽,即吉黑造山带,中生代又叠加在上述两个构造单元之上的滨太平洋活动带。

南部地台区演化经历了龙岗陆核的发生、发展、早元古宙拗拉槽的形成、发展及地台形成后的稳定发展 3 个阶段。

北部地槽区的演化经历了加里东期褶皱造山运动及海西期褶皱造山运动的两个阶段。步入晚三叠世后,全省大部分地区上升为古陆,只有东部珲春一带还有海陆交互相的沉积,直到印支运动的早期,绝大部分褶皱成山,残留海盆也上升为陆,从而结束了北部槽区演化历史。

大陆边缘活动带演化,自印支运动以来,中生代早期表现为挤压作用、晚期和新生成表现为拉张拗陷,从此,沿着挤压-拉张构造带发生了多期次的陆相火山喷发-侵入活动,形成北东向火山-构造-岩浆岩带。

华北地台古陆区铅锌矿主要形成于拗陷区或吉南裂谷内,它的构造环境处于裂谷早期阶段,由于断裂逐渐切穿地壳深部,致使荒岔沟期基性—中酸性火山活动较为强烈,在火山间歇期形成火山-沉积铅锌矿。裂谷中晚期沉积补偿阶段沉积老岭群珍珠门组、大栗子组含矿建造。最后大约 17 亿年受中条期构造运动影响,集安群和老岭群遭受强烈的区域变质作用形成了初具规模的层控铅锌矿。随后裂谷消亡,进入古亚洲构造域发展阶段拗陷区盖层沉积,接受了寒武系—奥陶系中铅锌矿的沉积,到了滨太平洋构造发展阶段,燕山期构造岩浆活动强烈,改造了先期成矿格局形成后生或热液叠加型层控铅锌矿床。

吉黑造山带铅锌矿主要形成于大黑山条垒、吉中弧形构造带和两江断裂带上,经历加里东期和海西期构造岩浆旋回,先后形成了火山-沉积变质型多金属矿床、沉积变质铅锌矿化等。到了中生代滨太平洋构造区发展阶段燕山期构造岩浆活动十分强烈,成矿作用主要受北东向及北西向断裂控制,形成矽卡岩型、岩浆热液型和火山热液型铅锌矿床,并对前期形成的铅锌矿进行热液叠加改造。

吉林省铅锌矿在成因上参与控矿的基本构造因素是区域性褶皱带上的线性复式褶皱构造、继承性深、大断裂及其派生的壳型断裂或区域性断裂、破火山口构造等。

1. 褶皱控矿

从已知铅锌矿的构造特征表明，不论古陆或造山带前中生代形成的褶皱有明显的控矿作用。如正岔铅锌矿形成于集安群荒岔沟组多期褶皱叠加部位的近似复式平卧褶皱中，呈同斜层状产出。荒沟山铅锌矿产于老岭群珍珠门组二期构造变形的复向斜倒转翼上，形成后生层控矿床。古生代褶皱形态相对较为简单，如寒武系—奥陶系中的郭家岭、大营、放牛沟等铅锌多金属矿产于向斜的一个翼中，呈单斜产出。这些矿化褶皱带内，常常伴有北东向或北西向断裂及燕山期岩浆侵入活动。

2. 断裂控矿

吉林省断裂构造基本反映了滨太平洋断裂体系北东向及北西向断裂系与古亚洲断裂体系东西向断裂系重叠特色，控矿断裂多数为继承古生代断裂而发展起来的断裂系统。特别是北东向与北西向断裂构造的复合交会处，不仅控制了不同期次的岩浆活动，还常常构成多种成矿元素的聚集场所。如鸭绿江断裂带，对金、有色金属矿的控制作用极为密切。沿该断裂分布的矿床仅铅锌矿床达 10 处，矿（化）点 90 多处。其中有沉积变质后生层控型荒沟山铅锌矿床、沉积后生裂控型郭家岭铅锌矿；沉积接触交代型大营多金属矿、矽卡岩型立山铅锌矿、爆破角砾岩筒型新兴铅锌矿以及火山热液型石檽铅锌矿和火山沉积变质型红太平多金属矿等，基本包括了吉林省铅锌矿的成因类型长期活动断裂构造有利成矿，由于这种断裂构造生成、发展经历时间长，往往是后期构造叠加先期构造之上使其复活，有利于成矿物质长期活动。如荒沟山"S"型断裂构造形成于古元古代，燕山期活动强烈，许多金、有色金属矿床沿"S"型断裂分布。

不同方向断裂构造交会部位是有利成矿部位。两组断裂构造相交往往也是侵入岩、火山岩喷发侵位的部位，容易成矿，如集安成矿带就是北东向断裂与北西向断裂交会控制的，区域上矿化，化探异常显示了北东成带，北西成行的特点。延边汪清火山盆地由东西向断裂构造与近南北向断裂相交控制而形成火山洼地与隆起区相向出现的格局，同时也形成了隆起区铜、金矿化、火山盆地金、铅、锌矿化的成矿特征。

同一构造的不同部位控矿作用也不尽相同，一般在断裂构造转弯处有利成矿，如荒沟山金矿、荒沟山铅锌矿就分布在荒沟山"S"型断裂的由北东向转向近南北向转弯处。在断裂构造倾角变化处，如陡变缓或者由缓变陡处有利成矿，如下活龙金矿在产状变缓处，矿体变厚，品位变富。

3. 破火山口构造控矿

这类控矿构造包括基底破火山口构造和盖层破火山口构造。其中基底破火山口构造由于基底火山构造出露甚差，尚难探讨它的控矿作用。初步看来放牛沟多金属硫铁矿受古火山构造控制。该矿是加里东期火山喷发侵入产物，先火山沉积后遭受同期花岗岩的热液接触交代及区域变质等。

盖层破火山口构造控矿，在中生代火山构造与基底断裂构造重叠地段，特别是燕山期岩浆喷发侵入活动较强烈地段，受辐射状断裂、环状断裂以及火山通道等火山构造控制形成了不同成因类型的铅锌矿床。如天宝山铅锌矿，就在火山隆起不同部位分别形成了矽卡岩型、岩浆热液型以及爆破角砾岩筒型矿床。

四、成矿规律

(一)空间分布规律

吉林省铅锌矿产资源分布比较普遍,主要在吉林、通化、延边地区成群分布。铅锌矿床类型分布,同国外和国内铅锌矿床一样受地质构造环境的控制。华北地台古陆内特别是吉南裂谷或拗陷内控制了火山-沉积变质型、沉积变质型、沉积热液叠加型矿床。吉黑造山带内主要控制火山-沉积变质型、矽卡岩型和岩浆热液型矿床进入滨太平洋构造活动阶段后,主要是火山岩型和岩浆热液型矿床。说明铅锌矿在其成因上也具有一定的空间分布规律。

1. 古陆区

(1)该区的铅锌矿主要分布于拗陷区内,均成远景较好的铅锌成矿带。控制该成矿带的构造前提是吉南裂谷或拗陷。受其制约形成的集安群、老岭群以及寒武系—奥陶系中的正岔、荒沟山、郭家岭和大营等铅锌矿,都遭受不同程度的燕山期岩浆活动的控制,或者含矿热液叠加富集成矿,或者提供热源促使矿源层中的成矿元素活化、迁移富集成矿。因此,拗陷区内铅锌矿均围绕在中生代花岗岩外接触带0~5km范围内展布。在成矿特征上也显示了一定的规律性,即岩体边缘接触带则形成矽卡岩-层控型层状铅锌矿,如正岔铅锌矿,而远离接触带就形成热液改造型后生脉状铅锌矿,如荒沟山、郭家岭铅锌矿。

(2)寒武系—奥陶系盖层中形成的铅锌矿均分布在长期剥蚀的隆起区边缘,即靠近古陆一侧的盆地边缘。如浑江盆地中的铅锌矿均形成于向斜北翼,又如长白盆地内的铅锌矿均形成于向斜南翼,与朝鲜狼林隆起毗邻,显示了成矿物质来自古陆。

这些矿床、矿点的矿体形态特征,又与控矿断裂密切相关,并有一定的规律性。若区域性大断裂方向与向斜盆地展布方向相一致时,赋矿断裂为层间断裂,矿体多呈层状、似层状产出,如大营多金属矿。又若区域性大断裂方向与向斜盆地展布方向呈垂直时,赋矿断裂为横断层,矿体多呈脉状、囊状产出,如郭家岭、矿洞子铅锌矿。

(3)寒武系—奥陶系中的铅锌矿在成矿元素组合上也有一定的分带规律性,如浑江盆地以弯沟为界,其西部以铜矿为主,伴有铅锌矿,而其东部则以铅锌矿为主,伴有铜矿。样子哨盆地西南部以铜铅矿为主,东北部以铁锌矿为主,尚未发现独立的铅锌矿。长白盆地西部以铜矿为主,伴有铅锌金钼矿;东部以铅锌矿为主,伴有铜矿,集安上解放向斜盆地,因寒武系—奥陶系出露面积很小,未能显示水平分带,但它的垂直分带较为明显,如郭家岭铅锌矿地表以铅锌为主(铅≫锌),偶见铜矿化,但深部逐渐富集铜矿。

2. 造山带

北部造山带的铅锌矿主要分布于古生代褶皱构造与中生代火山构造重叠部位,形成有火山-沉积变质型、矽卡岩型、岩浆热液型及火山热液型铅锌矿床。可见其成因与古陆拗陷区明显不同,矿质主要来自深源,并与岩浆活动有密切联系。矿石组合比古陆拗陷区繁杂,主要有 S-Fe-Cu-Pb-Zn 矿组合、Cu-Pb-Zn-Ag 矿组合、Cu-As-Pb-Zn-Ag-Au 矿组合等。

(1)吉中地区矿化集中区主要在吉中弧形构造带上,放牛沟、椅山地区也有矿化集中区出现。这些矿化集中区内北东向及北西向断裂发育,受其影响印支期—燕山期岩浆活动也很强烈。铅锌矿主要在火山盆地及火山隆起的燕山期花岗侵入接触带上成群分布。含矿围岩主要有石缝组变质火山岩及大理岩、石炭系—二叠系灰岩、火山岩、砂板岩以及中生代中酸性火山岩等。不同时代的含矿围岩往往形成不同类型的铅锌矿。如石缝组中形成了放牛沟火山-沉积变质型多金属硫铁矿，石炭系—二叠系中有大顶山矽卡岩型多金属矿、二道林子岩浆热液型多金属砷矿，中生代火山岩中有地局子火山热液型铅锌矿等，一个远景较好的成矿区往往形成有多期多源成因类型的多金属矿床。

(2) 延边地区的铅锌矿主要在两江断裂带与北西向断裂交错带上集中分布，如天宝山铅锌矿、红太平多金属矿就分布在该断裂带上，分别受北西向的青龙断裂、汪清-春阳断裂控制。铅锌矿多在中生代花岗岩外接触带，含矿围岩以石炭系—二叠系灰岩、砂板岩、火山岩为主，另外还有下古生界变质火山岩、海西晚期岩岗岩以及中生代火山岩等。成因类型有下古生界及二叠系变质火山岩中的火山-沉积变质型多金属矿，石炭系—二叠系灰岩与燕山期花岗岩类侵入接触带上的矽卡岩型多金属矿，远离侵入接触带的二叠系碎屑岩及海西晚期花岗岩中的岩浆热液多金属矿，中生代火山岩中的火山热液型铅锌矿等。

吉林省铅锌矿在空间上具有明显的矿化密集区，并以菱形等间距或不等间距规律呈现。控制这种分布特征的基本因素是由一系列相互平行于北东向或北西向基底褶皱及其后期等间距形成的北东向和北西向断裂相互交织的构造网络所造成的产物。矿化密集区内的铅锌矿床多围绕侵入岩，特别是燕山期花岗岩体成群、成带分布，矿床成因上往往显示多期、多源、多种成矿特征。如复兴屯杂岩体，侵入集安群荒岔沟组，钼、铜、铅、锌、金、银矿等就形成于岩体周围，并有一定的分带规律。即岩体边缘产有浸染型钼矿，外接触带形成矽卡岩型层状铅锌矿，远离接触带则有脉状铅锌矿和金矿分布，见表 9-1-22。

表 9-1-22 空间与成矿关系对比

空间关系	吉林复向斜区	延边复向斜区	浑江拗陷区
岩体内	Cu、Mo、Au	Pb、Zn、Au、Ag、Sb、W、Mo	Au、Ag、Pb、Zn
接触带	Pb、Zn、Fe	Fe、Cu、Pb、Zn	Pb、Zn、Cu、Au、Ag
远离接触带	Pb、Zn、Cu、As、Sb	Cu、Pb、Zn	Pb、Zn、Au、Sb

综上所述，吉林省铅锌矿在其成因上有明显的分布规律。随之产生的同位素地质特征也有一定的演化规律。如古陆中的铅锌矿石硫同位素 $\delta^{34}S$ 值变化范围较宽，0.6‰～18.79‰，显示了硫主要来自地层，也有来自深源，或者两者混合。造山带中的铅锌矿石硫同位素 $\delta^{34}S$ 值变化范围较窄，一般在 -4.8‰～+7.3‰，几乎每个铅锌矿中都有富集轻硫出现，但它们多接近陨石值，直方图上一般塔式效应较好，显示硫来自地壳深部或幔源。

从铅同位素组成特征看，古陆中沉积变质型荒沟山、大栗子铅锌矿铅同位素 $^{206}Pb/^{204}Pb$ 值相对较低，一般 15.39～15.90，模式年龄值 17 亿～20 亿年，说明它是古老正常铅，与控矿地层年龄一致。遭受燕山期岩浆热液叠加或改造的正岔铅锌矿及大营多金属矿和郭家岭铅锌矿的铅同位素 $^{206}Pb/^{204}Pb$ 值为 17.61～18.39，介于中间状态，模式年龄值 1.90 亿～5.82 亿年，多为混合铅和年轻正常铅。造山带中的火山-侵入杂岩有关的各种成因类型铅锌矿铅同位素 $^{206}Pb/^{204}Pb$ 值相对较高，一般 18.07～19.59，模式年龄值负值 2.85 亿年，以混合铅为主，也有异常铅出现。

总之，古陆地区铅锌矿一般硫同位 $\delta^{34}S$ 值较大，变化范围宽；铅同位素 $^{206}Pb/^{204}Pb$ 值相对较小，模式年龄值多与地层年龄一致，主要由古老和年轻正常铅组成，也有同岩浆铅混合。造山带铅锌矿一般硫同位素δ^{34}S值较小,变化范围也窄;铅同位素^{206}Pb/^{204}Pb值相对较大,模式年龄值普遍偏低,主要由混合铅和异常铅组成。

(二)时间规律

吉林省铅锌矿的成矿作用在时间上的演化反映了古陆裂谷、古亚洲成矿特征和滨太平洋成矿特征相互叠加的特色,基本上与地质构造运动的叠加相吻合,在成矿地质特征上也反映了多期、多阶段性。各期成矿情况从其探明储量上看,以燕山期为主,该期成因类型以矽卡岩型和沉积热液叠加改造型为主,另外还有火山热液型和岩浆热液型。其次有加里东期,仅有火山-沉积热液叠加型。中条期有沉积变质热液叠加改造型和变质热液型。五台期为火山-沉积变质型。海西期有火山沉积变质型和岩浆热液型。印支期仅有矽卡岩型和火山热液型矿点。充分显示了滨太平洋成矿域的成矿特征。

集安群火山岩-碳酸盐岩中的铅锌矿经受五台期和中条期两次区域变质作用,老岭群碳酸盐岩中的铅锌矿经受了中条期区域变质作用,分别形成初具规模的火山—沉积变质型及沉积变质型铅锌矿。它们又都受燕山期岩浆活动影响,分别形成了热液叠加或改造型铅锌矿。

古陆盖层寒武系—奥陶系碳酸盐型铅锌矿及造山带上奥陶统、石炭系—二叠系火山岩及碳酸盐岩中的火山-沉积型铅锌矿,也分别受加里东期、燕山期等后期岩浆活动影响形成了程度不同的叠加改造层控矿床。

这充分反映了前中生代形成的铅锌矿,特别是具有工业意义的铅锌矿往往具有多期、多源、多种成矿作用特征。中生代火山侵入杂岩中的铅锌矿是中生代岩浆喷发侵入活动产物,成矿物质来自深源,多形成火山热液型和岩浆热液型铅锌矿,与前者迥然不同。

综上所述,前中生代铅锌矿往往是多期、多源、多种成矿作用叠加形成,而燕山期形成的铅锌矿就未经历那种复杂的成矿作用过程。成矿时代越新成矿元素越多样化。说明岩浆演化所导致的岩浆分异到了燕山期地下深处相应的成矿分异更为彻底,使得成矿元素更加聚集多样化。也反映出前中生代形成的铅锌矿沉积成因为主,而中生代形成的铅锌矿则岩浆成因为主的特征。

吉林省由于多期次的构造岩浆活动,导致了多成矿远景区成矿作用的继承性和新生性,这是吉林省铅锌矿的成矿规律基本特征之一。其中继承性表现在变质作用或成岩作用引起地层中的成矿元素活化、迁移、聚集形成同种矿产的叠加。新生性表现在岩浆热液叠加生成异种矿产,这种成矿作用的叠加,往往有望成为多金属矿床。如正岔铅锌矿经五台期、中条期区域变质后形成初具规模的同斜褶皱型铅锌矿床,到了燕山期受复兴屯花岗岩的热液活动影响,又有铅锌、铜、钼、自然铋、碲银矿等叠加,显示出方铅矿中硒的类质同象。闪锌矿又与磁铁矿和乳滴状黄铁矿共生,有时黄铜矿呈脉状穿插于早期方铅矿及闪锌矿等的热液叠加成矿特征,致使矿石同位素组成特征全被改变,形成多种成因的铅锌矿床。

总之古陆内前中生代地层中的铅锌矿以地层控矿为主导因素,岩浆成矿因素置于次要地位,否则难以形成工业矿床。造山带内与前者有所不同,即下古生界中的多金属矿以层控为主,岩浆热液叠加为次;上古生界中形成的多金属以岩浆热液成矿为主,才有望形成多金属矿床,如天宝山多金属矿床。

第二节 成矿区带划分

根据吉林省铅锌矿的控矿因素、成矿规律、空间分布,在参考全国成矿区带划分(陈毓川、王登红)、吉林省综合成矿区带划分的基础上,对吉林省铅锌矿单矿种成矿区带进行了详细的划分,见表9-2-1。

表 9-2-1 吉林省铅锌矿成矿区带划分表

I	板块	II	III	成矿亚带	IV	V	代表性矿床（点）
I-4 滨太平洋成矿域	西伯利亚板块	II-12 大兴安岭成矿省	III-50 突泉-翁牛特 PbZn 成矿带		IV$_1$ 万宝-那金 PbZn 成矿带晚古生代残余海盆，叠加中生代火山盆地		
		II-13 吉黑成矿省	III-55 吉中-延边（活动陆缘）ZnFe 成矿带	III-55-① 吉中 Zn 成矿亚带	IV$_2$ 山门-乐山 PbZn 成矿带	V$_3$ 放牛沟 CuPbZn 找矿远景区	放牛沟多金属矿
					IV$_4$ 那丹伯-一座营 PbZn 成矿带	V$_8$ 沙河镇 PbZn 找矿远景区	
					IV$_5$ 山河-榆木桥子 PbZn 成矿带	V$_{12}$ 倒木河 PbZn 找矿远景区	
					IV$_6$ 上营-蛟河 PbZn 成矿带	V$_{16}$ 柳树河子-团北林场 Pb 找矿远景区	
						V$_{17}$ 大荒顶子 Pb 找矿远景区	
						V$_{18}$ 火炬沟 Pb 找矿远景区	
				III-55-② 延边 PbZn 成矿亚带	IV$_9$ 大蒲柴河-天桥岭 PbZn 矿带	V$_{27}$ 红太平 PbZn 找矿远景区	红太平多金属矿
						V$_{28}$ 新华村 PbZn 找矿远景区	
					IV$_{10}$ 百草沟-复兴 AuCu 成矿带	V$_{32}$ 石砚 PbZn 找矿远景区	
					IV$_{11}$ 春化-小西南岔 PbZn 成矿带		
					IV$_{12}$ 天宝山-开山屯 PbZn 成矿带	V$_{37}$ 天宝山 PbZn 找矿远景区	天宝山多金属矿
	华北板块	II-14 华北（陆块）成矿省	III-56 辽东（隆起）PbZn 菱镁矿滑石石墨金刚石成矿带	III-56-① 铁岭-靖宇（次级隆起）PbZn 成矿亚带	IV$_{14}$ 夹皮沟-金城洞 PbZn 成矿带	V$_{47}$ 两江 PbZn 找矿远景区	
					IV$_{16}$ 通化-抚松 PbZn 成矿带	V$_{53}$ 金厂 PbZn 找矿远景区	
						V$_{55}$ 抚松 PbZn 找矿远景区	大营铅锌矿
				III-56-② 营口-长白（次级隆起、Pt$_1$裂谷）PbZn 菱镁矿滑石成矿亚带	IV$_{17}$ 集安-长白 PbZn 成矿带	V$_{56}$ 正岔-复兴 PbZn 找矿远景区	正岔铅锌矿
						V$_{57}$ 古马岭 PbZn 找矿远景区	
						V$_{58}$ 青石 PbZn 找矿远景区	矿洞子铅锌矿
						V$_{59}$ 南岔-荒沟山 PbZn 找矿远景区	荒沟山铅锌矿
						V$_{61}$ 六道沟 PbZn 找矿远景区	

第三节 矿床成矿系列和区域成矿谱系

一、矿床成矿系列

吉林省铅锌矿床成矿系列见表9-3-1。

表9-3-1 吉林省铅锌矿床成矿系列表

矿床成矿系列类型	矿床成矿系列	矿床成矿亚系列	矿床式	典型矿床（点）	成矿时代
Ⅱ张广才岭-吉林哈达岭新元古代、古生代、中生代 FeAuCuMoNiAgPbZnSbPS 成矿系列类型	Ⅱ-2 吉中地区与古生代火山-沉积作用有关的 PbZnAuCuFeSP 重晶石成矿系列	Ⅱ-2-① 吉中地区与早古生代海相火山沉积作用有关的 PbZn 重晶石成矿亚系列	放牛沟式	放牛沟多金属矿	Pb 模式 306.4~290Ma
			弯月式	弯月重晶石矿	
		Ⅱ-2-② 吉中地区与晚古生代中生代火山作用有关的 PbZn 矿成矿亚系列	头道沟式	头道沟铅锌矿	
Ⅲ兴凯南缘延边古生代、中生代、新生代 AuCuNiWPbZnMoAgSbFePtPd 矿床成矿系列类型	Ⅲ-1 庙岭-开山屯与古生代岩浆-沉积作用有关的 PbZnCuMoAgAu 矿床成矿系列	Ⅲ-1-① 庙岭-开山屯与古生代海相火山-沉积作用有关的 PbZn 矿床成矿亚系列	红太平式	红太平多金属矿	Pb 模式 208.81Ma （金丕兴,1992）
		Ⅲ-1-② 天宝山地区与新元古代-燕山火山-岩浆作用有关的 PbZn 矿床成矿亚系列	天宝山式	天宝山多金属矿	224~289Ma
华北陆块北缘东段太古宙、元古宙、古生代、中生代 AuFe Cu AgPbZnNiCoMoSbPtPdBSP 石墨滑石矿床成矿系列类型	Ⅳ-2 吉南地区与古元古代火山岩浆作用有关的 FeCuPbZnNiAgBS 石墨矿床成矿系列	Ⅳ-2-① 集安地区与古元古代裂谷火山沉积变质作用有关的 PbZn 石墨矿床成矿亚系列	正岔式	正岔铅锌矿	1971~197Ma （金丕兴,1992）
	Ⅳ-3 吉南地区与古元古代沉积作用有关的 PbZn 滑石矿床成矿系列	暂时无具体划分	青城子式	荒沟山铅锌矿	Pb 模式 1 628.45~2 091.51Ma （金丕兴,1992）
	Ⅳ-6 吉南地区与燕山期岩浆热液作用有关的 PbZn 矿床成矿系列	Ⅳ-6-② 吉南地区与燕山期岩浆热液作用有关的 PbZn 矿床成矿亚系列	郭家岭式	郭家岭铅锌矿	479.0~548.00Ma （金丕兴,1992）
		Ⅳ-6-② 吉南地区与燕山晚期中酸性次火山-侵入岩浆热液作用有关的 PbZn 矿床成矿亚系列	大台子式	大台子铅锌矿	

二、成矿系列谱系

根据吉林省铅锌矿的空间分布、成矿时代,按吉南古陆(吉南地区)、吉黑造山带(吉中地区、延边地区)两个构造分区,建立了吉林省铅锌矿的成矿谱系,见表9-3-2。

由吉林省铅锌矿成矿谱系表看出,吉林省铅锌矿成矿在构造单元上主要分布于吉南古陆及吉黑造山带区。在时间上,吉林省铅锌矿成矿主要是集中在古元古代、古生代和中生代。而早古生代的铅、锌为主要成矿系列,具有独特的成矿环境。在主要构造单元和主要成矿时期上形成大型矿床,其他构造单元和时间段目前看主要是形成中小型矿床。

表9-3-2 吉林省铅锌矿成矿谱系表

构造期矿床成矿系列 \ 地区	龙岗地块	吉南拗拉槽	长春-吉中地区(西部)	延边地区(东部)
	吉南古陆		吉黑造山带	
燕山晚期构造旋回	吉南地区与燕山晚期中酸性次火山岩-侵入岩有关的金铜(铅锌)矿床成矿系列			
印支期—燕山期		老岭地区早元古宙拗拉槽与燕山期中酸性岩浆热液作用有关的铅锌矿床成矿系列		延边地区与燕山期岩浆作用有关的铅锌矿床成矿系列
海西期			吉黑造山带与晚古生代火山作用有关的铅锌矿床成矿系列	吉黑造山带与晚古生代火山作用有关的铅锌矿床成矿系列
加里东期寒武系—奥陶系			吉中地区与早古生代海相火山沉积建造有关的铅锌矿床成矿系列	
中条期		老岭地区与早元古宙晚期拗拉槽沉积变质热液有关的铅锌矿床成矿系列		

第四节 区域成矿规律图编制

通过对铅锌矿种成矿规律研究,从典型矿床到预测工作区成矿要素及预测要素的归纳总结,编制了吉林省铅锌区域成矿规律图。

吉林省铅锌矿区域成矿规律图中反映了铅锌矿床、矿点、矿化点及与其共生矿种的规模、类型、成矿时代；成矿区带界线及区带名称、编号、级别；与铅锌矿种的主要和重要类型矿床勘查和预测有关的综合预测信息；主要矿化蚀变标志；突出显示矿床和远景区及级别（图9-4-1）。

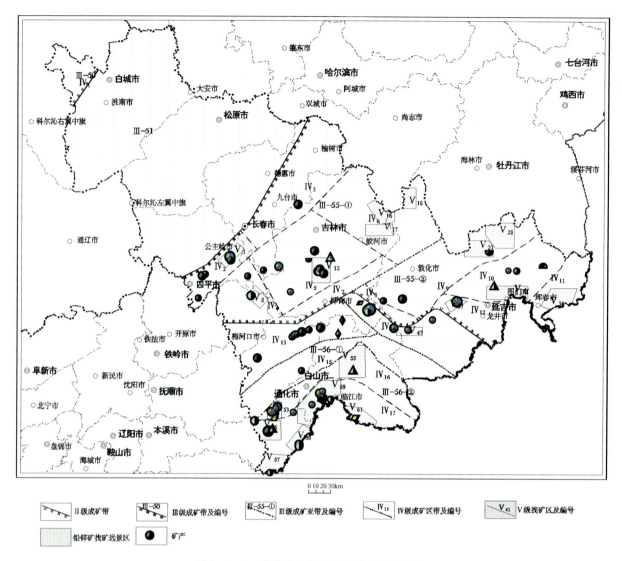

图9-4-1　吉林省铅锌矿产区域成矿规律图

第十章 勘查部署建议及开发预测

第一节 已有勘查程度

(1)吉林省铅锌矿经过100余年的勘查及研究,获得了较大的成果,对吉林省的经济发展做出了一定的贡献,且已往铅锌矿勘查工作程度较低。在勘查区域上只是对典型矿床所在区域进行了大比例尺的工作,其他地区没有开展深入工作。在勘查深度上只有典型矿床区最大勘探深度达900m以上。大部分地区只在500m左右。截至2008年底,全省铅锌已查明资源储量铅查明资源量为358 893t,锌查明资源量为1 156 001t,且吉林省唯一天宝山大型铅锌矿也已闭坑,铅、锌已经没有中大型矿、优质矿可开采。远远不能满足各行业对矿产资源的需求。面临资源的供需矛盾日益突出,老的测量手段、开采技术需要全面更新。

(2)已有物化探及区域地质调查勘探程度。

第二节 矿业权设置情况

截至2010年底吉林省铅锌矿有效矿业勘查登记区块,详查87处,普查511处,预查21处,其他11处,共计630处。

第三节 勘查部署建议

根据吉林省铅锌矿的成矿规律,结合本次工作成果见表10-3-1,对吉林省铅锌矿划分8个勘查部署建议工作区,8个重点勘查项目。

勘查部署建议图编制如下。

(1)根据经济社会发展对矿产资源需求和重要成矿区带空间布局研究,坚持当前急需与长远需求相结合进行资源评价工作部署。

(2)研究矿产远景调查、预查、普查不同层次工作相互制约、递近层次的关系,进行资源评价工作部署。

(3)根据矿产预测成果进行资源评价工作部署。

(4)编制1:50万吉林省矿产资源勘查工作部署图,详见表10-3-1、表10-3-2。

表 10－3－1　铅锌矿最小预测区成果表

最小预测区名称	地理位置	最小预测区代码	最小预测区面积（m²）	预测类型	可利用性	成矿地质评价
天宝山 TBA1	龙井天宝山镇	A2206601010	66 417 025	多成因叠加型	可利用	深部和外围预测量比查明增加，有找矿潜力
天宝山 TBC1	天宝山镇闹子沟	C2206601011	10 847 589	多成因叠加型	可利用	有侵入岩体含矿建造；铅锌化探异常区
天宝山 TBC2	天宝山镇龙木村	C2206601012	8 756 635	多成因叠加型	可利用	有侵入岩体含矿建造及控矿构造；铅锌化探异常区。成矿条件好
放牛沟 FNA1	伊通县景家台镇放牛沟	A2206401006	9 428 757.5	火山热液型	可利用	深部和外围预测量比查明增加，有找矿潜力
放牛沟 FNB1	伊通县景台乡和平村	B2206401004	7 980 425	火山热液型	可利用	半隐伏石缝组大理岩含矿建造，有燕山期侵入岩体；铅锌化探异常区。成矿条件好
放牛沟 FNC1	伊通县景台乡小桥子	C2206401007	24 739 195	火山热液型	可利用	海西早期侵入岩体；推断隐伏石缝组大理岩含矿建造；铅锌化探异常区
荒沟山-南岔 HNA1	白山市荒沟山	A2206501022	24 321 825	沉积-改造型	可利用	深部和外围预测量比查明增加，有找矿潜力
荒沟山-南岔 HNB1	白山浑江大栗子	B2206501023	9 452 340	沉积-改造型	可利用	区内有铅锌矿点；含矿建造；铅锌化探异常区
荒沟山-南岔 HNC1	白山花山镇珍珠门村	C2206501020	108 533 047.5	沉积-改造型	可利用	含矿珍珠门组地层；铅锌化探异常区。成矿条件好
荒沟山-南岔 HNC2	白山七十二道河沟子	C2206501024	30 231 542.5	沉积-改造型	可利用	有相近含矿建造，推断含矿珍珠门组地层；铅锌化探异常区
荒沟山-南岔 HNC3	白山横道河子东北岔	C2206501021	74 412 920	沉积-改造型	可利用	有相近含矿建造，推断含矿珍珠门组地层；铅锌化探异常区
荒沟山-南岔 HNC4	白山驮道村	C2206501019	17 422 670	沉积-改造型	可利用	含矿珍珠门组地层；铅锌化探异常区
正岔-复兴屯 ZFA1	吉林省集安市花甸子镇正岔铅锌矿	A2206502026	17 803 850	沉积-改造型	可利用	深部和外围预测量比查明增加，有找矿潜力
正岔-复兴屯 ZFC1	集安县泉眼沟	C2206502025	4 599 475	沉积-改造型	可利用	含矿荒岔沟组地层；为铅锌地球化学异常及综合异常套合区
正岔-复兴屯 ZFC2	集安县财源镇	C2206502027	33 865 970	沉积-改造型	可利用	含矿荒岔沟组地层；为铅锌地球化学异常及综合异常套合区。成矿条件好

续表 10-3-1

最小预测区名称	地理位置	最小预测区代码	最小预测区面积 (m²)	预测类型	可利用性	成矿地质评价
矿洞子-青石镇 KQA1	集安市郭家岭铅锌矿	A2206503029	5 730 547.5	砂卡岩型	可利用	深部和外围预测量比查明增加，有找矿潜力
矿洞子-青石镇 KQC1	集安市阴岔乡范家房前	C2206503028	42 117 000	砂卡岩型	可利用	与成矿有关的燕山期花岗岩体；铅锌化探异常区
矿洞子-青石镇 KQC2	集安市夹皮沟	C2206503030	24 255 360	砂卡岩型	可利用	寒武系灰岩与燕山期花岗岩体含矿岩体建造，成矿条件好
大营-万良 DWA1	吉林省抚松县大营铅锌矿	A2206503018	11 102 100	砂卡岩型	可利用	深部和外围预测量比查明增加，有找矿潜力
大营-万良 DWC1	抚松仙人桥镇	C2206503017	81 016 350	砂卡岩型	可利用	有相近含矿建造；推断寒武系含矿建造；铅锌化探异常区
大营-万良 DWC2	抚松四方顶子	C2206503016	6 641 050	砂卡岩型	可利用	有相近含矿建造；推断寒武系含矿建造；铅锌化探异常区
大营-万良 DWC3	抚松头道庙岭村	C2206503014	6 280 900	砂卡岩型	可利用	寒武系含矿建造；铅锌化探异常区。成矿条件好
大营-万良 DWC4	抚松大双沟	C2206503013	4 666 625	砂卡岩型	可利用	有相近含矿建造；推断寒武系含矿建造；铅锌化探异常区
大营-万良 DWC5	抚松兴隆乡	C2206503015	19 857 545	砂卡岩型	可利用	有相近含矿建造，推断寒武系含矿建造；铅锌化探异常区
地局子 DDA1	桦甸地局子村	A2206401009	32 343 750	火山热液型	可利用	区内有已知铅锌矿床；含矿中侏罗世火山岩，侵入岩建造；铅锌化探异常区；磁异常明显
地局子 DDC1	桦甸农林村	C2206401008	8 177 900	火山热液型	可利用	含矿中侏罗世火山岩，侵入岩建造；磁异常；类比已知成矿条件好
梨树沟-红太平 LHA1	吉林省汪清县红太平多金属矿	A2206401002	5 394 525	火山热液型	可利用	深部和外围预测量比查明增加，有找矿潜力
梨树沟-红太平 LHC1	汪清沟南沟村南	C2206401003	25 865 900	火山热液型	可利用	有相近含矿建造，推断有隐伏二叠系庙岭组含矿建造，推断有隐伏二叠系庙岭组
梨树沟-红太平 LHC2	汪清县天桥岭镇东林场	C2206401005	66 998 000	火山热液型	可利用	有相近含矿建造，推断有隐伏二叠系庙岭组含矿建造，成矿条件好
梨树沟-红太平 LHC3	汪清县天桥岭镇南沟林场南	C2206401001	15 021 725	火山热液型	可利用	有相近含矿建造，推断有隐伏二叠系庙岭组含矿建造；铅锌化探异常区

表 10-3-2 勘查部署建议表

铅矿床名称	重点工作项目	矿业权登记情况	勘查工作建议
天宝山铅锌矿	天宝山镇闹子沟 TBC1		普查
	天宝山镇龙水村 TBC2	一小部分做了普查(吉林省天宝山矿区外围铅锌矿普查)	普查
放牛沟铅锌矿床	伊通县景台乡和平村 FNB1		详查
	伊通县景台乡小桥子 FNC1		普查
白山荒沟山-南岔铅锌矿	白山浑江大栗子 HNB1		普查
白山荒沟山-南岔铅锌矿	白山花山镇珍珠门村 HNC1	一部分做了普查(吉林集安-长白成矿带铅锌金普查(二))	普查
	白山七十二道河沟子 HNC2	一部分做了普查(吉林集安-长白成矿带铅锌矿普查(三))	详查
	白山横道河子东北岔 HNC3		普查
	白山驮道村 HNC4		普查
正岔-复兴铅锌矿	集安县泉眼沟 ZFC1	全部做了详查吉林省集安市腰营子镇虾蟆沟铅锌矿详查	普查
	集安县财源镇 ZFC2	一半做了详查(吉林省集安市马蹄沟铅锌矿详查)	详查
矿洞子-青石铅锌矿	集安市阳岔乡范家房前 KQC1	一部分做了普查(吉林省集安市大青沟区铜、银多金属普查)	普查
	集安市夹皮沟 KQC2	一部分做了详查(吉林省集安市鸭圈沟铅锌矿详查)	详查
大营-万良铅锌矿	抚松仙人桥镇 DWC1	吉林省抚松县黑松沟钼、多金属矿详查(一部分做了普查)	普查
	抚松四方顶子 DWC2		普查
	抚松头道庙岭村 DWC3		详查
	抚松大双沟 DWC4		普查
	抚松兴隆乡 DWC5		普查
地局子-倒木河铅锌矿	桦甸地局子村 DDA1		普查
	桦甸农林村 DDC1		详查
梨树沟-红太平铅锌矿	汪清县南沟村南 LHC1	吉林省汪清县大梨树沟矿区铜钼多金属矿普查,吉林省汪清县大梨树沟矿区铜钼多金属矿普查	详查
	汪清县天桥岭镇岭东林场 LHC2		普查
	汪清县天桥岭镇南沟林场南 LHC3	吉林省汪清县南沟林场银多金属矿普查(大面积已做普查)	普查

第四节 勘查机制建议

（1）以需求为导向，坚持区域综合部署。根据国民经济建设和社会发展战略性矿产勘查工作的需求，以国家需求为导向，优化地质调查区域结构和布局。统一部署矿产地质调查评价。

（2）以整装性大成果为目标。按照国家和经济发展的需求，研究地质调查大项目部署，通过大项目的实施，实现整装性大成果，增强地质调查工作的支撑能力、社会服务和影响力。

（3）以统筹部署为手段。加强重点成矿区带与重要经济区地质调查工作统一部署，促进各类资金有效衔接，提高地质调查工作的效率与水平，充分放大公益性地质调查工作的影响力和辐射力。

第五节 未来勘查开发工作预测

一、资源基础

本次资源潜力评价最突出成果为资源量估算，确定了铅锌查明资源量和预测资源量(t)。铅锌预测资源量占预测资源量和查明量总和的76.46%，铅锌矿潜力较大的预测区为荒沟山-南岔、梨树沟-红太平、矿洞子-青石镇、地局-倒木河子（表10-5-1）。

表10-5-1 最小预测区铅锌矿资源潜力统计表

铅矿床名称	最小预测工作区名称	矿业权登记情况	勘查工作建议
龙井天宝山铅锌多金属矿床	天宝山镇闹子沟 TBC1		普查
	天宝山镇龙水村 TBC2	一小部分做了普查（吉林省天宝山矿区外围铅锌矿普查）	详查
放牛沟铅锌矿床	伊通县景台乡和平村 FNB1		普查
	伊通县景台乡小桥子 FNC1		详查
白山荒沟山铅锌矿	白山浑江大栗子 HNB1		普查
	白山花山镇珍珠门村 HNC1	一部分做了普查（吉林集安-长白成矿带铅锌金普查（二））	详查
	白山七十二道河沟子 HNC2	一部分做了普查（吉林集安-长白成矿带铅锌矿普查（三））	普查
	白山横道河子东北岔 HNC3		详查
	白山驮道村 HNC4		普查

续表 10-5-1

铅矿床名称	最小预测工作区名称	矿业权登记情况	勘查工作建议
集安正岔铅锌矿	集安县泉眼沟 ZFC1	全部做了详查吉林省集安市腰营子镇虾蟆沟铅锌矿详查	普查
	集安县财源镇 ZFC2	一半做了详查(吉林省集安市马蹄沟铅锌矿详查)	详查
集安郭家岭铅锌矿	集安市阳岔乡范家房前 KQC1	一部分做了普查(吉林省集安市大青沟区铜、银多金属普查)	详查
	集安市夹皮沟 KQC2	一部分做了详查(吉林省集安市鸭圈沟铅锌矿详查)	普查
抚松大营铅锌矿	抚松仙人桥镇 DWC1	吉林省抚松县黑松沟钼、多金属矿详查(一部分做了普查)	普查
	抚松四方顶子 DWC2		普查
	抚松头道庙岭村 DWC3		普查
	抚松大双沟 DWC4		普查
	抚松兴隆乡 DWC5		详查
地局子-倒木河铅锌矿	桦甸地局子村 DDA1		详查
	桦甸农林村 DDC1		普查
汪清红太平铜多金属矿床	汪清县南沟村南 LHC1	吉林省汪清县大梨树沟矿区铜钼多金属矿普查,吉林省汪清县大梨树沟矿区铜钼多金属矿普查	普查
	汪清县天桥岭镇岭东林场 LHC2		详查
	汪清县天桥岭镇南沟林场南 LHC3	吉林省汪清县南沟林场银多金属矿普查(大面积已做普查)	普查

二、未来开发基地预测

根据上述各种方法预测资源量,对有望在未来形成的资源开发基地、规模、产能等的预测,见图 10-5-1。

(一)中期资源基地战略布局预测

预测铅锌矿新增资源量、在新增资源量基础上产能增长、资源基地空间战略布局等对地区或国家经济发展具重要性和深远意义。

(二)远期资源基地战略布局预测

铅锌找矿重点地区:一是大黑山条垒Ⅲ-1多金属成矿带;二是天宝山-红太平-三道多金属成矿带;三是鸭绿江断裂两侧。

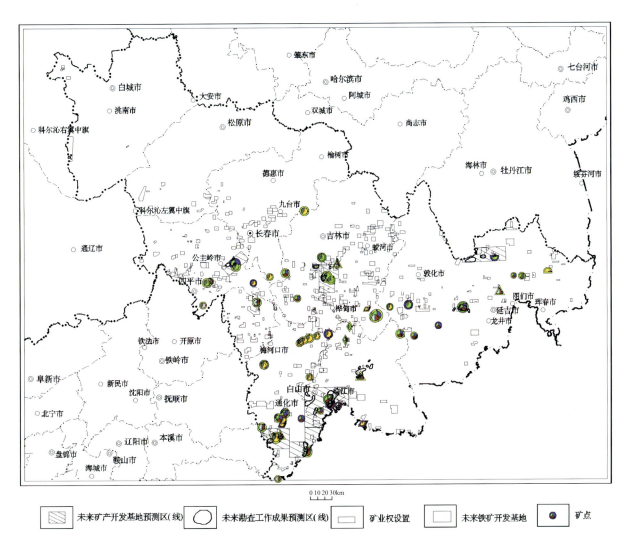

图 10-5-1 吉林省未来铅锌矿开发基地预测图

1. 放牛沟地区未来铅锌矿开发基地

该地区位于大黑山条垒Ⅲ-1多金属成矿带，主要为早古生代奥陶统石缝组地层，与二叠统杨家沟组、马达屯组海陆交互相和陆相碎屑岩类，成矿因素和构造控矿条件较好，综合找矿标志(地质、物探、化探、遥感、重砂)丰富，区内有大中型矿床，根据预测资源量结果，在典型矿床深部及外围有可靠的找中型铅锌矿潜力。

2. 梨树沟-红太平地区未来铅锌矿开发基地

预测区矿种类型明确，找矿因素和构造控矿条件条件好，有一定剥蚀作用，综合找矿标志明显，区内有小型矿床和矿化点分布，有一定探明储量，预测资源量占(查明资源量+预测区预测资源量)88.85%，找矿空间较大，有找中型铅锌矿潜力。

3. 荒沟山-正岔地区未来铅锌矿开发基地

地质构造单位位于中朝准地台北东缘太子河-鸭绿江-利源台陷(Ⅲ)鸭绿江(Ⅳ)凹陷区，以鸭绿江断裂南部为城子瞳-狼林台拱（Ⅲ），北部铁岭-靖宇台拱（Ⅲ），老岭隆起（Ⅳ）区域出露地层主要为中元古代老岭群达台山组、珍珠门组、花山组、临江组和大栗子组；寒武系徐庄组、张夏组、崮山组、馒头组地层。为浅海-滨海相陆屑-镁质碳酸盐建造，是吉林省重要的铅锌矿容矿层位。世界超大型检德铅锌矿所在的朝鲜北部地区与吉林省南部同属中朝准地台的一部分，从摩天岭成矿区向西经吉林省荒沟山铅锌矿床至辽宁省青城子铅锌矿床等，构成了元古宙铅锌成矿带（图10-5-2）。荒沟山铅锌矿与检德铅锌矿成矿地质条件十分相似，有燕山早期岩浆岩侵入到古生代地层，依据相似构造环境，构成相似矿产资源，且区内地质异常（含碳酸盐建造、"S"型控矿构造）与物化遥异常有着同源生成关系，鉴于此，荒沟山地区有着很大找矿潜力，尤其开展深部找矿十分必要。

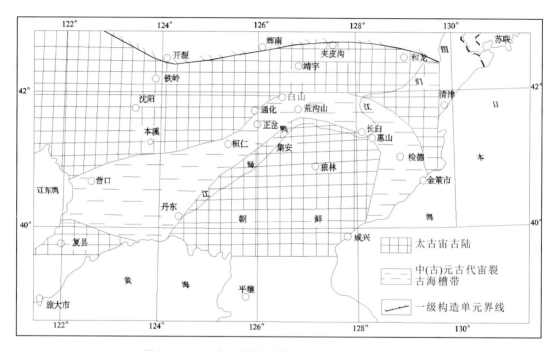

图10-5-2　东北南部及朝鲜北部中（古）元古代地图

4. 天宝山地区未来铅锌矿开发基地

该地区位于处于北东向两江断裂与北西向明月镇断裂带交会部位东侧，天宝山中生代火山盆地南侧，天宝山倾伏背斜轴部。天宝山-红太平-三道多金属成矿带，石炭系（天宝山岩块）与二叠系（红叶桥组）砂板岩、灰岩、中酸性火山岩是矿床控矿层位。成矿因素和构造控矿条件较好，综合找矿标志（地质、物探、化探、遥感、重砂）丰富，异常规模大，分带明显。为吉林省著名大型矿床，此次预测资源量成果，深部及外围仍有很大的找矿潜力。

（三）以未来勘查工作成果预测图为底图，编制1∶50万吉林省未来矿产资源开发预测图

根据预测成果表明，吉林省铅、锌矿有一定资源潜力，成矿条件比较有利，主要成因类型为矽卡岩型沉积—改造型反映都与一定地层建造有关，多数为古裂谷和断陷盆地环境成矿。从Pb、Zn地球化学图上看Pb、Zn高背景（高值）区多数也是沿深断裂两侧和断陷（火山）盆地周边分布（表10-5-2）。

表 10-5-2 吉林省未来铅锌矿开发基地预测表

预测资源基地编号	预测资源基地名称	基地所属测区	规模
220007	天宝山地区未来铅锌矿开发基地	天宝山预测工作区	中
220001	放牛沟地区未来铅锌矿开发基地	放牛沟预测工作区	中
		地局-倒木河子预测工作区	中
220003	梨树沟-红太平地区未来铅锌矿开发基地	梨树沟-红太平预测工作区	中
220006	荒沟山地区未来铅锌矿开发基地	荒沟山-南岔预测工作区	大
220004		正岔-复兴预测工作区	中
220005		矿洞子-青石镇预测工作区	中

第十一章 结 论

一、主要成果

(1)铅锌矿产资源潜力评价是一项预测性质的工作,吉林省应用1∶5万区域地质调查资料属于中比例尺矿产预测阶段,工作重点是铅锌矿预测、圈定Ⅲ(矿带)、Ⅳ(矿田)级远景区为主线,配合物探、化探、遥感、重砂等综合信息对铅锌资源潜力进行找矿评价。

(2)在资料应用方面,系统地收集了省域内地质、物探、化探、遥感、重砂的大比例尺资料,完成了铅锌典型矿床研究,为深入开展铅锌矿产基础地质构造研究和矿产资源潜力评价建立了雄厚的基础。

(3)在成矿规律研究方面,从成矿控制因素和控矿条件分析入手,划分了吉林省铅锌矿矿床成因类型,遴选典型矿床,建立了综合找矿模型,为资源潜力评价建立各预测类型的预测准则,奠定了基础。

(4)较详细地研究了省内含矿地层成矿岩体,控矿构造与物探、化探、遥感、重砂的关系,建立了各成矿要素的预测模型,为划分成矿远景区(带)提供了依据。

(5)以含矿建造和矿床成因系列理论为指导,以综合信息为依据,划分了省内Ⅲ-Ⅳ成矿远景预测区,并按矿种划分了Ⅲ级成矿预测远景区(带)的类型。圈定铅锌成矿预测区8个,这些预测远景区(带),为全省矿产资源潜力远景评价提供了不可缺少的找矿依据。

(6)本次采用地质体积法进行吉林省铅锌矿资源量预测,是矿产潜力评价主要成果。使用较先进的MRAS软件数据处理和空间分析,在8个预测工作区中,利用典型矿床建立7个矿产预测模型,优选了23个最小预测区进行定量估算,铅锌预测资源量结果总计4 920 662t;编制了《吉林省铅锌矿预测资源量估算报告》,为今后吉林省铅锌矿找矿工作积累了宝贵的基础资料,为圈定找矿靶区、扩大铅锌找矿远景指明了方向。

二、本次预测工作需要说明的问题

(1)本次预测工作采用的典型矿床的探明资源储量是引用原勘探地质报告的上表储量,同时结合吉林省国土资源厅编制的截至2008年底的"吉林省矿床资源储量统计简表"。尽管如此,仍有部分矿区后期工作因资料缺乏,所探明的资源储量不能比对,无法进行统计。所求的典型矿床的体积含矿系数可能相应偏小,由此也造成模型区的含矿地质体的含矿系数偏小,预测的总资源量相对偏低。

(2)本次预测工作的全部技术流程完全是按照全国项目办的铅锌矿预测技术要求和预测资源量技术估算技术要求(2010年补充)开展的,由此认为本次预测的技术含量较高,预测的资源量可靠。

三、存在问题及建议

开展铅锌矿的资源量预测工作中,使用1∶5万建造构造图、矿产分布图和1∶5万地球化学异常图、综合异常图等资料的质量精度，直接影响最小预测区的圈定质量，也决定了资源量预测成果的精度。在圈定的 1∶5 万最小预测区的基础上再利用更大比例尺的地质矿产、综合物探、化探资料开展资源量预测，可进一步提高预测可靠性。

主要参考文献

陈尔臻,张宁克,等,2001.中国主要成矿区(带)研究(吉林省部分)[R].长春:吉林省地质矿产勘查开发局.

陈毓川,王登红,2010.重要矿产和区域成矿规律研究技术要求[M].北京:地质出版社.

陈毓川,王登红,等,2010.重要矿产预测类型划分方案[M].北京:地质出版社.

迟吉山,等,1975.吉林省汪青县刺猬沟矿床脉金矿地质详细普查报告[R].延边:吉林省地质局延边地区综合地质大队.

范正国,黄旭钊,熊胜青,等,2010.磁测资料应用技术要求[M].北京:地质出版社.

冯守忠,孙超,黄林日,2005.吉林荒沟山铅锌矿床地质特征及矿床成因探讨[J].地质与资源,14(3):153-158.

郭建中,1977.吉林省桦甸县夹皮沟矿区三道岔金矿床地质总结报告(1965—1976)[R].吉林:吉林省冶金地质勘探公司六〇四队.

贺高品,叶慧文,1998.辽东—吉南地区中元古代变质地体的组成及主要特征[J].长春科技大学学报,28(2):152-162.

吉林省地质矿产局,1988.吉林省区域地质志[M].北京:地质出版社.

贾大成,1988.吉林省中部地区古板块构造格局的探讨[J].吉林地质(3):58-63.

姜春潮,1957.东北南部震旦纪地层[J].地质学报,37(1):35-142.

蒋国源,沈华悌,1980.辽吉地区太古界的划分对比[J].中国地质科学院院报沈阳地质矿产研究所分刊,1(1):41-63.

金伯禄,张希友,1994.长白山火山地质研究[M].延吉:东北朝鲜民族教育出版社.

李德威,等,1990.吉林省四平—梅河地区金、银、铜、铅、锌、锑、锡中比例尺成矿预测报告[R].四平:吉林省地质矿产局第三地质调查所.

李东津,车仁顺,1982.密山—抚顺大陆裂谷的新生代沉积建造和火山岩特征[J].吉林地质(3):32-42.

李东津,万庆有,许良久,等,1997.吉林省岩石地层[M].武汉:中国地质大学出版社.

李文贵,洪京柱,李将德,等,1990.吉林省通化县南岔金矿Ⅰ矿段详查地质报告[R].通化:吉林省地质矿产局第四地质调查所.

刘尔义,龚庆彦,石新增,等,1982.吉林省三源浦盆地"长流村组"时代探讨,兼论白垩系层序[J].吉林地质(1):39-47.

刘尔义,徐公愉,李云,1984.吉林省南部晚元古代地层[J].中国区域地质(8):39-56.

刘嘉麒,1989.论中国东北大陆裂谷系的形成与演化[J].地质科学(3):209-216.

刘嘉麒,1999.中国火山[M].北京:科学出版社.

刘劲鸿,等,1997.吉林省延边地区天宝山—天桥岭铜矿带矿源及靶区优选[R].长春:吉林省地质科学研究所.

刘茂强,米家榕,1981.吉林临江附近早侏罗世植物群及下伏火山岩地质时代的讨论[J].吉林大学学报:地球科学版(3):18-29.

刘文达,万玉胜,1984.吉林延边北部火山岩型金矿地质特征和成矿规律[J].吉林地质(4):5-17.

铝宗凯,侯启满,等,1971.吉林省集安县正岔铅锌矿区西山储量报告[R].通化:吉林省革命委员会地质局通化地区综合地质大队.

欧祥喜,马云国,2000.龙岗古陆南缘光华岩群地质特征及时代探讨[J].吉林地质,19(9):16-25.

彭玉鲸,苏养正,1997.吉林中部地区地质构造特征[J].沈阳地质矿产研究所所刊(5/6):335-376.

彭玉鲸,王友勤,刘国良,等,1982.吉林省及东北部邻区的三叠系[J].吉林地质(3):5-23.

邵建波,范继璋,2004.吉南珍珠门组的解体与古—中元古界层序的重建[J].吉林大学学报:地球科学版,34(20):161-166.

松权衡,2006.吉林老岭成矿带铅锌金矿调查评价选区研究成果报告[R].长春:吉林省地质调查院.

孙景贵,邢树文,郑庆道,等,2006.中国东北部陆缘有色贵金属矿床的地质地球化学[M].长春:吉林大学出版社.

孙信,金革,王宝田,等,1991.吉林省延边地区金银铜铅锌锑锡中比例尺成矿预测报告[R].延吉:吉林省地质矿产局第六地质调查所科研队.

唐守贤,马玉琨,顾筱东,等,1991.吉林省早中元古宙铜、铅、锌成矿控制因素的研究[R].长春:吉林省地矿局区调所.

陶南生,刘发,武世忠,等,1975.吉中地区石炭二叠纪地层[J].长春地质学院学报(1):31-61.

王东方,等,1992.中朝地台北侧大陆构造地质[M].北京:地震出版社.

王集源,吴家弘,1984.吉林省元古宇老岭群的同位素地质年代学研究[J].吉林地质(1):11-21.

王友勤,苏养正,刘尔义,1997.全国地层多重划分对比研究东北区区域地层[M].武汉:中国地质大学出版社.

王志新,等,1991.吉林省通化—浑江地区金银铜铅锌锑锡比例尺成矿预测报告[R].通化:吉林省地质矿产局第四地质调查所.

向运川,任天祥,牟绪赞,等,2010.化探资料应用技术要求[M].北京:地质出版社.

熊先孝,薛天兴,商朋强,等,2010.重要化工矿产资源潜力评价技术要求[M].北京:地质出版社.

叶天竺,姚连兴,董南庭,1984.吉林省地质矿产局普查找矿工作总结及今后工作方向[J].吉林地质(3):77-81.

殷长建,1995.吉林省中部早二叠世菊石动物群的发现及石炭二叠系界线讨论[J].吉林地质,14(2):51-56.

殷长建,2003.吉林南部古—中元古代地层层序研究及沉积盆地再造[D].长春:吉林大学.

于学政,曾朝铭,燕云鹏,等,2010.遥感资料应用技术要求[M].北京:地质出版社.

苑清杨,武世忠,苑春光,1985.吉中地区中侏罗世火山岩地层的定量划分[J].吉林地质(2):72-76.

张德英,高殿生,1988.吉林省中部上三叠统南楼山组火山岩初议[J].吉林地质(1):65-71.

张秋生,李守义,1985.辽吉岩套——早元古宙的一种特殊优地槽相杂岩[J].长春地质学院学报,39(1):1-12.

张天国,郑传久,刘春爱,1989.吉林省东南部地区老岭群铅锌及金矿找矿方向研究[R].通化:吉林省地质矿产局第四地质调查所.

赵冰仪,周晓东,2009.吉南地区古元古代地层层序及构造背景[J].世界地质,28(4):424-429.

内部参考资料

吉林局通化队二分队,1978.对通化地区寒武系下统划分意见[R].通化:吉林局通化队二分队.

吉林省地勘局区域地质矿产调查所,1996.1∶5万西下坎区域地质调查报告[R].长春:吉林省地勘